단기간 마무리 학습을 위한 최적합 수험서!

8개년 과년도 건축기사

Engineer Architecture

실기

건축시공기술사 / 토목시공기술사
안병관 지음

KB189636

BM (주)도서출판 **성안당**

■ 도서 A/S 안내

성안당에서 발행하는 모든 도서는 저자와 출판사, 그리고 독자가 함께 만들어 나갑니다.

좋은 책을 펴내기 위해 많은 노력을 기울이고 있습니다. 혹시라도 내용상의 오류나 오탈자 등이 발견되면 "좋은 책은 나라의 보배"로서 우리 모두가 함께 만들어 간다는 마음으로 연락주시기 바랍니다. 수정 보완하여 더 나은 책이 되도록 최선을 다하겠습니다.

성안당은 늘 독자 여러분들의 소중한 의견을 기다리고 있습니다. 좋은 의견을 보내주시는 분께는 성안당 쇼핑몰의 포인트(3,000포인트)를 적립해 드립니다.

잘못 만들어진 책이나 부록 등이 파손된 경우에는 교환해 드립니다.

저자 문의 e-mail : raingwood@naver.com (안병관)
본서 기획자 e-mail : coh@cyber.co.kr (최옥현)
홈페이지 : http://www.cyber.co.kr   전화 : 031) 950-6300

PART		SECTION	1회독	2회독	3회독
제1편 핵심 이론		제1장 건축시공	1~5일	1~2일	1~2일
		제2장 적산			
		제3장 공정관리			
		제4장 품질관리			
		제5장 건축구조			
제2편 과년도 기출문제	2017년	제1회 건축기사 실기	6~10일	3~4일	3일
		제2회 건축기사 실기			
		제4회 건축기사 실기			
	2018년	제1회 건축기사 실기			
		제2회 건축기사 실기			
		제4회 건축기사 실기			
	2019년	제1회 건축기사 실기	11~15일	5~6일	
		제2회 건축기사 실기			
		제4회 건축기사 실기			
	2020년	제1회 건축기사 실기			
		제2회 건축기사 실기			
		제4회 건축기사 실기			4일
	2021년	제1회 건축기사 실기	16~20일	7~8일	
		제2회 건축기사 실기			
		제4회 건축기사 실기			
	2022년	제1회 건축기사 실기			
		제2회 건축기사 실기			
		제4회 건축기사 실기			
	2023년	제1회 건축기사 실기	21~25일	9~10일	5일
		제2회 건축기사 실기			
		제4회 건축기사 실기			
	2024년	제1회 건축기사 실기			
		제2회 건축기사 실기			
		제3회 건축기사 실기			

" 수험생 여러분을 성안당이 응원합니다! "

25일 완성!   10일 완성!   5일 완성!

스스로 체크하는
★★★
3회독
플래너

SMART

8개년 과년도 건축기사 실기

스스로 마스터하는 트렌디한 수험서

" 수험생 여러분을 성안당이 응원합니다! "

일 　 일 　 일

머리말

　건축기사 필답형 실기 시험은 건축시공과 적산, 공정관리 및 품질관리, 건축구조가 중요한 부분을 차지한다. 또한 건축시공학을 전공하는 건축기술인들의 업무에 필요한 기술력을 갖출 수 있는 가장 기본적인 내용이며, 전문기술인으로 성장하기 위한 첫 번째 관문이라 할 수 있다.

　건축기사 실기 필답형 문제는 과년도 기출문제가 반복적으로 출제되고 있으며, 공정별로 주요 출제범위가 한정되어 있는 경향을 보인다. 따라서 기출문제의 반복적인 학습과 함께 개념에 대한 이해가 반드시 수반되어야 하며, 아울러 응용력을 갖추는 학습전략이 필요하다.

이 책의 특징

1. 건축기사 실기문제는 서술형의 특성상 장문의 답안을 작성해야 하는 경우가 있다. 이를 대비하여 주요 키워드 위주로 핵심 이론을 구성하여 효율적으로 시험 준비를 할 수 있도록 하였다.

2. 최근 8개년(2017~2024년) 기출문제를 공정별로 정리하여 건축시공의 흐름과 동일하게 문제를 수록하였다. 따라서 실제 시험문제와 순서가 다를 수는 있으나, 이 책의 기출문제를 학습하면서 동일한 패턴의 학습을 반복적으로 수행할 수 있도록 하여 수험자들이 자신의 루틴을 찾을 수 있도록 하였다.

3. 이 책은 기출문제의 모범답안을 제시하고, 기 출제된 유사한 문제를 해결하기 위한 응용력을 배가시킬 수 있도록 해설에 중점을 두었다. 해설은 동일한 주제에 대한 기출문제의 내용들을 수록하여 한 문제를 학습하면서 동시에 다른 형태의 문제들도 해결할 수 있도록 상세하고 깊이 있게 구성하였다.

4. 건축공사 표준시방서 및 구조설계기준, 기타 건축 관련 법령을 토대로 하여 변화하고 있는 최신 경향을 반영하였다.

5. 문제 해결을 위해 공법에 관한 상세도 및 플로차트 등을 수록하여 도해를 통해 정답을 찾아낼 수 있도록 하였다.

필자가 건축시공을 전공하고 현장에서 업무를 보면서 느낀 점은 건축기술인의 가장 중요한 부분은 경력과 자격이라는 점이다. 경력은 시간의 흐름과 연관되나, 자격은 노력에 의한 결실이다. 건축기술인에게 있어 자격의 취득은 주민등록증과 같은 신분증이며, 본인을 어필할 수 있는 필수요소이므로 건축기사 자격증은 선택이 아닌 필수요소로 자리매김하고 있다.

이 책은 건축기사 자격증을 취득하고자 하는 수험자들이 자격취득은 물론이고, 건축 실무와 연관된 내용에 강의 초점을 맞추어 암기보다는 이해를 통해 기술력을 갖출 수 있도록 집필하였다. 아무쪼록 이 책이 건축기사 자격시험을 준비하는 모든 수험자들의 길잡이가 되었으면 하는 바람이다.

마지막으로 이 책을 출간하는 데 도움을 주신 성안당출판사의 이종춘 회장님과 임직원 여러분들께 감사 드리며, 성안당 기술서적의 장을 넓히는 데 작은 보탬이 되기를 바란다. 아울러 건축기사 시험을 준비하는 수험생 여러분들의 합격을 기원하며, 엔지니어로서의 프라이드를 갖기를 희망한다.

건축시공기술사, 토목시공기술사
안병관

출제기준

직무 분야	건설	중직무 분야	건축	자격 종목	건축기사	적용 기간	2025.1.1.~2029.12.31.

○ 직무내용 : 건축시공 및 구조에 관한 공학적 기술이론을 활용하여, 건축물 공사의 공정, 품질, 안전, 환경, 공무관리 등을 통해 건축 프로젝트를 전체적으로 관리하고 공종별 공사를 진행하며 시공에 필요한 기술적 지원을 하는 등의 업무를 수행하는 직무이다.

○ 수행준거
1. 견적, 발주, 설계변경, 원가관리 등 현장 행정업무를 처리할 수 있다.
2. 건축물 공사에서 공사기간, 시공방법, 작업자의 투입규모, 건설기계 및 건설자재 투입량 등을 관리하고 감독할 수 있다.
3. 건축물 공사에서 안전사고 예방, 시공품질관리, 공정관리, 환경관리업무 등을 수행할 수 있다.
4. 건축시공에 필요한 기술적인 지원을 할 수 있다.

실기검정방법	필답형	시험시간	3시간

과목명	주요 항목	세부항목
건축시공 실무	1. 해당 공사 분석	(1) 계약사항 파악하기 (2) 공사내용 분석하기 (3) 유사공사 관련 자료 분석하기
	2. 공정표 작성	(1) 공종별 세부공정관리계획서 작성하기 (2) 세부공정내용 파악하기 (3) 요소작업(Activity)별 산출내역서 작성하기 (4) 요소작업(Activity) 소요공기 산정하기 (5) 작업순서관계 표시하기 (6) 공정표 작성하기
	3. 진도관리	(1) 투입계획 검토하기 (2) 자원관리 실시하기 (3) 진도관리계획 수립하기 (4) 진도율 모니터링하기 (5) 진도관리하기 (6) 보고서 작성하기
	4. 품질관리 자료관리	(1) 품질관리 관련 자료 파악하기 (2) 해당 공사 품질관리 관련 자료 작성하기
	5. 자재품질관리	(1) 시공기자재 보관계획 수립하기 (2) 시공기자재 검사하기 (3) 검사 · 측정시험장비 관리하기
	6. 현장환경 점검	(1) 환경점검계획 수립하기 (2) 환경점검표 작성하기 (3) 점검 실시 및 조치하기

과목명	주요 항목	세부항목
	7. 현장착공관리(6수준)	(1) 현장사무실 개설하기 (2) 공동도급관리하기 (3) 착공 관련 인·허가법규 검토하기 (4) 보고서 작성/신고하기 (5) 착공계(변경) 제출하기
	8. 계약관리	(1) 계약관리하기 (2) 실정보고하기 (3) 설계변경하기
	9. 현장자원관리	(1) 노무관리하기 (2) 자재관리하기 (3) 장비관리하기
	10. 하도급관리	(1) 발주하기 (2) 하도급업체 선정하기 (3) 계약/발주처 신고하기 (4) 하도급업체 계약변경하기
	11. 현장준공관리	(1) 예비준공 검사하기 (2) 준공하기 (3) 사업종료 보고하기 (4) 현장사무실 철거 및 원상복구하기 (5) 시설물 인수·인계하기
	12. 프로젝트 파악	(1) 건축물의 용도 파악하기
	13. 자료조사	(1) 사례 조사하기 (2) 관련 도서 검토하기 (3) 지중 주변환경 조사하기
	14. 하중 검토	(1) 수직하중 검토하기 (2) 수평하중 검토하기 (3) 하중조합 검토하기
	15. 도서 작성	(1) 도면 작성하기
	16. 구조계획	(1) 부재단면 가정하기
	17. 구조시스템계획	(1) 구조형식사례 검토하기 (2) 구조시스템 검토하기 (3) 구조형식 결정하기
	18. 철근콘크리트부재	(1) 철근콘크리트구조 부재 설계하기
	19. 강구조 부재 설계	(1) 강구조 부재 설계하기
	20. 건축목공 시공계획 수립	(1) 설계도면 검토하기 (2) 공정표 작성하기 (3) 인원투입 계획하기 (4) 자재, 장비투입 계획하기

과목명	주요 항목	세부항목
	21. 검사, 하자, 보수	(1) 시공결과 확인하기 (2) 재작업 검토하기 (3) 하자원인 파악하기 (4) 하자보수 계획하기 (5) 보수 보강하기
	22. 조적미장공사 시공계획 수립	(1) 설계도서 검토하기 (2) 공정관리 계획하기 (3) 품질관리 계획하기 (4) 안전관리 계획하기 (5) 환경관리 계획하기
	23. 방수 시공계획 수립	(1) 설계도서 검토하기 (2) 내역 검토하기 (3) 가설 계획하기 (4) 공정관리 계획하기 (5) 작업인원투입 계획하기 (6) 자재투입 계획하기 (7) 품질관리 계획하기 (8) 안전관리 계획하기 (9) 환경관리 계획하기
	24. 방수검사	(1) 외관 검사하기 (2) 누수 검사하기 (3) 검사부위 손보기
	25. 타일석공 시공계획 수립	(1) 설계도서 검토하기 (2) 현장실측하기 (3) 시공상세도 작성하기 (4) 시공방법, 절차 검토하기 (5) 시공물량 산출하기 (6) 작업인원, 자재투입 계획하기 (7) 안전관리 계획하기
	26. 검사 보수	(1) 품질기준 확인하기 (2) 시공품질 확인하기 (3) 보수하기
	27. 건축도장 시공계획 수립	(1) 내역 검토하기 (2) 설계도서 검토하기 (3) 공정표 작성하기 (4) 인원투입 계획하기 (5) 자재투입 계획하기 (6) 장비투입 계획하기 (7) 품질관리 계획하기 (8) 안전관리 계획하기 (9) 환경관리 계획하기

과목명	주요 항목	세부항목
	28. 건축도장 시공검사	(1) 도장면의 상태 확인하기 (2) 도장면의 색상 확인하기 (3) 도막두께 확인하기
	29. 철근콘크리트 시공계획 수립	(1) 설계도서 검토하기 (2) 내역 검토하기 (3) 공정표 작성하기 (4) 시공계획서 작성하기 (5) 품질관리 계획하기 (6) 안전관리 계획하기 (7) 환경관리 계획하기
	30. 시공 전 준비	(1) 시공상세도 작성하기 (2) 거푸집 설치 계획하기 (3) 철근가공조립 계획하기 (4) 콘크리트타설 계획하기
	31. 자재관리	(1) 거푸집 반입 · 보관하기 (2) 철근 반입 · 보관하기 (3) 콘크리트 반입 검사하기
	32. 철근가공 조립검사	(1) 철근절단 가공하기 (2) 철근조립하기 (3) 철근조립 검사하기
	33. 콘크리트 양생 후 검사 보수	(1) 표면상태 확인하기 (2) 균열상태 검사하기 (3) 콘크리트 보수하기
	34. 창호 시공계획 수립	(1) 사전조사 실측하기 (2) 협의 조정하기 (3) 안전관리 계획하기 (4) 환경관리 계획하기 (5) 시공순서 계획하기
	35. 공통 가설계획 수립	(1) 가설 측량하기 (2) 가설건축물 시공하기 (3) 가설동력 및 용수 확보하기 (4) 가설양중시설 설치하기 (5) 가설환경시설 설치하기
	36. 비계 시공계획 수립	(1) 설계도서 작성 검토하기 (2) 지반상태 확인보강하기 (3) 공정계획 작성하기 (4) 안전, 품질, 환경관리 계획하기 (5) 비계구조 검토하기

과목명	주요 항목	세부항목
	37. 비계검사 점검	(1) 받침철물, 기자재 설치 검사하기 (2) 가설기자재 조립결속상태 검사하기 (3) 작업발판 안전시설 재 설치 검사하기
	38. 거푸집·동바리 시공계획 수립	(1) 설계도서 작성 검토하기 (2) 공정계획 작성하기 (3) 안전품질환경관리 계획하기 (4) 거푸집·동바리구조 검토하기
	39. 거푸집·동바리검사 점검	(1) 동바리 설치 검사하기 (2) 거푸집 설치 검사하기 (3) 타설 전 중점 검보정하기
	40. 가설안전시설물 설치, 점검, 해체	(1) 가설통로 설치, 점검, 해체하기 (2) 안전난간 설치, 점검, 해체하기 (3) 방호선반 설치, 점검, 해체하기 (4) 안전방망 설치, 점검, 해체하기 (5) 낙하물방지망 설치, 점검, 해체하기 (6) 수직보호망 설치, 점검, 해체하기 (7) 안전시설물 해체, 점검, 정리하기
	41. 수장 시공계획 수립	(1) 현장조사하기 (2) 설계도서 검토하기 (3) 공정관리 계획하기 (4) 품질관리 계획하기 (5) 안전환경관리 계획하기 (6) 자재, 인력, 장비투입 계획하기
	42. 검사 마무리	(1) 도배지 검사하기 (2) 바닥재 검사하기 (3) 보수하기
	43. 공정관리계획 수립	(1) 공법 검토하기 (2) 공정관리 계획하기 (3) 공정표 작성하기
	44. 단열 시공계획 수립	(1) 자재투입양중 계획하기 (2) 인원투입 계획하기 (3) 품질관리 계획하기 (4) 안전환경관리 계획하기
	45. 검사	(1) 육안검사하기 (2) 물리적 검사하기 (3) 화학적 검사하기

과목명	주요 항목	세부항목
	46. 지붕 시공계획 수립	(1) 설계도서 확인하기 (2) 공사여건 분석하기 (3) 공정관리 계획하기 (4) 품질관리 계획하기 (5) 안전관리 계획하기 (6) 환경관리 계획하기
	47. 부재 제작	(1) 재료관리하기 (2) 공장 제작하기 (3) 방청 도장하기
	48. 부재 설치	(1) 조립 준비하기 (2) 가조립하기 (3) 조립검사하기
	49. 용접접합	(1) 용접 준비하기 (2) 용접하기 (3) 용접 후 검사하기
	50. 볼트접합	(1) 재료검사하기 (2) 접합면관리하기 (3) 체결하기 (4) 조임검사하기
	51. 도장	(1) 표면 처리하기 (2) 내화 도장하기 (3) 검사 보수하기
	52. 내화피복	(1) 재료공법 선정하기 (2) 내화피복 시공하기 (3) 검사 보수하기
	53. 공사 준비	(1) 설계도서 검토하기 (2) 공작도 작성하기 (3) 품질관리 검토하기 (4) 공정관리 검토하기
	54. 준공관리	(1) 기성검사 준비하기 (2) 준공도서 작성하기 (3) 준공검사하기 (4) 인수·인계하기

※ 세세항목내용은 Q-net 홈페이지(http://www.q-net.or.kr) 자료실에서 확인할 수 있습니다.

차 례

제1편 핵심 이론

제2편 과년도 기출문제

2017년 건축기사 실기 기출문제

2018년 건축기사 실기 기출문제

차 례

제 **1** 편

핵심 이론

Engineer Architecture

제1장 | 건축시공

01 | 총론

1 계약제도

1) 입찰순서

입찰공고 → 입찰등록 → 견적 → 입찰등록 → 공사계약 및 착공

입찰등록
- 설계도서 교부
- 현장설명
- 질의응답

입찰등록
- 입찰
- 개찰
- 낙찰

2) 입찰 및 도급방식

(1) 도급방식

① 공동도급

ㄱ) 정의: 2개 이상의 건설회사가 임시로 결합, 조직, 공동출자하여 연대책임하에 공사를 수급하여 공사완성 후 해산하는 방식

ㄴ) 운영방식

구분	정의
공동이행방식	• 공동도급에 참여하는 시공자들이 일정 비율로 노무, 기계, 자금 등을 제공 • 새로운 건설조직을 구성하여 공동으로 시공하는 방식
분담이행방식	• 시공자들이 목적물을 분할(공구별 등) 시공하여 완성해가는 시공방식 • 연속 반복되는 단일공사에 주로 적용
주계약자형 공동도급방식	• 자신의 분담공사 외에 도급된 전체 공사에 대해 관리, 조정 • 다른 계약자의 계약이행(공사진행)에 대해서도 연대책임을 지는 방식

ㄷ) 특징

장점	단점
• 사업 수행 시 위험도(Risk) 분산 • 시공기술의 향상 및 교류 가능 • 시공자의 융자력 확대 • 기업의 신용도 증대 • 시공의 확실성 보장	• 조직 상호 간 갈등 • 업무흐름의 불일치 발생 우려 • 하자책임의 불명확화 • 경비(비용)의 증대로 도급자 이윤의 감소 • 현장관리의 곤란

② 실비정산도급

구분	설명
실비정산 비율보수 가산방식	• 총공사비＝[실비]＋[실비×비율] • 실비에 계약된 비율을 곱한 금액을 보수로 지불하는 방식
실비정산 준동률보수 가산방식	• 총공사비＝[실비]＋[실비×변동비율] 또는 공사비＝[실비]＋[보수－(실비×변동비율)] • 실비가 증가함에 따라 비율보수, 정액보수를 체감하는 방식
실비 정액보수 가산방식	• 총공사비＝[실비]＋[보수] • 실비와 관계없이 미리 정한 보수만을 지불하는 방식
실비 한정비율보수 가산방식	• 총공사비＝[한정실비]＋[한정실비×비율] • 한정실비에 계약된 비율을 곱한 금액을 보수로 지불하는 방식

(2) 입찰방식

① 일반입찰방식

구분	특성
공개경쟁입찰방식	• 장점: 균등기회 부여, 담합 감소, 공사비 절감 • 단점: 부적격자 낙찰 우려, 과다경쟁, Dumping입찰 가능
지명경쟁입찰방식	• 장점: 양질의 공사 가능, 시공능력·기술·신용도 우수, 부적격자 배제 • 단점: 입찰자 한정으로 담합 우려, 균등기회 제공 불가
특명입찰방식 (수의계약)	• 장점: 양질의 시공 기대, 업체 선정 간단, 입찰수속 간단, 긴급공사 유리 • 단점: 공사금액 불명확, 공사비 증대, 부적격자 선정 우려

② 특수입찰방식

구분	특성
대안입찰방식	발주자가 제시한 설계도서를 바탕으로 동등 이상의 기능과 효과를 갖고, 공사 기간을 초과하지 않는 범위 이내에서 공사비를 절감할 수 있는 공법을 도급자가 제안하여 입찰하는 방식
지역제한입찰방식	입찰가격 이외에도 시공경험, 기술능력, 신인도 등의 공사수행능력을 종합적으로 심사하여 낙찰자를 결정하는 제도
적격입찰방식	제한입찰에 참가할 자의 자격을 제한하는 경우에는 이행의 난이도, 규모의 대소 및 수급상황 등을 고려하여 최적의 입찰참가자를 선정하는 입찰제도
부대입찰방식	공사입찰 시 하도급할 업체의 견적서와 계약서를 입찰서류에 첨부하여 입찰하는 제도
종합심사낙찰방식	공사수행능력, 입찰가격, 사회적 책임점수가 가장 높은 업체를 낙찰자로 선정하는 계약방식

3) SOC(Social Overhead Capital)

(1) 개념

① 민간부문(SPC)이 사업 주도

② 프로젝트 설계+자금 조달+공공시설물 양도→투자비 회수방식

(2) 종류

① BTO: Build(설계 · 시공) → Transfer(소유권 이전) → Operate(운영)

② BOT: Build(설계 · 시공) → Operate(운영) → Transfer(소유권 이전)

③ BOO: Build(설계 · 시공) → Operate(운영) → Own(소유권 획득)

④ BTL: Build(설계 · 시공) → Transfer(소유권 이전) → Lease(임대료 징수)

⑤ BLT: Build(설계 · 시공) → Lease(임대료 징수) → Transfer(소유권 이전)

4) 계약방식의 선진화

① 파트너링(partnering)계약제도: 발주자가 설계와 시공에 참여하여 발주자 · 설계자 · 시공자 및 프로젝트관리자들이 하나의 팀을 조직하여 project를 수행하여 완료하는 방식

② 건설사업관리제도(CM제도; Construction Management)

구분	설명
CM for Fee	발주자와 설계자 · 시공자가 직접 계약하는 형태에서 CM자는 건설사업 수행에 관한 발주자를 대리인으로 하여 서비스를 제공하는 방식으로 약정된 보수를 발주자에게 지급받는 형태
CM at Risk	발주자와 시공 및 건설사업관리에 대한 별도의 계약을 체결하여 종합적인 계획, 관리 및 조정을 하면서 미리 정한 공사금액과 공사기간 내에 시설물을 시공하는 형태

2 건설관리기술

1) 품질 및 환경관리

(1) 시공계획서에 친환경관리에 제출서류

① 에너지 소비 및 온실가스 배출 저감계획

② 건설부산물 및 산업폐기물 재활용계획

③ 자원의 효율적인 관리계획

④ 천연자원 사용 저감계획

⑤ 작업장, 대지 및 대지 주변의 환경관리계획

⑥ 친환경적 건설기법

⑦ 시공 중의 폐기물관리

⑧ 건설 시 작업환경의 오염원 제어

⑨ 친환경 건설 관련 제 지침

⑩ 작업자에 대한 친환경 건설교육

⑪ 건설과정 동안 주변 지역, 부지에 대한 환경영향 최소화 및 측정

⑫ 수자원관리계획

(2) 품질관리계획서

① 품질관리계획서 수립대상공사

구분	설명
공사비기준	건설사업관리 대상공사로서, 총공사비 500억원 이상
연면적기준	다중이용건축물의 건설공사로서, 연면적 30,000m² 이상인 건축물 건설공사
기타	건설공사계약에 품질관리계획을 수립하도록 지정된 공사

② 품질관리계획서의 제출사항(필수사항)

㉠ 품질관리조직

㉡ 시험설비

㉢ 시험담당자

㉣ 품질관리항목 · 빈도 · 규격

㉤ 품질관리 실시방법

(3) 비산먼지방지시설(비산먼지 발생을 억제하기 위한 시설의 설치 및 필요한 조치에 관한 기준)

배출공정	시설의 설치 및 조치에 관한 기준(건축공사와 관련 사항 발췌)
야적	• 야적물질 1일 이상 보관 시: 방진덮개 사용 • 공사장 경계: 1.8m 이상의 방진벽 설치(공사 중 주위 주거 · 상가건물이 있는 곳: 3.0m 이상 방진벽) • 야적물질로 인한 비산먼지 발생 억제: 살수시설 설치
싣기 및 내리기	• 작업 시 발생하는 비산먼지 제거: 이동식 집진시설 또는 분무식 집진시설 • 싣거나 내리는 장소 주위: 고정식 및 이동식 살수시설 설치 · 운영(살수반경 5m 이상, 수압 3kg/cm² 이상) • 풍속이 평균초속 8m 이상일 경우: 작업 중지
수송	• 적재함 밀폐덮개 설치 • 적재함 상단으로부터 5cm 이하까지 적재물을 수평으로 적재 • 자동식 세륜시설, 수조를 이용한 세륜시설 등의 조건에 맞는 시설 설치 • 수송차량 측면 살수시설 설치 및 세륜 · 살수 후 운행조치할 것 • 공사장 내 통행차량 운행속도: 시속 20km 이하 • 공사장 내 통행도로: 1일 1회 이상 살수
기타	이송, 채광 · 채취, 조쇄 및 분쇄, 야외 절단, 야외 녹 제거, 야외 연마, 야외 도장, 그 밖의 공정(건설업만 해당)

2) 건설경영

① 가치공학(VE)

구분	설명
정의	최소의 생애주기비용(LCC)으로 시설물의 필요한 기능을 확보하기 위한 기능적 분석과 개선에 쏟는 조직적인 노력의 개선활동 $$V(가치) = \frac{F(기능)}{C(비용)}$$
VE대상 선정	• 원가절감 및 공기단축효과가 큰 공사 • 반복적으로 진행되는 공사 • 공정이 복잡하고 물량이 많은 공사 • 안전사고 및 하자 발생이 빈번한 공사 • 개선효과가 큰 공사
사고방식 (기본원칙)	• 사용자 우선의 사고방식 ・팀단위의 조직적 활동 노력 • 기능 중심적 사고방식 ・고정관념의 제거
추진절차	대상 선정 → 정보수집 → 기능정의 → 기능정리 → 기능평가 → 아이디어 발상 → 평가 → 제안 → 실시
적용단계	기획 및 설계단계

② 건축물 생애주기비용(LCC)

LCC 정의 및 필요성	LCC곡선
• 정의: 건축물의 초기투자단계부터 유지관리, 철거단계로 이어지는 건축물의 일련의 과정인 건축물의 Life Cycle에 소요되는 제 비용을 합계한 것 • LCC의 필요성 　－LCC 설계의 개발 및 보급을 확대 　－설계 · 시공 · 유지관리의 합리화 　－고도 정보화시대의 대응성 확보	 $$LCC = 생산비(C_1) + 유지관리비(C_2)$$

③ 종합건설제도

구분	설명
정의	건설프로젝트의 발굴 및 기획단계부터 설계, 시공, 인도 및 유지관리 등의 전과정을 일괄적으로 추진할 수 있는 종합건설업체
특징	• 공사 설계 및 시공관리의 책임 • 시공에 필요한 각종 기술적 문제 해결 • 하도급업체의 선정 및 관리 • 설계범위 내에서 재료 및 공법 선정

02 | 가설공사

1 공통 가설시설물

1) 기준점(BM; Bench Mark)

구분	설명
정의	• 공사 중일 때 높이의 기준을 정하기 위해 설치하는 가설물(건축물 높이의 기준)
설치 시 유의사항	• 공사에 지장이 없는 곳에 설치 • 공사기간 중에 이동될 우려가 없는 인근 건물의 벽 등을 이용 • 지반면에서 0.5~1.0m 위에 두고 그 높이를 기준표 밑에 기록 • 이동 및 변형이 없게 그 주위를 감싸는 등의 보호조치 • 기준점은 2개소 이상 표시 • 보조기준점 설치 • 100~150mm각 정도의 나무, 돌, Con′c재로 하여 침하 · 이동이 없게 깊이 매설

2) 규준틀

① 정의: 건축물의 각부 위치 및 높이, 기초의 너비, 길이 등을 결정하기 위한 가설시설

② 종류

　㉠ 수평규준틀

구분	설명	비고
설치목적	• 건축물의 각부 위치 및 높이 등을 표시 • 터파기 깊이, 기초너비 또는 길이 결정	평규준틀
종류	• 평규준틀: 건물의 일반면에 설치하는 규준틀 • 귀규준틀: 건물의 모서리에 설치하는 규준틀	평규준틀
설치 시 유의사항	• 이동 및 변형이 없도록 견고하게 설치 • 건물의 외벽에서 1~2m 정도 이격하여 설치 • 각목 60cm, 길이 1.5m 이상, 밑둥박기 75cm 이상 • 말뚝머리: 엇빗자르기(충격 시 발견 · 조치 용이)	귀규준틀

　㉡ 세로규준틀

구분	설명
설치목적	• 건축물의 각부 위치 및 높이 등을 표시 • 터파기 깊이, 기초너비 또는 길이 결정
설치기준	• 조적공사에서 고저 및 수직면의 기준으로 사용 • 10cm 정도의 각재를 대패질하여 설치 • 비계발판 및 거푸집, 기타 가설물에 연결 · 고정금지

구분	설명
기입사항	• 줄눈 및 쌓기 높이, 쌓기 단수 • 문틀 위치 및 개구부 안목치수 • 인방보 및 테두리보 위치 • 앵커볼트 및 매립철물 위치

3) 가설건축물 축조신고

구분	관련 절차
신고기한	• 가설건축물 축조 전(건축행정시스템 "세움터"에 접수 및 신고)
신고대상	• 재해 복구, 흥행, 전람회, 공사용 가설건축물 등 대통령령으로 정한 가설건축물 • 철근콘크리트구조 또는 철골철근콘크리트구조가 아닐 것 • 3층 이하(4층 이상인 경우: 건축허가대상) • 존치기간 3년 이내일 것 • 공동주택, 판매시설, 운수시설 등의 분양을 목적으로 건축하는 건축물이 아닐 것
구비서류 (제출서류)	• 가설건축물 축조신고서 • 배치도, 평면도 • 대지사용승낙서(다른 사람이 소유한 대지인 경우)
연장신고	• 허가대상: 존치기간 만료일 7일 전까지 신고 • 신고대상: 존치기간 만료일 14일 전까지 신고

2 직접가설시설물

1) 강관파이프 및 강관틀비계 설치기준

구분	강관파이프비계	강관틀비계
비계기둥간격	• 띠장방향: 1.5~1.8m • 장선방향: 1.5m 이하	높이 20m 초과 시 또는 중량작업 시 주틀간격 1.8m 이하(주틀높이 2m 이하)
띠장간격	• 띠장: 1.5m • 제1띠장: 2m 이하	−
벽이음재 설치간격	• 수직방향: 5m 이하 • 수평방향: 5m 이하	• 수직방향: 6m 이하 • 수평방향: 8m 이하
적재하중	• 비계기둥 1본: 7kN 이하 • 비계기둥 사이: 4kN 이하	• 기둥틀 1개: 24.5kN 이하 • 강관틀 사이: 4kN 이하
가새간격	수평간격 10m마다 교차(45~60°방향으로 설치)	각 단, 각 스팬마다 설치
기타	최상부로부터 31m를 초과하는 밑부분은 2개의 강관기둥 사용(좌굴 방지)	• 최고높이제한: 40m • 띠장방향 4m 이하 높이 10m 초과 시 10m 이내마다 보강틀 설치

2) 강관파이프 고정철물

① 이음부 고정: 고정형 클램프, 자재형 클램프
② 연결부: 커플러

3) 일체형 작업발판

① 정의: 수직재, 수평재, 가새재 등 각각의 부재를 공장에서 제작하고 현장에서 조립하여 사용하는 조립형 작업발판으로 고소작업에서 작업자가 작업장소에 접근하여 작업할 수 있도록 설치하는 가설구조물
② 특징

장점	단점
• 조립 및 설치 용이 • 구조적 안정성 우수 • 작업발판과 안전난간의 동시 시공으로 안전성 확보 • 연속적 설치가 가능하므로 정형화구조물에 적합 • 재료의 소운반 용이	• 설치비, 자재비 고가 • 협소한 장소에 설치 곤란 • 규격제한으로 비정형성 구조물에 시공 미흡 • 조립숙련자가 적음 • 단차 부위에 설치 어려움

4) 방호선반

① 정의: 작업 중 재료나 공구 등의 낙하로 인한 피해를 방지하기 위하여 강판 등의 재료를 사용하여 비계 내측 및 외측, 그리고 낙하물의 위험이 있는 장소에 설치하는 가설물
② 설치기준
　㉠ 설치위치: 근로자, 통행인 및 통행차량 등에 낙하물로 인한 재해가 예상되는 곳(주출입구, 건설 Lift출입구 상부 등)
　㉡ 내민길이: 비계의 외측으로부터 수평거리 2m 이상
　㉢ 방호선반 끝단에는 수평면으로부터 높이 60cm 이상의 난간 설치
　㉣ 수평면과 이루는 각도: 최외측이 구조물 쪽보다 20~30° 이내
　㉤ 설치높이: 낙하물에 의한 위험을 방호할 수 있도록 가능한 낮은 위치, 높이 8m 이하

5) 잭서포트

구분	설명	비고
정의	공사 중 설계기준을 상회하는 과다한 하중 또는 장비 사용 시 진동 및 충격 등에 대하여 하중 분산 및 진동 방지를 위해 설치하는 가설지주	
설치목적	• 상부 이상하중 및 과하중 분산 • 진동 등에 하중 부담 • 콘크리트의 균열 발생 방지	
설치위치	• 호이스트 설치 부위 및 자재야적장 • 콘크리트 타설장비(펌프카) 설치 부위 • 건설장비 진출입동선 하부층 • 지하주차장 상부 되메우기 하부층 • 설계기준을 상회하는 과하중 발생 부위	

03 | 토공사

1 토질특성

1) 전단강도

Coulomb's Law	토질별 전단강도 산정
$$\tau = C + \bar{\sigma} \tan\phi$$ 여기서, τ: 전단강도 　　　C: 점착력 　　　$\bar{\sigma}$: 파괴면에 수직인 힘 　　　ϕ: 내부 마찰각 　　　$\tan\phi$: 마찰계수	• 점토(내부 마찰각 zero) : $\tau \fallingdotseq C$ • 직접전단시험 및 Vane test(점착력 측정)
	• 모래(점착력 zero) : $\tau \fallingdotseq \bar{\sigma}\tan\phi$ • 표준관입시험(내부 마찰각 측정)

2) 예민비

① 정의 및 산정식

정의	산정식
점토의 경우 함수율변화 없이 자연상태의 시료를 이기면 약해지는 성질 정도를 표시한 것으로, 이긴 시료의 강도에 대한 자연시료의 강도비	$$예민비 = \frac{자연시료의\ 강도}{이긴\ 시료의\ 강도}$$

② 토질별 예민비의 특성

구분	예민비	특성
점토지반	• $S_t > 1$ • $S_t > 2$: 비예민성, $S_t = 2 \sim 4$: 보통, $S_t = 4 \sim 8$: 예민, $S_t > 8$: 초예민	• 점토를 이기면 자연상태의 강도보다 감소 • 점토지반은 진동다짐보다 전압식 다짐공법 적용
모래지반	• $S_t < 1$ • 비예민성	• 모래를 이기면 자연상태의 강도보다 증가 • 사질지반은 진동식 다짐공법 적용

3) 다짐 및 압밀

① 정의

구분	정의
다짐(Compaction)	사질지반에서 외력을 가하여 흙 속의 공기를 제거하면서 압축되는 현상
압밀(Consolidation)	점성토지반에서 하중을 재하하여 흙 속의 간극수를 제거하면서 압축되는 현상

② 특성 비교

구분	압밀(Consolidation)	다짐(Compaction)
적용지반	점성토지반	사질토지반
목적	전단강도 증가, 침하 촉진	전단강도 증가, 투수성 감소
간극 제거	흙 속의 간극수 제거	흙 속의 공기 제거
시간특성	장기적으로 진행	단기적으로 진행
함수비변화	함수비 감소	함수비 증가
침하량	비교적 크다	작다
변형거동	소성적 변형	탄성적 변형

4) 흙의 연경도(Consistency)

① 정의

  ㉠ 점착성이 있는 흙의 성질로서, 함수량의 변화에 따라 액성 → 소성 → 반고체 → 고체의 상태로
  변하는 성질

  ㉡ 점성토는 간극수를 포함하고 있으며 함수량변화에 따라 전단강도와 체적이 변화함

② 함수량변화에 따른 연경도의 특성

Consistency한계(Atterberg한계)		특성
	수축한계 (SL)	함수량의 증가로 흙의 부피가 증대되는 한계의 함수비
	소성한계 (PL)	• 파괴 없이 변형시킬 수 있는 최소의 함수비 • 압축, 투수, 강도 등 흙의 역학적 성질을 추정
	액성한계 (LL)	외력에 전단저항력이 zero가 되는 최소의 함수비

5) 흙막이벽에 작용하는 응력

① 수평버팀대식 흙막이공법: 흙막이벽 내측에 띠장(wale) · 버팀대(strut) · 받침말뚝(post pile)을 설치하여 토압 및 수압에 대하여 저항하여 굴착하는 공법

② 흙막이벽에 작용하는 응력

수평버팀대 구조도	토압분포도	하중도	휨모멘트도

2 지반조사

1) 지반조사의 종류

종류	지반조사방법
지하탐사법	짚어보기, 터파보기, 물리적 탐사법(탄성파)
보링(boring)	오거식, 회전식, 충격식, 수세식
Sounding	표준관입시험(사질지반), Vane test(점토지반), Cone관입시험
시료채취(sampling)	• 교란시료(이긴 시료; 물리적 시험용) • 불교란시료(자연시료; 역학적 시험용)
토질시험	• 물리적 시험(함수량, 투수성, 비중, 연경도시험 등) • 역학적 시험(전단시험, 압밀시험, 1축 · 3축 압축시험 등)
지내력시험	평판재하시험, 말뚝박기시험, 말뚝재하시험

2) 보링(Boring)

① 정의 및 목적

구분	설명
정의	지중에 100mm 정도의 철관을 꽂아 토사를 채취, 관찰하기 위한 천공방식
목적	• 토질분포 및 토층구성 확인 • 토질시험용 시료채취(Sampling) • 토질주상도 작성의 기초자료 • 지하수위 확인

② 종류

구분	공법 특징
오거식 보링 (auger boring)	• 나선형의 오거회전에 의한 천공방식 이용 • 깊이 10m 이내 얕은 연약한 점토지반에 적용
수세식 보링 (washer boring)	• 선단에 충격을 주어 이중관을 박아 수압에 의해 천공하는 방식 • 흙을 물과 함께 배출하여 침전 후 토질 판별 • 연약한 토사에 적용
충격식 보링 (percussion boring)	• 충격날의 상하작동에 의한 충격으로 천공하는 방식 • 거의 모든 지층 적용 가능 • 공벽붕괴 방지목적으로 안정액 사용(안정액 : 벤토나이트, 황색점토 등)
회전식 보링 (rotary type boring)	• 드릴 로드 선단의 bit를 회전시켜 천공하는 방식 • 지층의 변화를 연속적으로 판별 가능 • 공벽붕괴가 없는 지반(다소 점착성이 있는 토사층)

3) 사운딩(Sounding)

① 정의 및 대표시험

구분	설명
정의	Rod 선단에 설치한 저항체를 땅속에 삽입하여서 관입, 회전, 인발 등의 저항으로 토층의 성상을 탐사하는 방법
대표시험	• 표준관입시험(사질토지반에 적용) • 베인시험(점토질지반에 적용)

② 종류

점토지반 – 베인시험(vane test)	사질지반 – 표준관입시험(SPT)
• 연약한 점성토지반의 점착력 판별 • 회전력작용 시 회전저항력 측정 • 단단한 점토질지반에는 부적당 • 깊이 10m 이상 시 rod의 되돌음 발생 • 흙의 지내력 및 예민비 측정	표준관입시험용 샘플러를 중량 63.5kg의 추로 75cm 높이에서 자유낙하시켜 30cm 관입시키는 데 필요한 타격수(N값)을 측정하는 시험

4) 표준관입시험의 N값

N값	흙의 상태	내부 마찰각(ϕ)	N값	흙의 상태	내부 마찰각(ϕ)
0~4	대단히 느슨	$\phi < 30°$	30~50	조밀	$40° \leq \phi < 45°$
4~10	느슨	$30° \leq \phi < 35°$	50 이상	대단히 조밀	$45° < \phi$
10~30	중간(보통)	$35° \leq \phi < 40°$			

5) 지내력시험

① 평판재하시험(PBT: Plate Bearing Test)

구분	설명
정의	기초저면까지 터파기하여 하중을 직접 재하하여 지반의 허용지내력을 구하는 원위치시험
시험방법	• 시험빈도: 3개소 이상 • 하중재하는 매회 100kN/m^2 또는 예정파괴하중의 1/5 이하 • 침하량 측정은 일정 하중 유지 시 동일 시간(15분)간격으로 6회 이상 측정 • 총침하량은 24시간 경과 후 침하 증가가 0.1mm 이하가 될 때의 침하량 • 허용지지력 산정은 항복하중의 1/2 또는 극한지지력의 1/3 중 작은 값으로 산정($P-S$선도)

② 말뚝박기시험 및 말뚝재하시험의 특성 비교

말뚝박기시험	말뚝재하시험
말뚝박기 시공 전에 말뚝의 길이, 지지력 등을 조사하기 위해 동일한 조건에서 시험	실제 사용예정인 말뚝으로 시험하여 지지력 판정의 자료를 얻는 시험
• 시험빈도 　→ 기초면적 1,500m²: 2본 　→ 기초면적 3,000m²: 3본 • 말뚝의 최종관입량 산정 　→ 5~10회 타격한 평균침하량으로 결정 • 타격횟수 5회의 총침하량 6mm 이하는 항복상태로 항타 중지 • 지지력 추정 　→ 말뚝의 최종관입량과 rebound량	• 동재하시험 • 정재하시험 　→ 압축재하시험: 실물재하시험, 반력파일재하시험 　→ 인발시험 　→ 수평재하시험

③ 연약지반

1) 지반개량공법의 종류

구분	개요	종류
치환공법	연약점토층을 양질의 토사(사질토)로 치환	굴착치환, 미끄럼치환, 폭파치환
탈수공법	지반의 간극수를 제거하여 지반의 밀도 증대	샌드 · 페이퍼 · Pack · PVC 드레인공법
배수공법	지하수위를 저하하여 전단강도 개선	웰포인트공법, Deep well, 진공 deep well
다짐공법	흙 속의 간극(공기)를 제거하여 지지력 향상	Vibro – flotation(진동다짐), Vibro – compaction
주입공법	지중콘크리트 및 모르타르를 주입하여 고결	약액주입공법
고결공법	지중에 생석회 또는 액체질소 등의 냉각제를 이용하여 일시적으로 흙을 동결시키는 공법	생석회말뚝공법, 동결공법
	지중에 수직 · 수평의 공동구를 설치하여 연료를 연소시켜 고결탈수하는 공법	소결공법

2) 토질별 연약지반개량공법의 분류

사질토지반	점토질지반
• 진동다짐공법 • 모래진동다짐공법(SCP) • 전기충격공법 • 폭파다짐공법 • 약액주입공법	• 치환공법, 표면처리공법 • 압밀공법(선행재하공법, 사면선단재하공법) • 탈수공법, 배수공법 • 고결공법, 동결공법 • 전기침투공법, 침투압공법

3) 탈수공법

구분	설명
샌드드레인공법 (Sand drain method)	연약한 점토지반에 모래말뚝(sand pile)을 지중에 시공하여 지반 중의 간극수를 배수하여 단기간에 지반을 압밀하는 공법
페이퍼드레인공법 (Paper drain method)	샌드드레인공법과 유사하나 모래말뚝 대신 card board지를 연약지반에 압입하여 압밀을 촉진시키는 공법
팩드레인공법 (Pack drain method)	샌드드레인공법의 모래말뚝이 절단되는 것을 방지하기 위해 포대(pack)에 모래를 채워 드레인을 형성하여 압밀을 촉진하는 공법

4 흙파기공법

구분	아일랜드컷공법(Island-cut method)	트렌치컷공법(Trench-cut method)
굴착순서	중앙부 터파기 → 중앙구조물 시공 → 버팀대 설치 → 주변부 터파기 → 지하구조물 완성	주변부 터파기 → 주변부 구조물 시공 → 중앙부 터파기 → 중앙부 구조물 → 지하구조물 완성
적용	얕고 넓은 터파기	깊고 넓은 터파기, Heaving 예상 시
특징	• 지보공 및 가설재 절약 • Trench-cut보다 공기단축	• 중앙부 공간활용 가능 • 버팀대 길이 절감으로 경제적 • 연약지반 적용 시 우수

5 흙막이공법

1) Top down공법(역타설공법)

① 정의: 지하 외벽 및 지하의 기둥과 기초를 선시공하고 1층 바닥판을 설치하여 작업공간으로 활용이 가능하며 지하토공사 및 구조물공사를 동시에 진행하여 지하구조체와 지상구조물의 동시에 진행하는 공법으로 공기단축이 가능한 공법

② 특징

장점	단점
• 흙막이벽이 안정성 우수(본구조체로 사용) • 가설공사의 감소로 인한 경제성 우수 • 1층 바닥의 작업공간 활용이 가능 • 건설공해(소음, 진동)의 저감 • 도심지의 인접 건물의 근접 시공 가능 • 정형의 평면 시공 가능 • 지상과 지하구조물 동시 축조 가능(공기단축)	• 지하구조물 역조인트 발생 • 지하굴착공사의 대형 장비 반입 곤란 • 조명 및 환기설비 필요 • 고도의 시공기술과 숙련도가 요구됨 • 지중콘크리트 타설 시 품질관리 난해 • 치밀한 시공계획의 수립 요구 • 설계변경이 곤란하고 공사비가 고가임

2) SPS공법(Strut as Permanent System method)

① 정의

ⓐ 가설버팀대 대신에 영구구조부재를 사용하여 토압과 수직하중을 지지하는 구조

ⓑ Top-down공법, Up-up공법, Down-up공법이 적용 가능하여 지상·지하 동시 시공이 가능한 공법

② 특징

Top-down법의 문제점	SPS공법의 특징(Top-down공법의 문제점 개선)
• 수직부재의 역조인트가 발생 • 지하공사 시 채광 및 환기설비 과다 설치 • 대형 토공장비의 작업공간 미확보 • 가시설공사비 과다 소요 • 가설버팀대 해체 시 안전성 저하	• 철골보와 콘크리트 슬래브가 띠장역할로 구조적 안정성 우수 • 가설공사의 생략 가능 • 환기 및 조명설비의 감소 • 가설버팀대 해체가 생략되므로 공기단축

3) 어스앵커공법(Earth anchor method)

① 정의 : 흙막이 배면을 굴착 후 Anchor체를 설치하여 주변 지반을 지지하는 흙막이공법

② 특징

장점	단점
• 넓은 굴착공간 확보 가능 • 대형 장비 반입으로 시공효율 증대 • 흙막이 배면의 지압효과로 주변 지반 변위 감소 • 협소한 작업공간에도 시공성 우수 • 터파기공사 시 공기단축 가능	• 시공 완료 후 품질검사 곤란 • 흙막이 배면에 형성되므로 품질관리 미흡 • 정착장 부위의 토질이 불명확할 경우 붕괴위험 우려 • 도심지 및 인접 건물이 있을 경우 적용 곤란 • 지하수위의 강하가 발생할 수 있음

4) 슬러리월공법(Slurry wall method)

① 정의

ⓐ 공벽붕괴 방지를 위해 안정액을 사용하여 지반을 굴착하여 철근망을 삽입하고 콘크리트를 타설하여 지중에 연속적인 벽체를 조성하는 공법

ⓑ 벽체의 강성 및 차수성이 우수한 무소음·무진동공법

② 특징

장점	단점
• 흙막이 벽체의 강성 우수 • 차수성 및 지수성 양호 • 다양한 지반 적용 가능 • 인접 지반의 영향 최소화 • 벽길이, 깊이 등 조정 가능	• 이수 처리 단점(환경오염) • 소요시공비 고가 • 벽체 이음부의 누수 우려 • 대형 장비 및 기계설비 필요 • 소규모 현장에서 적용 곤란

5) 가이드월

설치목적	스케치
• 표토층의 붕괴 방지 • 지표수의 유입 방지 • 안정액의 수위 유지 • 지하연속벽의 평면적위치 결정 • 철근망 및 트레미관 거치대 역할 • 굴착 시 수직도 및 벽두께 유지 • 인접 구조물의 보강 • 가이드월 내외측 토압 대응	

6 흙막이벽의 붕괴

1) 히빙(Heaving)현상

히빙현상 스케치	Heaving개념
	• 정의: 연약점토지반의 흙막이 내외의 흙의 중량차 등에 의해 굴착저면흙이 지지력을 잃고 붕괴되어 흙막이 배면의 토사가 안으로 밀려 굴착저면이 부풀어 오르는 현상 • 원인 　－흙막이벽 내외흙의 중량차 　－상부 재하중 과다 　－흙막이벽의 근입깊이 부족 　－기초저면 지지력 부족 • 대책 　－흙막이벽의 근입깊이 확보 　－부분 굴착으로 굴착지반 안정성 확보(소단) 　－기초저면의 연약지반개량 　－흙막이 배면 상부 하중 제거

2) 보일링(Boiling)현상

구분	설명	
정의	투수성이 좋은 사질지반에서 흙막이벽의 배면 지하수위와 굴착저면과의 수위차에 의해 굴착저면을 통하여 모래와 물이 부풀어 오르는 현상	
원인	• 흙막이벽의 근입깊이 부족 • 굴착저면과 배면과의 지하수위차가 클 때 • 굴착 하부 지반의 투수성이 좋은 사질층이 있을 경우	
대책	• 흙막이벽의 근입깊이 증대 • 지하수위 저하	• 수밀성 우수한 흙막이벽 설치 • 지수벽 및 지수층 형성

3) 터파기 시 인접 지반의 침하

원인	방지대책
• 흙막이벽에 작용하는 측압 과다 • 흙막이 배면Piping 발생 • 지하수위의 강하(변동) • Heaving 및 Boiling 발생 • 흙막이 배면 뒷채움재 다짐 부족	• 차수성 우수한 흙막이벽 시공 • 언더피닝공법 적용 • 지표면 상부 하중 재하금지 • 뒷채움재의 밀실 다짐(층다짐 30cm) • 주변 지반개량공법 적용

7 정보화 시공(계측관리)

1) 계측기기 스케치

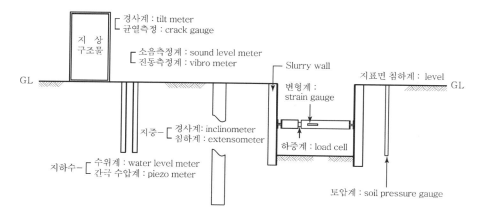

2) 계측기기 종류 및 설치위치

구분	계측기기 종류	설치위치
흙막이 벽체	• Inclino meter : 지중수평변위계(경사) • Extenso meter : 지중수직변위계(침하) • Soil pressure meter : 토압계 • Water level meter : 지하수위계 • Piezo meter : 간극수압계	흙막이 벽체 배면
버팀대 (Strut)	• Srain gauge : Strut 변형계	버팀대 양단부
	• Load cell : Strut 하중계	버팀대 중앙부
지상구조물	• Tilt meter : 구조물 기울기 • Crack gauge : 구조물 균열	인접 구조물 골조 또는 벽체
주변 환경	• Sound level meter : 소음계 • Vibro meter : 진동계	공사현장 주변

제1장 건축시공

8 토사 되메우기(Back fill) 기준

① 되메우기 재료: 모래, 석분 또는 양질의 토사, 발파석(최대 입경 100mm 이하)
② 모래되메우기: 물다짐(층상다짐 불가 시 적용)
③ 일반 흙되메우기: 30cm마다 다짐 및 다짐밀도 95% 이상 확보
④ 구조물 상부 되메우기: 방수층의 손상을 방지하기 위해 구조물 1m까지 인력다짐 시공

9 건설기계

1) 종류

셔블(shovel)계 굴착기		정지용 장비	
파워셔블 (power shovel)	• 지면보다 높고 수직굴착 용이 • 굴착높이: 1.5~3.0m • 선회각: 90°	불도저 (bulldozer)	• 운반거리: 60m(최대 110m) • 배토작업용
드래그라인 (drag line)	• 지면보다 낮은 곳 굴착 용이 • 굴착깊이: 8m • 선회각: 110°	모터그레이더 (moter grader)	• 땅고르기, 정지작업 전용 기계 • 비탈면 고르기, 도로정리 등
백호 (back hoe)	• 지면보다 낮은 곳 굴착 용이 • 굴착깊이: 5~8m	스크레이퍼 (scraper)	• 굴착, 정지, 운반용 • 대량의 토사 고속원거리 운송 • 운반거리: 500~2,000m
클램셸 (clamshell)	• 사질지반, 좁은 곳 수직굴착 용이 • 굴착깊이: 최대 18m		

2) 건설기계 선정 시 고려사항

① 작업종류별 건설기계 효율성 검토: 굴삭 · 정지 · 다짐 · 운반 · 상차용 장비 선정
② 토질의 조건에 건설기계 능률성 고려: 장비의 주행성능 등
③ 공사규모 및 공사기간별 장비 선정: 장비의 대수 및 용량 등
④ 소음 · 진동별 장비 선정: 저소음 · 저진동장비, 소음장비의 원거리 배치, 적절한 작업시간대 등
⑤ 건설기계의 용량 및 굴착토사 처리에 대한 검토(흙의 운반거리)

04 | 기초공사

1 일반사항

1) 기초 및 지정

구분	설명	
기초	건축물의 최하부에서 건축물의 하중을 지반에 안전하게 전달시키는 구조부	
지정	기초판을 지지하기 위해서 그 아래에 설치하는 버림콘크리트, 잡석, 말뚝 등	

2) 기초의 부동침하

① 기초침하의 형태

구분	균등침하	부동침하	
스케치		‖ 전도침하 ‖	‖ 부동침하 ‖
발생조건 (기초지반 및 하중조건)	• 균일한 사질지반에서 발생 • 건축물의 높이가 낮고 면적이 넓은 구조물에서 발생	• 불균일한 지반에서 발생 • 건축물의 높이가 높고 면적이 좁은 구조물에서 주로 발생	• 연약한 점토지반에서 발생 • 구조물 하중영향범위 내 연약 점토층이 있을 경우 발생

② 부동침하의 원인 및 영향

원인	영향
• 경사지반 • 지하매설물 존재 • 상이한 기초 제원 • 이질지반 • 인접 지역 터파기 • 지하수위의 변동 • 일부 증축 • 연약한 점토지반 • 연약지반의 깊이 상이	• 상부 구조물에 강제변형 • 인장응력과 압축응력의 발생 • 인장응력과 직각방향으로 균열 발생 • 균열방향: 침하가 적은 부위에서 많은 부위로 빗 방향으로 발생

③ 부동침하 방지대책

상부 구조부에서의 대책	하부 구조부에서의 대책
• 구조물의 경량화 • 구조물의 강성 증대 • 구조물의 하중의 균등 배분(균일한 접지압) • 구조물의 평면길이 축소 • 인접 건물과의 거리 확보 • 신축줄눈 설치	• 동일한 제원의 기초구조부 시공 • 경질지반에 기초부 지지 • 마찰말뚝을 사용으로 파일의 마찰력으로 지지 • 지반에 지지하는 유효기초면적 확대 • 지하수위를 강하하여 수압변화 방지 • 언더피닝공법 실시(기초 및 지반보강)

3) 언더피닝공법(Under pinning method)

목적	공법종류
• 기존 건축물 보강 • 신설기초 형성 • 경사진 건축물 복원 • 인접 터파기 시 기존 건축물 침하 방지	• 덧기둥지지공법 • 내압판방식 • 말뚝지지에 의한 내압판방식 • 2중널말뚝방식

4) 기초의 부상

① 부력 방지용 Rock anchor 설치
② 지하수위 강하공법 적용(강제배수공법)
③ 마찰말뚝 시공
④ 기초 중간 부위 주수 처리
⑤ 지하구조물 깊이 및 규모 축소
⑥ 차수공법 적용

2 말뚝 지정

1) 말뚝종류별 중심간격

구분	기성콘크리트말뚝	현장타설 콘크리트말뚝	강재말뚝	나무말뚝
말뚝 중심간격	2.5D 이상 또는 750mm 이상	2.0D 이상 또는 D+1.0m 이상	직경 및 폭의 2배 이상 또는 750mm 이상	2.5D 이상 또는 600mm 이상

단, 말뚝간격의 최소 이격거리기준은 말뚝의 중심간격이며, 말뚝 중심에서 기초연단까지의 최소 거리는 기본간격의 0.5배(1/2)이다.

2) 제자리콘크리트말뚝 지정의 공법 종류

공법종류	공법 특징			
관입공법	• Pedestal말뚝(내 · 외관 2중관) • Simplex말뚝(외관+추) • Franky말뚝(외관+추 → 합성말뚝)		• Raymond말뚝(얇은 철판제 외관+core) • Compressol말뚝(3개의 추)	
굴착공법 (대구경)	공법종류	굴착장비	공벽 보호	적용지반
	Earth Drill공법	drilling bucket	안정액	점토지반
	Benoto공법	hammer grab	케이싱(casing)	자갈지반
	RCD공법	특수 비트+suction	정수압(0.02MPa)	모래, 암반
프리팩트 콘크리트말뚝	• CIP: 굴착 → 철근망 삽입 → 자갈 채움 → 모르타르 주입 • PIP: 오거 굴착 → 프리팩트 모르타르 주입 → 철근망 및 강재 삽입 • MIP: 굴착 → 시멘트페이스트 분출 → 지중토사와 교반 → Soil cement pile 조성			

3) 프리팩트말뚝 지정

CIP	PIP	MIP
• 지하수 없는 경질지반에 적용 • 주열식 흙막이 벽체로 사용 • 벽체 연결 부위 누수 우려 • 협소한 장소에서 시공 가능	• 사질층, 자갈층 지반에 적용 • 무소음, 무진동공법 • 주열식 흙막이, 차수벽으로 주로 활용 • 지지말뚝으로 활용 가능	• 연약한 지반에 적용 • 지하흙막이벽 및 차수벽으로 사용 • 지중에 형성되므로 품질확인 곤란 • 지지층 도달 여부 확인 불가

4) 강관말뚝 지정

구분	특성	
종류	• 강관말뚝, H형강 말뚝	• H형강 말뚝은 깊은 지정 설치 시 사용
특징	• 지지층에 깊이 관입 및 지지력 우수 • 중량이 가볍고 단면적 감소 • 경질지반에 타입 가능, 인발 용이 • 휨 저항력, 횡력, 충격력 등에 대한 저항성 우수	• 이음이 강하며 길이조절 용이 • 부식되며 재료가 고가 • 재질이 균일하고 신뢰성 높음
부식 방지대책	• 판두께 증가법 • 방청도료를 도포하는 방법	• 시멘트피복법(합성수지피복법) • 전기도금법

05 │ 철근 및 거푸집공사

1 철근공사

1) 이형철근

① 정의: 콘크리트와의 부착력을 향상시키는 것을 목적으로 표면에 마디와 리브를 붙인 것

② 이형철근의 형상

이형철근(봉강)의 리브 또는 마디형상	이형철근단면

2) 수축온도철근 및 배력근

구분	수축온도철근	배력근
정의	• 온도변화에 의한 콘크리트의 건조수축균열을 제어하기 위해 주근과 직각으로 배근되는 장변방향의 철근 • 일반적으로 1방향 슬래브에서 적용	• 부재의 응력을 분산하기 위해 주근과 직각으로 배근되는 장변방향의 철근 • 일반적으로 2방향 슬래브에서 적용
목적	• 건조수축 및 온도변화에 의한 균열제어 • 주근의 위치고정 및 간격유지역할	• 부재의 응력을 장변방향으로 분산 • 콘크리트의 건조수축 감소

3) 스페이서(Spacer, 간격재)

구분	내용	설치기준
정의	철근과 거푸집 또는 철근과 철근의 간격을 유지하기 위한 철제 및 철근제 또는 모르타르제 등으로 괴거나 끼우는 재료	• 기초: 8개/m^2, 20개/m^2 • 지중보: 간격 1.5m(단부: 1.5m 이내) • 기둥 표: 구분 / 기준 상단 / 보 밑에서 0.5m 이내 중단 / 주각과 상단의 중간 폭방향 / • 1m 미만: 2개 • 1m 이상: 3개
목적	• 배근된 철근의 위치 확보 및 받침 • 철근의 피복두께 확보 • 수평철근의 수직위치 유지	• 보: 간격 1.5m(단부: 1.5m 이내) • 슬래브: 상·하부 철근 각각 가로, 세로 1m

구분	내용	설치기준	
재료	모르타르, 콘크리트, 스테인리스, 플라스틱	• 벽 | 구분	기준 | |---|---| | 상단 | 보 밑에서 0.5m 이내 | | 중단 | 상단에서 1.5m 이내 | | 횡간격 | 1.5m(단부는 1.5m 이내) |	

4) 철근 배근

(1) 철근 조립순서

구분	철근 조립순서
철근콘크리트구조	거푸집 조립순서에 맞추어 시공(기초 → 기둥 → 벽 → 보 → 바닥 → 계단)
기초철근	거푸집위치 먹메김 → 철근간격 표시 → 직교철근 배근 → 대각선철근 배근 → 스페이서 설치 → 기둥주근 배근 → 띠철근(hoop) 배근
철골철근콘크리트구조	기초철근 → 기둥철근 → 벽철근 → 보철근 → 바닥철근 → 계단철근

(2) 철근의 이음

① 철근이음공법의 분류

구분		공법 특성
겹침이음 (lap joint)	압축	• $f_y \leq 400\text{MPa}$: $l_l = 0.072 f_y d$ 이상 또는 300mm 이상 • $f_y > 400\text{MPa}$: $l_l = (0.13 f_y - 24)d$ 이상 또는 300mm 이상
	인장	• A급 이음: $l_l = 1.0 l_d$ 이상 또는 300mm 이상 • B급 이음: $l_l = 1.3 l_d$ 이상 또는 300mm 이상 여기서, l_d: 기본정착길이
용접이음		접합부재 간 고열에 의해 융합되는 원자 간 접합방식
가스압접		접합부재를 맞대고 가압하면서 산소−아세틸렌의 중성염을 이용하여 두 부재를 부풀어 오르게 하는 이음방식
기계적 이음공법		슬리브압착이음, 슬리브충전이음, 나사이음 등

② 이음위치 및 이음 시 유의사항

이음위치	이음 시 유의사항
• 응력이 작은 곳 • 기둥: 바닥에서 500mm 이상, 기둥높이의 3/4 이하 지점의 사이 • 보: 보 경간의 1/4지점	• hook길이는 이음길이 제외 • 철근규격 상이할 경우: 가는 철근지름이 기준 • D29 이상 철근은 겹침이음금지 • 이음위치: 이음의 1/2 이상 한 곳에 집중금지 • 이음길이 허용오차: 10% 이내

(3) 가스압접접합방식

① 정의: 철근접합면을 직각으로 절단·연마하여 서로 맞대고 가열·가압하면서 용접하는 방식

② 가스압접 시공순서

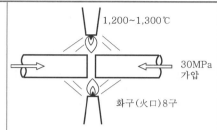

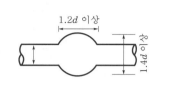

• 산소-아세틸렌가스의 중성염	• 가열온도: 1,200~1,300℃ • 가압압력: 30MPa • 소요시간: 3~4분/개소	• 돌출부 직경: 1.4d 이상 • 돌출부 길이: 1.2d 이상

③ 가스압접품질기준

가스압접기준	가스압점금지사항
• 용접돌출부 직경: 철근직경의 1.4배 이상 • 용접돌출부 길이: 철근직경의 1.2배 이상 • 철근 중심부 편심량: 철근직경의 1/4배 이하 • 철근용접면 편심량: 철근직경의 1/5배 이하	• 철근 간 직경의 차이가 6mm 이상일 경우 • 철근재질이 상이할 경우 • 철근의 항복점 및 강도가 상이할 경우 • 0℃ 이하의 작업환경

④ 가스압접품질시험기준

인장시험	비파괴검사
• 1검사: 1lot당 3개소 • 합격기준: 설계기준값의 125% 이상	• 1검사: 1lot당 20개소 • 합격기준: 유해한 균열 및 공극 미검출
외관검사	
• 전개소 시험 실시	

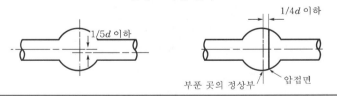

(4) 철근순간격기준

① 정의: 철근 표면 간의 최단거리이며 철근 간의 마디, 리브 등이 가장 근접하는 경우의 치수

② 목적 및 기준

목적	기준
• 콘크리트의 유동성 · 충전성 확보 • 콘크리트 재료분리 방지 • 소요강도 확보 • 콘크리트의 균열제어	• 굵은 골재 최대 치수의 4/3 이상 • 25mm 이상 • 철근공칭지름 이상 　→ 위 값 중 가장 큰 값 적용

③ 콘크리트구조 철근상세 설계기준

기둥	보	벽체 및 슬래브
• 40mm 이상 • 철근공칭지름의 1.5배 이상 • 굵은 골재 최대 치수의 4/3배 이상	• 40mm 이상 • 철근공칭지름의 1.0배 이상 • 굵은 골재 최대 치수의 4/3배 이상	• 450mm 이하 • 벽 및 슬래브두께의 3배 이하 • 콘크리트 장선구조에서는 미적용
위의 철근간격 중 최댓값 적용		

(5) 철근의 피복두께

① 피복두께 확보목적

　㉠ 콘크리트와 부착성능 향상
　　→ 철근의 허용부착응력의 확보
　㉡ 콘크리트 내화성 확보
　　→ 화재 시 콘크리트 내부 온도 상승 억제
　㉢ 내구성능 유지
　　→ 콘크리트 탄산화 지연효과
　㉣ 소요구조내력 확보
　㉤ 콘크리트의 유동성 확보
　　→ 굵은 골재의 충전성 및 수밀성 개선
　㉥ 철근부식 발생의 방지
　　→ 철근의 산화피막을 형성하여 부식제어

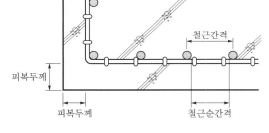

② 철근의 최소 피복두께: 프리스트레스하지 않는 부재의 현장치기 콘크리트

구분			피복두께
수중에서 치는 콘크리트			100mm
흙에 접하여 콘크리트를 친 후 영구히 흙에 묻혀 있는 콘크리트			75mm
흙에 접하거나 옥외의 공기에 직접 노출되는 콘크리트	D19 이상의 철근		50mm
	D16 이하의 철근, 지름 16mm 이하의 철선		40mm
옥외의 공기나 흙에 직접 접하지 않는 콘크리트	슬래브, 벽체, 장선	D35 초과하는 철근	40mm
		D35 이하인 철근	20mm
	보, 기둥		40mm
	콘크리트의 설계기준 압축강도 f_{ck}가 40MPa 이상인 경우 규정된 값에서 10mm 저감시킬 수 있다.		
	셸, 절판부재		20mm

(6) 철근의 부식

① 부식 발생기구

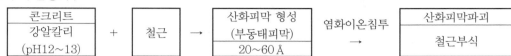

| 콘크리트
강알칼리
(pH12~13) | + | 철근 | → | 산화피막 형성
(부동태피막)
20~60Å | 염화이온침투
→ | 산화피막파괴
철근부식 |

② 철근부식의 원리

양극반응(cathode react)	$Fe \rightarrow Fe_2^{+} + 2e^{-}$
음극반응(anode react)	$\frac{1}{2}O_2 + H_2O + 2e^{-} \rightarrow 2OH^{-}$

㉠ 1차 반응: $Fe + \frac{1}{2}O_2 + H_2O \rightarrow Fe(OH)_2$ (산화 제1철)

㉡ 2차 반응: $Fe(OH)_2 + \frac{1}{4}O_2 + \frac{1}{2}H_2O \rightarrow Fe(OH)_3$ (산화 제2철)

③ 철근부식의 피해: 철근부식 발생 → 철근의 체적팽창(2.6배) → 콘크리트 내 균열 발생 → 구조물의 내구성 저하

④ 철근부식 방지대책

㉠ 철근 표면의 아연도금 처리

㉡ 에폭시수지 도장철근 사용

㉢ 콘크리트 피복두께 증가

㉣ 콘크리트의 균열 발생 부위 보수

㉤ 콘크리트 배합 시 방청제 혼입

㉥ 단위수량 감소 및 혼화재 사용(AE제, AE감수제 등)

2 거푸집공사

1) 거푸집 존치기간

① 콘크리트 압축강도시험을 하지 않을 경우 거푸집널 해체시기

시멘트종류 평균기온	조강포틀랜드시멘트	보통포틀랜드시멘트 고로슬래그시멘트(1종) 플라이애시시멘트(1종) 포틀랜드포졸란시멘트(A종)	고로슬래그시멘트(2종) 플라이애시시멘트(2종) 포틀랜드포졸란시멘트(B종)
20℃ 이상	2일	4일	5일
20℃ 미만 10℃ 이상	3일	6일	8일

② 콘크리트 압축강도시험할 경우 거푸집널 해체시기

부재		콘크리트 압축강도(f_{ck})
기초, 보, 기둥, 벽 등의 측면		5MPa 이상
슬래브 및 보의 밑면, 아치 내면	단층구조	설계기준 압축강도의 2/3배 이상 또한 14MPa 이상
	다층구조	설계기준 압축강도 이상

2) 콘크리트 측압 및 콘크리트 헤드(head)

구분	콘크리트 측압
정의	• 미경화콘크리트 타설 시 수직거푸집널에 작용하는 유동성을 가진 콘크리트의 수평방향의 압력 • 측압 = 미경화콘크리트 단위중량(W) × 타설높이(H)[t/m²](일반적인 경우에 한함)
측압 증가요소	• 콘크리트의 타설속도가 빠를수록 • 타설되는 단면치가 클수록 • 콘크리트의 슬럼프(slump)가 클수록 • 콘크리트의 시공연도가 좋을수록 • 단위시멘트량이 많을수록(부배합) • 외기온·습도가 낮을수록 • 다짐이 충분할수록 • 철골·철근량이 적을수록 • 거푸집 표면이 매끄러울수록 • 콘크리트 낙하높이가 높을수록
콘크리트 헤드	• 콘크리트 타설 윗면에서 최대 측압이 발생하는 지점까지의 수직거리(벽: 0.5m, 기둥: 1.0m) • 최대 측압 　－벽: 0.5m × 2.3t/m³ ≒ 1.0t/m² 　－기둥: 1.0m × 2.3t/m³ ≒ 2.5t/m² 

3) 거푸집의 종류

(1) 재료적 분류

① 알루미늄폼

ㄱ 정의

• 알루미늄합금의 거푸집의 프레임과 표면이 코팅된 알루미늄패널로 구성된 강제거푸집의 한 종류이다.

• 경량으로 취급이 용이하고 강성이 뛰어나 높은 전용률을 가지며 구조체의 수직 및 수평정밀도가 향상된다.

ⓛ 특징

장점	단점
• 구조체의 수직·수평정밀도 우수 • 콘크리트 표면마감 우수(견출작업 감소) • 전용횟수가 우수하여 경제적 • 설치 및 해체작업의 안전성 향상, 소음 저감 • 강성이 우수하고 경량의 거푸집	• 초기 투자비용이 과다 • 자재의 적용범위가 제한적 • 거푸집의 제작기간 다수 소요 • 기능공의 숙련도 부족 • 단면 및 층고의 변화에 대한 대응 미흡

② 무지주 바닥판공법 – 데크플레이트 및 와플폼

데크플레이트(Deck plate)	와플폼(Waffle form)
바닥구조에서 사용하는 거푸집으로써 아연도금강판을 파형으로 절곡하여 거푸집 대용 또는 구조체 일부로 사용하는 무지주공법의 거푸집공법	의장효과와 층고 확보를 목적으로 2방향 장선바닥판 구조가 가능하도록 된 특수 상자모양의 기성재 거푸집공법

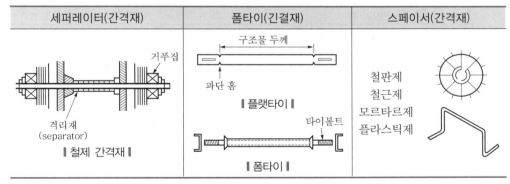

③ 거푸집 부속철물

ⓛ 거푸집 긴결철물

세퍼레이터(간격재)	폼타이(긴결재)	스페이서(간격재)

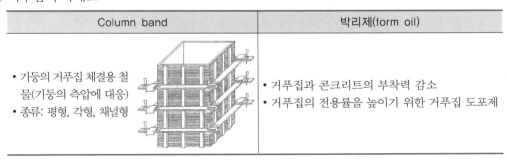

ⓛ 거푸집 부속재료

Column band	박리제(form oil)
• 기둥의 거푸집 체결용 철물(기둥의 측압에 대응) • 종류: 평형, 각형, 채널형	• 거푸집과 콘크리트의 부착력 감소 • 거푸집의 전용률을 높이기 위한 거푸집 도포제

(2) 시스템적 분류

① 벽체 전용 시스템거푸집 - 갱폼(Gang form)

장점	단점
• 거푸집 조립 및 해체작업 감소 • 시공능률 향상 및 공기단축 • 노무인력 감소 및 숙련공 불필요 • 공기단축 용이 • 벽체 수직도 확보 용이	• 초기 투자비 과다 발생 • 대형 양중장비 필요 • 현장 제작 및 해체장소 필요 • 갱폼 제작기간 소요 • 대형 부재로 안전사고 우려

② 수직이동시스템거푸집 - 슬립폼(Slip form), 슬라이딩폼(Sliding form)

슬립폼	슬라이딩폼
• 기계적 장치를 이용하여 수직으로 상승 • 콘크리트 연속 타설 → 시공이음 미발생 • 단면변화가 있는 구조물에 적용 • 벽체 전용 시스템거푸집	• 기계적 장치를 이용하여 수직으로 상승 • 연속적 콘크리트 타설 → 시공이음 미발생 • 단면변화가 없는 일정한 구조물에 적용 • 벽체 전용 시스템거푸집

③ 바닥 전용 시스템거푸집 - 테이블폼, 트래블링폼, Fly shore form

구분	설명
테이블폼(Table form)	바닥판 + 지보공 Unit화 → 수평이동
트래블링폼(Table form)	• 거푸집 + 장선 + 멍에 + 서포트 Unit화 → 수평이동 • 연속하여 콘크리트 타설 가능
Fly shore form	거푸집 + 장선 + 멍에 + 서포트 Unit화 → 수평이동 + 수직이동

④ 바닥 및 벽체 동시 타설 시스템거푸집 - 터널폼(Tunnel form)

Tunnel form 적용대상	종류별 특성

• 동일 크기의 공간이 계속되는 구조
• 보가 없는 벽식구조
• 토목공사의 암거 등의 지하매설물
	• Mono - shell
	  - Π자형 1개 부재로 제작
	  - 동일한 스팬(span)의 구조체에 적용
	• Twin - shell
	  - Γ자형 2개 부재로 제작
	  - 스팬간격이 큰 경우 적용

06 | 콘크리트공사

1 일반 콘크리트

1) 재료

(1) 시멘트

① 시멘트의 분류

포틀랜드시멘트	혼합시멘트	특수시멘트
• 보통포틀랜드시멘트(1종) • 중용열포틀랜드시멘트(2종) • 조강포틀랜드시멘트(3종) • 저열포틀랜드시멘트(4종) • 내황산염포틀랜드시멘트(5종)	• 포졸란(pozzolan)시멘트 • 고로슬래그시멘트 • 플라이애시(fly ash)시멘트	• 알루미나(alumina)시멘트 • 초속경시멘트 • 팽창시멘트 • 백색시멘트

② 포틀랜드시멘트

구분	종류	적용	특징
1종	보통포틀랜드시멘트	보통콘크리트	일반적 90% 이상 사용
2종	중용열포틀랜드시멘트	서중콘크리트	• 수화열 저감(건조수축 감소) • 장기강도에 유리
3종	조강포틀랜드시멘트	한중콘크리트	초기강도 발현 유리
4종	저열포틀랜드시멘트	매스콘크리트 수밀콘크리트	• 수화열 저감(2종보다 우수) • 장기강도에 유리
5종	내황산염포틀랜드시멘트	해양콘크리트	• 화학침식에 대한 저항성 우수 • 장기강도 발현에 효과적

③ 혼합시멘트

구분		설명
포졸란시멘트 (pozzolan cement)	정의	포틀랜드시멘트의 클링커와 실리카질의 혼화재, 약간의 석고를 혼합 · 분쇄한 시멘트(실리카시멘트라고도 한다)
	특징	• 워커빌리티 향상 및 수밀성 증진 • 블리딩 및 재료분리, 백화현상 감소 • 장기강도 증진(초기강도 발현 지연) • 탄산가스에 의한 중성화 용이 • 콘크리트 내 공극 충전효과 우수 • 수화발열량 감소 및 건조수축 감소 • 단위수량 증가 및 동결융해에 대한 저항성 불리

구분		설명	
고로슬래그시멘트 (고로 slag cement)	정의	포틀랜드시멘트의 클링커와 고로슬래그 및 석고를 첨가하여 혼합·분쇄한 시멘트	
	특징	• 구조체의 장기강도 우수 • 분말도가 낮아 수화열 저감 • 비중이 낮음(2.9) • 해수, 하수, 지하수 등의 내침투성 우수 • 초기 경화지연 및 조기건조에 민감(초기 습윤양생관리)	
플라이애시시멘트 (fly ash cement)	정의	포틀랜드시멘트에 인공포졸란(플라이애시)을 혼합하여 제조한 시멘트	
	특징	• 단위수량 감소 • 장기강도 유리(초기강도 발현 지연) • 해수에 대한 저항성 우수 • 시공연도 향상 • 수화열 감소 및 건조수축 감소 • 수밀성 향상	

④ 시멘트의 주요 화합물

약호	명칭	분자식	강도	수화반응	수화열	건조수축
C_3S	규산3석회	$3CaO \cdot SiO_2$	f_{28}	보통	대	중
C_2S	규산2석회	$2CaO \cdot SiO_2$	장기	느림	소	소
C_3A	알루민산3석회	$3CaO \cdot Al_2O_3$	초기($f_{3 \sim 7}$)	매우 빠름	극대	대
C_4AF	알루민산4석회 (테트라칼슘)	$4CaO \cdot Al_2O_3 \cdot Fe_4O_3$	f_{28}	비교적 빠름	중	소

⑤ 시멘트의 응결 및 경화

㉠ 응결 및 경화, 이중응결(헛응결)

구분	내용
응결 (setting)	• 수화반응에 의해 유동성을 상실하여 형상을 유지할 정도로 굳어질 때까지의 과정 • 응결시간: 초결 60분, 종결 10시간
경화 (hardening)	• 응결이후 강도가 발현되는 과정 • 압축강도: 3일 13MPa 이상, 7일 20MPa 이상, 28일 29MPa 이상
이중응결 (헛응결, false set)	• 헛응결(false set ; 이상응결): 가수 후 발열하지 않고 시멘트페이스트가 10~20분 사이에 굳어졌다가 다시 묽어지게 되는 이상응결현상 • 본응결: 헛응결 이후 정상적으로 굳어지는 현상

ⓛ 시멘트의 응결속도에 미치는 영향요소

응결속도 감소	응결속도 증가
• 풍화된 시멘트일수록 • 시멘트 내 불순물이 포함되어 있을 경우 • $C_2S(2Cao \cdot Sl_2O_2)$가 많을수록 • 비빔시간이 많을수록 • 단위시멘트량이 적을수록(빈배합(Poor – mix)) • 혼합시멘트를 사용할수록(포졸란, 플라이애시 등)	• 시멘트의 분말도가 높을수록 • $C_3A(3Cao \cdot Al_2O_3)$가 많을수록 • Slump가 작을수록 • 물결합재비가 작을수록 • 온도가 높고, 습도가 낮을수록 • 응결지연제 및 유동화제 등의 혼화재 사용 시

(2) 골재

① 골재의 품질요구사항

㉠ 물리적 · 화학적으로 안정할 것

ⓛ 유해물질을 함유하지 않을 것

㉢ 입형이 둥글고 입도가 적절할 것

㉣ 시멘트페이스트와 부착력이 우수할 것

㉤ 소정의 중량(밀도)을 갖고 내화적일 것

② 골재의 함수량 및 흡수량

구분	내용
함수량	습윤상태의 골재의 내부와 표면에 함유된 전수량
함수율	절건상태의 골재중량에 대한 함수량의 백분율
흡수량	표면건조 내부 포화상태의 골재 중에 포함된 물의 양
흡수율	절건상태의 골재중량에 대한 흡수량의 백분율
유효흡수량	표면건조 내부 포화상태의 골재중량과 기건상태의 골재중량의 차
유효흡수율	기건상태의 골재중량에 대한 유효흡수량의 백분율
표면수량	함수량과 흡수량과의 차
표면흡수율	표면건조 내부 포화상태의 골재중량에 대한 표면수량의 백분율

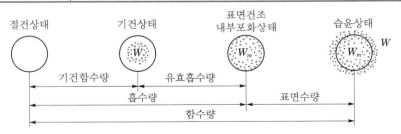

③ 조립률(Fineness Modulus)

구분	특성
정의	• 10개의 표준체로 체가름시험하여 각 체에 남는 골재의 누적잔류중량백분율의 합을 100으로 나눈 값 • 10개의 표준체(단위: mm): 80, 40, 20, 10, 5, 2.5, 1.2, 0.6, 0.3, 0.15
조립률 산정식	$$FM = \frac{15 \sim 80mm\,체의\;가적잔류율의\;누계}{100}$$
골재의 조립률	• 굵은 골재: 6~8 정도 • 잔골재: 2.3~3.1 정도
콘크리트에 미치는 영향	입도가 양호한 골재일수록(조립률이 좋을수록) • 실적률이 큼(=공극률이 작음) • 동일 슬럼프에서 단위수량의 감소 가능 • 콘크리트 시공연도 개선 • 콘크리트의 압송성, 성형성, 충전성 등 양호

(3) 혼화재

① AE감수제

구분	내용
정의	콘크리트 속에 독립된 미세공기기포를 균일하게 분포시켜 콘크리트의 시공연도를 향상시키고 동결융해 저항성을 증대시키는 혼화제
사용목적	• 시공연도(workability) 개선 • 알칼리골재반응 감소 • 단위수량 감소 • 재료분리 및 블리딩 감소 • 동결융해에 대한 저항성 증대 • 콘크리트의 수밀성 증대
공기량의 종류	• 갇힌 공기(entrapped air; 자연적인 공기): 콘크리트 배합과정에서 자연적으로 1~2% 정도 형성되는 큰 입경의 불규칙적으로 갇힌 부정형의 공기 • 연행공기(entrained air; 인위적인 공기): AE제에 생성된 0.025~0.25mm 정도의 지름을 가진 기포
용도	• AE콘크리트: 콘크리트의 내구성 향상 • 쇄석콘크리트: 시공연도(workability) 증진 • 한중콘크리트: 동결융해 저항성 개선

② 혼화재의 종류

구분	내용
플라이애시	• 화력발전소 연소과정에서 생성하는 미분입자의 잔사(비중: 1.9~2.4) • 시멘트보다 가볍고 높은 분말도
포졸란	• 화산회·화산암의 풍화물로 자체 수경성은 아니나, 석회와 반응하여 경화하는 성질의 혼화재 • 천연포졸란(규조토, 응회암, 화산재 등), 인공포졸란(플라이애시, 소점토, 고로슬래그 등)
고로슬래그	• 용광로방식의 제철작업에서 발생하는 부산물(주성분: 실리카, 알루미나, 석회) • 장기강도 및 해수·지하수 등 내침투성 우수

구분	내용
실리카퓸	• 규소합금 제조 시 발생하는 폐가스에서 발생하는 부산물(고강도콘크리트 제조 시 사용) • 입경 1μm 이하, 90% 이상이 구형의 형상을 하고 있음
착색제	■ 콘크리트의 색을 가하는 안료 • 빨강: 제2산화철　　　　　　　　• 갈색: 이산화망간 • 노랑: 크롬산바륨　　　　　　　　• 검정: 카본블랙 • 파랑: 군청　　　　　　　　　　　• 초록: 산화크롬

(4) 콘크리트

① 정의: 비빔 직후부터 거푸집 내에 부어넣어 소정의 강도를 발휘할 때까지의 콘크리트에 대한 총칭

② 굳지 않은 콘크리트의 성질

구분	설명
반죽질기(Consistency)	굳지 않은 콘크리트에서 주로 단위수량의 다소에 따라 유동성의 정도를 나타내는 것으로서 작업성을 판단할 수 있는 요소
시공연도(Workability)	반죽질기에 의한 작업의 난이한 정도와 균일한 질의 콘크리트를 만들기 위하여 필요한 재료의 분리에 저항하는 정도
성형성(Plasticity)	거푸집에 쉽게 다져 넣을 수 있고, 거푸집을 제거하면 천천히 형상이 변하기는 하지만 허물어지거나 재료가 분리되지 않는 굳지 않은 콘크리트의 성질
마감성(Finishability)	잔골재, 굵은 골재, 반죽질기와 성형성에 따른 표면의 마감처리성능
운반성(Pumpability)	콘크리트펌프에 의해 굳지 않은 콘크리트 또는 모르타르를 압송할 때의 운반성능
유동성(Mobility)	중력이나 외력에 의해 유동하기 쉬운 정도를 나타내는 굳지 않은 콘크리트의 성질

2) 배합

(1) 물결합재비

구분	내용
정의	• 굳지 않은 콘크리트 또는 굳지 않은 모르타르에 포함되어 있는 시멘트풀 속의 물과 결합재의 질량비 • 소요강도, 내구성, 수밀성 및 균열저항성 등을 고려하여 산정
시방기준	• 물결합재비(W/B) $= \dfrac{물의\ 중량}{시멘트의\ 중량 + 혼화재의\ 중량} \times 100[\%]$ • 압축강도와 물결합재비와의 관계는 시험에 의하여 정하는 것을 원칙으로 한다. • 이때 공시체는 재령 28일을 표준으로 한다. • 배합에 사용할 물결합재비는 기준재령의 결합재물비와 압축강도와의 관계식에서 배합강도에 해당하는 결합재물비값의 역수로 한다.

(2) 굵은 골재 최대 치수

① 굵은 골재의 공칭 최대 치수

    ㉠ 거푸집 양 측면 사이의 최소 거리의 1/5 이하

    ㉡ 슬래브두께의 1/3 이하

    ㉢ 개별철근, 다발철근, 긴장재 또는 덕트 사이 최소 순간격의 3/4 이하

② 굵은 골재 최대 치수의 표준값

구조물의 종류	굵은 골재의 최대 치수(mm)	
일반적인 경우	20 또는 25	
단면이 큰 경우	40	
무근콘크리트	40, 부재 최소 치수의 1/4 이하	

(3) 계량장치

계량장치	정의	
배처플랜트(batcher plant)	골재, 시멘트, 물, 혼화재 등을 자동중량계량하는 장치	
믹싱플랜트(mixing plant)	콘크리트를 계량하여 비빔하는 설비	
디스펜서(dispenser)	AE제를 계량하는 분배기	
이넌데이터(inundator)	모래의 용적계량장치	
워세크리터(wacecretor)	물시멘트비가 일정한 시멘트상의 혼합계량장치	
워싱턴미터(washigton meter)	AE제의 공기량계량장치	
에어미터(air meter)	콘크리트 속에 함유된 공기량 측정장치	
오버플로식(overflow system) 사이펀식(siphon system) 플로트식(float system)	물의 계량장치	

3) 시공

(1) 콘크리트 이어치기

구분	내용	
이어치기 위치	• 보, 바닥판: 간사이(span)의 중앙부 • 바닥판 중앙에 작은 보가 있을 경우: 작은 보너비의 2배 이격 • 기둥: 기초판, 연결보 또는 바닥판 위에서 수평으로 이음 • 벽: 개구부 등 끊기 및 이음자리 막기, 떼어내기 용이한 곳에 수직 및 수평으로 이음 • 아치: 아치축에 직각으로 이음	

구분	내용	
이어치기 시간간격	외기온도	허용이어치기 시간간격
	25℃ 초과	2.0시간
	25℃ 이하	2.5시간
	• 허용이어치기 시간간격: 비비기 시작~타설 완료 후	

(2) 시험

① 콘크리트 유동성시험의 종류

보통콘크리트	된비빔콘크리트	유동화콘크리트
• 슬럼프시험(slump test) • 플로시험(flow test)	• 구관입시험(ball penetration test) • 리몰드시험(remold test) • 비비시험(Vee–bee test)	• 슬럼프플로시험(slump flow test) • L형 플로시험(L형 flow test)

② 슬럼프플로시험(Slump flow test)

    ㉠ 슬럼프플로의 정의 : 굳지 않은 콘크리트의 유동성 정도를 의미

    ㉡ 슬럼프플로시험

       → 수밀평판 위에 슬럼프콘에 시료를 붓고 슬럼프콘을 제거할 때 콘크리트의 움직임이 멎은 후 퍼지는 지름이 최대가 되는 지름과 그것에 직교하는 위치의 지름평균값을 슬럼프플로로 평가

③ 비파괴검사의 종류 및 특징

구분	내용
반발경도법 (표면경도법)	• 콘크리트 표면을 타격 시 반발계수를 측정하여 콘크리트의 강도를 추정하는 검사방법 • 시험이 간단하고 비용이 저렴, 현장 적용성 우수 • 슈미트해머의 종류: N형, M형, P형, L형 등
음속법 (초음파법)	• 발신자와 수신자 사이를 통과하는 음파의 속도에 의해 강도를 측정하는 검사방법 • 주로 사용하는 검사방법
복합법	• 반발경도법과 음속법을 병행하여 강도를 추정하는 검사방법 • 시험신뢰성 가장 우수
인발법 (pull–out test)	• 콘크리트 타설 전 인서트를 매립하고, 인발볼트를 인발하는 하중을 측정하여 콘크리트의 강도를 추정하는 시험
철근탐사법	• 콘크리트 속에 매입된 철근의 철근간격 및 피복두께 등을 평가하기 위하여 실시하는 시험 • RC–rader를 주로 사용
코어채취법	• 코어드릴을 이용하여 콘크리트시료를 채취하여 실시하는 시험

(3) 줄눈

구분	특징
시공줄눈	• 콘크리트 작업관계상 신·구콘크리트를 타설할 때 발생되는 콘크리트 이어치기 부분에서 발생되는 줄눈 • 설치목적 　－1일 타설량의 제한 　－거푸집의 반복 사용 　－콘크리트의 품질검사 　－Mass콘크리트의 온도 상승 방지
신축줄눈	• 온도변화에 따른 수축·팽창, 부동침하 등에 의해 균열예상 부위를 설치하여 구조체 간 단면분리를 시키는 줄눈 • 설치위치 　－하중분배가 상이한 곳 　－부재의 단면이 변화되는 곳 　－저층과 고층의 접합부 　－건축물길이 50~60m마다 설치
수축줄눈 (조절줄눈)	• 건조수축으로 인한 균열을 벽의 일정한 곳에 일어나도록 유도하기 위해 설치하는 줄눈 • 단면결손율은 부재두께의 20% 이상
미끄럼줄눈	• 슬래브, 보의 단순지지방식으로 직각방향에서 하중이 예상될 때 설치하는 줄눈 • 보와 슬래브 사이의 구속응력에 의한 균열 방지
Slip Joint	• 조적벽과 철근콘크리트 슬래브에 설치하여 상호 자유롭게 움직이게 한 줄눈 • 재료의 온·습도에 의한 팽창률로 인한 부재접합부의 균열 방지
Delay Joint (지연줄눈)	• 장스팬 시공 시 수축대를 설치하여 초기 수축 발생 완료 후 타설하는 줄눈 • 100m가 넘는 장스팬의 구조물에서 신축줄눈의 설치가 불필요 • 줄눈의 폭: 바닥판 1.0m, 벽과 보 0.2m • 타설구간(수축대)는 4~6주 후 경과 후 무수축콘크리트 타설

(4) 결함

① 콜드조인트

구분	내용	
정의	• 콘크리트 이어붓기 시간초과 시 콘크리트가 일체화되지 않아 시공 불량에 의해 발생하는 Joint • 누수 및 콘크리트 내구성 저하의 원인	
원인	• 넓은 지역의 순환 타설(2시간 초과) • 단면이 큰 구조물의 수화발열량 • Movement 줄눈의 누락	• 장시간 운반 및 대기(재료분리) • 분말도가 높은 시멘트 사용 • 재료분리가 된 콘크리트 사용
대책	• 레미콘 배차계획 및 간격 엄수 • 분말도 낮은 시멘트 사용 • 콘크리트 이어치기: 60분 이내	• 여름철에 응결경화지연제 사용 • 타설구획 및 순서를 사전에 계획 • 건비빔된 재료의 현장반입

② 블리딩 및 레이턴스

구분	설명
정의	• 콘크리트 타설 후 물과 함께 미세한 물질은 상승하고, 무거운 골재나 시멘트는 침하하는 재료분리현상 • water gain 및 레이턴스현상을 유발시켜 콘크리트 품질저하의 원인
콘크리트에 미치는 영향	• 침하균열 발생(철근 하부의 공극 형성) • 물결합재비의 변화로 콘크리트 물성변화 • 레이턴스에 의한 신구콘크리트 부착력 저하 • 블리딩에 의한 channel현상으로 구조적 결함 및 내구성 저하 • 콘크리트 표면의 내마모성 감소
water gain	블리딩현상으로 물이 상승하여 콘크리트 표면에 물이 고이는 현상
레이턴스 (laitance)	• 블리딩으로 인하여 미세물질이 같이 상승하며 콘크리트 경화 후 표면에 침적된 미세한 페이스트상의 물질 • 콘크리트 이어붓기 시 부착강도 감소의 원인

③ 슬럼프손실(Slump loss)

   ㉠ 정의: 타설 전 콘크리트의 Slump가 시멘트의 응결이나 시간경과에 따라 수분의 증발로 인하여 Slump가 저하되는 현상(콘크리트 온도 $10℃$ 상승 시 슬럼프 $10 \sim 20mm$ 저하)

   ㉡ 원인 및 대책

원인	대책
• 과다한 비빔시간 • 장거리 운반 시 콘크리트 응결 발생 • 콘크리트 온도 상승 • 하절기에 콘크리트 타설 시 과다 발생 • 타설 시 수직 · 수평압송거리 과다 • 단위시멘트량, 잔골재율 과다	• 레미콘온도관리 철저(골재냉각, 낮은 온도의 배합수 사용, 저열시멘트 사용) • 압송관의 시멘트페이스트 유출 방지 • AE감수제(지연형) 등의 혼화재 사용 • 운반거리 90분 이내 레미콘공장 선정 • 단위시멘트량을 저감한 빈배합(poor mix) • 슬럼프 저하 시 유동화제 사용

④ 현장가수

   ㉠ 개념: 콘크리트 타설 시 콘크리트의 작업성 개선을 위해 레미콘에 물을 첨가하여 묽은 비빔의 콘크리트를 만드는 것

   ㉡ 현장가수의 문제점

     • 콘크리트의 강도 및 수밀성 감소

     • 콘크리트의 내구성 감소

     • 동결융해의 저항성 감소

     • 재료분리현상 발생

     • 콘크리트의 내마모성 감소→구조물의 내구연한 감소

4) 콘크리트의 내구성

(1) 알칼리골재반응(AAR; Alkali Aggregate Reaction)

구분	설명	
정의	시멘트 중의 수산화알칼리와 골재 중의 반응성 물질(Silica, 황산염 등) 간에 일어나는 화학반응으로, 실리카겔이 형성되어 골재가 팽창하여 콘크리트가 파괴되는 현상	
요소	시멘트의 고알칼리＋반응성 골재＋수분 및 온도→AAR	
문제점	• 골재팽창에 의한 균열 발생(망상균열) • 균열 발생 부위에 백화현상 발생	• 표면박리 발생(pop-out현상) • 콘크리트의 내구성 및 수밀성 감소
원인	• 골재의 알칼리반응성 물질 과다 • 시멘트 중의 수산화알칼리용액 과다 • 온도가 높거나 습윤상태일 경우 발생	• 콘크리트 내 수분이동으로 알칼리이온의 농축 • 단위시멘트량 과다 • 제치장콘크리트일 경우 발생
대책	• 청정골재 사용(알칼리반응성 물질 감소) • 콘크리트 알칼리량 $0.3kg/m^3$ 이하 • 단위시멘트량 감소	• 혼합(Pozzolan)시멘트 사용 • 저알칼리포틀랜드시멘트 사용(Na_2O당량 0.6% 이하)

(2) 콘크리트 크리프(creep)

구분	설명	
정의	콘크리트에 지속적인 하중이 발생할 때 하중변화가 없이 시간경과에 따라 변형이 점차로 증가하는 현상	
특성	• 재하기간 3개월: 전 creep의 약 50% 발생 • 재하기간 1년: 전 creep의 약 80% 완료 • 온도 20~80℃에서 온도 상승에 비례 • creep한도: creep변형이 일어날 때 파괴되지 않을 때의 지속응력 또는 지속응력의 정적강도에 대한 비율(응력비)	
증가요인	• 재하응력이 클수록 • 콘크리트 재령기간이 짧을수록 • 부재의 치수가 작을수록 • 부재의 경간길이에 비해 높이가 낮을수록	• 대기온도가 높을수록 • 단위시멘트량 및 물결합재비가 클수록 • 다짐작업이 나쁠수록 • 양생조건이 나쁠수록

(3) 콘크리트의 균열

① 온도균열 및 자기수축균열

구분	설명
온도균열	• 수화열에 의해 콘크리트 내부 온도구배에 의해 발생되는 균열 • 온도균열 방지(온도제어양생): 프리쿨링, 파이프쿨링
자기수축균열	외부 영향(외력, 열적요인, 습도변화 등)의 영향요인 없이 지속적인 시멘트수화에 의해 생기는 체적변화현상

② 온도균열의 원인 및 방지대책

원인	대책
• 시멘트페이스트의 수화열이 큰 경우 • 단위시멘트량이 많을 경우 • 콘크리트 단면이 클 경우 • 콘크리트 타설온도가 높을 경우 • 외기온도가 낮을수록 증가	• 재료의 프리쿨링(pre‒cooling)온도제어 양생 • 혼화재 사용으로 응결·경화지연 • 저발열시멘트 사용(혼합시멘트 사용) • 단위시멘트량 감소 • 콘크리트의 인장강도 개선(섬유보강콘크리트 적용)

③ 균열보수 및 보강공법

　㉠ 보수 및 보강의 정의

구분	설명
보수	손상된 부위를 당초의 형상, 외관, 성능 등으로 회복시키는 작업(외관보수개념)
보강	구조물의 강도 증진을 위해 다른 부재를 덧대는 작업(구조성능 향상개념)

　㉡ 균열보수공법

구분	특징
표면처리공법	• 진행 완료된 폭 0.2mm 이하 미세균열보수 • 시멘트페이스트, 폴리머시멘트 등으로 도막
충전법	• 주입이 어려운 폭 0.3mm 정도의 균열보수 • V‒cut 후 저점도 에폭시수지로 충전
주입공법	• 주입용 pipe를 10~30cm 간격으로 설치하여 균열 부위에 저점도 에폭시수지 등으로 주입 • 폭 0.5mm 이상의 큰 균열에 적용 • 가장 대표적인 공법

　㉢ 균열보강공법

구분	종류	
강재보강공법	• 강판부착공법	• 강재앵커공법
복합재료보강공법	• 탄소섬유시트보강공법	• 유리섬유보강공법
기타	• 프리스트레스트공법	• 단면 증대공법

2 특수 콘크리트

1) 레디믹스트콘크리트

구분	설명
정의	레미콘 제조설비능력을 갖춘 레미콘공장에서 제조 · 생산하여 현장으로 운반하여 타설되는 콘크리트
규격	25 — 30 — 150 굵은 골재 최대 치수 (mm) 호칭강도 (MPa) 슬럼프 (mm)
호칭강도	• 레미콘공장에서의 상품으로서 강도 • 강도를 규정한 경우는 설계기준강도와 같은 의미로 사용 • 내구성, 수밀성을 규정한 경우에는 호칭강도와 설계기준강도가 상이함(일반적 : 설계기준강도 ≤ 배합강도 ≤ 호칭강도)

2) 레미콘 운반방법의 종류

구분	설명
센트럴믹스트콘크리트 (Central mixed concrete)	• 레미콘공장의 믹싱플랜트에서 비빔 완료하여 트럭 애지테이터로 운반 후 현장에 타설하는 콘크리트 • 근거리 타설 시 적용
슈링크믹스트콘크리트 (Shrink mixed concrete)	• 레미콘공장의 믹싱플랜트에서 일부 비빔하여 운반 중 트럭 애지테이터에서 비빔 완료 후 현장에 타설하는 콘크리트 • 중거리 타설 시 적용
트랜싯믹스트콘크리트 (Transit mixed concrete)	• 트럭믹서에 재료를 공급하고 운반 중 트럭 애지테이터에서 완전 비빔하여 현장에 타설하는 콘크리트 • 장거리 타설 시 적용

3) 레미콘공장 선정 시 고려사항

레미콘공장 선정 시 고려사항	기타 품질관리사항
• 현장까지의 운반시간 및 배출시간 • 콘크리트의 제조능력 • 운반차의 수 • 공장의 제조설비 • 품질관리상태	• 단일구조물, 동일 공구 　→ 1개 공장의 레디믹스트콘크리트 사용 • 2개 이상의 공장 선정 시 　→ 품질관리계획서에 의한 동일 성능 확보

4) 주요 4대 콘크리트

구분	설명
서중콘크리트	• 일평균기온이 25℃를 초과할 경우 적용하는 콘크리트 • 타설온도: 35℃ 이하 및 계획한 온도의 범위 내 • 운반시간: 비비기로부터 타설 종료까지 1.5시간 이내 및 계획한 시간 이내
한중콘크리트	• 일평균기온이 4℃ 이하가 되는 경우 적용하는 콘크리트 • 물결합재비: 60%
매스콘크리트	부재단면의 최소 치수가 0.8m 이상, 하단이 구속된 벽체의 경우 두께 0.5m 이상의 콘크리트의 내·외부 온도차가 최소 25℃ 이상으로 예상되는 곳에 적용하는 콘크리트
고강도콘크리트	설계기준 압축강도가 보통(중량)콘크리트에서 40MPa 이상, 경량골재 콘크리트에서 27MPa 이상인 경우의 콘크리트

5) 한중콘크리트 초기 양생 시 주의사항

구분	설명
초기 양생 시 중점관리사항	• 소요압축강도가 얻어질 때까지 콘크리트의 온도를 5℃ 이상으로 유지 • 소요압축강도에 도달한 후 2일간은 구조물의 어느 부분이라도 0℃ 이상이 되도록 유지 • 초기 압축강도 5MPa 도달 시까지 보온양생 • 콘크리트를 타설한 직후에 찬 바람이 콘크리트 표면에 닿는 것을 방지 • 급열양생 시 콘크리트의 급격건조 및 국부적 가열 방지
동결 방지대책	• 조강포틀랜드시멘트 사용 • 초기강도 5MPa 이상 확보 • 배합수온도 40℃ 이상 가열 • 타설 시 콘크리트 온도 5~20℃ 미만 관리 • 단위수량 감소 • 단열보온 및 가열보온양생 실시 • 외부 유입수 차단(물끊기, 구배) • 콘크리트 내 적당량의 연행공기(4~6%) • AE제, AE감수제, 고성능 AE감수제 등 혼화재 사용
보온양생	• 방법: 급열양생, 단열양생, 피복양생 및 이들을 복합한 방법 • 급열양생: 가열보온 시 콘크리트가 급격히 건조하거나 국부적으로 가열 방지 • 단열보온: 계획된 양생온도 유지, 국부적으로 냉각 방지 • 보온양생 또는 급열양생 종료 후 콘크리트 온도의 급격한 저하 방지

6) 매스콘크리트 온도균열의 원인 및 방지대책

(1) 온도균열

① 정의: 단면이 큰 매스콘크리트 또는 한중콘크리트 타설 시 콘크리트 부재의 내·외부 온도차에 의한 균열(내부의 온도 상승에 따른 표면균열, 온도 하강 시 하부 구속에 의한 내부의 인장균열)

② 원인 및 대책

원인	대책(수화열 저감대책)
• 시멘트페이스트의 수화열이 클 경우 • 콘크리트 온도와 외기온도차가 클 경우 • 단위시멘트량이 많을 경우 • 콘크리트 단면이 클 경우 • 콘크리트 타설온도가 클 경우 • 외기온도가 낮을수록 증가 • 조기탈형	• 단면이 큰 경우 분할 타설 • 내·외부 온도차 25℃ 이하 관리 • 재료의 프리쿨링온도제어 양생 • 혼화재 사용으로 응결·경화 지연 • 저발열시멘트 사용(혼합시멘트 사용) • 단위시멘트량 감소 • 콘크리트의 인장강도 개선(섬유보강콘크리트 적용)

(2) 냉각공법

구분	설명
프리쿨링 (pre-cooling)	• 콘크리트 재료의 일부 또는 전부를 냉각시켜 콘크리트 온도제어양생방법 • 저열Cement, 얼음 사용(물량의 10~40%), 굵은 골재 냉각살수, 액체질소분사
파이프쿨링 (pipe-cooling)	• 콘크리트 타설 전에 Pipe를 배관하여 냉각수나 찬 공기를 순환시켜 콘크리트의 온도를 낮추어 온도제어양생방법 • ϕ25mm 흑색 Gas-Pipe 사용, 1.0~1.5m 간격배치(직렬배치), 15l/분 통수량

7) 고강도콘크리트의 폭렬현상
① 정의 및 발생기구

구분	설명
정의	화재 시 급격한 고온에 의해 내부 수증기압이 발생하고, 이 수증기압이 콘크리트의 인장강도보다 크게 되면 콘크리트 부재 표면이 심한 폭음과 함께 박리 및 탈락하는 현상
발생기구	화재 발생 → 콘크리트 내부 수증기 미배출 → 수증기압>콘크리트 인장강도 → 폭렬 발생 ← 콘크리트 내부 수증기압 상승

② 폭렬현상의 원인 및 대책

구분	설명
원인	• 흡수율 큰 골재 사용 • 내화성 약한 골재 사용 • 콘크리트 내부 함수율이 높을 경우 • 치밀한 콘크리트 조직으로 수증기 배출이 지연될 경우
방지대책	• 내부 수증기압 소산: 내열성 낮은 유기질 섬유 혼입(비폭열성 콘크리트) • 급격한 온도 상승 방지: 내화피복, 내화도료 도포(표면단열탄화층 생성 → 열의 영향 감소) • 함수율이 낮은 골재 사용(3.5% 이하) • 콘크리트 비산 방지: 표면에 Metal lath 혼입, CFT 및 ACT Column • 콘크리트 인장강도 개선: 섬유보강콘크리트 사용 • 콘크리트 피복두께 증대: 콘크리트의 내화성 향상

8) 성능개선 특수 콘크리트

(1) 프리스트레스트콘크리트(PSC ; Pre-Stressed Concrete)
① 일반사항

구분	설명
정의	인장응력이 생기는 부분에 미리 압축의 pre-stress를 주어 콘크리트의 인장강도를 증가시키는 콘크리트
특징	• 탄성력 및 복원성 우수 • 장스팬(span)의 구조물 시공 가능 • 하중 및 수축에 의한 균열 감소 • 내화성능에 취약 • 거푸집공사 및 가설공사 등의 축소

② 프리텐션공법(pre-tension method)

구분	설명
정의	PS강재를 긴장한 상태에서 콘크리트를 타설·경화시킨 후 긴장을 풀어 부재 내에 프리스트레스 도입
제작순서	PS강재 긴장 및 정착 → 콘크리트 타설 → PS강재와 콘크리트의 접합 → 콘크리트에 프리스트레스 도입
공법종류	• 단독형틀법(individual method) • 롱라인법(long line method)

③ 포스트텐션공법(post-tension method)

구분	설명
정의	시스관을 배치하고 콘크리트 타설·경화시킨 후 시스관 내 PS강재를 삽입·긴장하여 고정하고 그라우팅하여 프리스트레스 도입
제작순서	거푸집 및 시스관 설치 → 콘크리트 타설·경화 → 시스관 내 PS강재 삽입 및 긴장·고정 → 시스관 내부 그라우팅 → 프리스트레스 도입
공법종류	• Post-tensioning공법 • Unbond Post-tensioning공법(sheath관 내 그라우팅작업 생략)

④ 긴장재(PS강재 ; Pre-stressing Steel)

구분	설명
PS강선	• D2.9~9mm의 원형강선 • 원형선과 이형선으로 구분
PS강연선	• 2개 이상의 PS강선을 꼰 강재 • 2연선 및 7연선을 주로 사용
PS강봉	• D9.2~32mm로 주로 포스트텐션에 사용 • PS강봉은 강연선보다 강도는 감소되나, relaxation 감소 및 정착부의 가공 용이
기타	PS경강선, 저릴랙세이션 PS강재, 피복된 PS강재 등

(2) 섬유보강시멘트

① 일반사항

구분	설명
정의	보강용 섬유를 혼입하여 주로 인성, 균열 억제, 내충격성 및 내마모성 등을 높인 콘크리트
특징	• 균열에 대한 저항성 우수 • 인장강도 및 휨강도 향상 • 동결융해 저항성 증진 • 콘크리트의 인성 향상 • 방식성 및 내구성 우수

② 종류

구분	설명
무기계 섬유	• 강섬유(steel fiber): 인장 및 휨강도 1.5~1.8배 증진 • 유리섬유(galss fiber): 인성 향상, 내알칼리성 취약 • 탄소섬유(carbon fiber): 내충격성, 고탄성, 내동결 저항성 우수
유기계 섬유	• 아라미드섬유: 고강도, 인성, 내충격성 우수 • 폴리프로필렌섬유: 인장강도, 내충격성, 내동해성 향상 • 비닐론섬유: 고장력, 고탄성, 내후성, 내알칼리성 증대

(3) 폴리머시멘트콘크리트(Polymer cement concrete)

구분	설명
정의	• 결합재의 일부 또는 전부를 시멘트와 폴리머를 사용하여 제조한 무기·유기결합구조의 콘크리트 • 합성수지콘크리트(plastic concrete)
특징	• 콘크리트의 시공연도 향상 • 단위수량 및 물결합재비의 감소 • 건조수축균열의 감소 • 내동결융해성 개선 • 조기탈형 가능(타설 후 1~3시간 이내) • 수밀성 및 내약품성 향상 • 인장강도 및 휨강도 증진 • 접착성 우수 • 한랭지, 동절기 공사에 유리 • 내화성 및 내열성 저하 • 탄성계수가 작아 변형도 증대

(4) 진공콘크리트(Polymer cement concrete)

구분	설명
정의	콘크리트 타설 후 mat, vacuum pump 등을 이용하여 콘크리트 속의 잉여수 및 기포를 제거를 목적으로 하는 콘크리트
특징	• 초기강도 및 장기강도 증대 • 수화수축 및 건조수축 감소(일반 콘크리트의 약 20% 감소) • 표면경도 및 내마모성 향상 • 초기 동해에 대한 저항성 증가

9) 중량 및 경량 특수 콘크리트

(1) 경량콘크리트(Light – weight concrete)

① 일반사항

구분	설명
정의	설계기준강도가 15MPa 이상으로 기건단위용적중량이 2,100kg/m³ 범위 내의 콘크리트
특징	• 구조물의 자중 경감 • 내화성 및 차음성능 우수 • 열전도율 감소(단열성 우수, 열전도율: 일반 콘크리트의 정도) • 다공질의 구조로써 흡수성이 크며 강도 감소 • 건조수축 증대

② 종류

구분	설명
경량골재콘크리트 (경량콘크리트)	골재의 전부 또는 일부를 인공경량골재를 써서 만든 콘크리트로서 기건단위질량이 1.4~2.3t/m³인 콘크리트
기포콘크리트	기포제를 이용하여 물리적 반응에 의해 기포를 발생시켜 경량화한 콘크리트
톱밥콘크리트	톱밥을 골재로 사용하여 못을 박을 수 있게 한 콘크리트
서모콘 (thermocon)	• 정의: 물, 시멘트, 발포제만으로 만든 경량콘크리트 • 특징: 비중 0.8~0.9 정도, 압축강도 4~5MPa, 수소 · 산소가스 사용 • 적용: 경량프리캐스트제품, 바닥단열재 및 흡음재, ALC 등

(2) 중량콘크리트(High – weight concrete)

구분	설명
정의	• 주로 생물체의 방호를 위하여 X선, γ선 및 중성자선을 차폐할 목적으로 사용되는 콘크리트 • 방사선차폐콘크리트
특징	• 2,500~5000kg/m³의 높은 단위용적중량 • 방사선차폐성능 및 내구성 우수 • 콘크리트 단면두께의 감소(약 20% 정도)
구성재료	• 골재: 철광석, 적철광, 중정석 등 비중 3.2~4.0의 골재 • 시멘트: 보통포틀랜드시멘트, 고로슬래그시멘트, 포졸란시멘트 등 • 혼화재: 단위수량 및 단위시멘트량의 감소를 목적으로 fly ash 사용
배합	• 물결합재비: 50% 이하 • 슬럼프: 150mm 이하 • 단위시멘트량: 300~400kg/m³ 정도

10) 기능별 특수 콘크리트

(1) 노출콘크리트(Exposed concrete)

구분	설명	
정의	거푸집 제거 후 콘크리트 외장면을 마감 처리하지 않고 노출된 콘크리트 자체가 마감면으로 하는 콘크리트	
목적	• 마감공사가 생략되어 공기단축 • 콘크리트 구현 • 외장마감의 다양성 부여	• 마감재료의 생략으로 재료절감 • 구조체 자중의 경감

(2) 프리팩트콘크리트(Pre – packed concrete)

구분	설명	
정의	거푸집 내에 미리 굵은 골재를 채워 넣은 후 공극 속으로 특수 모르타르(intrusion mortar)를 주입하여 제조하는 콘크리트	
특징	• 건조수축 및 침하량 감소 • 수화발열량 감소 • 적용: 수중콘크리트 및 지수벽	• 수중환경에서의 수밀성 우수 • 내구성, 수밀성, 동결융해 저항성 우수
시공순서	거푸집 제작 → 철근망 근입 → 모르타르 주입관 설치 → 굵은 골재 채움 → 특수 모르타르 주입	

(3) 숏크리트(Shotcrete)

구분	설명	
정의	컴프레서 혹은 펌프를 이용하여 노즐위치까지 호스 속으로 운반한 콘크리트를 압축공기에 의해 시공면에 뿜어서 만든 콘크리트	
종류	• 건나이트(gunite) • 제트크리트(jetcrete)	• 본닥터(bonductor)

구분	장점	단점
특징	• 소형 장비 사용으로 취급 및 이동 용이 • 가설공사비 감소(거푸집 불필요) • 급경사 등의 작업조건과 무관 • 재료 표면의 강도 및 수밀성, 내구성 향상	• 타설 시 분진 발생 과다 • 콘크리트 타설면의 거친 표면 발생 • 건조수축 과다 발생 • 리바운드에 의한 재료손실 발생

(4) ALC

① 정의: 발포제에 의해 콘크리트 속에 무수한 기포를 골고루 독립적으로 분산시켜 오토클레이브 양생한 경량콘크리트의 일종

② 사용재료

구분		내용
석회질 재료	석회(CaO)	생석회
	시멘트	포틀랜드시멘트, 고로시멘트, 실리카시멘트, 플라이애시시멘트 등
규산질 원료		규석, 규사, 고로slag, fly ash
기포제		Al분말, 표면활성제 등
혼화재료		기포의 안정 및 콘크리트 경화시간의 조정을 위한 혼화재료
철근		일반구조용 압연강재의 봉강, 철근콘크리트용 이형봉강 등
방청제		수지, 역청, 시멘트 등을 주원료로 한 것

③ 제조순서: 생석회, 시멘트 규사 비빔 → 물과 알루미늄분말 첨가 → 거푸집에 주입 후 발포 → 경화 진행 중 오토클레이브 양생(180℃, 1MPa 압력, 10~20시간)

07 강구조공사

1 재료 일반사항

1) 강재규격

구분	명칭	강종	비고
SS (Steel for Structure)	일반구조용 압연강재	SS235, SS275, SS315, SS410, SS450, SS550	① 용접성: A<B<C(우수) ② TMC(Thermo Mechanical Control Process) ③ W: 압연화한 그대로 녹 안정화 처리 ④ P: 도장 처리
SM (Steel for Marine)	용접구조용 압연강재	SM275 A, B, C, D-TMC SM355 A, B, C, D-TMC SM420 A, B, C, D-TMC SM460 B, C-TMC	
SMA (Steel Marine Atmosphere)	용접구조용 내후성 열간 압연강재	SMA275 AW, AP, BW, BP, CW, CP SMA355 AW, AP, BW, BP, CW, CP SMA460 W, P	
SN (Steel New)	건축구조용 압연강재	SN275 A, B, C SN355 B, C SN460 B, C	
SHN (Steel H-beam New)	건축구조용 열간압연 H형강	SHN275, SHN355, SHN420, SHN460	
HSA (High Strength Steel)	건축구조용 고성능 압연강재	HSA 650	

[강재의 기호 예시]

SMA−355−B−P−TMC	• SMA: 용접구조용 내후성 압연강재
	• 355: 항복강도 f_y =355MPa [참고: 인장강도 f_u =490MPa]
	• B: 샤르피흡수에너지 B등급(충격흡수성능: A<B<C)
	• P: 보통 도장 처리
	• TMC: 압연 시 온도제어 압연+가속냉각법(급냉 또는 수냉)

2) 밀시트(Mill sheet; 시험성적서)

① 정의: 철강제품의 품질보증을 위해 공인된 시험기관에 의한 제조업체의 품질보증서
② 밀시트 표기사항
　　㉠ 제품의 제원(길이, 중량, 두께 등)
　　㉡ 제품의 역학적 성능(인장강도, 항복강도, 연신율 등)
　　㉢ 제품의 화학적 성분(Fe, C, Mn 등)
　　㉣ 시험종류와 기준(시험방법, 시험기관, 시험기준 등)
　　㉤ 제품의 제조사항(제조사, 제조연월일, 공장, 제품번호 등)

3) 강구조재료

(1) 데크플레이트(Deck plate)

구분	설명
정의	바닥구조에서 사용하는 거푸집으로써 아연도금강판을 파형으로 절곡하여 거푸집 대용 또는 구조체 일부로 사용하는 무지주공법의 거푸집공법
특징	• 거푸집 설치 및 해체작업의 생략 가능　• 노무비 절감효과 • 공장 제작품으로 품질 확보에 유리　• 비계 설치작업의 감소 • 거푸집 설치 및 철근 배근작업의 감소　• 공기단축 및 공사비 절감효과
종류	• Deck plate 밑창거푸집공법(거푸집 대용)　• 철근 배근형 deck plate(제거식 Deck PL.) • Deck plate 구조체공법(거푸집+구조체 역할)　• 합성 deck plate

(2) 거싯플레이트(Gusset plate)

구분	내용	스케치
정의	철골구조의 절점에서 부재의 접합부에 사용하는 덧대는 강판(보강판, 연결판이라고도 함)	
사용	• 트러스보 제작 시 사용 • 기둥−기둥, 기둥−보·가새, 보−보 등 사용	

(3) 전단연결재(시어커넥터 ; Shear connector)

구분	내용	스케치
정의	콘크리트와 철골의 합성구조에서 전단응력 전달 및 일체성을 확보하기 위해 설치하는 연결재	
목적	• 철골부재와 콘크리와의 일체성 확보 • 콘크리트와의 합성구조에서 전단응력 전달 • 상부 철근 배근 시 구조적 연결고리	
검사 방법	• 기울기검사 → 기울기 5° 이내로 관리 • 타격구부림검사 → 15°까지 해머로 타격하여 결함이 발생하지 않으면 합격	 ∥기울기검사∥ ∥타격구부림검사∥

② 공장 제작

1) 강재절단방법

구분	방법	특성
전단절단	• 절단기계를 이용하여 절단하는 방법 • 절단기계: 시빙머신, 플레이트 시어링기	채움재, 띠철, 형강, 판두께 13mm 이하 부재의 절단
가스절단	• 화염으로 강재를 녹여 절단하는 방법 • 자동가스절단기: 화염을 일정 위치에 고정하여 직선으로 정확히 절단 가능	• 절단면 정밀도 불량 • 부재의 주변 3mm 열변형 발생
톱절단	• 정교한 절단면이 요구될 때 적용되는 방법 • 절단기계: 앵클커터, 해크쇼, 프릭션쇼	• 가장 정밀한 절단방법 • 판재두께 13mm 초과부재의 절단 시 이용

2) 강재 녹막이칠 제외 부분

① 현장용접부 및 인접 부위 양측 100mm 이내
② 초음파탐상검사 지장범위
③ 고력볼트 마찰접합부 마찰면
④ 콘크리트 내 매입되는 부분
⑤ Pin, Roller 등 밀착부
⑥ 조립에 의한 면맞춤 부분
⑦ 밀폐되는 내면

③ 현장조립

1) 기둥 설치순서

현장 시공도 작성 → 중심내기 → 앵커볼트 매립 → 기둥 밑바닥 레벨 조정 → 세우기 장비 준비 → 강재 세우기 → 세우기 검사 → 본접합 → 접합부검사

2) 주각부의 종류

구분	설명	스케치
핀주각 (힌지주각)	• 이동구속, 회전이 허용되는 주각부 • 축력 및 전단력 반력 발생, 휨모멘트 반력 없음	∥핀주각∥ ∥고정주각∥ ∥매입형 주각∥
고정주각	• 이동, 회전이 구속되는 주각부 • 축력, 전단력, 휨모멘트 반력 발생	
매입형 주각	• 저항모멘트≥작용모멘트×2배 • 캔틸레버구조물 기둥고정형태 • 축력, 전단력, 휨모멘트 반력 발생	

3) 앵커볼트 매입방법

구분	설명	스케치
고정매입	• 기초철근 조립 시 동시에 anchor bolt를 매입하여 콘크리트를 타설하는 공법 • 대규모 공사에 적용, 구조성능 우수, 불량 시 보수 곤란	앵커볼트
나중매입	• 콘크리트 타설 전에 원통형의 강판재 등으로 조치하여 anchor bolt 상부의 위치를 조정할 수 있는 공법 • 시공오차 수정 용이, 부착강도 저하, 중소규모 공사	
가동매입	• anchor bolt 설치위치에 pipe 등을 매입하거나 콘크리트를 타설한 후 천공하여 anchor bolt를 매입하여 그라우팅하는 공법 • 구조물용도로 부적합, 기계장비의 기초로 사용	

4) 세우기장비

구분	타워크레인	가이데릭	스티프레그데릭
제원	• 고층건축물 적용 • 넓은 작업반경 • 고양정 양중능력 • 수평지브형: T형 • 상하기복형: 러핑	• 양중능력 우수 • 회전범위: 360° • 붐의 길이<마스트길이 • 당김줄각도: 45°	• 수평이동 가능 • 회전범위: 270° • 붐의 길이>마스트길이 • 층수가 낮고 긴 평면의 구조 물에 적용성 우수
스케치			

4 접합

1) 볼트접합

(1) TS형 고장력볼트

① 정의
   ㉠ 나사부 선단에 6각형의 핀테일과 브레이크넥으로 형성된 고장력볼트
   ㉡ 조임토크가 기준치에 도달하였을 때 브레이크넥이 파단되어 조임 후 검사가 필요 없음

② TS형 고장력볼트의 각부 명칭
   ㉠ 나사부
   ㉡ 파단부(Break neck)
   ㉢ 핀테일(Pin tail)

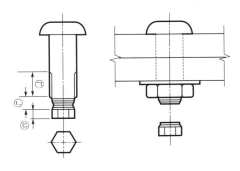

③ 고장력볼트의 특징

장점	단점
• 접합부의 강도가 매우 우수 • 강한 조임으로 너트의 풀림 방지 • 시공이 간단하여 공기단축 가능 • 불량볼트의 보수 및 수정 용이 • 무소음공법, 화재 발생의 위험성 저감	• 마찰면 처리가 곤란 • 볼트조임 후 검사 난해 • 가격이 고가이며 숙련공 필요 • 강재량이 다소 증가됨

(2) 설계볼트장력

① **설계볼트장력**: 설계 시 볼트의 허용전단력을 산정하기 위한 장력으로 기준값

② **표준볼트장력**: 현장볼트체결 시 시공오차 및 변동 등에 대응하기 위해 설계볼트장력의 10%를 할증한 장력

$$표준볼트장력 = 설계볼트장력 \times 1.1(10\% \ 가산)$$

(3) 볼트접합방식

구분	접합방식	스케치
마찰접합	• 부재 간 접합면의 마찰력으로 bolt축과 직각방향의 응력을 전달하는 전단형 접합방식 • 볼트축과 직각방향으로 응력전달	
인장접합	• 부재 간 접합면의 마찰력으로 bolt의 축방향에 응력을 전달하는 전단형 접합방식 • 볼트의 인장내력으로 응력 대응	
지압접합	• 볼트의 전단력과 볼트구멍의 지압내력에 의해 응력을 전달하는 방식 • 볼트축과 직각으로 응력작용	

(4) 볼트접합부 마찰면 처리

① 도료, 기름, 오물 등 청소

② 들뜬 녹은 와이어브러시 등으로 제거

③ 볼트구멍의 중심으로 지름의 2배 이상 범위의 녹, 흑피 제거(숏블라스트 또는 샌드블라스트)

④ 미끄럼계수(μ) 0.5 이상 확보하도록 표면 처리

⑤ **마찰면의 노출에 의한 부식 우려의 경우**: 무기질 아연분말 프라이머 도장 처리(미끄럼계수가 0.4 이상 확보)

⑥ **접합부 간 틈새크기가 1.0mm 초과 시**: 필러플레이트(filler plate) 끼움 처리(틈새크기가 1.0mm 초과인 경우 적용)

2) 용접접합

(1) 용접방법

구분	그루브용접(groove welding)	필릿용접(fillet welding)
스케치		
설명	접합재의 끝부분을 적당한 각도로 개선하여 홈에 용착금속을 용융하여 접착하는 방식	접합재에 개선을 하지 않고 목두께의 방향이 모재의 면과 45°의 각을 이루는 용접방식

(2) 용접기호

용접위치	표기방법	비고
화살표 또는 앞쪽		• S: 용접사이즈 • R: 루트간격 • A: 개선각 • L: 용접길이 • T: 꼬리(특기사항 기록) • ㅡ: 표면모양 • G: 용접부 처리방법
화살표 반대쪽 또는 뒤쪽		• P: 용접간격 • ▶: 현장용접 • ○: 온둘레(일주)용접

(3) 용접보조재료

구분	메탈터치(metal touch)	스캘럽(scallop)	엔드탭(end tab)
스케치			

구분	메탈터치(metal touch)	스캘럽(scallop)	엔드탭(end tab)
특성	압축력과 휨모멘트의 50% 정도를 기둥 밀착면에 전달시키고, 나머지 50%의 축력은 고력볼트에 전달하는 이음방식	• 용접선의 교차 방지 • 열영향부 취약 방지 • 용접부의 결함 방지 • 반지름: 35mm+10mm	• 전 용접유효길이 인정 • 절단하여 시험편으로 이용 • 용접단부의 결함 방지 • 용접 완료 후 제거

① 스캘럽(Scallop): 용접선교차부에 열영향에 의한 취약 부위 방지를 위해 부채꼴모양으로 모따기 한 것
② 엔드탭(End tab): 용접선 시작과 끝부분의 용접결함 방지를 위해 양단의 붙이는 모재와 동등한 홈을 갖는 임시용 보조강판
③ 뒷댐재(Back Strip): 모재와 함께 용접되는 루트(Root) 하부에 대어주는 강판

(4) 용접결함

① 내부결함

종류	정의	원인
블로홀(blow hole)	용융금속 응고 시 방출gas가 남아 기포 발생	gas잔류로 생긴 기공
슬래그 감싸돌기	용접봉의 피복제 심선과 모재가 변하여 생긴 회분이 용착금속 내에 혼입되는 현상	슬래그가 용착금속 내 혼입
용입 부족	모재가 녹지 않고 용착금속이 채워지지 않는 현상	용접부 형상이 좁을 경우

② 외부결함

종류	정의	원인
크랙(crack)	용접bead 표면에 생기는 갈라짐	용접 후 급냉각, 과대전류, 응고 직후 수축응력의 영향
크레이터(crater)	용접bead 끝에 항아리모양처럼 오목하게 파인 현상	운봉 부족, 과대전류
피시아이(fish eye)	기공 및 슬래그가 모여 둥근 은색의 반점	용접봉의 건조 불량
피트(pit)	작은 구멍이 용접부 표면에 생기는 현상	용융금속의 응고 시 수축변형

③ 형상결함

종류	정의	원인
언더컷(under cut)	모재표면과 용접표면의 교차점에서 모재가 녹아 용착금속이 채워지지 않고 홈으로 남는 현상	용접전류의 과다, 용접 부족
오버랩(over lap)	모재와 용접금속이 융합되지 않고 겹쳐지는 현상	용접전류의 과다
오버헝(over hung)	용착금속의 흘러내림현상	상향용접 시 발생

④ 그 외 용접결함

㉠ 각장 부족: 과소전류 및 용접속도가 빠를 경우 발생

ⓛ 목두께(throat) 불량: 용입 불량 및 용접속도가 빠를 경우 발생

ⓒ 라멜라티어링(lamella tearing): 다층용접에 의한 반복적인 열영향 및 환산성 수소, 부재의 구속력에 의한 열영향부의 변형 등

(5) 용접검사

① 용접 전·중·후 검사

구분	용전작업 전 검사	용접작업 중 검사	용접작업 후 검사
시험항목	• 접합면 트임새모양 • 구속법 • 모아대기법 • 자세의 적부 • 용접부 청소상태	• 용접봉의 품질상태 • 운봉(weeving), 용접속도 • 용접전류(아크 안정상태) • 용입상태, 용접폭 • 표면형상 및 root상태	• 육안검사 • 절단검사(파괴검사) • 비파괴검사(UT, RT, MT, PT)

② 비파괴검사

구분	설명
초음파탐상시험 (UT; Ultra−sonic Test)	용접부에 초음파를 투입하여 발사파와 반사파 간의 속도와 반사시간을 측정하여 용접부의 내부결함을 검출하는 시험
방사선투과탐상시험 (RT; Radiographic Test)	용접부에 X선, γ선을 투과하여 그 상태를 필름에 담아 내부결함을 검출하는 시험
자기분말탐상시험 (MT; Magnetic particle Test)	용접부에 자분을 뿌리고 자력선을 통과시켜 자력을 형성할 때 결함부위에 자분이 밀집되어 용접부 결함을 검출하는 시험
침투탐상시험 (PT; Penetration Test)	용접부에 침투액을 침투시킨 후 현상액으로 결함을 검출하는 시험

5 내화피복공법

구분	공법종류	재료
습식 내화피복	타설공법	보통콘크리트, 경량콘크리트
	뿜칠공법	암면, 모르타르, 플라스터, 실리카 등
	조적공법	속 빈 콘크리트 블록, 경량콘크리트 블록(ALC)
	미장공법	시멘트모르타르, 철망 펄라이트 모르타르
건식 내화피복	성형판붙임공법 세라믹울피복공법	무기섬유 혼합 규산칼슘판, ALC판, 석면시멘트판, 경량콘크리트 패널, 프리캐스트콘크리트판
합성 내화피복	이종재료 적층·접합공법	프리캐스트콘크리트판, ALC판
도장 내화피복	내화도료공법	팽창성 내화도료

6 합성구조

1) 콘크리트충진강관(CFT; Concrete Filled Tube)

구분	설명
정의	원형 또는 각형의 강관기둥 내부에 고강도 · 고유동화 콘크리트를 충진하여 만든 합성구조의 기둥
구조원리	■ 강관과 콘크리트 간 상호 구속작용 • 콘크리트의 팽창력: 강관의 구속력 작용 • 강관의 수축력: 콘크리트의 구속력 작용
특징	• 기둥의 좌굴 방지 • 내진성능의 개선 • 거푸집공사의 생략 가능 • 구조물의 내화성 증진(폭렬 발생 억제) • 기둥단면의 축소 가능 • 공기단축 가능 • 기둥의 휨강성 증대 • 경제적인 구조
콘크리트 타설방법	• 상부 타설공법: 강관 상단에서 트레미관(100~150mm)을 이용하여 타설하는 방법 • 하부 압입공법: 강관 하단에 콘크리트 압송관을 연결하여 하부로부터 콘크리트를 밀어 올리는 방법

2) 매입형 합성부재

① 매입형 합성기둥(encased composite column): 콘크리트 기둥과 하나 이상의 매입된 강재단면으로 이루어진 합성기둥

② 매입형 합성보(encased composite beam): 슬래브와 일체로 타설되는 콘크리트에 완전히 매입되는 보

7 칼럼 쇼트닝(Column shortening)

① 정의: 내 · 외부 기둥구조 및 재질의 상이, 응력차이 등으로 신축량이 발생하는 기둥의 축소변위

② 원인 및 대책

구분	내용	
	탄성 Shortening	비탄성 shortening
원인	• 기둥부재 재질 상이 • 부재의 단면적 상이 • 부재의 높이 상이 • 상부 하중 상이	• 방위에 따른 콘크리트의 건조수축(수화수축, 건조수축, 자기수축) • creep에 의한 변위
대책	• 설계단계 시 축소량 사전예측 • 시공단계 시 구간별 등분 조절 • 수직부재 간 상부 하중 균등 배분	• 가조립상태에서 변위 발생 조절 • 변위량 조절 후 본조립 • 부재의 시공여유 확보

08 마감공사

1 외장마감공사

1) 프리캐스트(Pre – cast)공법의 생산방식

구분	Closed system	Open system
정의	완성된 구조물의 형태가 공사 착공 전에 계획되고, 이를 구성하는 부재 및 각종 부품들을 특정한 형태의 건축물에만 적용할 수 있는 생산방식	구조물을 형성하는 부재 및 부품들이 여러 형태의 건축물에 사용할 수 있도록 생산하는 방식
특징	• 소규모 주문생산방식 • 부재 및 부품의 호환성 부족 • 대형 구조물, 특수 구조에 적용 • 건축물 외관의 정형화 및 단순화	• 건축물의 평면, 입면구성의 자유 • 부재의 표준화 및 규격화 가능 • 대규모 공장생산방식 가능 • 부재의 호환성 우수

2) 커튼월(curtain wall)공사

(1) 커튼월의 분류방식

① 재료별 분류 : 금속제 커튼월(metal, alumium, stainless), PC커튼월(콘크리트, GPC, TPC)

② 외관형태별 분류

구분	특성
샛기둥형태 (mullion type)	• 수직기둥을 노출시키고 수직기둥(mullion) 사이에 패널을 붙이는 형식 • 수직적 요소 강조
스팬드럴형태 (spandrel type)	• 수평선을 강조하는 창과 스팬드럴의 조합으로 이루어지는 형식 • 수평적 요소 강조
격자형태 (grid type)	• 수직 · 수평의 격자형 외관을 노출시키는 형식 • 수직적 · 수평적 요소 강조
은폐형태 (sheath type)	구조체가 외부로 노출되지 않게 패널로 은폐시키고 창호재가 패널 안에서 끼워지는 형식

③ 구조형식별 분류

Mullion방식(샛기둥방식)	Panel방식
• 수직선을 강조하는 mullion을 사용 • 금속 커튼월에 주로 적용 • 요철이 없는 평면적인 건축물에 적용 • fastener조립방식은 고정방식이 주로 사용	• 공장 제작된 unit화된 패널을 현장반입 및 설치 • 다양한 건축물의 입면형태 시공 가능 • fastener조립방식은 변위에 따라 수평이동, 회전, 고정방식을 선정하여 사용

④ 조립방식별 분류

구분	Stick wall	Window wall	Unit wall
개념	구성부재를 현장조립하여 창틀 형성	• Stick wall과 Unit wall방식이 혼합된 시스템 • 수직 mullion bar를 먼저 설치하고 창호패널를 설치	구성부재를 공장에서 완전히 조립하고 유닛화하여 현장에 반입·부착하는 공법
시공순서	구조체 anchoring ↓ 수직bar 및 수평bar 설치 ↓ 창호재 및 마감재 부착	구조체 anchoring ↓ mullion bar 설치 ↓ 조립 완료된 unit 부착	구조체 anchoring ↓ unit wall 현장 입고 ↓ 조립 완료된 unit 부착
특징	• 현장 적응력 우수 • 공기조절 가능 • 복잡한 입면에 적합 • 품질 균일성 확보 곤란 • 하자 발생 가능	• 현장 적응력 우수 • 재료의 사용효율 우수 • 경제적 공법 • 공기단축 가능 • 양중 용이성 유리	• 공장 완전 조립 • 현장작업 최소화 • 품질의 균일성 확보 • 업체 의존도 높음 • 시공비용 고가

(2) 커튼월의 성능시험

구분	풍동시험(wind tunel test)	실물모형시험(mock-up test)	현장시험(field test)
시험시기	커튼월 설계단계	제작 완료 후 현장반입 전	준공시점(공정률 90% 이상)
시험목적	설계data 산정 및 반영	커튼월부재의 하자 발생 방지	커튼월부재의 성능 확인
시험방법	축척모형(주변 600m 반경)	실물(3스팬, 2개층)	실물(3스팬, 1개층)
시험항목	• 외벽풍압시험 • 구조하중시험 • 고주파응력시험 • 보행자 풍압영향시험 • 빌딩풍시험	• 예비시험 • 기밀시험 • 수밀시험(정압·동압) • 구조시험 • 영구변위시험	• 기밀시험 • 수밀시험

(3) 비처리방식

① Closed Joint: 접합부 Seal재로 완전히 밀폐하여 틈새 제거(부재 내외측 차단)
② Open Joint: 등압이론을 적용한 압력을 제거하여 외측에는 Open, 내측에 기밀 유지로 처리하는 공법(Seal재 밀폐)

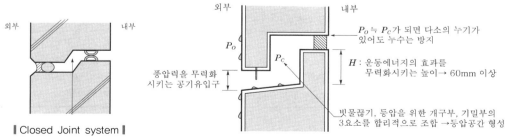

외부　내부

‖Closed Joint system‖

외부　내부

P_o ≒ P_c 가 되면 다소의 누기가 있어도 누수는 방지

H : 운동에너지의 효과를 무력화시키는 높이→ 60mm 이상

P_o

P_c

풍압력을 무력화시키는 공기유입구

빗물끊기, 등압을 위한 개구부, 기밀부의 3요소를 합리적으로 조합 →등압공간 형성

‖Open Joint system‖

(4) 커튼월의 누수 방지대책

설계적 측면	시공적 측면
• 비처리방식 설계(Open joint, Closed joint) • 유리 끼우기 및 고정방식 검토 • 알루미늄바와 타 부재 접촉 부위 방습지 설계 • 풍동시험을 통한 설계data 예측 • 유닛시스템 적용(스틱시스템보다 수방지성능 우수)	• 알루미늄바접합부 실런트 사춤 철저 • 프레임 내 · 외부 노출되는 스크루 및 볼트 실런트 처리 • 결로수 처리용 수처리배수관(weep hole) 설치 • 유리, 알루미늄바, 패널의 단열성능 확보(결로 방지) • 커튼월 제작 완료 후 현장시험 실시

2 목공사

1) 목재의 함수율

① 정의: 목재의 전건재중량에 대한 함수량의 백분율

$$함수율 = \frac{목재의\ 함수량}{전건재중량} \times 100 = \frac{W_2 - W_1}{W_1} \times 100 [\%]$$

여기서, W_1: 목재의 전건재중량

W_2: 함수된 상태의 목재의 중량

② 목재의 강도와 함수량과의 관계

　㉠ 섬유포화점 이하의 함수율: 목재의 세포수 증발로 수축 발생

　㉡ 섬유포화점 이상의 함수율: 함수율변화에도 수축 · 팽창이 일어나지 않음

　㉢ 수축률의 비: 널결방향 : 곧은결방향 : 섬유방향＝20 : 10 : 1~0.5 정도

　㉣ 밀도가 큰 수종일수록 수축량 증가

2) 섬유포화점

정의 및 특성	섬유포화점
• 정의: 목재 건조 시 유리수가 먼저 증발하고, 그 후에 세포수가 증발할 때의 한계점 • 섬유포화점＝함수율 30% 정도 • 섬유포화점을 기준으로 수축 · 팽창 등의 재질변화와 강도 · 신축성 등이 변화함	

3) 목재의 방부공법

구분	방부제 처리방법
도포법	목재 건조 후 균열 및 이음부 등에 방부제를 도포하는 방법
주입법	• 상압주입법: 방부제용액 중에 목재를 침지하여 방부제를 침투시키는 방법 • 가압주입법: 압력용기 속에 목재를 넣어 7~12기압의 고압하에서 방부제를 주입하는 방법
침지법	방부제용액 중에 목재를 일정 시간 이상 침지하는 방법
표면탄화법	목재의 3~10mm 정도의 표면을 탄화시키는 방법
생리주입법	벌목 전 나무뿌리에 약액을 주입하여 수간에 이행시키는 방법

4) 목재의 인공건조법

구분	설명
증기법(대류법)	목재를 건조실 내에서 증기로 가열하여 건조시키는 방법(가장 주로 사용)
열기법	건조실 내의 공기를 가열하여 건조시키는 방법
훈연법	짚이나 톱밥 등을 태운 연기를 건조실 내에 도입하여 건조시키는 방법
진공법(고주파법)	원통형 탱크 속에 목재를 넣고 밀폐하여 고온·저압상태에서 건조시키는 방법

5) 목재의 접합방식

(1) 맞춤 및 이음, 쪽매

① 맞춤: 수직재와 수평재 등을 각을 지어 맞추는 접합방식
② 이음: 목재를 길이방향으로 잇는 접합방식(짧은 재의 길이는 1m 이상)
③ 쪽매: 사용널재를 옆으로 이어대는 접합방식

맞춤		이음		쪽매	
• 장부빗턱맞춤	• 장부맞춤	• 맞댄이음	• 엇걸이이음	• 맞댄쪽매	• 오니쪽매
• 안장맞춤	• 가름장맞춤	• 겹침이음	• 빗걸이이음	• 반턱쪽매	• 딴혀쪽매
• 건침턱맞춤	• 연귀맞춤	• 주먹장이음	• 빗이음	• 빗쪽매	• 틈막이쪽매
		• 메뚜기장이음		• 제혀쪽매	

(2) 면접기의 종류

실모	둥근모	쌍사모	게눈모	큰모

평골모	실오리모	티미리	빰접기	등미리
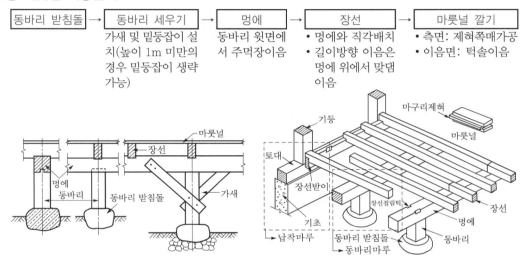				

6) 목재의 시공

(1) 1층 마룻널 시공순서

동바리 받침돌	→	동바리 세우기	→	멍에	→	장선	→	마룻널 깔기
		가새 및 밑둥잡이 설치(높이 1m 미만의 경우 밑둥잡이 생략 가능)		동바리 윗면에서 주먹장이음		• 멍에와 직각배치 • 길이방향 이음은 멍에 위에서 맞댐이음		• 측면: 제혀쪽매가공 • 이음면: 턱솔이음

┃ 목구조 1층 마룻널 상세 ┃

(2) 횡력보강부재의 종류

구분	설명
가새	• 횡력보강재: 대각선방향의 경사부재 • 수평에 대한 각도: 45°(최대 60° 이하) • 가새와 샛기둥과 간섭: 샛기둥은 따내고, 가새는 따내지 않음 • 가새의 단면적 　－압축가새: 기둥단면의 1/3 이상 　－인장가새: 기둥단면의 1/5 이상
버팀대	• 가새를 댈 수 없는 곳에서 45° 경사로 대어 설치 • 설치목적: 절점의 강성 향상
귀잡이	수평으로 댄 버팀대

(3) 방부 및 방충 처리 목재 사용

① 구조내력상 중요한 부분에 사용되는 목재로서 콘크리트, 벽돌, 돌, 흙 및 기타 이와 비슷한 투습성의 재질에 접하는 경우

② 목재의 부재가 외기에 직접 노출되는 경우

③ 급수 및 배수시설에 근접한 목재로서 수분으로 인한 열화의 가능성이 있는 경우
④ 목재가 직접 우수에 맞거나 습기 차기 쉬운 부분의 모르타르바름, 라스붙임 등의 바탕으로 사용되는 경우
⑤ 목재가 외장마감재로 사용되는 경우

3 조적공사

1) 재료

■ 속 빈 콘크리트 블록의 종류

형상	치수(mm)			허용치(mm)	
	길이	높이	두께	길이 및 두께	높이
기본블록	390	190	210 190 150 100	±2	
이형블록	길이, 높이 및 두께의 최소 크기를 90mm 이상으로 한다. 또 가로근 삽입블록, 모서리블록과 기본블록과 동일한 크기인 것의 치수 및 허용치는 기본블록에 따른다.				

2) 구조기준

(1) 내력벽 구조기준

① 내력벽의 기준

길이	두께	2층 내력벽 높이	내력벽으로 둘러싸인 바닥면적
10m 이하	190mm 이상 (비내력벽: 90mm)	4m 이하	80m² 이하

② 테두리보: 폭 200mm, 높이 400mm 이상의 콘크리트보 설치
③ 인방보 최소 걸침길이: 200mm 이상
④ 기초
　㉠ 내력벽에 대한 기초는 연속줄기초로 하여야 한다.
　㉡ 지반의 동결융해로 인한 손상을 방지하기 위해 지반으로부터 1.0m 하부에 위치하여야 한다.

(2) 보강블럭구조 철근 배근기준

① 보강블럭구조의 정의
　㉠ 콘크리트 블록 속에 철근을 배근하고 콘크리트를 부어 수직·수평하중에 대응할 수 있도록 하는 조적식 구조법
　㉡ 조적조의 수평하중에 취약한 단점을 철근으로 보완하는 내력구조
② 구조기준
　㉠ 세로근: 이음을 하지 않고 기초보 하단에서 테두리보 상단까지 40D 이상 정착

ⓛ 철근굵기: D10 이상으로 하고, 내력벽 끝부분이나 모서리는 D13 이상

ⓒ 가로근, 세로근의 간격: 80cm 이내

ⓔ 가로근의 이음은 25D 이상, 정착길이는 40D 이상

ⓜ #8~#10철선을 용접하여(와이어메시) 블록 2~3단마다 배치

ⓗ 세로근과 세로줄눈 부분의 사춤 모르타르는 윗면에서 5cm 밑에 두어 사춤

ⓢ 철근의 피복두께: 20mm 이상으로 하고, 가는 철근을 사용

3) 조적쌓기 공법

(1) 조적공사쌓기 일반사항

① 가로 및 세로줄눈의 너비: 10mm를 표준으로 함

② 벽돌쌓기 방법: 영식 쌓기 또는 화란식 쌓기

③ 하루 쌓기 높이: 1.2m(18켜 정도)를 표준으로 하고, 최대 1.5m(22켜 정도) 이하

④ 나중쌓기 할 경우 그 부분을 층단 들여쌓기로 시공

⑤ 벽돌벽과 블록벽의 직각으로 교차할 경우 블록 3단마다 연결철물로 보강

(2) 쌓기 공법의 분류

① 형태별 쌓기 종류

구분	쌓기 방법	특성
마구리쌓기	벽두께: 0.5B	치장용
길이쌓기	벽두께: 1.0B	구조용, 주벽체(내력벽)
영롱쌓기	+자 형태의 구멍을 내어 쌓는 방법	장식용(난간벽, 비내력벽)
엇모쌓기	45° 각도로 모서리가 면에 나오도록 쌓는 방법	장식용(비내력벽)
세워쌓기	길이면이 내보이도록 수직으로 쌓는 방법	–
옆세워쌓기	마구리면이 내보이도록 수직으로 쌓는 방법	–

② 나라별 쌓기 종류

구분	쌓기 방법	특성
영식 쌓기	• 한 켜는 길이쌓기, 다음 한 켜는 마구리쌓기 • 모서리: 반절 또는 이오토막	가장 튼튼한 구조(내력벽)
화란식 쌓기	• 한 켜는 길이쌓기, 다음 한 켜는 마구리쌓기 • 모서리: 칠오토막	튼튼한 구조(내력벽) 가장 많이 사용
불식 쌓기	• 매켜: 길이쌓기＋마구리쌓기 번갈아 쌓음 • 모서리: 칠오토막	통줄눈 발생(비내력벽)
미식 쌓기	• 5켜: 길이쌓기 • 다음 5켜: 마구리쌓기	치장용으로 사용

③ 구조별 쌓기 종류

구분	쌓기 방법	특성
내쌓기	• 한 켜는 1/8B, 두 켜는 1/4B 내쌓기 • 최대 2.0B 이하 내쌓는 방식	내쌓기는 마구리쌓기로 함
공간쌓기	• 외벽은 1.0B(주벽체), 내벽은 0.5B(보조벽체) • 내부 공간: 50~70mm(0.5B 정도)	방한, 방습목적
창대쌓기	윗면을 15° 내외로 경사지게 옆세워 쌓는 방법	돌출길이: 1/8~1/4B 정도
아치쌓기	개구부 상단의 상부 하중을 옆벽면으로 분산시키기 위한 쌓기 방법	• 개구부 1.0m 이하: 평아치 • 개구부 1.8m 이상: 인방보 보강
내화벽돌쌓기	• 내화벽돌: 기건성으로 물축임 방지 • 줄눈너비: 6mm 표준	내화벽돌에 물축임금지

4) 조적구조의 결함

(1) 백화현상

① 정의: 경화체 내 시멘트 중의 수산화칼슘과 공기 중의 탄산가스와 반응하여 경화체 표면에 생기는 흰 결정체

② 발생메커니즘

㉠ 화학반응식: $[CaO + H_2O \rightarrow Ca(OH)_2(수화반응)] + CO_2 \rightarrow CaCO_3 + H_2O(탄산화반응)$

㉡ 1차 백화(경화체 내 자체 보유수) → 2차 백화(외부 유입수) → 3차 백화(발수제 함유수)

③ 원인 및 대책

원인		대책
기후조건	저온(수화반응지연)	소성 잘된 벽돌 및 흡수율 낮은 벽돌 사용
	다습(수분 제공)	줄눈의 방수 처리(경화 후 발수제 도포)
	그늘진 장소(건조지연)	외부 유입수 차단(차양, 루버, 물끊기 등)
물리적 조건	균열 발생 부위	시공 후 양생관리 철저
	벽돌 및 타일 뒤 공극 과다	겨울철 등 저온 시공 지양
	겨울철 양생온도관리 불량	저알칼리형 시멘트 사용
	줄눈 시공 불량(양생 불량)	분말도가 높은 시멘트 사용

(2) 조적벽체의 누수 원인 및 대책

원인	방지대책
• 블록재료의 강도 부족 및 흡수율 과다 • 줄눈의 사춤 불량 • 줄눈 모르타르의 강도 및 배합 불량 • 이질재 접합부의 균열 발생 • 기초의 부동침하에 의한 줄눈균열 발생 • 물끊기 홈 및 비막이 등 미설치	• 조적벽체 표면의 발수제 도포 • 줄눈 모르타르에 방수제 첨가 • 줄눈의 밀실한 사춤 • 양생기간 동안 진동, 충격 방지 • 균열유발줄눈 설치(Control joint) • 테두리보 및 인방보를 설치하여 상부 하중 균등 분배

4 방수공사

1) 방수공사 영문기호 표기방법

처음 문자	중간 문자	마지막 문자
• A: 아스팔트방수층 (asphalt)	• Pr: 보행 등에 견딜 수 있는 보호층이 필요한 방수층(protected) • Mi: 모래 붙은 루핑 사용(mineral surfaced) • Al: 바탕이 ALC패널용의 방수층 • Th: 방수층 사이에 단열재 삽입 (thermally insulated) • In: 실내용 방수층(indoor)	■ 바탕과의 고정상태 및 단열재의 유무 및 적용범위 • F: 바탕에 전면 밀착(fully bonded) • S: 바탕에 부분적으로 밀착법 (spot bonded) • T: 바탕과의 사이에 단열재를 삽입한 방수층(thermally insulated) • M: 바탕과 기계적으로 고정하는 방수층(mechanically fastened) • U: 지하에 적용하는 방수층 (underground) • W: 외벽에 적용하는 방수층(wall)
• M: 개량아스팔트방수층 (modified asphalt)	• Pr: 보행 등에 견딜 수 있는 보호층이 필요한 방수층(protected) • Mi: 최상층에 모래 붙은 개량아스팔트 루핑시트를 사용한 방수층(mineral surfaced)	
• S: 합성고분자시트방수층 (sheet)	• Ru: 합성고무계의 방수층(rubber) • Pl: 합성수지계의 방수층(plastic)	
• L: 도막방수층(liquid)	• Ur: 우레탄고무(urethane rubber) • Ac: 아크릴고무(acrylic rubber) • Gu: 고무아스팔트(gum)	

[방수공사 기호 예시]

A－Pr F	• A: 아스팔트방수 • Pr: 보행 등에 견딜 수 있는 보호층이 필요한 방수 • F: 바탕에 전면 밀착

2) 안방수공법과 바깥방수공법의 비교

구분	안방수공법	바깥방수공법
공법 적용	수압 적고 얕은 지하실	수압 크고 깊은 지하실
시공시기	구조체 완료 후	구조체 완료 후 되메우기 전
공사비	저렴	고가
시공성	용이	시공 어려움
본공사영향	지장 없음	후속 시공 진행 불가
보호층	필요	무관
하자보수	용이	하자보수 난해
수압대응 성능	성능 저하	성능 우수

3) 조적구조 외부 방수공법

(1) 공법종류

종류	설명
폴리머시멘트 모르타르방수	• 정의: 시멘트혼입 폴리머계 방수재를 이용하여 방수층을 형성하는 공법 • 특징 – 수축 및 균열 발생 감소, 내구성 우수, 시공 간단, 바탕과 부착성 양호 – 탄성을 갖는 유기질의 고분자 성분 포함: 건조수축 등의 영향 없음 – 무기질 탄성도막방수계열
도막방수	• 정의: 액상의 방수재료를 여러 번 도포하여 2~3mm 두께의 방수막 형성 • 특징: 노출공법 가능, 시공 간단, 보수작업 용이, 내후 · 내약품성 우수
시멘트액체방수	• 정의: 시멘트액체형 방수제를 바탕면에 도포하여 방수층을 형성하는 공법 • 특징: 시공비 저렴, 보수작업 용이, 신축성이 없어 균열이 발생할 우려 큼

(2) 시공순서

잡석다짐 → 밑창(버림)콘크리트 타설 → 바닥방수층 시공 → 바닥콘크리트 타설 → 외벽콘크리트 타설 → 외벽방수층 시공 → 보호누름 및 벽돌쌓기 → 되메우기

4) 방수공법의 종류

(1) 시트방수

① 공법 특성

장점	단점
• 신장성, 내후성, 접착성 우수 • 상온 시공 가능 • 방수층 시공이 간단하여 공기단축 가능	• 시트 접착 부위의 누수 우려 • 보호층 시공 필요 • 복잡한 형상에 시공 곤란

② 붙임공법: 전면접착, 줄접착, 점적착, 들뜬접착(갓접착)

③ 시공순서: 바탕면 처리 → 프라이머 도포 → 접착제 도포 → 시트접착 → 보호층 시공

(2) 아스팔트방수

① 정의: 용융아스팔트를 접착제로 하여 아스팔트 펠트와 아스팔트 루핑 등의 방수시트를 적층하여 연속적인 방수층을 형성하는 멤브레인방수공법의 종류

② 종류

종류	설명
스트레이트ASP	신축성·점착력 우수, 연화점이 낮아 지하실 및 아스팔트 침투용으로 사용
블로ASP	연화점이 높고 온도에 예민하지 않아 지붕 방수재료로 사용
아스팔트·컴파운드	• 블로ASP+(동·식물성 기름, 광물성 분말 혼입): 아스팔트의 성질개량 • 방수재료 중 최우량품의 아스팔트

③ 아스팔트방수의 표준 시공순서(A.P → A → A.F → A → A.R → A → A.R → A)

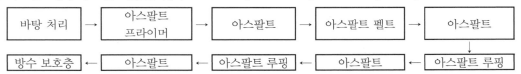

④ 아스팔트의 침입도(PI; Penetration Index)

㉠ 정의: 아스팔트의 경도를 나타내는 수치로, 25℃의 시료를 100g의 표준침으로 5초 동안 누를 때 0.1mm 관입한 깊이를 침입도 1이라 한다.

㉡ 특성

• 침입도가 클수록 우수한 아스팔트이다.

• 침입도가 클수록 감수성이 적은 아스팔트이다.

• 침입도의 적정범위: 한냉지역 20~30, 온난지역 10~20

(3) 구체방수

① 정의: 콘크리트 타설 시 방수제를 혼입하여 일정 시간(1~2분) 비빔 후에 타설하여 콘크리트의 모세관 공극을 충전하는 방수공법

② 공법 특성

㉠ 콘크리트의 수밀성 향상

㉡ 철근의 방청성 확보

㉢ 콘크리트의 슬럼프 및 작업성 우수

㉣ 콘크리트의 강도 증가

㉤ 공기단축 및 경제성 우수

㉥ 누수 발견 및 보수 용이

4 미장공사

1) 수지미장공법

구분	설명	
정의	특수 화학제를 첨가한 레디믹스트 모르타르(Ready Mixed Mortar)에 대리석분말이나 세라믹분말제를 혼합한 재료를 물과 혼합하여 1~3mm 두께로 바르는 미장공법	
특징	• 바탕면 전면 시공 → 평활성 우수 • 미장바름의 균열 발생률이 현저히 감소	• 바탕면과 부착성 양호 • 도배공사 시 초배지 시공 불필요
적용 부위	• 벽지 및 도장바탕면 • 계단실 벽체 미장 대체용	• ALC 내·외부 미장

2) 미장공사용 보강철물(Bead)

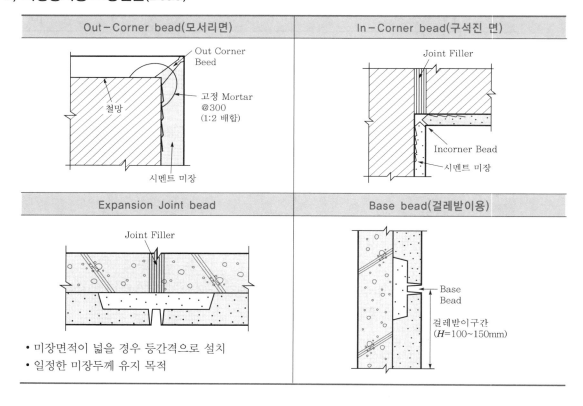

Out-Corner bead(모서리면)	In-Corner bead(구석진 면)

• 미장면적이 넓을 경우 등간격으로 설치
• 일정한 미장두께 유지 목적

5 타일 및 석공사

1) 타일공사

(1) 타일붙임공법

① 떠붙임공법

떠붙임공법	개량떠붙임공법
• 타일 뒷면: 붙임 mortar(12~24mm) • 바탕면: 별도 처리 없음	• 타일 뒷면: 붙임 mortar(3~6mm) • 바탕면: 미장바름 mortar(15~20mm)

② 압착공법

압착공법	개량압착공법
• 타일 뒷면: 붙임 mortar(5~7mm) • 바탕면: 미장고름 mortar(15~20mm)	• 타일 뒷면: 붙임 mortar(3~6mm) • 바탕면: 미장바름 mortar(15~20mm)

③ 유닛타일압착공법

정의	• unit화된 타일을 접착 모르타르 바름 후 압착붙임 • 유닛타일공법, 타일시트법이라고도 함
특징	• 모자이크타일붙임공법보다 작업속도가 빠르고 타일 배면의 공극 발생 감소 • 백화 발생이 감소되고 타일면과 구조체 간 접착성이 양호함

④ 접착공법(접착제붙임공법)

정의	바탕면에 유기질접착제, 수지 모르타르를 바르고 타일을 붙이는 방법
특징	• 내부 벽에 주로 적용(외부: 내수성 및 내구성이 저하되어 붙임공법 적용 불가) • 1회 붙임면적: $2.0m^2$ 이하

⑤ 동시줄눈공법(밀착공법)

정의	압착공법에서 사용하는 나무망치 대신 진동기로 진동밀착하여 붙이고 붙임 모르타르가 솟아 줄눈으로 시공되는 방법
특징	• 1회 붙임면적: $1.2m^2$ 이하 • 붙임 모르타르: 5~8mm • 진동: 좌·우·중앙 3점 진동 • 붙임 모르타르의 솟음두께: 타일두께의 2/3 이상 • 줄눈 수정: 타일붙임 후 15분 이내(30분 이상 경과 시 재시공)

⑥ 거푸집선부착공법

정의	거푸집널에 유닛타일 배치 후 콘크리트를 타설하여 구조체와 일체화하는 방법
특징	• 결함보수가 어렵고 시공정밀도가 요구됨 • 타일의 박리, 공극 발생 감소 • 공법 종류: 유닛타일공법, 줄눈틀법, 졸대법 • 접착성 우수 및 백화 발생 감소

⑦ 타일선붙임 PC판공법(TPC공법)

특징	스케치
• PC판 제작 시 거푸집널에 타일을 배치하고 콘크리트를 타설하여 제작 • 공장생산제품으로 품질 우수 • 현장 노무인력 감소 및 공기단축 가능 • 초기 투자비용 소요 과다 • 중량부재 취급 및 운반, 대형 양중장비 필요	

⑧ 타일붙임공법 스케치

떠붙임공법	개량떠붙임공법	압착붙임공법	개량압착붙임공법	유닛타일압착공법

(2) 타일 박락 및 탈락

원인	대책
• 붙임 모르타르의 부착강도 부족 • 붙임 모르타르의 open time 경과 • 타일재료의 흡수율 과다 • 설계 시 줄눈 설계의 미흡 • 붙임 모르타르의 사춤 부족 • 타일의 소성상태 불량(타일 자체의 강도 부족)	• 소성이 잘된 타일 선정 • 타일의 뒷굽형태 및 크기 적정하게 선정 • 시공 부위별 적정한 타일자재의 선정 • 붙임 모르타르의 open time 준수 • 동절기 시공 지양 • 피접착면의 균열 등의 결함보수 후 시공

2) 석공사

(1) 석재붙임공법

분류		설명
습식공법		구조체와 석재를 붙임 모르타르와 연결철물로 일체화하는 공법
건식 공법	Anchor 긴결공법	구조체와 공간을 두고 Anchor철물을 이용하여 석재를 부착시키는 공법
	강재프레임지지공법	구조체에 강재트러스를 설치한 후 강재트러스에 석재를 설치하는 공법
	GPC공법	석재를 미리 붙여놓은 PC를 제작하여 건축물의 외벽을 설치하는 공법
Open Joint공법		구조체와 석재의 공간 사이에 기밀층을 두고 등압공간을 형성하는 등압 이론을 이용한 공법

(2) 석재붙임용 접착제

① 에폭시수지접착제의 특성

구분	설명
개요	• 에폭시수지는 경화제를 배합하여 열을 가하면 화학반응하여 경화하는 열경화성수지 • 경화 후 열에 의해 연화되거나 용제에도 용해되지 않는 안정상태 • 경화제 또는 다른 수지와 배합하여 망상결합에 의한 3차원 구조의 경화수지
특성	• 접착성능 우수(금속, 플라스틱, 콘크리트 등의 동종 및 이종 간 접착에 적합) • 인장강도, 구부림강도, 압축강도 등 기계적 강도 우수 • 전기전열성, 내수성, 내유성, 내용제성, 내약품성 양호

② 접착력의 크기순서 : 에폭시 > 요소 > 멜라민 > 페놀

③ 내수성의 크기순서 : 실리콘 > 에폭시 > 페놀 > 멜라민 > 요소

6 금속 및 유리공사

1) 금속공사

(1) 철물재료

① 메탈라스(Metal lath) : 얇은 강판에 자름금(cutting line)을 내어 당겨 늘려 그물모양으로 만든 철물로 미장공사의 바름벽바탕에 사용

② 와이어메시(Wire mesh) : 연강철선을 직교시켜 전기용접한 철물

③ 와이어라스(Wire lath) : 철선을 꼬아서 만든 철망

④ 펀칭메탈(Punching metal) : 1.2mm 정도의 얇은 강판에 각종 모양을 도려낸 철물로 장식용, radiator 등에 사용

⑤ 인서트(Insert) : 반자틀에 지지를 위해 달대를 고정하기 위한 매립철물

⑥ 줄눈대 : 천장 및 벽 등에서 이음새를 감추기 위해 사용하는 철물

⑦ 코너비드 : 미장면의 벽, 기둥 등의 모서리를 보호하기 위하여 미장바름마감을 할 때 붙이는 보호용 철물

(2) 알루미늄의 특성

장점	단점
• 비중이 철에 비해 1/3 정도로 경량금속 • 열·전기전도율이 높고 가공성 우수(열전도도: 철의 4~5배 정도) • 공기 중에 산화피막을 형성하여 내부식성 우수 • 복잡한 형상으로 가공성 우수 • 열반사율 우수(열반사율: 65.1%)	• 용융점이 낮고(640℃), 열팽창계수가 과대(철의 2배) • 용접작업 시 용접변형 발생 및 응고 시 균열이 발생 우려 • 이종재료와 접촉 시 접촉부식 발생 • 탄성계수가 낮고 알칼리(콘크리트)에 침식

2) 유리공사

(1) 유리의 종류

건축용 창호유리(대표적)	안전유리	특수 유리
• 보통판유리 • 플로트유리 • 복층유리 • 안전유리 • 색유리 • Low-E유리	• 강화유리(현장절단 불가) • 망입유리(현장절단 가능) • 접합유리(현장절단 가능)	• 복층유리(현장절단 불가) • 열선 차단·흡수유리 • 자외선 투과·흡수유리 • Low-E유리(현장절단 불가)

(2) 건축용 주요 유리

구분		설명
복층유리		2장의 판유리를 6mm 정도 공간을 두고 그 사이에 건조공기 또는 gas를 주입하여 밀봉한 유리
로이유리 (저방사유리)		복층유리의 내부 공간의 외측에 얇은 특수 금속코팅을 하여 적외선반사율을 향상시켜 실내의 열이동을 최소화하는 에너지 절약형 유리
안전 유리	강화유리	판유리를 연화점(650℃) 이상으로 재가열하여 찬 공기로 급냉하여 제조한 유리
	배강도유리	판유리를 연화점 이하로 재가열한 후 찬 공기로 서서히 냉각시켜 제작된 유리
	접합유리	외력작용에 의해 유리 파손 시 파편의 비산 방지를 위해 2장의 유리판 사이에 접합필름을 가열압착(150℃)하여 제작한 안전유리

(3) 현장절단이 불가한 유리

강화유리, 복층유리, 유리블록, 로이유리, 스테인드글라스

(4) 유리의 열파손

① 정의

㉠ 복사열에 의해 유리 중앙부의 열축적과 단부의 방열로 온도차에 따른 팽창성차이로 인해 유리가 파손되는 현상이다.

ⓛ 유리의 두께 및 유리배면의 환기 불량, 금속제 프레임의 방열 등에 의해 열파손현상이 가속화된다.
② 유리의 열파손현상 Mechanism

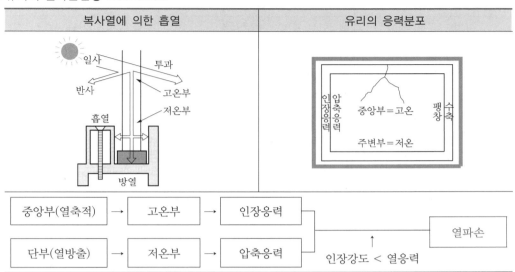

복사열에 의한 흡열	유리의 응력분포

③ 유리의 열파손현상 방지대책
　ⓐ 유리의 인장강도의 확보: 안전유리 사용(강화유리 및 배강도유리), 유리의 내열성 확보
　ⓑ 유리배면의 환기량 확보: 실내측 차양막과 이격거리 확보(최소 10cm 이상)
　ⓒ 유리와 Frame의 열전달 방지: 단열간봉 및 단열바 적용
　ⓓ Spandrel 부위의 내부 공기의 유출구 처리: 내부 공기의 외부 배출

⑦ 도장공사

1) 금속바탕면 처리방법

	철재면		아연도금면		경금속 및 동합금면
1종	인산염 처리법(크롬산 처리) (파커라이징, 본더라이징법)	A종	금속바탕 처리용 프라이머 처리법	1종	인산염 처리법(크롬산 처리)
2종	금속바탕 처리용 프라이머 처리법 (워시프라이머, 에칭프라이머)	B종	황산아연 처리법	2종	금속바탕 처리용 프라이머 처리법
3종	용제에 의한 바탕법(휘발유, 솔벤트, 나프탈렌 등)	C종	옥외 노출		—

2) 방청도료

종류	제조	특성
광명단(유성페인트)	방청안료(광명단) + 보일유	주로 철재에 사용하는 붉은색의 도료
징크로메이트도료	크롬산아연 + 알키드수지도료	알루미늄금속의 방청에 사용
역청질도료	역청질원료(아스팔트) + 건성유 + 수지	일시적 방청효과
방청산화철도료	합성수지, 산화철 + 아연분말	내구성 우수, 정벌용으로 사용
규산염도료	규산염 + 방청안료	내화도료로 사용
알루미늄도료	알루미늄분말(안료)	열반사효과, 방청효과
워시프라이머(에칭프라이머)	합성수지 + 안료 + 인산	주로 뿜칠도장으로 이용(부착성 우수)

3) 목재 바니시도장

① 정의: 천연수지 및 합성수지 등을 건성유와 열반응시켜 건조제를 넣고 용제에 녹인 도료
② 특징
   ㉠ 목재의 변색 방지
   ㉡ 방수 및 발수기능
   ㉢ 목재의 광택기능
   ㉣ 자외선 차단 및 스크래치 방지
③ 바니시도장 시공순서

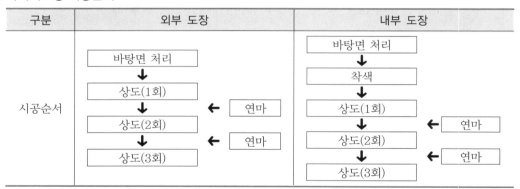

④ 유성바니시 사용재료(대표재료: 건성유, 희석재)

구분	명칭	사용재료
1종	스파바니시	페놀수지, 건성유 + 희석제
2종	우레탄변성바니시	우레탄변성유 + 희석제
3종	알키드바니시	산화형 알카드수지 + 희석제(휘발성)

8 수장공사 및 기타

1) 재료

(1) 석고보드

① 정의: 소석고를 주원료로 하여 톱밥·섬유·펄라이트 등을 첨가하여 2장의 시트 사이에 부어 판상으로 경화시켜 제조한 내장재료

② 종류

 ㉠ 일반석고보드: 실내 벽체 및 천장 등의 마감재

 ㉡ 방수석고보드: 습도가 높은 화장실, 주방에 사용

 ㉢ 방화석고보드: 내화칸막이벽, 철골의 건식내화피복재료로 사용

 ㉣ 방화·방수석고보드

 ㉤ 방균석고보드: 습도가 높은 실의 곰팡이 발생 억제

 ㉥ 차음석고보드: 일반석고보드의 차음성능을 향상한 석고보드

 ㉦ 황토석고고드: 내부 심재에 황토를 혼입

③ 특성

구분	특성
단열성	열전도율이 낮아 실내열효율 우수
방화성	석고 내 20%의 결정수 함유 및 무기질 섬유로 보강되어 있어 초기 방화효과 우수
차음성	석고와 시트의 복합재질로 동일한 중량의 다른 재료보다 차음성능 우수
치수 안정성	온도 및 습도변화에 대한 신축 및 변형 발생이 낮음
방수성	석고보드 심재의 석고를 특수 방수 처리에 의해 방수성능 양호(화장실, 부엌 등 사용 가능)
방균성	방균석고보드 사용 시 전면에 방균 처리되어 곰팡이 증식 억제
시공성	• 칼로 쉽게 절단이 가능하고, 나사·못 등의 부착철물 취급이 용이 • 시공 후 페인트, 벽지 등의 마감재 시공이 용이
경량성	심재의 밀도조절 경량화공법으로 중량 감소, 취급 용이, 밀도 대비 강도 우수

(2) 드라이브핀

① 특수 강재못을 화약폭발로 발사하는 기구를 써서 콘크리트벽 또는 벽돌벽에 박는 못

② 머리가 달린 것을 H형, 나사로 된 것을 T형이라고 함

(3) 열가소성 및 열경화성수지

구분	열가소성수지	열경화성수지	
정의	열을 가하여 성형한 뒤 다시 열을 가해도 연화되는 수지	열을 가하여 성형한 뒤 다시 열을 가해도 연화되지 않는 수지	
종류	폴리에틸렌수지, 아크릴수지, 폴리스티렌수지, 염화비닐수지, 초산비닐수지	페놀수지, 요소수지, 멜라민수지, 우레탄수지, 폴리에스테르수지	

2) 단열공사

내단열공법	중단열공법	외단열공법
단열재를 실내측에 설치	중공벽에 발포폴리스티렌보온판 등의 단열재를 설치	단열재를 실외측에 설치하고 바탕면 마감재를 바르는 공법

3) 액세스플로어

① 정의: 콘크리트 슬래브와 바닥 마감 사이를 전기설비의 배선, 기계설비의 배관 등을 자유롭게 배치할 수 있도록 일정 공간(450~600mm)을 둔 이중바닥구조

② 시공순서

이중바닥재(Access floor) 스케치	시공순서
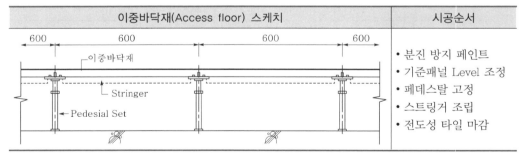	• 분진 방지 페인트 • 기준패널 Level 조정 • 페데스탈 고정 • 스트링거 조립 • 전도성 타일 마감

4) 경량철골칸막이공사

① 정의: 금속제 철물을 사용하여 내부의 Glass wool을 충전하여 석고보드 및 합판 등을 이용하여 건식벽체를 설치하는 공법

② 시공순서 및 스케치

시공순서	스케치
바탕면 처리 ↓ Line marking(먹매김) ↓ 상·하부 Runner 고정 ↓ Metal stud 설치 ↓ 단열재 충전 ↓ 석고보드 붙임 ↓ 지정마감재 시공	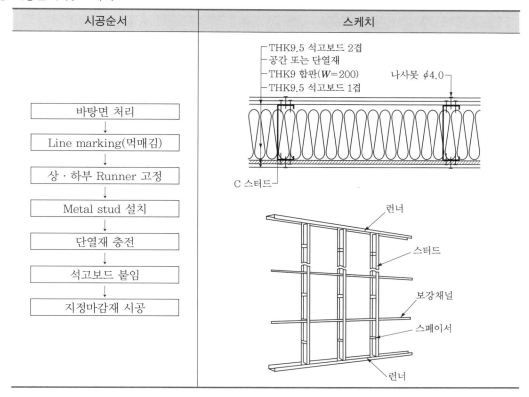

5) 경량철골천장틀

구분	설명
달대볼트의 설치	• 설치간격: 주변부의 단부로부터 1.5m 이내에 배치, 간격은 900mm 정도 • 수직으로 설치하는 것이 원칙 • 천장깊이 1.5m 이상인 경우에는 가로, 세로 1.8m 정도의 간격으로 흔들림 보강 방지용 보강재 설치
반자틀의 설치	반자틀받이는 행어에 끼워 고정하고 반자틀에 설치한 후 높이를 조정하여 체결
반자틀의 고정	• 반자틀간격은 공사시방서에 의함(공사시방서가 없는 경우는 900mm 정도) • 반자틀은 클립을 이용해서 반자틀받이에 고정

6) 징두리벽

수장공사 시 바닥에서 1.0~1.5m 정도의 높이까지 널을 댄 것

7) 금속기와

스케치	시공순서
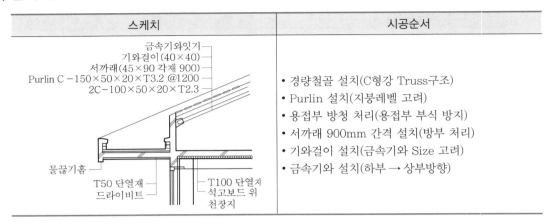	• 경량철골 설치(C형강 Truss구조) • Purlin 설치(지붕레벨 고려) • 용접부 방청 처리(용접부 부식 방지) • 서까래 900mm 간격 설치(방부 처리) • 기와걸이 설치(금속기와 Size 고려) • 금속기와 설치(하부 → 상부방향)

제2장 적 산

01 총론

1 용어

구분	설명
적산	재료 및 품의 수량 또는 물량을 산출하는 기술활동(적산의 구성요소: 적산량, 단가, 가격)
견적	적산량을 토대로 단가를 곱하여 공사비를 산출하는 기술활동(적산량(공사량)×단가=공사비 산출)

2 재료별 할증률

1) 할증률

① 산출된 정미량+재료별 할증량=소요량(구매량)
② 시공단계에서 발생하는 손실 및 망실에 대한 일정 비율을 적산 시 계상

2) 재료별 할증률

할증률	재료		할증률	재료
1%	철근콘크리트 유리		2%	무근콘크리트 도료
3%	이형철근 고력볼트 내화벽돌 붉은 벽돌	타일(도기, 자기) 테라코타 일반합판 슬레이트	4%	시멘트블록 콘크리트 포장혼합물의 포설
5%	원형철근 일반볼트, 리벳 강관, 소형 형강 시멘트벽돌	타일(합성수지계) 기와, 목재(각재) 수장용 합판 텍스, 석고보드	7%	대형 형강
10%	강판 단열재	목재(판재)	20%	목재(졸대)

02 가설공사

1 시멘트창고면적

구분	시멘트창고면적 산출 시 적산기준	
필요면적	$A = 0.4 \dfrac{N}{n} [\mathrm{m}^2]$	여기서, A: 시멘트창고 저장면적 N: 저장할 수 있는 시멘트량 n: 쌓기 단수(최고 13포대)
적용기준	• 시멘트량이 600포 이내일 경우: 전량 저장 • 시멘트량이 600포대 이상일 경우: 공기에 따라서 전량의 1/3	

2 비계면적

1) 내부 비계면적

$$A = 연면적 \times 0.9(연면적의\ 90\%)$$

2) 외부 비계면적

$$A = [비계둘레길이 + 이격거리] \times 건축물\ 높이$$

구분		통나무 비계		단관파이프 비계 및 강관틀 비계	비고
		외줄 · 겹비계	쌍줄비계		
이격거리(D)	목구조	0.45m	0.9cm	1.0m	벽체 중심
	철근콘크리트구조	0.45m	0.9cm	1.0m	벽체 외면

3) 외부 비계면적 산출식

쌍줄비계	외줄 · 겹비계	파이프비계
$A = [\sum L + (8 \times 0.9)]H$	$A = [\sum L + (8 \times 0.45)]H$	$A = [\sum L + (8 \times 1.0)]H$

여기서, A: 비계면적(m^2)

　　　　L: 비계둘레길이(m)

　　　　H: 건축물 높이

03 │ 토공사

1 터파기

1) 터파기량 및 되메우기량, 잔토처리량

구분	적산방법	
	독립기초	줄기초
터파기량	 $V = \dfrac{h}{6}[(2a+a')b + (2a'+a)b']\,[\text{m}^3]$	 $V = \left(\dfrac{a+b}{2}\right)hL\,[\text{m}^3]$ 여기서, L: 중심연장길이
되메우기량	터파기량 − 기초구조물체적	
잔토처리량	• 되메우기 후 잔토 처리: $V_1 = ($터파기체적 − 되메우기체적$) \times L = $기초구조부체적 $\times L$ • 되메우기 후 성토 처리: $V_2 = [$터파기체적 − (되메우기체적 + 성토체적$)] \times L$ $\qquad\qquad\qquad\qquad = \left[$터파기체적 $-\left($되메우기체적 $\times \dfrac{1}{C}\right)\right] \times L$ • 전체 터파기량의 잔토 처리: $V_3 = $흙파기체적 $\times L$	

2) 트럭 운반대수 및 성토량, 성토높이

구분	산정식
운반대수	$n = \dfrac{[\text{터파기량}] \times [\text{토량환산계수}(L)]}{[\text{트럭 1대의 적재량}(\text{m}^3/\text{대})]}\,[\text{대}]$ ※ 반드시 흙의 부피증가율(ΔV)을 고려할 것!
성토량	[성토량] = [성토장면적] × [성토높이] = [터파기량] × [토량환산계수(C)]
성토높이	$[\text{성토높이}] = \dfrac{[\text{터파기량}] \times [\text{토량환산계수}(C)]}{[\text{성토장면적}]}$

3) 토량환산계수

구하는 양 (분자) / 기준량(분모)	자연상태의 토량(1)	흐트러진 상태의 토양(L)	다져진 후의 토량(C)
자연상태의 토량(1)	1	L	C
흐트러진 상태의 토량(L)	$1/L$	1	C/L
다져진 후의 토량(C)	$1/C$	L/C	1

토량환산계수 적용방법

$\times C$

자연상태의 토량 (1) — $\times L$ → 흐트러진 상태의 토량 ($L=1.2\sim1.3$) — $\times \dfrac{C}{L}$ → 다져진 상태의 토량 ($C=0.82\sim0.95$)

$\times \dfrac{1}{L}$

$\times \dfrac{L}{C}$

$\times \dfrac{1}{C}$

• 굴착작업 및 적재 · 운반토량 산출: 흐트러진 상태가 기준＝작업토공량
• 되메우기(성토량) 토량 산출: 다져진 상태가 기준

② 토공기계 작업량 적산

구분	산정식	비고		
파워셔블 (power shvel)	$Q = \dfrac{3{,}600\,g\,f\,E\,K}{C_m}\,[\mathrm{m^3/h}]$	• Q: 시간당 작업량 • f: 작업변화율 • K: 버킷계수	• g: 1회 작업토공량($\mathrm{m^3}$) • E: 작업효율 • C_m: 사이클타임	
불도저 (bulldozer)	$Q = \dfrac{60\,g\,f\,E}{C_m}\,[\mathrm{m^3/h}]$			

주의 각 토공기계의 사이클타임(C_m)의 기준단위가 상이함
  • 파워셔블의 1회 사이클타임단위: 초 → 시간당 작업량으로 환산할 때 분자에 3,600을 곱함
  • 불도저의 1회 사이클타임단위: 분 → 시간당 작업량으로 환산할 때 분자에 60을 곱함

①4 철근콘크리트공사

① 철근량 적산

1) 기둥철근량 적산

정미량＝(철근길이＋이음길이)×철근의 단위중량(kg)

※ 소요량 산출 시에는 할증 적용: 이형철근 1.03, 원형철근 1.05

2) 후크길이 산정

구분	후크 계상	후크 미계상	비고
인장을 받는 부분	층고 $+40d+(10.3d\times2)$	층고 $+40d$	
압축을 받는 부분	층고 $+25d+(10.3d\times2)$	층고 $+25d$	(여기서, d: 철근지름)

2 거푸집량 적산

구분	설명	비고
기둥	[기둥둘레길이]×[기둥높이]	기둥높이: 바닥판 안목 간의 높이
보	[기둥 간 안목길이]×[바닥판두께를 뺀 보의 옆면적]×2	보의 밑부분: 바닥판에 포함
바닥판(슬래브)	외벽의 두께를 뺀 내벽 간 바닥면적	
벽	[벽면판－개구부면적]×2	벽면적: 기둥과 보의 면적을 공제
개구부	$1m^2$ 이하의 개구부는 공제하지 않음	
거푸집량의 공제 제외사항	• 기초와 지중보 • 기둥과 벽체 • 지중보와 기둥 • 보와 벽 • 기둥과 보 • 바닥판과 기둥 • 큰 보와 작은 보	
헌치	• 거푸집면적 및 콘크리트 타설량 • 단일부재의 콘크리트량 산출이므로 슬래브두께를 공제하지 않고 포함하여 산출 • 헌치 부분의 경사거푸집량은 수평투영면적으로 산정	

3 콘크리트량 적산

1) 단위중량 배합

구분		중량	체적
단위시멘트		[물의 중량]÷[물시멘트비]	[시멘트중량]÷[비중]
단위수량		－	[단위수량]÷[물의 비중]
골재	전체 골재	－	$1m^3$－[시멘트의 체적＋물의 체적＋공기량]
	잔골재	[잔골재체적]×[잔골재비중×1,000]	[전체 골재의 체적]×[잔골재율]
	굵은 골재	[굵은 골재의 체적]×[굵은 골재의 비중×1,000]	[전체 골재의 체적]×[1－잔골재율]

2) 철근콘크리트부재의 체적 및 재료별 단위중량

구분	산출방법	주요 재료별 단위중량
기초	• 독립기초(m^3) = 기초 실체적(m^3) • 줄기초(m^3) = 기초단면적(m^2) × 줄기초 연장길이(m)	• 물: $1t/m^3$ • 철근콘크리트: $2.4t/m^3$ • 무근콘크리트: $2.3t/m^3$ • 시멘트: $1.5t/m^3$ • 자갈: $1.6\sim1.8t/m^3$ • 모래: $1.5\sim1.7t/m^3$ • 강재: $7.85t/m^3$ • 모르타르: $2.1t/m^3$ • 철근 　－D10 = 0.56kg/m 　－D13 = 0.995kg/m 　－D16 = 1.56kg/m 　－D19 = 2.25kg/m 　－D22 = 3.04kg/m
기둥	콘크리트량(m^3) = 단면적 × 기둥높이(바닥판 간 안목높이)	
벽	• 콘크리트량(m^3) = (벽면적 － 개구부면적) × 벽두께 • 벽면적: 기둥면적 공제 • 높이: 바닥판 간 또는 보의 안목거리로 계상	
보	• 콘크리트량(m^3) = 단면적 × 보의 길이(기둥 간 안목길이) • 보의 단면적: 바닥판두께 공제	
바닥	콘크리트량(m^3) = (바닥면적 － 개구부면적) × 벽두께	
계단	• 콘크리트량(m^3) = 계단의 경사면적 × 계단의 평면두께 • 계단의 경사면적 = 경사길이 × 계단의 폭	

3) 레미콘 운반트럭 배차간격 적산

총체적 산출	→	총소요물량 계상	→	배차간격 산출
타설면적 × 타설두께(m^3)		총물량 ÷ 운반트럭용량		작업시간 ÷ 차량대수(단위 확인)

05 | 조적·목·방수·미장공사

1 조적공사

1) 표준형 벽돌

$190 \times 90 \times 57mm$, 줄눈 10mm(내화벽돌: $230 \times 114 \times 65mm$, 줄눈 6mm)

2) 단위면적당 벽돌 정미량 및 쌓기 모르타르량(표준형 벽돌의 경우에 한함)

구분	0.5B	1.0B	1.5B	2.0B	2.5B
벽돌 정미량(매/m^2)	75	149	224	298	373
쌓기 모르타르량 (m^3/1,000매)	0.25	0.33	0.35	0.36	0.37

3) 적산식

전체 면적(m^2) × 벽돌쌓기 기준량$(매/m^2)$ × 할증(%) = 벽돌소요량(매)

4) 할증률

① 벽돌 : 표준형 벽돌 5%, 내화벽돌 3%, 붉은 벽돌(점토벽돌) 3%를 가산하여 소요량으로 산정

② 속 빈 콘크리트 블록 : 할증률 4%가 포함된 소요량이 기준이 됨

② 목공사

1) 목재의 운반대수 산정 Flow chart

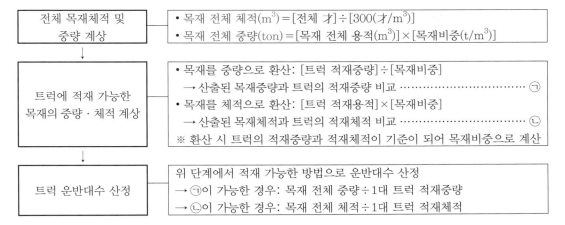

| 전체 목재체적 및 중량 계상 | • 목재 전체 체적(m^3) = [전체 才] ÷ [300$(才/m^3)$]
• 목재 전체 중량(ton) = [목재 전체 용적(m^3)] × [목재비중(t/m^3)] |

| 트럭에 적재 가능한 목재의 중량·체적 계상 | • 목재를 중량으로 환산 : [트럭 적재중량] ÷ [목재비중]
　→ 산출된 목재중량과 트럭의 적재중량 비교 ·············· ㉠
• 목재를 체적으로 환산 : [트럭 적재용적] × [목재비중]
　→ 산출된 목재체적과 트럭의 적재체적 비교 ·············· ㉡
※ 환산 시 트럭의 적재중량과 적재체적이 기준이 되어 목재비중으로 계산 |

| 트럭 운반대수 산정 | 위 단계에서 적재 가능한 방법으로 운반대수 산정
→ ㉠이 가능한 경우 : 목재 전체 중량 ÷ 1대 트럭 적재중량
→ ㉡이 가능한 경우 : 목재 전체 체적 ÷ 1대 트럭 적재체적 |

2) 목재의 기준단위 및 수량 산출방법

기준단위	수량 산출방법
• $1m^3 = 1m \times 1m \times 1m$ • 1才 = 1치 × 1치 × 12자(30 × 30 × 3,600mm) 　− 1分(푼) = 3.03mm ≒ 3mm 　− 1才(치) = 30.3mm ≒ 30mm 　− 1尺(자) = 30.3cm ≒ 30cm 　− 1才(사이) = 30 × 30 × 3,600(mm)	• $1m^3 = a[m] \times b[m] \times l[m]$ • $1才 = \dfrac{a[m] \times b[m] \times l[m]}{30 \times 30 \times 3{,}600} = \dfrac{a[m] \times b[m] \times l[m]}{1치 \times 1치 \times 12자}$ • 1才 = 1치 × 1치 × 12자 = $0.324m^3$ • $1m^3 = 308才 ≒ 300才$로 계상함이 원칙

3) 목재의 운반대수 산정 시 주의사항

① 목재의 용적 및 중량에 따른 트럭의 적재 가능 여부 각각 확인

② 이때 용적 및 중량에 대한 트럭의 최대 적재중량 초과·미만 여부 반드시 확인

③ 트럭의 소요대수가 최대 적재중량범위 내에 용적과 중량을 계산했을 경우 동일 여부 확인

④ 목재의 용적 및 중량에 대한 트럭의 운반능력이 가능할 경우 트럭 소요 최소 대수를 산정

③ 방수공사

구분	단위	적산식
옥상 방수면적	m^2	[바닥면적]+[파라펫의 치켜올림 부위 벽면적]
누름콘크리트량	m^3	[전체 바닥면적(중심선 간 치수 적용)]×[타설두께(THK)]
보호벽돌량	매	[벽면적]×[기준벽돌량]×[할증률]

■ 보호벽돌량 적산 시 유의사항
- 벽면적 계산 시 모서리구간의 중복 부분을 공제(→0.5B일 경우 각 모서리에서 0.09m 공제)
- 문제조건에 정미량을 산출하라는 조건이 없을 경우 반드시 할증률을 적용
- 벽돌기준량은 0.5B(75매/m^2), 1.0B(149매/m^2), 1.5B(224매/m^2), 2.0B(298매/m^2)까지는 반드시 암기(단, 벽돌은 표준형 $190×90×57$mm를 기준)

④ 미장공사

① 작업소요일 산정
② 작업소요일 = 미장면적(m^2)×품셈(인/m^2)÷투입인력(인/일)

제3장 공정관리

01 | 개론

1 PERT기법의 3점 추정법(Three time estimate)

개념	• 낙관시간(optimistic time; T_o): 작업이 원활하게 진행되었을 상태의 최단시간 • 정상시간(most likely time; T_m): 발생빈도확률이 가장 많은 평균시간 • 비관시간(pessimistic time; T_p): 작업이 원활하게 진행되지 않았을 때 요구되는 최장시간
소요시간 추정	• 3점 추정: $T_e = \dfrac{T_o + 4T_m + T_p}{6}$ • 경험 없는 신규사업에 적용 • 목적: 공사기간단축 • 신규사업으로 소요시간 추정을 가중평균치로 산출함	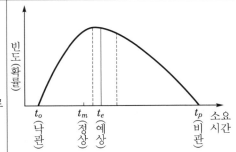

2 Dummy

1) Dummy의 정의 및 특성

정의	특성
• 작업의 중복을 피하거나 작업 상호 간의 선후관계를 규정하기 위한 것 • 시간의 소요가 없는 명목상의 작업	• 점선 화살표로 표시(┈▸) • 소요시간은 "0" • CP가 될 수 있음

2) Dummy의 종류

종류	Dummy의 사용목적	
Numbering dummy	작업의 중복을 피하기 위한 dummy	
Logical dummy	작업의 선후관계를 규정하기 위한 dummy	
Connection dummy	작업 간의 연결의미의 dummy(삭제 가능)	
Time lag dummy	연결더미에 시간을 표시할 경우에 사용	—

❸ EVMS(Earned Value Management System)

1) 정의

건설프로젝트의 비용 및 일정에 대한 계획 대비 실적을 통합된 기준으로 비교, 관리하는 통합공정관리시스템

2) 분석요소

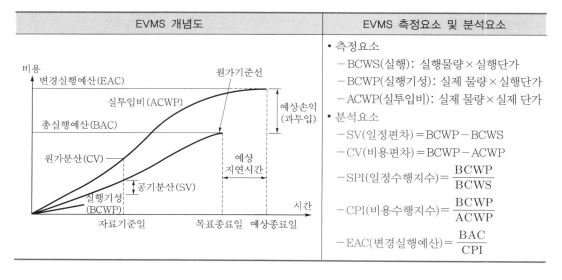

EVMS 개념도	EVMS 측정요소 및 분석요소
	• 측정요소 　－BCWS(실행): 실행물량 × 실행단가 　－BCWP(실행기성): 실제 물량 × 실행단가 　－ACWP(실투입비): 실제 물량 × 실제 단가 • 분석요소 　－SV(일정편차) = BCWP − BCWS 　－CV(비용편차) = BCWP − ACWP 　－SPI(일정수행지수) = $\dfrac{BCWP}{BCWS}$ 　－CPI(비용수행지수) = $\dfrac{BCWP}{ACWP}$ 　－EAC(변경실행예산) = $\dfrac{BAC}{CPI}$

3) 분류체계의 종류

구분	설명
WBS(Work breakdown structure)	공사내용을 작업의 공정별로 분류한 작업분류체계
OBS(Organization breakdown structure)	공사내용을 관리하는 사람에 따라 조직으로 분류한 것
CBS(Cost breakdown structure)	공사내용을 원가 발생요소의 관점으로 분류한 것

02 | 네트워크공정표

1 일정 계산

1) EST(Earliest Starting Time), EFT(Earliest Finishing Time)

① 작업의 흐름에 따른 전진 계산
② 어느 작업의 EFT: 그 작업의 EST+소요일수
③ 복수의 작업에 후속되는 작업의 EST: 복수의 선행작업 중 EFT의 최댓값

2) LST(Last Starting Time), LFT(Last Finishing Time)

① 최종공기에서부터 역진 계산
② 어느 작업의 LST: 그 작업의 LFT−소요일수
③ 복수의 작업에 후속되는 작업의 LST: 후속작업의 LST 중 최솟값

2 주공정선(CP; Critical Path)

① 최초 작업개시일부터 최종작업 완료일까지 이르는 경로 중 여유시간이 없는 소요일수가 가장 긴 경로
② 주공정선은 하나 이상의 복수 가능
③ 여유시간이 없는 경로로써 임의의 한 작업이 지연될 경우 전체 공기의 지연 발생
④ 주공정선은 굵은 선으로 표기

3 여유시간 계산

TF(Total Float; 총여유)	FF(Free Float; 자유여유)	DF(Dependent Float; 종속여유)
• [그 작업 LFT]−[그 작업 EFT] • [그 작업 LST]−[그 작업 LFT]	• [후속작업 EST]−[그 작업EFT] • [후속작업 EST]−[EST+소요일수]	DF=TF−FF

4 최소 비용에 의한 공기단축(MCX기법; Minimum cost expediting)

Step 1	표준 네트워크공정표 작성	• 일정 계산 및 주공정선(CP) 산출 • 작업별 여유시간 계상(생략가능)
Step 2	CP상의 비용구배 계산 및 비용구배가 최소인 작업부터 단축	• 비용구배(cost slope): 공기 1일 단축시키는 데 추가되는 비용 • $C/S = \dfrac{\text{급속비용} - \text{정상비용}}{\text{정상공기} - \text{급속공기}} = \dfrac{\triangle \text{비용}}{\triangle \text{공기}}$
Step 3	Sub CP상의 여유시간 확인	CP상의 작업이 단축되면 Sub CP가 갖는 여유시간이 감소하므로 반드시 확인이 요구됨
Step 4	Sub CP가 CP가 될 경우	• CP상의 작업과 Sub CP상의 작업을 동시에 공기단축 • 이때 비용구배가 최소인 작업부터 단축
Step 5	추가공사비 산출	• 추가공사비(extra cost) = 단축일수 × 비용구배 • 총공사비 = 표준공사비 + 추가공사비

제4장 | 품질관리

01 | 개론

1 일반사항

1) 품질관리대상(6M)

인력(Man), 자재(Material), 장비(Machine), 자금(Money), 공법(Method), 경험(Memory)

2) 품질관리사이클(Cycle)

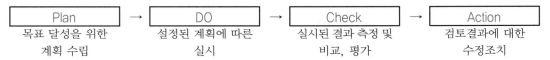

Plan	→	DO	→	Check	→	Action
목표 달성을 위한 계획 수립		설정된 계획에 따른 실시		실시된 결과 측정 및 비교, 평가		검토결과에 대한 수정조치

3) 품질관리계획서 필수 기입사항

① 품질관리계획서 수립대상공사

구분	설명
공사비기준	건설사업관리 대상공사로서 총공사비 500억원 이상
연면적기준	다중이용건축물의 건설공사로서 연면적 $30,000m^2$ 이상인 건축물 건설공사
기타	건설공사계약에 품질관리계획을 수립하도록 지정된 공사

② 품질관리계획서의 제출사항(필수사항)

ㄱ 품질관리조직

ㄴ 시험설비

ㄷ 시험담당자

ㄹ 품질관리항목 · 빈도 · 규격

ㅁ 품질관리 실시방법

② 통계적 품질관리(SQC; Statistical Quality Control)

산술평균	범위(R)	분산(S)	표본분산(S^2)	표준편차
$\overline{x} = \dfrac{\sum x_i}{n}$	$R = x_{\max} - x_{\min}$	$S = \sum (x_i - \overline{x})$	$V = \dfrac{S}{n-1}$ 또는 $\dfrac{\sum (x_i - \overline{x})^2}{n-1}$	$s = \sqrt{\dfrac{S}{n-1}}$
각 데이터의 평균치	최대치와 최소치의 차	측정데이터와 평균치와의 차	평균편차제곱합 (산포크기의 표기)	데이터 1개당의 산포를 표기

③ 종합적 품질관리(TQC; Total Quality Control)

1) TQC의 7가지 기법(tool)

구분	설명
관리도	• 정의: 공정상태의 특성치 → 그래프화 • 목적: 공정관리상태 유지
히스토그램	• 정의: 계량치data의 분포 → 그래프화 • 목적: 데이터분포도를 파악하여 품질상태 만족 여부 파악
파레토도	• 정의: 불량건수를 항목별로 분류 → 크기순서대로 나열 • 목적: 불량요인, 집중관리항목 파악
특성요인도	• 정의: 결과와 원인 간의 관계 → 그래프화(fish bone diagram) • 목적: 문제 및 하자의 분석
산포도	• 정의: 대응하는 2개의 짝으로 된 data → 그래프화 → 상호관계 파악 • 목적: 품질특성과 상관관계의 조사
체크시트	• 정의: 계수치의 data 분류항목의 집중도 파악 → 기록용, 점검용 체크시트로 분류 • 종류: 기록용 체크시트, 점검용 체크시트
층별	• 정의: 집단구성의 data → 부분집단화(원인이 산포에 끼친 영향 여부의 파악이 유리함) • 목적: 집단품질의 분포 비교

2) 히스토그램(histogram)

① 작성순서

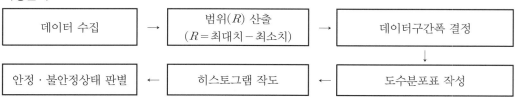

② 형태

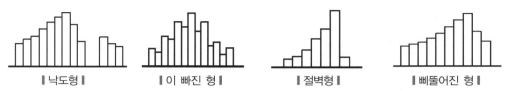

| 낙도형 | | 이 빠진 형 | | 절벽형 | | 삐뚤어진 형 |

02 | 재료의 품질관리

1 골재

1) 흡수율 및 밀도

골재의 함수상태	골재의 밀도

• 유효흡수율 $= \dfrac{\text{유효흡수량}}{\text{기건상태 골재중량}} \times 100[\%]$
 	
• 흡수율 $= \dfrac{\text{흡수량}}{\text{절건상태 골재중량}} \times 100[\%]$
 	
• 함수율 $= \dfrac{\text{함수량}}{\text{절건상태 골재중량}} \times 100[\%]$
 	
• 표면수율 $= \dfrac{\text{표면흡수량}}{\text{표건내포상태 골재중량}} \times 100[\%]$
	• 겉보기 밀도 $= \left(\dfrac{A}{B-C}\right)\rho_w$ (절대건조상태의 밀도)
	
	• 표건내포상태 밀도 $= \left(\dfrac{B}{B-C}\right)\rho_w$
	
	• 진밀도 $= \left(\dfrac{B-A}{A}\right)\rho_w$
	
	여기서, A: 절대건조상태의 질량(g)
	        B: 표면건조 내부 포화상태의 질량(g)
	        C: 시료의 수중질량(g)
	        ρ_w: 시험온도에서 물의 밀도(g/cm^3)

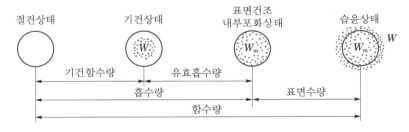

2) 공극률 및 실적률

구분	실적률	공극률	비고
개념	골재의 단위용적중량에 대한 실적용적의 백분율(%)	골재의 단위용적중량에 대한 공극의 백분율(%)	• W: 골재의 단위용적중량(t/m^3) • ρ: 골재의 비중
산정식	$d = \dfrac{W}{\rho} \times 100[\%]$	$v = \left(1 - \dfrac{W}{0.999\rho}\right) \times 100[\%]$	

2 시멘트

1) 분말도시험

① 정의: 시멘트입자의 가늘고 굵은 정도를 표시한 것

② 분말도의 특징 및 시험방법

분말도의 특징	시험방법	
시멘트 분말도가 크면 • 비표면적이 큼 • 수화작용 촉진 • 수화발열량 증대 • 초기 강도 우수, 장기강도 저하 • 균열 발생 및 풍화 용이 • 시공연도 우수	• 체가름시험(표준체시험) • 비표면적시험(브레인투과장치에 의한 시험)	

③ 포틀랜드시멘트의 분말도

㉠ 보통포틀랜드시멘트: 3,000cm^2/g 정도

㉡ 조강포틀랜드시멘트: 4,000cm^2/g 정도

㉢ 중용열포틀랜드시멘트: 2,800cm^2/g 정도

㉣ 초조강포틀랜드시멘트: 5,000cm^2/g 정도

2) 안정성시험(오토클레이브 팽창도)

① 정의: 시멘트가 경화 중에 체적이 팽창하여 팽창균열이나 휨 등이 생기는 정도

② 시험방법

㉠ 시멘트의 성형

㉡ 시험편의 저장: 24시간±30분 항온 · 항습기 안에 저장

㉢ 유효표점길이 측정: l_1

㉣ 시험편의 가열 및 가압: 오토클레이브

㉤ 시험편 건조 후 길이 측정: l_2

③ 결과 판정

㉠ 팽창도 측정: $\dfrac{\text{시험 후의 표점길이의 차}(\text{mm})}{\text{시험체의 유효표점길이}(\text{mm})} \times 100 = \dfrac{l_2 - l_1}{l_1} \times 100[\%]$

㉡ 판정: 오토클레이브 팽창도 0.8% 이하 시 합격

③ 철근의 인장강도시험

① 철근의 대표적 시험: 인장강도시험, 휨강도시험

② 인장강도시험: $f_t = \dfrac{최대\ 하중(P)}{시험체의\ 단면적(A)}$

③ 계산된 인장강도와 문제에서 주어진 설계기준 인장강도를 비교하여 설계기준강도 이상이면 합격 판정

④ 콘크리트의 압축강도시험

압축강도시험	인장강도시험	휨강도시험

$f_c = \dfrac{P}{A}$	$f_t = \dfrac{2P}{\pi dl}$	• 중앙점 하중법: $f_b = \dfrac{3Pl}{2bd^2}$
		 • 3등분점 하중법
		    $- f_b = \dfrac{Pl}{bd^2}$ (중앙부 파괴 시)
		    $- f_b = \dfrac{3Pa}{bd^2}$ (외측부 5% 파괴 시)

제5장   건축구조

제5장

01 │ 개론

1 강구조의 특징

장점	단점
• 고강도: 경량화, 장경간 • 인성 우수: 소성변형능력 우수(내진성능향상) • 세장한 부재 가능 • 증축 및 개축의 보수 용이 • 재료의 재사용: 친환경적 재료	• 내화성 낮음: 내화피복 필요 • 세장한 부재: 좌굴 발생 용이 • 처짐 및 진동에 취약 • 접합부의 신뢰도 저감 • 강재의 부식, 피로강도 감소

2 사용한계상태 및 극한한계상태

구분	설명
사용한계상태	정상적인 사용상태의 필요성을 만족 못하게 되는 상태로 내구성에 관련된 한계상태
극한한계상태	구조물 또는 부재가 파괴되어 전도, 좌굴, 대변형 등이 발생하여 구조적 불안정을 초래하는 상태

02 │ 구조역학

1 단면의 성질

1) 단면의 성질 일반사항

구분		설명
단면 1차 모멘트 (G)	정의	도형의 면적 x축에서 도심까지의 거리($G_x = A y_0$, $G_y = A x_0$)
	단위 및 부호	• 단위: mm^3, cm^3 • 부호: $(+)$, $(-)$
	특징	도심축을 통과하는 축에 대한 단면 1차 모멘트는 "0"($G_x = G_y = 0$)
	용도	• 단면의 도심 산정 • 보의 전단응력 계상

구분		설명
단면 2차 모멘트 (I)	정의	도형의 면적 x축에서 도심까지의 거리의 제곱($I_x = Ay^2$, $I_y = Ax^2$)
	단위 및 부호	• 단위: mm^4, cm^4 • 부호: 항상 (+)
	특징	• 도심축에서의 단면 2차 모멘트는 가장 최소 • 단면 2차 모멘트가 클수록 휨강성 우수
	용도	• 단면계수, 단면 2차 반지름 산정의 기본지표 • 강성도$\left(K=\dfrac{I}{L}\right)$, 휨응력$\left(\sigma_b = \dfrac{M}{I}y\right)$의 기본지표
	산정식	• 각형단면: $\dfrac{bh^3}{12}$ • 원형단면: $\dfrac{\pi D^4}{64}=\dfrac{\pi r^4}{4}$ • 삼각형단면: $\dfrac{bh^3}{36}$
단면계수 (Z)	정의	도심축에 대한 단면 2차 모멘트를 최연단까지의 거리로 나눈 것$\left(Z=\dfrac{I}{y}\right)$
	단위 및 부호	• 단위: mm^3, cm^3 • 부호: 항상 (+)
	용도	휨부재 설계 시 휨에 대한 부재의 저항계수
	산정식	• 각형단면: $\dfrac{bh^2}{6}$ • 원형단면: $\dfrac{\pi D^3}{32}=\dfrac{\pi r^3}{4}$ • 삼각형단면: $\dfrac{bh^2}{24}$, $\dfrac{bh^2}{12}$
단면 2차 반경 (r)	정의	단면 2차 모멘트를 단면적으로 나눈 제곱근$\left(r=\sqrt{\dfrac{I}{A}}\right)$
	단위 및 부호	• 단위: mm^3, cm^3 • 부호: 항상 (+)
	용도	압축재 설계 시 좌굴에 대한 부재의 저항계수

2) 단면 2차 모멘트의 평행축정리

$$I_x =[단면\ 2차\ 모멘트]+[면적 \times 거리^2]$$

장방형의 단면	각 축에 대한 단면 2차 모멘트
	• x축에 대한 단면 2차 모멘트 $I_x = I_X + A y_0{}^2 = \dfrac{bh^3}{12}+bh\left(\dfrac{h}{2}\right)^2 = \dfrac{bh^3}{3}$ • y축에 대한 단면 2차 모멘트 $I_y = I_Y + A x_0{}^2 = \dfrac{hb^3}{12}+bh\left(\dfrac{b}{2}\right)^2 = \dfrac{hb^3}{3}$

❷ 정정구조물

1) 단순보

① 단순보의 휨모멘트공식

구분	집중하중	등분포하중	삼각등변분포하중	모멘트하중
전단력	$V_{\max} = \dfrac{P}{2}$	$V_{\max} = \dfrac{wL}{2}$	$V_{\max} = \dfrac{wL}{3}$	$V_{\max} = \dfrac{M}{L}$
휨모멘트	$M_{\max} = \dfrac{PL}{4}$	$M_{\max} = \dfrac{wL^2}{8}$	$M_{\max} = \dfrac{wL^2}{9\sqrt{3}}$	$M_{\max} = \dfrac{M}{2}$

② 최대 휨모멘트($M_{\max}$)
- ㉠ 지점반력을 산출: 힘의 평형조건방정식 활용($\sum M = 0$)
- ㉡ 전단력이 "0"인 지점 계산
- ㉢ 전단력 $V = 0$인 지점: 최대 휨모멘트가 발생되는 지점
- ㉣ 최대 휨모멘트 계산: $M_{\max} = [지점반력] \times [떨어진 수직거리]$

③ 균열모멘트

산정식	특성
$M_{cr} = \dfrac{I_g}{y_t} f_r = \dfrac{I_g}{y_t}(0.63\lambda\sqrt{f_{ck}})$ 여기서, I_g: 부재 전체 단면에 대한 단면 2차 모멘트 y_t: 도심에서 인장측 외단까지의 거리 f_r: 파괴계수($= 0.63\lambda\sqrt{f_{ck}}$) λ: 경량콘크리트계수(전경량: 0.75, 모래경량: 0.85, 보통중량: 1.0)	• 부재에 작용하는 휨모멘트가 일정 크기를 초과하면 보의 인장측에 균열이 발생할 때의 모멘트 • 균열모멘트의 크기 이상이 보에 작용할 때 중립축까지 균열이 진행됨

2) 캔틸레버보의 전단력 및 휨모멘트

전단력	휨모멘트
• 고정단에서 최대 • 계산: 좌측 → 우측 • 부호: 좌측 고정단 (+), 우측 고정단 (−)	• 고정단에서 최대 • 계산: 자유단 → 고정단 • 전단력의 면적=휨모멘트 • 부호: 시계반향 (+), 반시계방향 (−)

3) 내민보의 전단력도(SFD) 및 휨모멘트도(BMD)

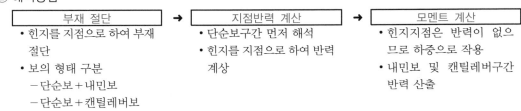

조건	지점반력	전단력도(SFD)	휨모멘트도(BMD)

4) 게르버보

① 정의: 부정정 연속보에 부정정차수만큼 부재 내에 힌지를 두어 정정상태로 만든 보

② 해석방법

부재 절단	→	지점반력 계산	→	모멘트 계산
• 힌지를 지점으로 하여 부재 절단 • 보의 형태 구분 　－단순보＋내민보 　－단순보＋캔틸레버보		• 단순보구간 먼저 해석 • 힌지를 지점으로 하여 반력 계상		• 힌지지점은 반력이 없으므로 하중으로 작용 • 내민보 및 캔틸레버구간 반력 산출

5) 3힌지 라멘

① 휨모멘트도(BMD; Bending Moment Diagram)의 작도

ㄱ) 휨모멘트: 부재를 구부리거나 휘려고 하는 힘(방향: 아래로 볼록한 형태 " + ", 위로 볼록한 형태 " − ")

ㄴ) 휨모멘트도 작도

• 활절지점: 전단력은 그대로 전달되며, 휨모멘트는 반드시 "0"이다.

• 전단력이 "0"이 되는 지점에서 정(+), 부(−)의 극대모멘트가 발생한다.

• 집중하중작용 시 1차 직선의 형태이며, 등분포하중작용 시 2차 곡선의 형태로 작도한다.

ㄷ) 라멘구조의 자유물체도 및 휨모멘트도

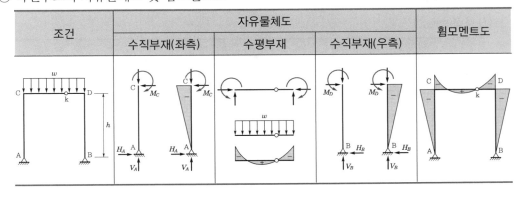

조건	자유물체도			휨모멘트도
	수직부재(좌측)	수평부재	수직부재(우측)	

② 지점반력 계산

구분	계산방법	비고
수직반력	단순보의 반력 계산과 동일한 방법 적용	$\sum M_A = 0$ 또는 $\sum M_B = 0$
수평반력 (H_A, H_B)	• 부재 절단 후 구하고자 하는 반력의 방향 선정 • 절단지지점에서 좌측 반력: +부호 • 절단지지점에서 우측 반력: -부호	
부호 산정	• 전단력: 상향은 +부호, 하향은 -부호 • 휨모멘트: 시계방향은 +부호, 반시계방향은 -부호	

(그림: $H_A = \dfrac{PL}{8h}$, $V_A = \dfrac{3P}{4}$, $V_B = \dfrac{P}{4}$, $H_B = \dfrac{PL}{8h}$, $L/4$, $L/4$, $L/2$, L, h, P)

③ 트러스부재력의 해석

절점법(격점법)	단면법(절단법)	

• 절점을 중심으로 평형조건식 적용($\sum V = 0$, $\sum H = 0$)
• 간단한 트러스에 적용
• 부호
  - 절점으로 들어가는 부재력: 압축(-)
  - 절점으로 나오는 부재력: 인장(+)
	• 전단력법: 수직재, 사재($\sum V = 0$)
	• 모멘트법: 상현재, 하현재($\sum M = 0$)
	• 미지의 부재력 산정 시 적용
	  → 구하고자 하는 부재가 지나가도록 절단 후 임의의 절점에서 "$\sum M = 0$"을 계산
	  → 구하고자 하는 미지수 외에 타 부재의 미지수가 소거되어 구하고자 하는 부재력 계산	

④ 재료역학

1) 응력과 변형률

① 응력(stress)

수직응력	전단응력	휨응력
• 부재의 축방향으로 하중이 작용하는 경우 발생 • 인장응력: $\sigma_t = +\dfrac{P}{C}$ • 압축응력: $\sigma_c = -\dfrac{P}{C}$	• 부재의 축방향의 직각방향으로 하중이 작용하는 경우 발생 • 수직전단응력: $\tau_v = \dfrac{C}{A}$ • 수평전단응력: $\tau_h = \dfrac{SG}{Ib}$	• 휨을 받는 부재에서 발생하는 응력 • 임의점의 휨응력: $\sigma = \pm\dfrac{M}{I}y$ • 연단의 최대 휨응력: $\sigma = \pm\dfrac{M}{Z}$

② 변형률

선변형률(길이변형률)	푸아송비와 푸아송수
• 변형률$=\dfrac{\text{변형된 길이}(\Delta L)}{\text{원래 길이}(L)}$ • 세로변형률(축방향 변형률): $\varepsilon_x = \dfrac{\Delta l}{l}$ • 가로변형률(횡방향 변형률): $\beta = \varepsilon' = -\dfrac{\Delta d}{d}$	• 푸아송비: $v = \dfrac{\text{가로변형률}}{\text{세로변형률}} = -\dfrac{1}{m} = \dfrac{\beta}{\varepsilon_x}$ • 푸아송수: 푸아송비의 역수

③ 강재의 응력 – 변형도곡선

응력 – 변형도곡선	설명
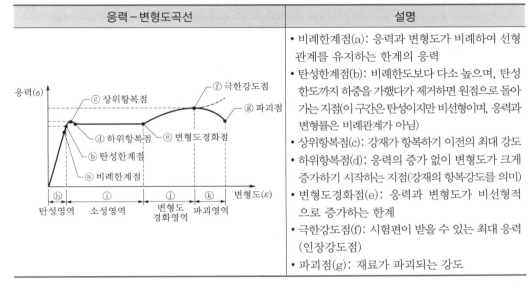	• 비례한계점(a): 응력과 변형도가 비례하여 선형 관계를 유지하는 한계의 응력 • 탄성한계점(b): 비례한도보다 다소 높으며, 탄성한도까지 하중을 가했다가 제거하면 원점으로 돌아가는 지점(이 구간은 탄성이지만 비선형이며, 응력과 변형률은 비례관계가 아님) • 상위항복점(c): 강재가 항복하기 이전의 최대 강도 • 하위항복점(d): 응력의 증가 없이 변형도가 크게 증가하기 시작하는 지점(강재의 항복강도를 의미) • 변형도경화점(e): 응력과 변형도가 비선형적으로 증가하는 한계 • 극한강도점(f): 시험편이 받을 수 있는 최대 응력(인장강도점) • 파괴점(g): 재료가 파괴되는 강도

2) 용수철계수

① 훅의 법칙

㉠ 훅의 법칙: $\sigma = \varepsilon E$(재료의 탄성한도 내에서 응력은 변형률에 비례)

㉡ 탄성계수: $E = \dfrac{\sigma}{\varepsilon} = \dfrac{P/A}{\Delta L/L} = \dfrac{PL}{A\,\Delta L}$ (변형량: $\Delta L = \dfrac{PL}{AE}$)

② 용수철상수(계수)

㉠ 힘 F가 작용할 때 늘어난 길이가 ΔL일 경우: $P = k\,\Delta L$(여기서, k : 용수철상수)

㉡ 용수철의 단면적 및 탄성계수가 각각 A와 E일 때 변형량: $\Delta L = \dfrac{PL}{AE}$

㉢ 용수철계수: $k = \dfrac{P}{\Delta L} = \dfrac{P}{\dfrac{PL}{AE}} = \dfrac{AE}{L}$

제5장 건축구조

5 처짐 및 부정정구조

1) 최대 처짐

구분	단순보		캔틸레버보	
	처짐량(δ[mm])	처짐각(θ[rad])	처짐량(δ[mm])	처짐각(θ[rad])
집중하중	$\delta_{\max} = \dfrac{PL^3}{48EI}$	$\theta_A = -\theta_B = \dfrac{PL^2}{16EI}$	$\delta_{\max} = \dfrac{PL^3}{3EI}$	$\theta_B = \dfrac{PL^2}{2EI}$
등분포하중	$\delta_{\max} = \dfrac{5\omega L^4}{384EI}$	$\theta_A = -\theta_B = \dfrac{\omega L^3}{24EI}$	$\delta_{\max} = \dfrac{\omega L^4}{8EI}$	$\theta_B = \dfrac{\omega L^3}{6EI}$

2) 최종처짐량(총처짐량)

구분	처짐량 산정식
최종처짐량	탄성처짐 + 장기처짐 → $\delta_i + \delta_l = \delta_i + \delta_i \lambda_\Delta = \delta_i(1+\lambda_\Delta)$
탄성처짐	• 등분포하중이 작용할 경우: $\delta_{i\max} = \dfrac{5\omega l^4}{384 E_c I_e}$ • 집중하중이 작용할 경우: $\delta_{i\max} = \dfrac{Pl^3}{48 E_c I_e}$
장기처짐	장기추가처짐량 = 탄성처짐(δ_i) × 장기추가처짐계수(λ_Δ) → $\delta_l = \delta_i \lambda_\Delta = \delta_i\left(\dfrac{\xi}{1+50\rho'}\right)$ 여기서, λ_Δ: 장기추가처짐계수$\left(=\dfrac{\xi}{1+50\rho'}\right)$ ρ': 압축철근비$\left(=\dfrac{A_s{}'}{bd}\right)$ ξ: 시간경과계수(3개월: 1.0, 6개월: 0.5, 1년: 1.4, 5년: 2.0)

3) 모멘트분배율

① 모멘트분배법 일반사항

강도(K, stiffness)	유효강비(등가강비; effective stiffness)			
$K = \dfrac{I}{l}$	k	$\dfrac{3}{4}k$	$\dfrac{1}{2}k$	$\dfrac{3}{2}k$
	양단 고정	일단 고정 타단 힌지	절점회전각이 대칭인 부재	절점회전각이 역대칭인 부재

② 분배율(DF; Distributed Factor)

   ㉠ 2개 이상의 부재가 연결된 곳에 작용하는 불균형모멘트를 각 부재에 분배하는 비율

   ㉡ $DF = \dfrac{\text{해당 부재의 유효강비}}{\text{총부재의 유효강비의 합}} = \dfrac{k}{\sum k}$

③ 분배모멘트＝분배율(DF)×작용모멘트(M)

④ 전달모멘트＝분배모멘트(M)×1/2

모멘트분배법	분배율(DF)	분배모멘트	전달모멘트
	$DF_{OA} = \dfrac{k_1}{k_1+k_2+\dfrac{3}{4}k_3}$ $DF_{OB} = \dfrac{k_2}{k_1+k_2+\dfrac{3}{4}k_3}$ $DF_{OC} = \dfrac{k_3}{k_1+k_2+\dfrac{3}{4}k_3}$	$M_{OA} = M(DF_{OA})$ $M_{OB} = M(DF_{OB})$ $M_{OC} = M(DF_{OC})$	$M_{AO} = \dfrac{1}{2}M_{OA}$ $M_{BO} = \dfrac{1}{2}M_{OB}$ $M_{CO} = 0$

• 전달률: 상대 단에 전달되는 모멘트의 비율(고정단의 경우 항상 1/2)

03 | 철근콘크리트구조

1 개론

1) 탄성계수

① 콘크리트의 탄성계수

콘크리트의 탄성계수(할선탄성계수)	비고
$E_c = 0.077m_c^{1.5}\sqrt[3]{f_{cu}} = 8{,}500\sqrt[3]{f_{cu}}\,[\text{MPa}]$ (단, 보통 골재를 사용한 경우 $m_c = 2{,}300\text{kg/m}^3$)	$f_{cu} = f_{ck} + \Delta f\,[\text{MPa}]$ • $f_{ck} \leq 40\text{MPa}$: $\Delta f = 4\text{MPa}$ • $f_{ck} \geq 60\text{MPa}$: $\Delta f = 6\text{MPa}$ • $40\text{MPa} < f_{ck} < 60\text{MPa}$: 직선보간 적용

② 철근의 탄성계수: $E_s = 2.0 \times 10^5 \text{MPa}$

③ 탄성계수비: $n = \dfrac{E_s}{E_c} = \dfrac{2.0 \times 10^5}{8{,}500\sqrt[3]{f_{cu}}}$ (보통중량콘크리트인 경우)

2) 지배단면의 분류

① 지배단면의 분류

조건	지배단면의 분류	
압축콘크리트가 극한변형률인 0.0033에 도달할때	최외단 인장철근의 순인장변형률 ε_t가 압축지배변형률한계 이하인 단면	압축지배단면
	순인장변형률 ε_t가 압축지배변형률한계와 인장지배변형률한계 사이인 단면	변화구간단면
	최외단 인장철근의 순인장변형률 ε_t가 인장지배변형률한계 이상인 단면	인장지배단면

제5장 건축구조

② 지배단면의 변형률한계

강재의 종류		압축지배변형률한계	인장지배변형률한계	휨부재의 최소 허용변형률
철근	SD400 이하	ε_y	0.005	0.004
	SD400 초과	ε_y	$2.5\varepsilon_y$	$2.0\varepsilon_y$
PS강재		0.002	0.005	−

③ 지배단면에 따른 강도감소계수(ϕ)

구분		순인장변형률조건	강도감소계수(ϕ)
압축지배단면		$\varepsilon_t < \varepsilon_y$	0.65
변화구간단면	SD400 이하	$\varepsilon_y(0.002) < \varepsilon_t < 0.005$	0.65~0.85
	SD400 초과	$\varepsilon_y < \varepsilon_t < 2.5\varepsilon_y$	
인장지배단면	SD400 이하	$0.005 \leq \varepsilon_t$	0.85
	SD400 초과	$2.5\varepsilon_y \leq \varepsilon_t$	

3) 변화구간단면에서의 강도감소계수

기타 띠철근의 경우	나선철근의 경우	비고
$\phi = 0.65 + 0.2\left(\dfrac{\varepsilon_t - \varepsilon_y}{0.005 - \varepsilon_y}\right)$	$\phi = 0.75 + 0.15\left(\dfrac{\varepsilon_t - \varepsilon_y}{0.005 - \varepsilon_y}\right)$	SD400 이하인 경우 $\varepsilon_y = \dfrac{f_y}{E_s} = \dfrac{400}{2.0 \times 10^5} = 0.002$

2 압축재 설계

1) 설계축하중

기둥의 설계축하중	벽체의 설계축하중

$\phi P_n = 0.8\phi\left[0.85f_{ck}(A_g - A_{st}) + f_y A_{st}\right]$
• 강도감소계수(ϕ)
  − 띠철근기둥: $\phi = 0.65$
  − 나선철근기둥: $\phi = 0.70$
	$\phi P_{nw} = 0.55\phi f_{ck} A_g\left[1 - \left(\dfrac{kl_c}{32h}\right)^2\right]$
	
	• $\phi = 0.65$ • b_e : 유효벽길이
	• h : 벽두께 • l_c : 벽높이
	• k : 유효길이계수

2) 압축재의 세장비

구분	장주	중간주	단주	비고
세장비(λ)	100 이상	45~100	30~45	$\lambda = \dfrac{kL}{r_{\min}}$
파괴형태	탄성좌굴파괴	비탄성좌굴파괴	압축파괴, 좌굴 없음	

3) 좌굴

① 정의: 장·단면의 크기에 비해 기둥의 길이가 비교적 긴 기둥은 압축력의 크기가 어느 한도에 달하게 되면 갑자기 불안정한 상태가 되어 옆으로 휘는 현상

② 탄성좌굴하중 및 좌굴응력

탄성좌굴하중(임계하중)	좌굴응력
$P_{cr} = \dfrac{\pi^2 EI}{{l_k}^2} = \dfrac{\pi^2 nEI}{l^2}$	$f_{cr} = \dfrac{P_{cr}}{A} = \dfrac{\pi^2 E}{\lambda^2} = \dfrac{\pi^2 E}{\left(\dfrac{l_k}{r}\right)^2}$

여기서, EI: 휨강도, l_k: 좌굴유효길이($= kL$), n: 좌굴강도계수

$\quad \lambda$: 세장비$\left(= \dfrac{kL}{r}\right)$, r: 단면 2차 반경

③ 단부조건에 따른 계수

단부조건	1단 고정 타단 자유	양단 힌지	1단 고정 타단 힌지	양단 고정
지지조건에 따른 기둥의 분류	P $kl=2l$ P	P $kl=l$ P	P $kl=0.7l$ P	P $kl=0.5l$ P
좌굴유효길이(l_k)	$2l$	l	$0.7l$	$0.5l$
좌굴강도계수(n)	1/4(1)	1(4)	2(8)	4(16)

4) 철근콘크리트기둥의 띠철근 배근구조기준

구분	띠철근 배근구조기준
직경	• D32 이하 축방향 철근: D10 이상 • D35 초과 축방향 철근: D13 이상
수직간격	• 축방향 철근지름의 16배 이하 • 띠철근이나 철선지름의 48배 이하 • 기둥단면의 최소 치수 이하 → 위 값 중 최솟값
배근방법	• 축방향 철근들은 135° 이하로 구부린 띠철근의 모서리에 의해 횡지지 • 인접한 축방향 철근의 순간격이 150mm 이상 떨어진 경우에는 추가띠철근을 배치 • 첫 번째 및 수평부재 최하단 띠철근간격은 다른 띠철근간격의 1/2 이하

3 휨재 설계

1) 휨재의 휨응력 및 전단응력

① 휨응력

휨응력	휨응력도
• 휨을 받는 부재에서 발생하는 응력 • 임의점의 휨응력: $\sigma = \pm \dfrac{M}{I}y$ • 연단의 최대 휨응력: $\sigma = \pm \dfrac{M}{Z}$ • 압축측: $\sigma_{\max} = -\dfrac{M}{Z}$, 인장측: $\sigma_{\max} = +\dfrac{M}{Z}$ • 각형 단면: $Z = \dfrac{bh^2}{6}$, 원형단면: $Z = \dfrac{\pi D^{32}}{32}$	

② 전단응력

전단응력	전단응력계수	
• 부재의 축방향의 직각방향으로 하중이 작용하는 경우 발생 • 전단응력 $-$ 일반식: $\tau = \dfrac{SG}{Ib}$ $-$ 전단응력: $\tau = k\dfrac{S}{A}$	• 각형단면: $k = \dfrac{3}{2}$ 	• 삼각형 · 원형단면: $k = \dfrac{4}{3}$

2) 휨재의 휨강도

구분		설명	휨강도
항복모멘트	$M_y = F_y Z$	보 단면의 최외단이 강재의 항복강도에 도달할 때의 단면이 저항하는 휨강도	$f_b = \dfrac{M_{max}}{Z}$ [MPa]
탄성단면계수	$Z = \dfrac{bh^2}{6}$	도심을 지나는 축에 대한 단면 2차 모멘트를 도심에서 상·하최연단까지의 거리로 나눈 값	

3) 휨균열제어를 위한 인장철근의 중심간격

S_1	S_2	비고
$S_1 = 375\left(\dfrac{K_{cr}}{f_s}\right) - 2.5\,C_c$	$S_2 = 300\left(\dfrac{K_{cr}}{f_s}\right)$	• K_{cr}: 건조환경 노출은 280, 그 외는 210 • f_s: 사용하중상태에서 인장연단에서 가장 가까이 에 위치한 철근의 응력$\left(=\dfrac{2}{3}f_y(근사값\ 적용)\right)$ • C_c: 인장철근 표면과 콘크리트 간 최소 피복두께
S_1, S_2값 중 최솟값 이하 적용		

4) 압축철근의 역할

단근보(인장철근만 배근) →	복근보(인장철근 및 압축철근이 배근된 보)
• 휨부재의 단면크기가 제한 되는 경우 최대 철근비는 제한됨 • 인장철근량을 증가시키면 콘크리트의 응력을 감소 시키는 데 한계가 있음	• 압축철근 배근 시 콘크리트 압축측과 인장철근이 지지하는 인장력과 평형을 이룸 • 인장철근비를 최대 철근비 이하(인장철근비 감속 가능)로 유지하면서 설계강도 향상 가능 • 압축철근이 배근된 복근보는 단근보보다 장기처짐 감소 가능 • 압축철근 배근 시 콘크리트의 압축응력블럭깊이(a) 감소 • 인장철근의 변형도가 증가되므로 보의 연성이 향상됨(구조물의 안정성 향상) • 보의 인장철근과 스터럽 배근 시 압축철근이 거푸집과 일정 간격을 유지 하고 고정시키기 때문에 철근조립의 편의성이 증대됨

4 슬래브 설계

1) 1방향 슬래브 및 2방향 슬래브

구분	설명	변장비(λ)
1방향 슬래브	• 한 방향(단변방향)으로만 주철근이 배치된 슬래브 • 마주 보는 2변에만 지지되는 슬래브	$\lambda = \dfrac{장변(l_y)}{단변(l_x)} > 2.0$
2방향 슬래브	• 직교하는 두 방향 휨모멘트를 전달하기 위하여 주철근이 배치된 슬래브 • 4변에 의해 지지되는 슬래브	$\lambda = \dfrac{장변(l_y)}{단변(l_x)} \leq 2.0$

제5장 건축구조

2) 1방향 슬래브구조기준

① 수축온도철근의 철근비

$f_y \leq 400\text{MPa}$	$f_y > 400\text{MPa}$	비고
$\rho = 0.002$	$\rho = 0.002 \dfrac{400}{f_y}$	• 어떠한 경우에도 0.0014 이상 • 수축온도철근비 $= \dfrac{\text{수축온도철근의 단면적}}{\text{전체 단면적}}$ • 배근간격: 슬래브두께의 5배 이하, 또한 450mm 이하

② 주철근의 간격

　ⓐ 최대 모멘트 발생단면(위험단면): 슬래브두께의 2배 이하, 또한 300mm 이하

　ⓑ 기타 단면(일반단면): 슬래브두께의 3배 이하, 또한 450mm 이하

③ 1방향 슬래브 최소 두께(처짐을 검토하지 않는 경우)

부재	최소 두께(h)			
	단순 지지	1단 연속	양단 연속	캔틸레버
	큰 처짐에 의해 손상되기 쉬운 칸막이벽이나 기타 구조물을 지지 또는 부착하지 않은 부재			
1방향 슬래브	$l/20$	$l/24$	$l/28$	$l/10$
• 보 • 리브가 있는 1방향 슬래브	$l/16$	$l/18.5$	$l/21$	$l/8$

3) 플랫슬래브의 지판(Drop panel)

① 플랫슬래브: 기둥 상부의 부모멘트에 대한 철근을 줄이기 위하여 지판을 사용

② 받침부 중심선에서 각 방향 받침부 중심 간 경간의 1/6 이상을 각 방향으로 연장

③ 지판의 슬래브 아래로 돌출한 두께는 돌출부를 제외한 슬래브두께의 1/4 이상

④ 지판 부위의 슬래브철근량을 계산할 때 슬래브 아래로 돌출한 지판의 두께는 지판의 외단부에서 기둥이나 기둥머리면까지 거리의 1/4 이하

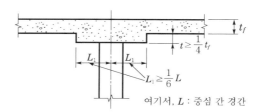

여기서, L : 중심 간 경간

5 벽체 설계

1) 설계축하중

① 실용 설계법이 적용되는 벽체: 계수하중의 합력이 벽두께의 중앙 1/3 이내에 작용하는 경우
② 벽체 설계축하중 산정식

산정식	비고
$P_u \leq \phi P_{nw} = 0.55\phi f_{ck} A_g \left[1 - \left(\dfrac{k l_c}{32h} \right)^2 \right]$	• P_u: 계수축하중 • ϕ: 강도감소계수$(= 0.65)$ • $1 - \left(\dfrac{k l_c}{32h} \right)^2$: 세장효과를 고려한 함수 • k: 유효길이계수

> ☑ **참고**
>
> 유효길이계수값(k)
>
> | 구분 | | k |
> |---|---|---|
> | 상·하단 횡구속벽체 | 상·하 양단 중의 한쪽 또는 양쪽의 회전이 구속된 경우 | 0.8 |
> | | 상·하 양단 중의 모두 회전이 구속되지 않은 경우 | 1.0 |
> | 비횡구속벽체 | | 2.0 |

2) 벽체의 최소 두께

① 수직 또는 수평받침점 간 거리(벽체길이) 중에서 작은 값의 1/25 이상, 또한 100mm 이상
② 지하실 외벽 및 기초벽체의 두께: 200mm 이상

6 기초 설계

1) 2방향 직사각형 기초판의 소요철근량

① 장변방향으로의 철근 배근: 기초유효폭 전체에 균등하게 배치
② 단변방향으로의 철근 배근

유효폭에 따른 철근량 배근기준		비고
기초판 유효폭 내 $A_s = A_{sL} \left(\dfrac{2}{\beta+1} \right)$	기초판 유효폭 이외 $A_s{'} = A_{sL} \left[\dfrac{\beta-1}{2(\beta+1)} \right]$	$\dfrac{\text{유효폭 내에 배치되는 철근량}(A_s)}{\text{단변방향의 전체 철근량}(A_{sL})} = \dfrac{2}{\beta+1}$ 여기서, $\beta = \dfrac{L(\text{장변})}{S(\text{단변})}$

㉠ 유효폭: 기초판 단변방향 길이의 폭
㉡ 단변방향으로의 철근은 위 식에서 산출한 철근량을 유효폭 내에 균등하게 배치하고, 나머지 철근량을 유효폭 이외의 부분에 균등하게 배치한다.

2) 독립기초 최대 압축응력(편심하중이 작용할 경우)

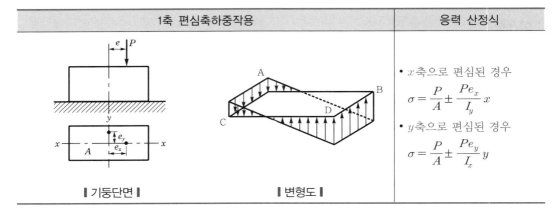

1축 편심축하중작용		응력 산정식
▌기둥단면▐	▌변형도▐	• x축으로 편심된 경우 $\sigma = \dfrac{P}{A} \pm \dfrac{Pe_x}{I_y}\,x$ • y축으로 편심된 경우 $\sigma = \dfrac{P}{A} \pm \dfrac{Pe_y}{I_x}\,y$

3) 뚫림전단 및 위험단면

① 독립기초의 전단응력에 의한 위험단면

  ㉠ 1방향 독립기초: 기둥이나 벽의 전면에서 유효높이 d만큼 떨어져 있는 단면

  ㉡ 2방향 독립기초: 기둥이나 벽의 전면에서 유효높이 $0.5d$만큼 떨어져 있는 단면

② 1방향 전단에 대한 위험단면의 면적: 위험단면의 둘레(b_0)×기초의 유효춤(d)

  $\rightarrow A = 2[(c_1 + 2d) + (c_2 + 2d)]d$

③ 2방향 전단에 대한 위험단면의 면적: 위험단면의 둘레(b_0)×기초의 유효춤$(d/2)$

  $\rightarrow A = 2\left[\left(c_1 + 2 \times \dfrac{d}{2}\right) + \left(c_2 + 2 \times \dfrac{d}{2}\right)\right]d = 2[(c_1 + d) + (c_2 + d)]d$

7 전단 설계

1) 전단강도 설계식

공칭전단강도	철근이 부담하는 전단강도	콘크리트가 부담하는 전단강도	비고
$V_n = V_c + V_s$	$V_s = \dfrac{A_v f_{yt} d}{s}$	$V_c = \dfrac{1}{6}\phi\sqrt{f_{ck}}\,b_w d$	강도감소계수: $\phi = 0.75$

2) 보의 전단철근(스터럽)이 배근되지 않는 위치의 결정방법

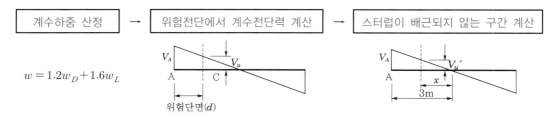

계수하중 산정 → 위험전단에서 계수전단력 계산 → 스터럽이 배근되지 않는 구간 계산

$w = 1.2w_D + 1.6w_L$

위험단면(d)

3) 전단철근의 간격

① 수직스터럽의 간격: $0.5d$ 이하, 600mm 이하 → $s \leq \dfrac{d}{2}$, $s \leq 600$mm

② $V_s > \dfrac{1}{3} \lambda \sqrt{f_{ck}}\, b_w d$인 경우 ①의 최대 간격 1/2으로 함 → $s \leq \dfrac{d}{4}$, $s \leq 300$mm

③ 콘크리트가 분담하는 전단강도: $V_c = \dfrac{1}{6} \lambda \sqrt{f_{ck}}\, b_w d$(상세한 계산을 하지 않는 경우)

8 철근 배근구조기준

1) 철근의 간격제한

구분	철근간격
동일 평면	철근 수평순간격 25mm 이상, 철근 공칭지름 이상
상·하 2단 배근	동일 연직면 내에 배치, 상·하철근 순간격 25mm 이상
압축부재	축방향 철근순간격 40mm 이상, 철근 공칭지름의 1.5배 이상
벽체, 슬래브(휨 주철근간격)	벽체나 슬래브두께의 3배 이하, 또한 450mm 이하(단, 장선구조의 경우 미적용)
프리텐셔닝 긴장재(중심간격)	강선의 경우 5D 이상, 강연선 4D 이상

2) 철근의 이음과 정착

① 철근의 겹이음길이

인장이형철근	압축이형철근

• A급 이음: $1.0 l_d$ 이상
• B급 이음: $1.3 l_d$ 이상
• 최소 겹이음길이: 300mm 이상
	• 압축철근의 겹이음길이: $l_s = \left(\dfrac{1.4 f_y}{\lambda \sqrt{f_{ck}}} - 52 \right) d_b$
	• 산정된 이음길이
	  $- f_y \leq 400$MPa: $0.072 f_y d_b$ 이하
	  $- f_y > 400$MPa: $(0.13 f_y - 24) d_b$ 이하
	• 최소 겹이음길이: 300mm 이상
	• 콘크리트설계기준강도 21MPa 미만인 경우 겹이음길이를 1/3 증가

> ☑ 참고
>
> A급 이음
> 배근된 철근량이 소요철근량의 2배 이상이고, 겹이음된 철근량이 총철근량의 1/2 이하인 경우
> $$\dfrac{배근철근량(A_s{}')}{소요철근량(A_s)} \geq 2$$

② 철근의 정착길이

구분	정착길이 산정식	비고
인장이형철근 정착길이	• 기본정착길이: $l_{db} = \dfrac{0.6d_b f_y}{\lambda \sqrt{f_{ck}}}$ • 정착길이: 기본정착길이×보정계수≥300mm • 정밀식: $l_d = \dfrac{0.9d_b f_y}{\lambda \sqrt{f_{ck}}} \cdot \dfrac{\alpha\beta\gamma}{\dfrac{c+K_{tr}}{d_b}}$	• l_d: 철근의 정착길이 • d_b: 철근의 공칭지름 • f_y: 철근의 항복강도 • f_{ck}: 콘크리트 압축강도 • λ: 경량콘크리트 계수 • α: 철근배치위치계수 • β: 철근도막계수 • γ: 철근의 크기계수 • c: 철근간격 및 피복두께에 관련된 계수 • K_{tr}: 횡방향 철근지수
압축이형철근 정착길이	• 기본정착길이: $l_{db} = \dfrac{0.25d_b f_y}{\lambda \sqrt{f_{ck}}} \geq 0.043d_b f_y$ • 정착길이: 기본정착길이×보정계수≥200mm	
표준갈고리에 의한 정착길이	• 기본정착길이: $l_{hd} = \dfrac{0.24\beta d_b f_y}{\lambda \sqrt{f_{ck}}}$ • 정착길이(l_{dh}): 기본정착길이×보정계수≥$8d_b$, 150mm	

3) 철근비

① 정의: 철근콘크리트 부재의 단면에서 콘크리트 단면적에 대한 철근단면적의 비$\left(\rho = \dfrac{A_s}{bd}\right)$

② 분류

최소 철근비($\rho_{\min}$)	균형철근비(ρ_b)	최대 철근비($\rho_{\max}$)
철근콘크리트 부재가 파괴될 때 철근항복에 의한 파괴(연성파괴)를 유도하기 위한 철근비	인장철근의 항복변형률(ε_s)과 콘크리트의 극한변형률(ε_c)이 동시에 도달하는 경우의 철근비	철근콘크리트 부재의 단면치수가 너무 클 경우 철근이 너무 작게 배근되는 것을 막기 위한 규정
$\rho_{\min} = \dfrac{0.25\sqrt{f_{ck}}}{f_y} \geq \dfrac{1.4}{f_y}$	$\rho_b = \dfrac{0.85f_{ck}}{f_y}\beta_1\left(\dfrac{600}{600+f_y}\right)$	$\rho_{\max} = \left(\dfrac{0.003+\varepsilon_y}{0.003+\varepsilon_t}\right)\rho_b$ 또는 $\rho_{\max} = \dfrac{0.85f_{ck}}{f_y}\beta_1\left(\dfrac{\varepsilon_c}{\varepsilon_c+\varepsilon_t}\right)$

③ 최소 철근량 및 최대 철근량의 산정

최소 철근량($A_{s,\min}$)	최대 철근량($A_{s,\max}$)
• $f_{ck} \leq 31$MPa일 때: $A_{s,\min} = \dfrac{1.4}{f_y}b_w d$ • $f_{ck} > 31$MPa일 때: $A_{s,\min} = \dfrac{0.25\sqrt{f_{ck}}}{f_y}b_w d$	$A_{s,\max} = \rho_{\max}b_w d$

04 | 강구조

1 개론

1) 강재의 종류

ㄷ형강	T형강	ㄱ형강	H형강	I형강
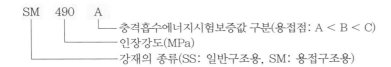				
$ㄷ-H \times B \times t_1 \times t_2$	$T-H \times B \times t_1 \times t_2$	$ㄱ-A \times B \times t$	$H-H \times B \times t_1 \times t_2$	$I-H \times B \times t_1 \times t_2$

2) H형강의 규격

SM 490 A
└── 충격흡수에너지시험보증값 구분(용접점: A < B < C)
인장강도(MPa)
강재의 종류(SS: 일반구조용, SM: 용접구조용)

[강재의 규격 표기 예시]

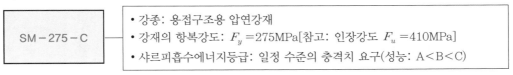

SM – 275 – C
- 강종: 용접구조용 압연강재
- 강재의 항복강도: F_y =275MPa[참고: 인장강도 F_u =410MPa]
- 샤르피흡수에너지등급: 일정 수준의 충격치 요구(성능: A<B<C)

3) 강재의 구조적 특성

(1) SN강

① 정의: 기존 SS, SM강재의 내진성 및 용접성을 개선시킨 건축구조용 압연강재
② 내진성능이 요구되는 보나 기둥에 사용

(2) TMC강

① 정의: 제어압연을 기본으로 하여 그 후 공랭 또는 강제적인 제어냉각을 하여 얻어지는 강재
② 특성
  ㉠ 용접 부위 열영향의 감소
  ㉡ 탄소당량이 낮아 용접성능 우수
  ㉢ 소성능력이 우수하여 내진성능 향상
  ㉣ 후판부재(40~80mm)의 기계적 성질 유지
  ㉤ 일반강재 대비 단면 감소 10% 가능

4) 강재의 종류별 전단중심

구분	전단 중심(S) 및 도심(G)
1축 대칭단면	
2축 대칭단면	
비대칭단면	

5) 항복비

① 정의: 강재가 항복에서 파단에 이르기까지를 나타내는 기계적 성질의 지표로 인장강도에 대한 항복강도의 비

② $R_y = \dfrac{F_y}{F_u} \times 100\,[\%]$

② 부재 설계

1) 인장재 설계

① 인장재의 단면적

구분	설명
총단면적(A_g)	부재축의 직각방향으로 측정된 각 요소 단면의 합
순단면적(A_n)	• 볼트구멍 등에 의한 단면손실을 고려한 총단면적 • 두께와 계산된 각 요소의 순폭을 곱한 값들의 합
유효순단면적(A_e)	• 전단지연의 영향을 고려하여 보정된 순단면적 • 유효순단면적(A_e) = 순단면적(A_n) × 전단지연계수(U)

② 인장재의 순단면적 산정

일렬배치	불규칙배치(엇모배치)	비고
$A_n = A_g - ndt$	$A_n = A_g - ndt + \sum \dfrac{s^2}{4g} t$	• n : 인장력에 의한 파단선상에 있는 구멍의 수 • d : 파스너구멍의 직경(mm) • t : 부재의 두께(mm) • s : 인접한 2개 구멍의 응력방향 중심간격(mm) • g : 파스너게이지선 사이의 응력수직방향 중심간격(mm)

✔ 참고

- 파스너구멍의 직경(d) 산정 시 고장력볼트의 표준구멍치수 적용(공칭구멍직경+여유치수 적용)
- 고장력볼트의 표준구멍치수
  - M16~M22 : +2mm
  - M24~M30 : +3mm

2) 압축재 및 휨재 설계
철근콘크리트구조 설계편 참조

3) 접합부 설계
① 접합방식의 분류

구분	전단접합	강접합
개념	보의 웨브 부분만 접합하여 전단력만 전달되고 모멘트는 전달되지 않는 접합방식으로 보의 단부가 회전저항에 유연하게 대응	보의 플랜지와 웨브를 기둥 및 기타 부재에 일체화하도록 접합하여 전단력과 모멘트를 전달할 수 있는 접합방식
스케치		

② 고장력볼트접합

㉠ 설계인장강도 및 설계전단강도

구분	산정식	비고
설계강도 기본식	$\phi R_n = \phi F_n A_b$	• F_n : 공칭강도(MPa) • F_{nt} : 공칭인장강도 • F_{nv} : 공칭전단강도 • A_b : 볼트의 공칭단면적(mm²) • F_u : 인장강도(MPa) • N_s : 전단면의 수
설계인장 강도	$\phi R_n = \phi F_{nt} A_b = \phi(0.75 F_u) A_b$	
설계전단 강도	• 나사부 불포함 : $\phi R_n = \phi F_{nv} A_b = \phi(0.5 F_u) A_b N_s$ • 나사부 포함 : $\phi R_n = \phi F_{nv} A_b = \phi(0.4 F_u) A_b N_s$	

ⓛ 설계미끄럼강도

구분	산정식	비고
설계미끄럼강도	$R_n = \mu h_f T_o N_s$	• μ: 미끄럼계수(일반적: 0.5) • h_f: 끼움재계수 • T_o: 설계볼트장력(kN) • N_s: 전단면의 수
강도감소계수	• 표준구멍 또는 하중방향에 수직인 단슬롯: $\phi=1.00$ • 과대구멍 또는 하중방향에 평행한 단슬롯: $\phi=0.85$ • 장슬롯: $\phi=0.70$	

③ 용접접합

ⓐ 용접부의 안정성 확보: $P_u \le \phi P_w = \phi F_{nw} A_{we} \,(P_u = 1.2P_D + 1.6P_L)$

ⓛ 용접이음부의 설계강도

구분	산정식	비고
설계강도(MPa)	$\phi P_w = \phi F_{nw} A_{we} = \phi(0.6F_{uw})A_{we}$	• F_{uw}: 용접재의 인장강도(MPa) • F_{nw}: 용접재의 공칭강도(MPa) • A_{we}: 용접재의 유효면적(mm^2) • L_n: 전체 용접길이(mm) • L_e: 유효용접길이(mm) • S: 필릿치수(mm) • ϕ: 저항계수
유효목두께(mm)	• 필릿용접: $a=0.7S$ • 그루브용접: $a=t$	
유효 단면적(mm^2)	• 유효길이: $L_e = L_n - 2S$ • 유효단면적: $A_w = a L_e = 0.7S L_e$	
저항계수	• 필릿용접: $\phi=0.75$ • 그루브용접: 완전용입 $\phi=0.8$, 부분용입 $\phi=0.75$	

ⓒ 용접기호

용접위치	표기방법	비고
화살표 또는 앞쪽	S 용접기호 $L(n)-P$ $\dfrac{R}{\dfrac{A}{G}}$ — T꼬리, 기선, 지시선	• S: 용접사이즈 • R: 루트간격 • A: 개선각 • L: 용접길이 • T: 꼬리(특기사항 기록) • ―: 표면모양 • G: 용접부 처리방법 • P: 용접간격 • ▶: 현장용접 • O: 온둘레(일주)용접
화살표 반대쪽 또는 뒤쪽	$\dfrac{G}{A}$ R S 용접기호 $L(n)-P$ 기선, 지시선, T	

[용접기호 표기 예시]

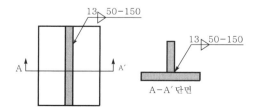

A-A′ 단면

• 양면 병렬필릿용접기호
• 13: 필릿치수(s) 13mm
• 50−150: 용접길이(l) 50mm, 피치(pitch) 150mm
• ▷: 양면 필릿용접 – 병렬용접

③ 강재의 판폭두께비

1) 판폭두께비의 산정방법

구분	구조기준
구속판요소(웨브)	• 상하플랜지두께와 필릿, 모서리반경을 감한 값 • 조립단면 웨브의 높이(h): 연결재의 열간거리 또는 용접한 경우 플랜지 사이의 순간격
비구속판요소(플랜지)	• H형강, I형강, T형강: 전체 공칭폭(b)의 1/2 • ㄱ형강, ㄷ형강, Z형강: 다리폭(b) 전체 공칭치수(부재두께 미공제)

2) H형강의 판폭두께비 산정식

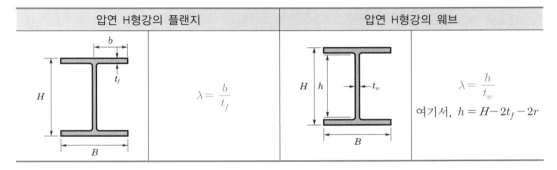

압연 H형강의 플랜지	압연 H형강의 웨브
$\lambda = \dfrac{b}{t_f}$	$\lambda = \dfrac{h}{t_w}$ 여기서, $h = H - 2t_f - 2r$

④ 지진력저항시스템

구분	설명
면진구조	건물의 기초 부분 등에 면진장치를 사용하여 지진에 의한 지반의 진동이 상부 구조물에 전달되지 않도록 하는 구조
제진구조	건물 내에 제진장치를 설치하여 지진에너지의 충격력을 흡수하여 지진력을 소산하는 구조
내진구조	지진에너지를 구조물의 내력으로 저항하는 구조

제2편

Engineer Architecture

과년도 기출문제

Engineer Architecture

┃ 2017년 4월 16일 시행 ┃

01 공사계약방식 중 BOT(Build Operate Transfer contract)방식에 대해 설명하시오. [4점]

정답 사회간접시설을 민간부문이 주도하여 프로젝트를 설계·시공한 후 일정 기간 동안 시설물을 운영하여 투자금액을 회수한 다음 무상으로 시설물과 운영권을 발주자에게 이전하는 방식

해설 SOC(Social Overhead Capital)방식의 종류
① BTO: Build(설계·시공) → Transfer(소유권 이전) → Operate(운영)
② BOT: Build(설계·시공) → Operate(운영) → Transfer(소유권 이전)
③ BOO: Build(설계·시공) → Operate(운영) → Own(소유권 획득)
④ BTL: Build(설계·시공) → Transfer(소유권 이전) → Lease(임대료 징수)
⑤ BLT: Build(설계·시공) → Lease(임대료 징수) → Transfer(소유권 이전)

02 기준점(benchmark)을 설정할 때 주의사항을 2가지 기술하시오. [2점]

정답 ① 공사에 지장이 없는 곳에 설치
② 기준점은 2개소 이상 표시

해설 기준점(benchmark)
(1) **정의**: 공사 중 **높이의 기준**을 정하기 위해 설치하는 가설물(건축물 높이의 기준)
(2) **설치 시 유의사항**
① 공사에 지장이 없는 곳에 설치
② 기준점은 2개소 이상 표시
③ 공사기간 중에 이동될 우려가 없는 인근 건물의 벽 등을 이용
④ 지반면에서 0.5~1.0m 위에 두고 그 높이를 기준표 밑에 기록
⑤ 이동 및 변형이 없게 그 주위를 감싸는 등의 보호조치
⑥ 보조기준점 설치
⑦ 100~150mm각 정도의 나무, 돌, 콘크리트재로 하여 침하·이동이 없게 깊이 매설

03 다음은 토공사의 되메우기(back filling)를 할 때의 규정이다. (   ) 안에 들어갈 알맞은 답을 쓰시오. [4점]

> 흙 되메우기 시 일반 흙으로 되메우기를 할 경우 (①)마다 적절한 기구로 다짐하며, 다짐 밀도는 (②) 이상으로 다진다.

정답 ① 30cm
② 95%

해설 **토사 되메우기(back filling)**
① 되메우기 재료: 모래, 석분 또는 양질의 토사, 발파석(최대 입경 100mm 이하)
② 모래 되메우기: 물다짐(층상다짐 불가 시 적용)
③ 일반 흙 되메우기: 30cm마다 다짐을 하고, 다짐밀도는 95% 이상 확보
④ 구조물 상부 되메우기: 방수층의 손상을 방지하기 위해 구조물 1m까지 인력다짐 시공

04 흙막이공사 중에 발생하는 히빙(heaving)현상에 대한 방지대책을 3가지 기술하시오. [3점]

정답 ① 흙막이벽의 근입깊이 확보
② 부분굴착으로 굴착지반 안정성 확보
③ 기초저면의 연약지반개량

해설 **히빙(heaving)현상**

히빙현상 스케치	히빙현상
	① 정의: 연약점토지반의 흙막이 내외의 흙의 중량차 등에 의해 굴착저면의 흙이 지지력을 잃고 붕괴되어 흙막이 배면의 토사가 안으로 밀려 굴착저면이 부푸는 현상 ② 원인 　㉠ 흙막이벽 내·외흙의 중량차 　㉡ 상부 재하중 과다 　㉢ 흙막이벽의 근입깊이 부족 　㉣ 기초저면 지지력 부족 ③ 대책 　㉠ 흙막이벽의 근입깊이 확보 　㉡ 부분굴착으로 굴착지반 안정성 확보(소단) 　㉢ 기초저면의 연약지반개량 　㉣ 흙막이 배면 상부 하중 제거

05 다음은 건축공사 표준시방서에 따른 거푸집널 존치기간 중의 평균기온이 10℃ 이상인 경우에 콘크리트압축강도를 시험하지 않고 거푸집을 제거할 수 있는 콘크리트의 재령일을 나타낸 표이다. 빈칸에 알맞은 답을 쓰시오. [4점]

시멘트 종류 평균기온	조강포틀랜드시멘트	보통포틀랜드시멘트 고로슬래그시멘트(1종)	고로슬래그시멘트(2종) 포틀랜드포졸란시멘트(B종)
20℃ 이상	(①)일	(②)일	5일
20℃ 미만 10℃ 이상	(③)일	6일	(④)일

정답 ① 2일   ② 4일   ③ 3일   ④ 8일

해설 **거푸집 존치기간**

(1) 콘크리트 압축강도시험을 하지 않을 경우 거푸집널 해체시기

시멘트 종류 평균기온	조강포틀랜드시멘트	보통포틀랜드시멘트 고로슬래그시멘트(1종) 플라이애시시멘트(1종) 포틀랜드포졸란시멘트(A종)	고로슬래그시멘트(2종) 플라이애시시멘트(2종) 포틀랜드포졸란시멘트(B종)
20℃ 이상	2일	4일	5일
20℃ 미만 10℃ 이상	3일	6일	8일

(2) 콘크리트 압축강도시험을 할 경우 거푸집널 해체시기

부 재		콘크리트 압축강도(f_{ck})
기초, 보, 기둥, 벽 등의 측면		5MPa 이상
슬래브 및 보의 밑면, 아치 내면	단층구조	설계기준 압축강도의 2/3배 이상 또한 14MPa 이상
	다층구조	설계기준 압축강도 이상

06 콘크리트 혼화제 중 AE제에 의해 생성된 Entrained Air의 사용목적을 2가지 기술하시오. [4점]

정답 ① 콘크리트의 워커빌리티 개선
② 동결융해 저항성 향상

해설 **공기연행제(AE제)**

EA의 성질	사용목적
① 공기기포의 지름: 0.025~0.25mm 정도	① 콘크리트의 워커빌리티 개선
② 기준량: 4~6% 연행 시 효과가 가장 우수	② 동결융해 저항성 향상
③ 볼베어링 역할: 워커빌리티 증진	③ 단위수량의 감소 → 블리딩 감소
④ 1%의 공기량: 단위수량 3% 저감효과	④ 재료분리현상 감소
⑤ 2% 이하 공기량: 내동결융해성 확보 불가	⑤ 콘크리트의 내구성 향상

07 콘크리트 양생 중에 발생하는 헛응결(false set)에 대하여 기술하시오. [4점]

정답 시멘트페이스트가 타설 초기 10~20분 사이에 굳어졌다가 다시 묽어지고 난 후 순조롭게 응결되어 가는 현상

해설 헛응결(false set) 발생기구

응결 · 경화과정	헛응결 발생기구
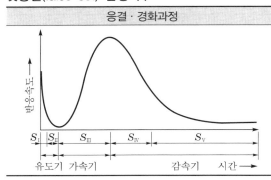	① 알루민산3칼슘(C_3A)의 수화반응으로 나타나는 현상 ② S_I기: 시멘트 중 석고+C_3A와의 수화반응으로 소진 ③ S_{II}기: 수화를 억제하는 기능 상실 → C_3A의 수화반응이 진행되면서 나타나는 현상임 ④ 시멘트에 석고의 첨가량이 적기 때문에 발생하는 현상

08 콘크리트 구조물의 균열이 발생하였을 경우 실시하는 보강공법을 3가지 쓰시오. [3점]

정답 ① 강판부착공법 또는 강재앵커공법
② 탄소섬유시트 보강공법
③ 단면증대공법

해설 보수 · 보강공법

보수공법	보강공법
① 표면처리공법: 폭 0.2mm 이하 미세균열 보수 ② 충전법: 폭 0.5mm 정도의 큰 균열 보수 ③ 주입공법: 대표적 공법(에폭시수지)	① 강재보강공법: 강판부착공법, 강재앵커공법(철골보강보) ② 복합재료보강공법: 탄소섬유 및 유리섬유시트보강공법 ③ 프리스트레스공법 ④ 단면증대공법

✓ 참고

① 보수: 손상된 부위를 당초의 형상, 외관, 성능 등으로 회복시키는 작업(외관보수개념)
② 보강: 구조물의 강도 증진을 위해 다른 부재를 덧대는 작업(구조성능향상개념)

09 다음 보기에서 설명하는 콘크리트의 종류를 쓰시오. [3점]

보기
① 콘크리트 제작 시 골재는 전혀 사용하지 않고 물, 시멘트, 발포제만으로 만든 경량 콘크리트
② 콘크리트 타설 직후 표면을 매트로 덮고, 진공펌프 등을 이용하여 콘크리트 속의 잉여 수 및 기포를 제거할 목적으로 하는 콘크리트
③ 거푸집 안에 미리 굵은 골재를 채워 넣은 후 그 공극 속으로 특수한 모르타르를 주입하여 제작하는 콘크리트

정답
① 서모콘(thermo-con)
② 진공콘크리트(vacuum concrete)
③ 프리팩트콘크리트(prepacked concrete)

해설 **특수 콘크리트의 종류와 특징**

종 류	특 징
서모콘 (thermo concrete)	① 정의: 물, 시멘트, 발포제만으로 만든 경량콘크리트 ② 적용: 경량프리캐스트제품, 바닥단열재 및 흡음재, ALC 등
진공콘크리트 (vacuum concrete)	① 정의: 콘크리트 속의 잉여수 및 기포 등 제거 → 콘크리트 강도 증가 ② 적용: 한중콘크리트, 댐콘크리트, PC콘크리트, 포장콘크리트 등
프리팩트콘크리트 (prepacked concrete)	① 정의: 거푸집 안에 굵은 골재 채움 → 공극 속으로 특수 모르타르 주입 ② 적용: 수중콘크리트, 보수·보강공법에 주로 이용

10 철골부재 접합 시 주로 사용하는 그루브용접과 필릿용접을 개략적으로 도시하고 설명하시오. [6점]

(1) 그루브용접(groove welding)
(2) 필릿용접(fillet welding)

정답
구 분	그루브용접(groove welding)	필릿용접(fillet welding)
스케치		
정의	접합재의 끝부분을 적당한 각도로 개선하여 홈에 용착금속을 용융하여 접착하는 방식	접합재에 개선을 하지 않고 목두께의 방향이 모재의 면과 45°의 각을 이루는 용접방식

해설 **그루브용접(groove welding)과 필릿용접(fillet welding)**

(1) **그루브용접**

① 접합재의 끝부분을 적당한 각도로 개선하여 홈에 용착금속을 용융하여 접착하는 방식

② 개선형태: I형, K형, U형, V형, X형, J형, H형 등

(2) **필릿용접**

① 접합재에 홈파기 등의 가공을 하지 않고 목두께의 방향이 모재의 면과 45°의 각을 이루는 용접방식

② 가공이 쉽고 경제성이 우수하여 가장 많이 사용되는 용접방법

③ 기본형태

겹침이음	T형 이음	모서리이음	단부이음

④ 필릿용접의 형식

연속필릿	단속필릿	병렬필릿	엇모필릿

---

11 다음 보기에 주어진 철골공사의 용접결함종류 중 과대전류에 의한 결함을 모두 고르시오. [3점]

보기

① 블로홀   ② 언더컷   ③ 오버랩

④ 슬래그 감싸돌기   ⑤ 용입 부족   ⑥ 크랙

⑦ 크레이터   ⑧ 피시아이   ⑨ 피트

정답 ② 언더컷   ⑥ 크랙   ⑦ 크레이터

해설 **용접결함의 종류 및 원인과 방지대책**

(1) **내부결함**

종 류	정 의	원 인
블로홀 (blow hole)	용융금속의 응고 시 방출가스가 남아서 기포가 발생하는 현상	가스잔류로 생긴 기공
슬래그 감싸돌기	용접봉의 피복제 심선과 모재가 변하여 생긴 회분이 용착금속 내에 혼입되는 현상	슬래그가 용착금속 내에 혼입
용입 부족	모재가 녹지 않고 용착금속이 채워지지 않는 현상	용접부 형상이 좁을 경우

(2) 외부결함

종 류	정 의	원 인
크랙(crack)	용접비드 표면에 생기는 갈라짐	용접 후 급냉각, 과대전류 응고 직후 수축응력의 영향
크레이터(crater)	용접비드 끝에 항아리모양처럼 오목하게 파인 현상	운봉 부족, 과대전류
피시아이(fish eye)	기공 및 슬래그가 모여 둥근 은색의 반점이 생기는 현상	용접봉의 건조 불량
피트(pit)	작은 구멍이 용접부 표면에 생기는 현상	용융금속의 응고 시 수축변형

(3) 형상결함

종 류	정 의	원 인
언더컷(under cut)	모재 표면과 용접 표면의 교차점에서 모재가 녹아 용착금속이 채워지지 않고 홈으로 남는 현상	용접전류의 과다 용접 부족
오버랩(over lap)	모재와 용접금속이 융합되지 않고 겹쳐지는 현상	용접전류의 과다
오버헝(over hung)	용착금속의 흘러내림현상	상향용접 시 발생

(4) 그 외 용접결함

① 각장 부족: 과소전류 및 용접속도가 빠를 경우 발생
② 목두께(throat) 불량: 용입 불량 및 용접속도가 빠를 경우 발생
③ 라멜라 티어링(lamella tearing): 다층용접에 의한 반복적인 열영향 및 확산성 수소, 부재의 구속력에 의한 열영향부의 변형 등

12 철골철근콘크리트 구조에서 철근콘크리트 슬래브와 강재보의 일체화를 목적으로 전단력을 전달하도록 강재보에 용접하고, 콘크리트 속에 매입되는 시어커넥터(shear connetor)에 사용되는 볼트의 명칭을 쓰시오. [3점]

정답 스터드볼트(stud bolt)

해설 **스터드볼트(철골구조에서의 전단연결재)**

구 분	내 용	스케치
정의	콘크리트와 철골의 합성구조에서 전단응력 전달 및 일체성을 확보하기 위해 설치하는 연결재	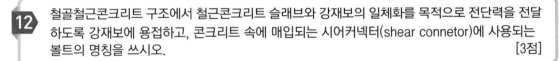
목적	① 철골부재와 콘크리와의 일체성 확보 ② 콘크리트와의 합성구조에서 전단응력 전달 ③ 상부 철근 배근 시 구조적 연결고리	
검사방법	① 기울기검사 → 기울기 5° 이내로 관리 ② 타격구부림검사 → 15°까지 해머로 타격하여 결함이 발생하지 않으면 합격	

13 조적공사의 벽돌쌓기 방식 중 영식 쌓기의 특성을 간략히 설명하시오. [4점]

정답 한 켜는 길이방향, 다음 한 켜는 마구리방향으로 쌓고, 통줄눈 방지를 위해 모서리(마구리켜)에 반절 또는 이오토막을 사용하는 방법으로 가장 튼튼한 구조로서 내력벽에 사용된다.

해설 **벽돌쌓기 공법의 나라별 분류**

구 분	쌓기 방법	특 성
영식 쌓기	① 한 켜는 길이쌓기, 다음 한 켜는 마구리쌓기 ② 모서리: 반절 또는 이오토막	가장 튼튼한 구조(내력벽)
화란식 쌓기	① 한 켜는 길이쌓기, 다음 한 켜는 마구리쌓기 ② 모서리: 칠오토막	튼튼한 구조(내력벽) 가장 많이 사용
불식 쌓기	① 매켜: 길이쌓기+마구리쌓기를 번갈아 쌓음 ② 모서리: 칠오토막	통줄눈 발생(비내력벽)
미식 쌓기	5켜는 길이쌓기, 다음 5켜는 마구리쌓기	치장용으로 사용

14 다음 보기에서 지하실 바깥방수 시공순서를 골라 번호를 쓰시오. [5점]

보기
① 바닥 콘크리트 타설   ② 잡석다짐
③ 되메우기   ④ 바닥 방수층 시공
⑤ 외벽 방수층 시공   ⑥ 외벽 콘크리트 타설
⑦ 밑창 콘크리트 타설   ⑧ 보호누름 및 벽돌쌓기

정답 ② → ⑦ → ④ → ① → ⑥ → ⑤ → ⑧ → ③

해설 **바깥방수**
(1) **시공순서**
    잡석다짐 → 밑창(버림) 콘크리트 타설 → 바닥 방수층 시공 → 바닥 콘크리트 타설 → 외벽 콘크리트 타설 → 외벽 방수층 시공 → 보호누름 및 벽돌쌓기 → 되메우기
(2) **안방수와의 특성 비교**

구 분	안방수공법	바깥방수공법
공법 적용	수압이 적고 얕은 지하실	수압이 크고 깊은 지하실
시공시기	구조체 완료 후	구조체 완료 후 되메우기 전
공사비	저렴	고가
시공성	용이	시공 어려움
본공사 영향	지장 없음	후속 시공 진행 불가
보호층	필요	무관
하자보수	용이	하자보수 난해
수압대응 성능	성능 저하	성능 우수

15 커튼월공사의 조립방법에 대한 분류에서 각 설명에 해당하는 방식을 보기에서 골라 쓰시오. [3점]

> 보기
> ① Stick wall방식 　　　　　② Window wall방식
> ③ Unit wall방식

(1) 구성부재를 현장에서 조립·연결하여 창틀이 구성되는 형식으로 유리는 현장에서 끼우며, 현장 적응력이 우수하여 공기조절이 가능한 방식
(2) 창호와 유리, 패널의 개별발주방식으로 창호 주변이 패널로 구성됨으로써 창호의 구조가 패널트러스에 연결할 수 있어서 재료의 사용효율이 높아 경제적인 방식
(3) 구성부재의 모두가 공장에서 조립된 프리패브(pre-fab)형식으로 창호와 유리, 패널의 일괄발주방식이며, 제작업체에 대한 의존도가 높아 현장상황에 융통성을 발휘하기 어려운 방식

정답 (1) ① Stick wall방식
(2) ② Window wall방식
(3) ③ Unit wall방식

해설 **커튼월(curtain wall)조립방식**

구 분	Stick wall방식	Window wall방식	Unit wall방식
개념	구성부재를 현장조립하여 창틀 형성	① stick wall방식과 unit wall방식이 혼합된 시스템 ② 수직 mullion bar를 먼저 설치하고 창호패널을 설치	구성부재를 공장에서 완전히 조립하고 유닛화하여 현장에 반입·부착하는 공법
시공 순서	구조체 anchoring ↓ 수직 bar 및 수평 bar 설치 ↓ 창호재 및 마감재 부착	구조체 정착(anchoring) ↓ 멀리언 바(mullion bar) 설치 ↓ 조립 완료된 유닛 부착	구조체 정착(anchoring) ↓ 유닛월(unit wall) 현장 입고 ↓ 조립 완료된 유닛 부착
특징	① 현장 적응력 우수 ② 공기조절 가능 ③ 복잡한 입면에 적합 ④ 품질 균일성 확보 곤란 ⑤ 하자 발생 가능	① 현장 적응력 우수 ② 재료의 사용효율 우수 ③ 경제적 공법 ④ 공기단축 가능 ⑤ 양중용이성 유리	① 공장 완전조립 ② 현장작업 최소화 ③ 품질의 균일성 확보 ④ 업체 의존도 높음 ⑤ 시공비용 고가

16 비산먼지 발생 방지 및 억제를 위해 설치하는 방진시설의 야적(분체상 물질을 야적하는 경우에 한함) 시 조치사항 3가지를 쓰시오. [3점]

정답 ① 야적물질을 1일 이상 보관하는 경우 방진덮개로 덮을 것
② 공사장 경계에는 1.8m 이상의 방진벽을 설치할 것
③ 야적물질로 인한 비산먼지 발생 억제를 위하여 살수시설을 설치할 것

17 다음 조건에서 콘크리트 1m³를 생산할 경우 필요한 시멘트, 모래, 자갈의 중량 및 체적을 산출하시오. [6점]

> 조건
> ① 단위수량: 160kg/m³　　　　② 물시멘트비: 50%
> ③ 공기량: 1%　　　　　　　　　④ 잔골재율: 40%
> ⑤ 시멘트비중: 3.15　　　　　　⑥ 굵은 골재의 비중: 2.6
> ⑦ 잔골재비중: 2.6

(1) 단위시멘트량　　　　　　　　(2) 시멘트의 체적
(3) 물의 체적　　　　　　　　　　(4) 전체 골재의 체적
(5) 잔골재의 체적　　　　　　　　(6) 잔골재량
(7) 굵은 골재의 체적　　　　　　(8) 굵은 골재량

정답 (1) **단위시멘트량**: $160\text{kg/m}^3 \div 0.5 = \textbf{320kg/m}^3$

(2) **시멘트의 체적**: $\dfrac{320\text{kg/m}^3}{3.15 \times 1{,}000\text{kg}} = \textbf{0.102m}^3$

(3) **물의 체적**: $\dfrac{160\text{kg/m}^3}{1 \times 1{,}000\text{kg}} = \textbf{0.16m}^3$

(4) **전체 골재의 체적**: $1\text{m}^3 - (0.102\text{m}^3 + 0.16\text{m}^3 + 0.01\text{m}^3) = \textbf{0.728m}^3$

(5) **잔골재의 체적**: $0.728\text{m}^3 \times 0.4 = \textbf{0.291m}^3$

(6) **잔골재량**: $0.291\text{m}^3 \times (2.6 \times 1{,}000) = 756.6 \fallingdotseq \textbf{757kg}$

(7) **굵은 골재의 체적**: $0.728\text{m}^3 \times (1 - 0.4) \fallingdotseq \textbf{0.437m}^3$

(8) **굵은 골재량**: $0.437\text{m}^3 \times (2.6 \times 1{,}000) = 1{,}135.68 \fallingdotseq \textbf{1,136kg}$

해설 **콘크리트 단위중량배합 적산**
(1) 단위시멘트량＝물의 중량÷물시멘트비
(2) 시멘트의 체적＝시멘트중량÷시멘트비중
(3) 물의 체적＝단위수량÷물의 비중
(4) 전체 골재의 체적＝1m^3－(시멘트체적＋물의 체적＋공기량체적)
(5) 잔골재의 체적＝전체 골재의 체적×잔골재율
(6) 잔골재량＝잔골재체적×(잔골재비중×1,000)
(7) 굵은 골재의 체적＝전체 골재의 체적×(1－잔골재율)
(8) 굵은 골재량＝굵은 골재의 체적×(굵은 골재의 비중×1,000)

☑ 참고

① 비중: $\dfrac{\text{물질의 밀도}}{\text{표준물질(물)의 밀도}}$, 밀도($\rho$, dencity): $\dfrac{m(\text{질량})}{V(\text{부피})}$ [kg/m³]

② 단위변환: 밀도의 단위가 m³이므로 ton의 단위를 kg으로 변환(×1,000)하여야 함

③ 단위중량배합 시 공기량이 제시된 경우 반드시 공기량도 체적에 반영하여 계상

18 네트워크공정표 중의 PERT기법에 의한 공정관리 시 기대시간(expected time)을 산정하시오.
[4점]

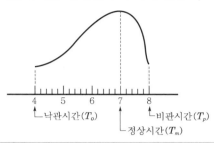

낙관시간(T_o)
정상시간(T_m)
비관시간(T_p)

정답 $T_e = \dfrac{T_o + 4T_m + T_p}{6} = \dfrac{4 + (4 \times 7) + 8}{6} = 6.67$

해설 PERT기법의 3점 추정법(three time estimate)

구 분	설 명
개념	① 낙관시간(optimistic time; T_o): 작업이 원활하게 진행되었을 때의 최단시간 ② 정상시간(most likely time; T_m): 발생빈도확률이 가장 많은 평균시간 ③ 비관시간(pessimistic time; T_p): 작업이 원활하게 진행되지 않았을 때 요구되는 최장시간
소요 시간 추정	① 3점 추정: $T_e = \dfrac{T_o + 4T_m + T_p}{6}$ ② 경험이 없는 신규사업에 적용 ③ 목적: 공사기간 단축 ④ 신규사업으로 소요시간 추정을 가중평균치로 산출함

빈도(확률)

t_o (낙관) t_m (정상) t_e (예상) t_p (비관) 소요시간

19 통합공정관리(EVMS; Earned Value Management System)용어 중 WBS(Work Breeakdown Structure)의 정의를 기술하시오.
[3점]

정답 공사내용을 파악하기 위해 작업을 공종별로 분류한 작업분류체계

해설 EVMS(Earned Value Management System)
(1) **EVMS의 정의**: 건설프로젝트의 비용 및 일정에 대한 계획 대비 실적을 통합된 기준으로 비교, 관리하는 통합공정관리시스템
(2) **분류체계(breakdown structure)의 종류**
① WBS(Work Breakdown Structure): 공사내용을 작업의 공정별로 분류한 작업분류체계
② OBS(Organization Breakdown Structure): 공사내용을 관리하는 사람에 따라 조직으로 분류한 것
③ CBS(Cost Breakdown Structure): 공사내용을 원가 발생요소의 관점으로 분류한 것

20 다음 데이터를 네트워크공정표로 작성하시오. [8점]

작업명	작업일수	선행작업	비 고
A	5	없음	
B	2	없음	(1) 결합점에서는 다음과 같이 표현한다.
C	4	없음	
D	5	A, B, C	
E	3	A, B, C	
F	2	A, B, C	
G	2	D, E	(2) 주공정선은 굵은 선으로 표시한다.
H	5	D, E, F	
I	4	D, F	

 정답

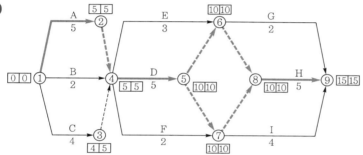

해설 **여유시간 계상**

작업명	작업일수	EST	EFT	LST	LFT	TF	FF	DF	CP
A	5	0	5	0	5	0	0	0	※
B	2	0	2	3	5	3	3	0	
C	4	0	4	1	5	1	1	0	
D	5	5	10	5	10	0	0	0	※
E	3	5	8	7	10	2	2	0	
F	2	5	7	8	10	3	3	0	
G	2	10	12	13	15	3	3	0	
H	5	10	15	10	15	0	0	0	※
I	4	10	14	11	15	1	1	0	

21 품질관리도구 중 특성요인도(characteristics diagram)에 대해 설명하시오. [3점]

정답 결과에 의한 요인이 어떻게 관계하고 있는지 알아보기 위하여 작성하는 다이어그램

해설 종합적 품질관리(TQC)의 7가지 기법

구 분	내 용
관리도	공정상태의 특성치를 그래프화
히스토그램	계량치데이터의 분포를 그래프화
파레토도	불량건수를 항목별로 분류하여 크기순서대로 나열
특성요인도	결과와 원인 간의 관계를 그래프화(fish bone diagram)
산포도	대응하는 2개의 짝으로 된 데이터를 그래프화하여 상호관계 파악
체크시트	계수치의 데이터 분류항목의 집중도를 파악하여 기록용, 점검용 체크시트로 분류
층별	집단구성의 데이터를 부분집단화(원인이 산포에 미치는 영향 여부를 파악하는 데 유리함)

22 다음 주어진 조건에서 인장이형철근의 기본정착길이를 구하시오. [3점]

조건
① 콘크리트 압축강도: $f_{ck}=30$MPa
② 철근의 인장강도: $f_y=400$MPa
③ 공칭지름(D22): 22.2mm
④ 경량콘크리트 계수: $\lambda=1$

정답 $l_{db}=\dfrac{0.6d_bf_y}{\lambda\sqrt{f_{ck}}}=\dfrac{0.6\times22.2\times400}{1\times\sqrt{30}}=972.755$mm

해설 철근의 정착길이 산정

구 분	내 용	
인장이형철근 정착길이	① 기본정착길이: $l_{db}=\dfrac{0.6d_bf_y}{\lambda\sqrt{f_{ck}}}$ ② 정착길이: 기본정착길이×보정계수≥300mm ③ 정밀식: $l_d=\dfrac{0.9d_bf_y}{\lambda\sqrt{f_{ck}}}\cdot\dfrac{\alpha\beta\gamma}{\frac{c+K_{tr}}{d_b}}$	• l_d: 철근의 정착길이 • d_b: 철근의 공칭지름 • f_y: 철근의 항복강도 • f_{ck}: 콘크리트 압축강도 • λ: 경량콘크리트 계수 • α: 철근배치위치계수 • β: 철근도막계수 • γ: 철근의 크기계수 • c: 철근간격 및 피복두께에 관련된 계수 • K_{tr}: 횡방향 철근지수
압축이형철근 정착길이	① 기본정착길이: $l_{db}=\dfrac{0.25d_bf_y}{\lambda\sqrt{f_{ck}}}\geq0.043d_bf_y$ ② 정착길이: 기본정착길이×보정계수≥200mm	
표준갈고리에 의한 정착길이	① 기본정착길이: $l_{hd}=\dfrac{0.24\beta d_bf_y}{\lambda\sqrt{f_{ck}}}$ ② 정착길이(l_{dh}): 기본정착길이×보정계수≥$8d_b$, 150mm	

23 철근콘크리트 구조에서 휨부재의 압축철근이 하는 역할과 특징을 3가지 쓰시오. [3점]

정답 ① 설계휨강도 증가 ② 장기처짐의 감소 ③ 연성의 증진

해설 **압축철근의 역할(복근보의 특성)**
① 콘크리트 압축측과 인장철근이 지지하는 인장력과 평형을 이룸
② 인장철근비 감소 및 설계휨강도 증가
③ 단근보보다 장기처짐 감소 가능
④ 콘크리트의 압축응력블록깊이(a)의 감소
⑤ 보의 연성이 향상됨(구조물의 안정성 향상)
⑥ 거푸집과 일정 간격을 유지하고 고정시키기 때문에 철근조립의 편의성이 증대됨

24 다음 주어진 조건에서 철근콘크리트 벽체의 설계축하중(ϕP_{nw})을 계산하시오. [4점]

> **조건**
> ① 유효벽길이: $b_e = 2,000\text{mm}$
> ② 벽두께: $h = 200\text{mm}$
> ③ 벽높이: $l_c = 3,200\text{mm}$
> ④ 적용식: $\phi P_{nw} = 0.55\phi f_{ck} A_g \left[1 - \left(\dfrac{kl_c}{32h} \right)^2 \right]$
> ⑤ $\phi = 0.65$, $k = 0.8$, $f_{ck} = 24\text{MPa}$, $f_y = 400\text{MPa}$

정답 설계축하중$(\phi P_{nw}) = 0.55\phi f_{ck} A_g \left[1 - \left(\dfrac{kl_c}{32h} \right)^2 \right]$

$$= 0.55 \times 0.65 \times 24 \times (2,000 \times 200) \times \left[1 - \left(\frac{0.8 \times 3,200}{32 \times 200} \right)^2 \right]$$

$$= 2,882,880\text{N} = \mathbf{2,882.880\text{kN}}$$

해설 **벽체의 설계법**
(1) **실용설계법이 적용되는 벽체**: 계수하중의 합력이 벽두께의 중앙 1/3 이내에 작용하는 경우

(2) **산정식**: $P_u \le \phi P_{nw} = 0.55\phi f_{ck} A_g \left[1 - \left(\dfrac{kl_c}{32h} \right)^2 \right]$

  ① P_u: 계수축하중
  ② $\phi = 0.65$
  ③ $1 - \left(\dfrac{kl_c}{32h} \right)^2$: 세장효과 고려 함수

④ k: 유효길이계수

구 분		k
상·하단 횡구속벽체	상·하 양단 중의 한쪽 또는 양쪽의 회전이 구속된 경우	0.8
	상·하 양단 모두 회전이 구속되지 않은 경우	1.0
비횡구속벽체		2.0

(3) 벽체의 최소 두께

① 수직 또는 수평받침점 간 거리(벽체길이) 중에서 작은 값의 1/25 이상, 또한 100mm 이상
② 지하실 외벽 및 기초벽체의 두께: 200mm 이상

---

25 다음 그림과 같은 단순 인장접합부의 강도한계상태에 따른 고장력 볼트의 설계전단력을 구하시오. (단, 강재의 재질: SS275, 고장력 볼트: F10T-M22, 공칭전단강도: $F_{nv} = 450\text{N/mm}^2$)

[4점]

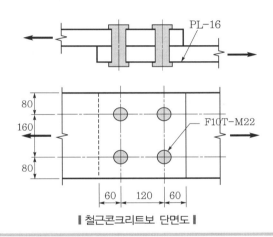

┃철근콘크리트보 단면도┃

정답 고장력 볼트의 설계전단력$(\phi R_n) = 0.75 F_{nv} A_b N_s = 0.75 \times 450 \times \left(\dfrac{\pi \times 22^2}{4}\right) \times 4$

$$= 513,179.16\text{N} = \mathbf{513.179kN}$$

해설 고장력 볼트의 설계강도

구 분	산정식	
설계강도 기본식	$\phi R_n = \phi F_n A_b$	• F_n: 공칭강도
설계인장강도	$\phi R_n = \phi F_{nt} A_b = \phi(0.75F_u)A_b$	• F_{nt}: 공칭인장강도
설계전단강도	① 나사부 불포함: $\phi R_n = \phi F_{nv} A_b = \phi(0.5F_u)A_b N_s$ ② 나사부 포함: $\phi R_n = \phi F_{nv} A_b = \phi(0.4F_u)A_b N_s$	• F_{nv}: 공칭전단강도 • A_b: 볼트의 공칭단면적(mm²) • N_s: 전단면의 수 • $\phi = 0.75$

Engineer Architecture

26 H−400×200×8×13형강의 플랜지와 웨브의 판폭두께비를 구하시오. (단, 필릿반지름: $r = 16$mm)
[4점]

(1) 플랜지(flange)
(2) 웨브(web)

정답 (1) 플랜지(flange): $\lambda_f = \dfrac{b}{t} = \dfrac{100}{13} = 7.69$

(2) 웨브(web): $\lambda_w = \dfrac{h}{t_w} = \dfrac{400-2\times13-2\times16}{8} = 42.75$

해설 H형강의 플랜지 및 웨브 판폭비

압연 H형강의 플랜지	압연 H형강의 웨브
$\lambda = \dfrac{b}{t_f}$	$\lambda = \dfrac{h}{t_w}$ 여기서, $h = H - 2t_f - 2r$

2017 제2회 건축기사 실기

2017년 6월 25일 시행

01 다음에 제시된 공사입찰순서를 보기에서 골라 순서를 나열하시오. [4점]

> **보기**
> ① 계약 　　② 입찰등록 　　③ 견적 　　④ 입찰
> ⑤ 현장설명 　　⑥ 낙찰 　　⑦ 입찰공고

정답 ⑦ → ⑤ → ③ → ② → ④ → ⑥ → ①

해설 **입찰순서**

입찰공고	⇨	입찰등록	⇨	견적	⇨	입찰등록	⇨	공사계약 및 착공
		① 설계도서 교부				① 입찰		
		② 현장설명				② 개찰		
		③ 질의응답				③ 낙찰		

02 건설공사계약방식 중 특명입찰방식의 장점 및 단점을 2가지씩 기술하시오. [4점]

정답 (1) 장점
　　① 양질의 공사수행 가능
　　② 업체 선정 및 입찰수속 간단
(2) 단점
　　① 공사금액이 불명확하여 공사비 증대
　　② 부적격자 선정 우려

해설 **입찰방식**

구 분	특 성
공개경쟁입찰방식	① 장점: 균등하게 기회 부여, 담합 감소, 공사비 절감 ② 단점: 부적격자 낙찰 우려, 과당경쟁, 덤핑입찰 가능
지명경쟁입찰방식	① 장점: 양질의 공사 가능, 시공능력·기술·신용도 우수, 부적격자 배제 ② 단점: 입찰자 한정으로 담합 우려, 균등한 기회 제공 불가
특명입찰방식 (수의계약)	① 장점: 양질의 시공 기대, 업체 선정 간단, 입찰수속 간단, 긴급공사 유리 ② 단점: 공사금액 불명확, 공사비 증대, 부적격자 선정 우려

03 사회간접시설을 민간부문이 주도하여 공공시설을 건설한 후 정부에 소유권을 이전하고, 발주자에게 시설물의 임대료를 징수하여 시설투자비를 회수하는 민간투자사업의 계약방식을 쓰시오.
[2점]

정답 BTL(Build Transfer Lease)계약방식

해설 SOC(Social Overhead Capital)방식의 종류
① BTO: Build(설계·시공) → Transfer(소유권 이전) → Operate(운영)
② BOT: Build(설계·시공) → Operate(운영) → Transfer(소유권 이전)
③ BOO: Build(설계·시공) → Operate(운영) → Own(소유권 획득)
④ BTL: Build(설계·시공) → Transfer(소유권 이전) → Lease(임대료 징수)
⑤ BLT: Build(설계·시공) → Lease(임대료 징수) → Transfer(소유권 이전)

04 토질의 성상 파악을 위해 시료를 채취하여 자연상태의 압축강도를 시험한 결과 8MPa이고, 이 시료를 교란하여 이긴 시료의 압축강도시험 결과값이 5MPa이라고 할 때, 이 시료의 예민비를 산정하시오.
[3점]

정답 예민비$(S_t) = \dfrac{\text{자연시료의 강도}}{\text{이긴 시료의 강도}} = \dfrac{8}{5} = 1.6$

해설 예민비(sensitivity ratio)

정 의	산정식
점토의 경우 함수율변화 없이 자연상태의 시료를 이기면 약해지는 성질 정도를 표시한 것으로, 이긴 시료의 강도에 대한 자연시료의 강도비	예민비 $= \dfrac{\text{자연시료의 강도}}{\text{이긴 시료의 강도}}$

05 토공사의 흙막이공법 중 어스앵커(earth anchor)공법의 장점을 4가지 기술하시오. [4점]

정답 ① 버팀대가 없으므로 넓은 굴착공간의 활용
② 대형 장비 반입의 용이성 증대
③ 협소한 장소에서도 시공성이 양호함
④ 주변 지반의 변위가 감소됨

해설 **어스앵커공법(earth anchor method)**

(1) **정의**: 흙막이 배면을 굴착한 후 앵커체를 설치하여 주변 지반을 지지하는 흙막이공법

(2) **특징**

장 점	단 점
① 넓은 굴착공간의 확보 가능	① 시공 완료 후 품질검사 곤란
② 대형 장비의 반입으로 시공효율 증대	② 흙막이 배면에 형성되므로 품질관리 미흡
③ 흙막이 배면의 지압효과로 주변 지반의 변위 감소	③ 정착장 부위의 토질이 불명확할 경우 붕괴위험 우려
④ 협소한 작업공간에도 시공성 우수	④ 도심지 및 인접 건물이 있을 경우 적용 곤란
⑤ 터파기 공사 시 공기단축 가능	⑤ 지하수위의 강하가 발생할 수 있음
⑥ 설계변경 용이	⑥ 주변 대지 사용으로 민원 발생 우려

06 흙파기공법 중 아일랜드컷(island-cut)공법에 대하여 간략히 설명하시오. [3점]

정답 얕고 넓은 흙파기공사 시 중앙부를 먼저 굴착하여 구조물을 일부 축조하고, 버팀대 설치 후 주변부 터파기를 하여 지하구조물을 완성하는 흙파기공법

해설 **아일랜드컷(Island-cut)공법과 트렌치컷(Trench-cut)공법의 비교**

구 분	island-cut method	trench-cut method
굴착순서	중앙부 → 주변	주변 → 중앙
적용	얕고 넓은 터파기	깊고 넓은 터파기, 히빙 예상 시
특징	① 지보공 및 가설재 절약 ② 트렌치컷공법보다 공기단축	① 중앙부 공간활용 가능 ② 버팀대 길이의 절감으로 경제적 ③ 연약지반 적용 시 우수

07 토공사용 건설기계 선정 시 기본적으로 고려하여야 하는 사항 3가지를 기술하시오. [3점]

정답 ① 토질의 종류
② 굴착깊이
③ 흙의 반출거리

해설 **토공사용 건설기계의 선정 시 고려사항**
① 작업종류별 건설기계의 효율성 검토: 굴삭·정지·다짐·운반·상차용 장비 선정
② 토질조건에 건설기계의 능률성 고려: 장비의 주행성능 등
③ 공사규모 및 공사기간별 장비 선정: 장비의 대수 및 용량 등
④ 소음·진동별 장비 선정: 저소음, 저진동장비, 소음장비의 원거리 배치, 적절한 작업시간대 등
⑤ 건설기계의 용량 및 굴착토사 처리에 대한 검토[흙의 운반(반출)거리]

08 도심지의 협소한 대지에서 작업공간이 부족할 경우 역타설(top-down)공법을 적용하여 공사를 수행하는 이유를 기술하시오. [3점]

정답 1층 바닥을 먼저 타설하여 작업공간으로 활용이 가능하기 때문에 협소한 대지에서 역타설공법의 적용이 가능하다.

해설 **역타설공법(top-down method)**
(1) 정의
  지하 외벽 및 지하의 기둥과 기초를 선시공하고 1층 바닥판을 설치하여 작업공간으로 활용이 가능하며, 지하토공사 및 구조물공사를 동시에 진행하여 지하구조체와 지상구조물을 동시에 진행하는 공법으로 공기단축이 가능하다.
(2) 특징

장 점	단 점
① 흙막이벽이 안정성 우수(본구조체로 사용)	① 지하구조물 역조인트 발생
② 가설공사의 감소로 인한 경제성 우수	② 지하 굴착공사 시 대형 장비의 반입이 곤란
③ 1층 바닥의 작업공간 활용이 가능	③ 조명 및 환기설비의 필요
④ 건설공해(소음, 진동)의 저감	④ 고도의 시공기술과 숙련도가 요구됨
⑤ 도심의 인접 건물의 근접 시공 가능	⑤ 지중 콘크리트 타설 시 품질관리 난해
⑥ 부정형의 평면 시공 가능	⑥ 치밀한 시공계획의 수립이 요구됨
⑦ 지상과 지하구조물 동시 축조 가능(공기단축)	⑦ 설계변경이 곤란하고 공사비가 고가임

09 구조물기초의 부동침하를 방지하기 위해 기초구조부에서 처리할 수 있는 대책을 4가지 기술하시오. [4점]

정답 ① 동일한 제원의 기초구조부 시공
  ② 마찰말뚝을 사용하여 말뚝의 마찰력으로 지지
  ③ 지반에 지지하는 유효기초면적 증대
  ④ 경질지반까지 기초구조부 지지

해설 **기초의 부동침하**

(1) 원인
  ① 경사지반   ② 지하매설물 존재
  ③ 상이한 기초제원   ④ 이질지반
  ⑤ 인접 지역 터파기   ⑥ 지하수위의 변동
  ⑦ 일부 증축   ⑧ 연약한 점토지반
  ⑨ 연약지반의 깊이 상이

(2) 대책

상부 구조부에서의 대책	하부 구조부에서의 대책
① 구조물의 경량화 ② 구조물의 강성 증대 ③ 구조물 하중의 균등 배분(균일한 접지압) ④ 구조물의 평면길이 축소 ⑤ 인접 건물과의 거리 확보 ⑥ 신축줄눈 설치	① 동일한 제원의 기초구조부 시공 ② 경질지반에 기초부 지지 ③ 마찰말뚝을 사용하여 파일의 마찰력으로 지지 ④ 지반에 지지하는 유효기초면적 확대 ⑤ 지하수위를 강하하여 수압변화 방지 ⑥ 언더피닝공법 실시(기초 및 지반보강)

10 콘크리트 공사에서 사용하는 포틀랜드시멘트(potlasd cement)의 종류 5가지를 쓰시오.　[5점]

정답　① 보통포틀랜드시멘트(1종)　　　　② 중용열포틀랜드시멘트(2종)
　　　③ 조강포틀랜드시멘트(3종)　　　　④ 저열포틀랜드시멘트(4종)
　　　⑤ 내황산염포틀랜드시멘트(5종)

해설　**시멘트의 종류**

포틀랜드시멘트	혼합시멘트	특수 시멘트
① 보통포틀랜드시멘트(1종) ② 중용열포틀랜드시멘트(2종) ③ 조강포틀랜드시멘트(3종) ④ 저열포틀랜드시멘트(4종) ⑤ 내황산염포틀랜드시멘트(5종)	① 포졸란(pozzolan)시멘트 ② 고로슬래그시멘트 ③ 플라이애시(fly ash)시멘트	① 알루미나(alumina)시멘트 ② 초속경시멘트 ③ 팽창시멘트 ④ 백색시멘트

11 다음에 주어진 용어에 대하여 설명하시오.　　　　　　　　　　　　[4점]

(1) 인트랩트 에어(entrapped air)
(2) 인트레인드 에어(entrained air)

정답　(1) **인트랩트 에어(entrapped air):** 콘크리트 배합과정에서 1~2% 정도 자연적으로 형성되는 입경이
　　　크고 불규칙적으로 갇힌 부정형의 공기
　　　(2) **인트레인드 에어(entrained air):** 콘크리트 배합 시 첨가된 AE제에 의하여 생성된 지름 0.025~
　　　0.25mm 정도의 기포

해설　**AE제에 의한 연행공기(entrained air)의 특성**

성 질	목 적
① 공기기포의 지름: 0.025~0.25mm 정도 ② 4~6% 연행 시 효과가 가장 우수 ③ 볼베어링 역할: 워커빌리티 증진 ④ 1%의 공기량: 단위수량 3% 저감효과 ⑤ 2% 이하 공기량: 내동결융해성 확보 불가	① 워커빌리티 개선 ② 내동결융해성능 향상 ③ 단위수량의 감소 → 블리딩 감소 ④ 재료분리현상 감소 ⑤ 콘크리트 내구성 향상

12 다음 각 측정에 적정한 계측기기를 보기에서 골라 쓰시오. [4점]

> **보기**
> ① 토압계(load cell)
> ② 디스펜서(dispenser)
> ③ 피에조미터(piezo meter)
> ④ 워싱턴미터(washington air meter)

(1) 토압 측정기기
(2) 콘크리트의 공기량 측정기기
(3) AE제 계량기기
(4) 지반 내 간극수압 측정기기

정답 (1) **토압 측정기기:** ① 토압계(load cell)
(2) **콘크리트의 공기량 측정기기:** ④ 워싱턴미터(washington air meter)
(3) **AE제 계량기기:** ② 디스펜서(dispenser)
(4) **지반 내 간극수압 측정기기:** ③ 피에조미터(piezo meter)

해설 **공정별 계측기기의 종류**

구 분	계측기기 및 계량기기	계측 및 계량항목
토공사	Inclino meter	지중수평변위계측(경사 측정)
	Extension meter	지중수직변위계측(침하 측정)
	Soil pressure meter	흙막이벽에 작용하는 토압계측
	Water lever meter	지하수위계측
	Piezo meter	간극수압계측
	Strain gauge	버팀대(strut)의 변형계측
	Load cell	버팀대에 작용하는 하중계측
콘크리트 공사	배처플랜트(batcher plant)	골재, 물, 시멘트, 혼화재 등 자동중량계량장치
	디스펜서(dispenser)	AE제를 계량하는 분배기
	이넌데이터(inundator)	모래의 용적계량장치
	워세크리터(wacecretor)	물결합재비를 일정하게 유지하면서 골재를 계량
	워싱턴미터(washington air meter)	콘크리트 속의 공기량 측정기기

13 프리스트레스트콘크리트(pre-stressed concrete)의 제작공법으로 프리텐션(pre-tension)방식과 포스트텐션(post-tension)방식에 대하여 설명하시오. [4점]

정답 (1) **프리텐션(pre-tension)방식:** PS강재를 긴장한 상태에서 콘크리트를 타설·경화시킨 후 긴장을 풀어 부재 내에 프리스트레스를 도입하는 방식
(2) **포스트텐션(post-tension)방식:** 시스관을 배치하고 콘크리트를 타설·경화시킨 후 시스관 내에 PS강재를 삽입·긴장하여 고정하고 그라우팅하여 프리스트레스를 도입하는 방식

해설 **프리스트레스트콘크리트(pre-stressed concrete)**
  (1) **정의:** 인장응력이 생기는 부분에 미리 압축의 pre-stress를 주어 콘크리트의 인장강도를 증가시키는 콘크리트
  (2) **특징**
    ① 탄성력 및 복원성 우수
    ② 장스팬(span)의 구조물 시공 가능
    ③ 하중 및 수축에 의한 균열 감소
    ④ 내화성능에 취약
    ⑤ 거푸집공사 및 가설공사 등의 축소

---

14 철골공사에서 철골기초의 매입을 위한 철골기초 주각부의 앵커볼트(anchor bolt)매입공법 3가지를 쓰시오. [3점]

정답 ① 고정매입공법   ② 가동매입공법   ③ 나중매입공법

해설 **철골기초의 앵커볼트(anchor bolt)매입공법**

구 분	내 용	스케치
고정매입공법	① 정의: 기초철근 조립 시 동시에 앵커볼트를 매입하여 콘크리트를 타설하는 공법 ② 특성: 대규모 공사에 적용, 구조성능 우수, 불량 시 보수 곤란	앵커볼트
가동매입공법	① 정의: 콘크리트 타설 전에 원통형의 강판재 등으로 조치하여 앵커볼트 상부의 위치를 조정할 수 있는 공법 ② 특성: 시공오차 수정 용이, 부착강도 저하, 중소규모 공사	
나중매입공법	① 정의: 앵커볼트 설치위치에 파이프 등을 매입하거나, 콘크리트 타설 후 천공하여 앵커볼트 설치 후 그라우팅하는 공법 ② 특성: 구조물용도로 부적합, 기계장비의 기초로 사용	

---

15 철골공사에서 사용되는 T/S 고장력 볼트의 각 부위의 명칭을 기재하시오. [5점]

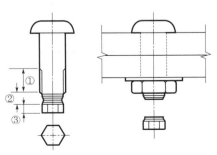

정답 ① 나사부   ② 파단부(break neck)   ③ 핀테일(pin tail)

해설 **토크전단형 고력볼트(T/S볼트; torque shear bolt)**

(1) **정의**
① 나사부 선단에 6각형의 핀테일과 브레이크넥으로 형성된 고장력 볼트
② 조임토크가 기준치에 도달하였을 때 브레이크넥이 파단되어 조임 후 검사가 필요 없음

(2) **고장력 볼트의 장점 및 단점**

장 점	단 점
① 접합부의 강도가 매우 우수	① 마찰면 처리가 곤란
② 강한 조임으로 너트의 풀림 방지	② 볼트 조임 후 검사 난해
③ 시공이 간단하여 공기단축 가능	③ 가격이 고가이며 숙련공 필요
④ 불량볼트의 보수 및 수정 용이	④ 강재량이 다소 증가됨
⑤ 무소음공법, 화재 발생의 위험성 저감	

16 다음에 제시된 철골부재의 내화피복공법에 대하여 재료를 2가지씩 쓰시오.   [3점]

(1) 타설공법
(2) 조적공법
(3) 미장공법

정답 (1) **타설공법:** 일반콘크리트, 경량콘크리트
(2) **조적공법:** 속 빈 콘크리트 블록, 경량콘크리트(ALC) 블록
(3) **미장공법:** 시멘트 모르타르, 철망 펄라이트 모르타르

해설 **내화피복공법의 분류**

구 분	공법종류	재 료
습식 내화피복	타설공법	보통콘크리트, 경량콘크리트
	뿜칠공법	암면, 모르타르, 플라스터, 실리카 등
	조적공법	속 빈 콘크리트 블록, 경량콘크리트 블록(ALC)
	미장공법	시멘트모르타르, 철망 펄라이트 모르타르
건식 내화피복	성형판붙임공법 세라믹울피복공법	무기섬유 혼합 규산칼슘판, ALC판, 석면시멘트판, 경량콘크리트 패널, 프리캐스트콘크리트판
합성 내화피복	이종재료 적층·접합공법	프리캐스트콘크리트판, ALC판
도장 내화피복	내화도료공법	팽창성 내화도료

17 다음은 멤브레인방수공법 중 시트방수공법의 시공순서를 나열한 것이다. ( ) 안에 들어갈 순서를 쓰시오. [3점]

> 바탕 처리 → (①) → 접착제 도포 → (②) → (③)

정답 ① 프라이머 도포
② 시트 접착
③ 보호층 시공(마무리)

해설 **시트(sheet)방수공법(고분자 루핑방수공법)**
(1) **정의**: 합성고무 또는 합성수지를 주성분으로 하는 0.8~2.0mm 두께의 시트를 접착제로 구체에 접착하여 방수층을 형성하는 공법
(2) **시공순서**

바탕면 처리	⇨	프라이머 도포	⇨	시트 접착	⇨	보호층 시공

(3) **특징**

장 점	단 점
① 내구성, 신장성, 접착성 우수	① 시트의 접합부 처리가 난해
② 상온 시공으로 시공 용이	② 바탕면의 돌기에 의한 시트 손상 우려
③ 공장제작제품으로 품질 균일	③ 복잡한 형상에 시공 곤란
④ 바탕 균열에 대한 저항성 우수	④ 시트 접착 후 보호층 시공 필요
⑤ 시공이 간단하여 공사기간 단축 가능	

18 타일의 박락 및 탈락의 원인을 2가지 쓰시오. [2점]

정답 ① 붙임 모르타르의 오픈타임(open time) 경과 후 사용
② 타일의 동해 발생에 따른 박락

해설 **타일 탈락의 원인 및 대책**

원 인	대 책
① 붙임 모르타르의 부착강도 부족	① 소성이 잘된 타일 선정
② 붙임 모르타르의 오픈타임(open time) 경과	② 타일의 뒷굽형태 및 크기를 적정하게 선정
③ 붙임 모르타르의 사춤 부족	③ 붙임 모르타르의 오픈타임 준수
④ 양생기간 중 진동 및 충격 발생	④ 피접착면의 균열 등의 결함보수 후 시공
⑤ 타일의 동해 발생	⑤ 흡수율이 낮은 타일 사용

19 커튼월의 외관형태별 분류 중 스팬드럴(spandrel)방식에 대하여 설명하시오. [4점]

정답 수평선을 강조하는 창과 스팬드럴의 조합으로 이루어지는 형식

해설 **커튼월(curtain wall)의 외관형태별 분류**

구 분	특 성
샛기둥형태 (mullion type)	① 수직기둥을 노출시키고 수직기둥(mullion) 사이에 패널을 붙이는 형식 ② 수직적 요소 강조
스팬드럴형태 (spandrel type)	① 수평선을 강조하는 창과 스팬드럴의 조합으로 이루어지는 형식 ② 수평적 요소 강조
격자형태 (grid type)	① 수직·수평의 격자형 외관을 노출시키는 형식 ② 수직적·수평적 요소 강조
은폐형태 (sheath type)	구조체가 외부로 노출되지 않게 패널로 은폐시키고 창호재가 패널 안에서 끼워지는 형식

20 다음 주어진 용어를 설명하시오. [4점]
(1) 복층유리
(2) 배강도유리

정답 (1) **복층유리**: 2장 이상의 판유리를 6mm 정도 공간을 두고 그 사이에 건조공기 또는 가스를 주입하여 밀봉한 유리
(2) **배강도유리**: 판유리를 연화점 이하로 재가열한 후 찬 공기로 서서히 냉각시켜 제작된 유리

해설 (1) **복층유리**

특 성	스케치
① 단열 및 차음성 우수 ② 방습 및 방서효과 우수 ③ 결로 방지효과 ④ 종류: 12mm, 16mm, 22mm, 24mm ⑤ 가공재료 　㉠ 스페이서(공간 확보) 　㉡ 건조제(밀봉구간 건조상태 유지)	 건조제 판유리 건조공기층 코너 키 공간재 접착제(부틸) 접착제(치오콜)

(2) **배강도유리**
① 제조방법: 판유리를 연화점 이하로 가열하여 찬 공기로 강화유리보다 서서히 냉각시켜 제조
② 안전유리의 일종으로, 열처리된 유리단면은 내부 인장응력에 견디는 압축응력층을 유리 표면에 만들어 파괴강도를 증가시킨 유리
③ 특성: 파편의 상태가 삼각형모양이며, 비산되지 않음. 고층건물 창호용 유리로 사용
④ 강도: 일반유리의 2~3배 정도 강함

21 다음의 주어진 데이터를 이용하여 물음에 답하시오. [10점]

작업명	작업일수	선행작업	비용구배	비 고
A	5	없음	10,000	
B	8	없음	15,000	
C	15	없음	9,000	
D	3	A	공기단축 불가	
E	6	A	25,000	
F	7	B, D	30,000	
G	9	B, D	21,000	
H	10	C, E	8,500	
I	4	H, F	9,500	
J	3	G	공기단축 불가	
K	2	I, J	공기단축 불가	

(1) 결합점에서는 다음과 같이 표현한다.

```
(i)  ─── 작업명 ──→ (j)
       소요일수
  EST│LST        LFT│EFT
```

(2) 주공정선은 굵은 선으로 표시한다.
(3) 공기단축일수는 다음과 같다.

작업명	공기단축일수
Activity I	2일
Activity H	3일
Activity C	5일

(4) 표준공기 시 총공사비는 1,000,000원이다.

(1) 표준(normal) network를 작성하시오.
(2) 공기를 10일 단축한 network를 작성하시오.
(3) 공기가 단축된 총공사비를 산출하시오.

정답 (1) 표준(normal) 네트워크(network)공정표

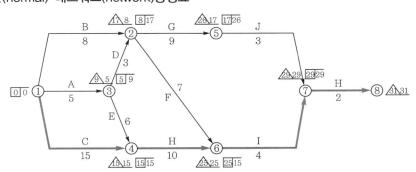

(2) 10일 공기단축 네트워크(network) 공정표

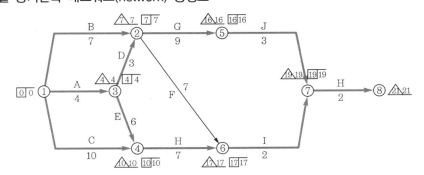

(3) 공기가 단축된 총공사비 산출

① 1차 공기단축: H작업 3일 단축 → 8,500원×3일＝25,500원

② 2차 공기단축: C작업 4일 단축 → 9,000원×4일＝36,000원

③ 3차 공기단축: I작업 2일 단축 → 9,500원×2일＝19,000원

④ 4차 공기단축

   ㉠ A작업 1일 단축 → 10,000원×1일＝10,000원

   ㉡ B작업 1일 단축 → 15,000원×1일＝15,000원

   ㉢ C작업 1일 단축 → 9,000원×1일＝9,000원

⑤ 총공사비: 표준공사비＋추가공사비＝1,000,000＋114,500＝**1,114,500원**

해설 공기단축된 공사비 산출

구 분	소요공기	CP경로	비용구배 최소 작업	추가공사비 (원)	CP 추가
1차	28	C−H−I−K	H작업 −3일	25,500	−
2차	24	C−H−I−K	C작업 −4일	36,000	A, E
3차	22	C−H−I−K A−E−H−I−K	I작업 −2일	19,000	B, D, G, J
4차	21	C−H−I−K A−E−H−I−K A−D−G−J−K B−G−J−K	C작업 −1일 A작업 −1일 B작업 −1일	34,000	−
A. 추가공사비(Extra cost)				114,500	
B. 표준공사비(normal cost)				1,000,000	
총공사비(A+B)				1,114,500	

구 분	공기단축일수현황			
	1차	2차	3차	4차
A	−	−	−	1
B	−	−	−	1
C(5)	−	4	−	1
D				
E	−	−	−	−
F	−	−	−	−
G	−	−	−	−
H(3)	3			
I(2)	−	−	2	−
J				
K				

---

22 다음은 굵은 골재의 상태별 질량을 나타낸 것이다. 제시된 데이터를 이용하여 물음에 답하시오. [4점]

조건

① 절대건조질량: 3,600g

② 수중질량: 2,450g

③ 표면건조 내부 포화상태 질량: 3,950g

④ 물의 밀도: 1g/cm³

(1) 흡수율

(2) 표건상태의 밀도

(3) 겉보기 밀도

(4) 진밀도

정답 (1) 흡수율 $= \dfrac{3{,}950 - 3{,}600}{3{,}600} \times 100\% = \mathbf{9.72\%}$

(2) 표건상태의 밀도 $= \dfrac{3{,}950}{3{,}950 - 2{,}450} = \mathbf{2.63}$

(3) 겉보기 밀도 $= \dfrac{3{,}600}{3{,}950 - 2{,}450} = \mathbf{2.63}$

(4) 진밀도 $= \dfrac{3{,}600}{3{,}600 - 2{,}450} = \mathbf{3.13}$

해설 골재의 함수상태

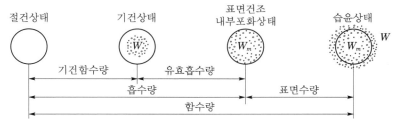

골재의 함수상태	골재의 밀도
① 유효흡수율: $\dfrac{유효흡수량}{기건상태의\ 골재중량} \times 100\%$	① 겉보기 밀도: $\left(\dfrac{A}{B-C}\right)\rho_w$ (절대건조상태의 밀도)
② 흡수율: $\dfrac{흡수량}{절건상태의\ 골재중량} \times 100\%$	② 표건내포상태의 밀도: $\left(\dfrac{B}{B-C}\right)\rho_w$
③ 함수율: $\dfrac{함수량}{절건상태의\ 골재중량} \times 100\%$	③ 진밀도: $\left(\dfrac{A}{A-C}\right)\rho_w$
④ 표면수율: $\dfrac{표면흡수량}{표건내포상태의\ 골재중량} \times 100\%$	여기서, A: 절대건조상태의 질량(g) $\quad\quad B$: 표면건조 내부 포화상태의 질량(g) $\quad\quad C$: 시료의 수중질량(g) $\quad\quad \rho_w$: 시험온도에서 물의 밀도(g/cm³)

23 지름이 D인 원형의 단면계수를 Z_A, 한 변의 길이가 a인 정사각형의 단면계수를 Z_B라고 할 때 $Z_A : Z_B$를 구하시오. (단, 두 재료의 단면적은 같고, Z_A를 1로 환산한 Z_B의 값으로 표현하시오.) [4점]

정답 ① 두 재료의 단면적 동일: $\dfrac{\pi D^2}{4} = a^2$에서 $D = \sqrt{\dfrac{4a^2}{\pi}} = 1.128a$

② 원형의 단면계수(Z_A): $Z_A = \dfrac{\pi D^3}{32} = \dfrac{\pi(1.128a)^3}{32} = 0.141a^3$

③ 정사각형 단면계수(Z_B): $Z_B = \dfrac{bh^2}{6} = \dfrac{(bh = a^2)a}{6} = \dfrac{a^3}{6}$

④ $Z_A : Z_B = 0.141a^3 : \dfrac{a^3}{6} = \mathbf{1 : 1.182}$

해설 **단면계수**

사각형 단면	삼각형 단면	원형 단면
$$Z = \dfrac{I_x}{y} = \dfrac{\frac{bh^3}{12}}{\frac{h}{2}} = \dfrac{bh^2}{6}$$	$$Z_c = \dfrac{I_x}{y_c} = \dfrac{\frac{bh^3}{36}}{\frac{2h}{3}} = \dfrac{bh^2}{24}$$ $$Z_t = \dfrac{I_x}{y_t} = \dfrac{\frac{bh^3}{36}}{\frac{h}{3}} = \dfrac{bh^2}{12}$$	$$Z = \dfrac{I_x}{y} = \dfrac{\frac{\pi D^4}{64}}{\frac{D}{2}} = \dfrac{\pi D^3}{32}$$

■ 단면계수의 특성
① 단면계수가 클수록 재료의 강도 증대
② 도심을 지나는 단면계수의 값 = 0
③ 단면계수가 큰 단면일수록 휨강성이 우수함
④ 단위기호: cm^3, m^3, ft^3(단면 1차 모멘트와 동일)

---

24 보통골재를 사용하여 제작된 설계기준강도가 30MPa인 콘크리트의 탄성계수를 구하시오. [3점]

정답 ① 콘크리트의 설계기준강도 $f_{ck} = 30\text{MPa} \leq 40\text{MPa}$이므로 $\triangle f = 4\text{MPa}$
② $f_{cu} = f_{ck} + \triangle f$에서 $f_{cu} = 30\text{MPa} + 4\text{MPa} = 34\text{MPa}$
  ∴ $E_c = 8,500 \sqrt[3]{f_{cu}} = 8,500 \times \sqrt[3]{34} = \mathbf{27,536.7MPa}$

해설 **콘크리트의 탄성계수**

콘크리트의 탄성계수(할선탄성계수)	비 고
$$E_c = 0.077 m_c^{1.5} \sqrt[3]{f_{cu}} = 8,500 \sqrt[3]{f_{cu}} \, [\text{MPa}]$$ (단, 보통골재를 사용한 경우 $m_c = 2,300 \text{kg/m}^3$)	$f_{cu} = f_{ck} + \triangle f \, [\text{MPa}]$ ① $f_{ck} \leq 40\text{MPa}$: $\triangle f = 4\text{MPa}$ ② $f_{ck} \geq 60\text{MPa}$: $\triangle f = 6\text{MPa}$ ③ $40\text{MPa} < f_{ck} < 60\text{MPa}$: 직선보간 적용

25 다음 그림과 같은 독립기초의 2방향 펀칭전단(2-way punching shear)의 응력 산정을 위한 저항면적(cm^2)을 구하시오. [4점]

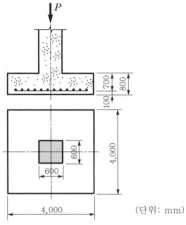

(단위: mm)

정답

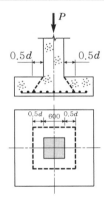

① 위험단면 둘레길이(b_o)

$$b_o = (0.5d + 60 + 0.5d) \times 4$$
$$= (0.5 \times 70 + 60 + 0.5 \times 70) \times 4$$
$$= 520\text{cm}$$

② 저항면적(A)

$$A = b_o d = 520\text{cm} \times 70\text{cm} = \mathbf{36,400cm^2}$$

해설 **기초판의 전단에 의한 위험단면**

① 1방향 슬래브 · 기초판: 기둥 전면에서 d만큼 떨어진 지점
② 2방향 슬래브 · 기초판: 기둥 전면에서 $d/2(0.5d)$만큼 떨어진 지점

26 다음에 제시된 조건에서 용접유효길이(L_e)를 구하시오. [4점]

조건
① 피용접부재: SM490($F_u = 490$MPa)
② 필릿치수: $S = 5$mm
③ 하중조건: 고정하중 20kN, 활하중 30kN
④ 용접재의 인장강도: $F_{uw} = 420$N/mm^2

정답 ① 계수하중: $P_u = 1.2P_D + 1.6P_L$

$$= 1.2 \times 20\text{kN} + 1.6 \times 30\text{kN} = 72\text{kN} = 72 \times 10^3\text{N}$$

② 용접재 설계강도: $\phi P_w = \phi F_{nw} A_{we}$에서 $F_{nw} = 0.6F_{uw} = 0.6 \times 420\text{N/mm}^2 = 252\text{N/mm}^2$

③ 유효목두께: $a = 0.7S = 0.7 \times 5\text{mm} = 3.5\text{mm}$

④ 용접부 면적: $A_{we} = aL_e = 3.5\text{mm} \times L_e = 3.5L_e[\text{mm}^2]$

⑤ 용접재 소요강도: $\phi P_w = \phi F_{nw} A_{we} = 0.75 \times 252\text{N/mm}^2 \times 3.5L_e$

$$= 661.5L_e\,[\text{N/mm}]$$

⑥ 용접부의 안정성 확보: $P_u (= 72 \times 10^3\text{N}) \leq \phi P_w = \phi F_{nw} A_{we} = 661.5L_e[\text{N/mm}]$

⑦ 소요용접길이: $L_e = \dfrac{P_u}{\phi P_w} = \dfrac{72\text{kN}}{661.5\text{N/mm}} = \dfrac{72 \times 10^3\text{N}}{661.5\text{N/mm}} = \mathbf{108.84\text{mm}}$

해설 **용접이음부 안정성**

(1) **용접부의 안정성 확보**: $P_u \leq \phi P_w = \phi F_{nw} A_{we}$ (이때 $P_u = 1.2P_D + 1.6P_L$)

(2) **용접이음부의 설계강도**: $\phi P_w = \phi F_{nw} A_{we}\,[\text{N/mm}]$에서

　① 용접이음부의 설계강도: $F_{nw} = 0.6F_{uw}\,[\text{N/mm}^2]$

　② 용접이음부의 면적: $A_w = aL_e = 0.7SL_e[\text{mm}^2]$

유효목두께(a)		유효길이(L_e)	비 고
그루브용접 (groove welding)	$a = t$ (모재두께가 다를 경우 얇은 쪽이 기준이 됨)	$L_e = (L - 2S) \times$용접면수	• S: 용접치수(필릿치수)
필릿용접 (fillet welding)	$a = 0.7S$		

　③ 저항계수(ϕ)

그루브용접		필릿용접
완전용입 그루브용접	부분용입 그루브용접	
$\phi = 0.8$	$\phi = 0.75$	$\phi = 0.75$

2017 제4회 건축기사 실기

┃2017년 11월 11일 시행┃

01 사회간접시설을 민간부문이 주도하여 공공시설을 건설하여 준공 후 발주자에게 소유권을 이전하고, 발주자에게 시설물의 임대료를 징수하여 시설투자비를 회수하는 민간투자사업의 계약방식을 쓰시오. [2점]

정답 BTL(Build Trasnfer Lease)계약방식

02 다음에 주어진 보기에서 가치공학(value engineering)의 추진절차를 순서대로 나열하시오. [4점]

> **보기**
> ① 대상 선정   ② 아이디어 발상   ③ 기능정의   ④ 평가
> ⑤ 정보수집   ⑥ 제안   ⑦ 기능평가
> ⑨ 기능정리

정답 ① → ⑤ → ③ → ⑨ → ⑦ → ② → ④ → ⑥ → ⑧

해설 **가치공학(VE; Value Engineering)**
  (1) **정의**: 프로젝트 전과정에서 최소의 비용으로 최대한의 기능을 달성하기 위해 기능분석과 개선에 쏟는 조직적 기술활동
  (2) **VE의 기본원리 및 사고방식**

VE의 기본원리	사고방식

$V = \dfrac{F}{C}$
 	
여기서, V: 가치(value)
        F: 기능(fuction)
        C: 비용(cost)
	① 고정관념의 제거
	② 사용자 중심의 사고방식
	③ 기능 중심적 접근 및 분석
	④ 팀단위의 조직적 노력

03 다음은 가설공사의 강관틀비계 설치에 관한 내용이다. ( ) 안에 알맞은 숫자를 적으시오. [2점]

> 직접 가설공사의 강관틀비계 조립 시 건축물의 구조체에 견고하게 연결하여 지지하기 위해 수직방향 (①) 이하, 수평방향 (②) 이하로 설치하여야 한다.

정답 ① 6m ② 8m

해설 **강관비계 및 강관틀비계 설치기준**

구 분	강관파이프비계	강관틀비계
비계기둥간격	① 띠장방향: 1.5~1.8m ② 장선방향: 1.5m 이하	높이 20m 초과 시 또는 중량작업 시 주틀간격 1.8m 이하(주틀높이 2m 이하)
띠장간격	① 띠장간격: 1.5m ② 제1띠장: 2m 이하	−
벽이음재 설치간격	① 수직방향: 5m 이하 ② 수평방향: 5m 이하	① 수직방향: 6m 이하 ② 수평방향: 8m 이하
적재하중	① 비계기둥 1본: 7kN 이하 ② 비계기둥 사이: 4kN 이하	① 기둥틀 1개: 24.5kN 이하 ② 강관틀 사이: 4kN 이하
가새간격	수평간격 10m마다 교차(45~60° 방향으로 설치)	각 단, 각 스팬마다 설치
기타	최상부로부터 31m를 초과하는 밑부분은 2개의 강관기둥 사용(좌굴 방지)	① 최고높이 제한: 40m ② 띠장방향 4m 이하, 높이 10m 초과 시 10m 이내마다 보강틀 설치

 04 토공사의 흙파기공법 중 역타설공법(top-down method)의 장점 3가지를 쓰시오. [3점]

정답 ① 1층 바닥의 작업공간 활용
② 흙막이벽의 안정성 우수
③ 지상·지하 동시 시공 가능

해설 **역타설공법(top-down method)**
(1) **정의**: 지하 외벽 및 지하의 기둥과 기초를 선시공하고 1층 바닥판을 설치하여 작업공간으로
활용이 가능하며, 지하토공사 및 구조물공사를 동시에 진행하여 지하구조체와 지상구조물을 동시
에 진행하는 공법으로 공기단축이 가능하다.
(2) **특징**

장 점	단 점
① 1층 바닥의 작업공간 활용이 가능 ② 흙막이벽의 안정성 우수(본구조체로 사용) ③ 지상·지하 동시 시공 가능 ④ 가설공사의 감소로 인한 경제성 우수 ⑤ 건설공해(소음, 진동)의 저감 ⑥ 도심지의 인접 건물의 근접 시공 가능	① 지하구조물 역조인트 발생 ② 지하 굴착공사 시 대형 장비의 반입이 곤란 ③ 조명 및 환기설비의 필요 ④ 치밀한 시공계획의 수립이 요구됨 ⑤ 설계변경이 곤란하고 공사비가 고가임

05 다음 보기에서 설명하는 용어를 쓰시오. [4점]

(1) 보링구멍을 이용하여 '+'자형 날개를 지중에 박아 회전력에 의하여 점토지반의 점착력을 판별하는 원위치시험
(2) 블로아스팔트에 광물질가루 및 동식물성 섬유, 광물질분말 등을 혼입하여 아스팔트의 유동성을 부여한 아스팔트방수재료

정답 (1) vane test
(2) 아스팔트 콤파운드

해설 **지반의 지내력시험**

점토지반 – 베인시험(vane test)	아스팔트 콤파운드
① 연약점성토 지반의 점착력 판별 ② 회전력작용 시 회전저항력 측정 ③ 단단한 점토질 지반에는 부적당 ④ 깊이 10m 이상 시 로드의 되돌음 발생 ⑤ 흙의 지내력 및 예민비 측정	① 블로아스팔트에 동·식물성 기름과 광물성 분말을 혼입: 아스팔트의 성질 개량 ② 방수재료 중 최우량품의 아스팔트

06 연약지반개량공법의 종류 중 샌드드레인공법(sand-drain method)에 대하여 간략히 설명하시오. [4점]

정답 연약한 점토지반에 모래말뚝(sand pile)을 지중에 시공하여 지반 중의 간극수를 배수하여 단기간에 지반을 압밀하는 공법

해설 **샌드드레인공법**

스케치	특징
	① 압밀효과 우수 ② 단기간에 지반전단강도 강화 가능 ③ 침하속도 조절 가능 ④ 드레인 주위 지반 교란 우려 ⑤ 모래말뚝의 단면 결손 발생 용이

07 다음과 같이 정의되는 거푸집 재료를 쓰시오. [4점]

(1) 콘크리트 타설 후 거푸집의 탈형을 원활히 하고 청소를 용이하게 하기 위하여 거푸집 표면에 도포하는 재료
(2) 벽의 거푸집 설치 시 수평간격을 일정하게 유지하기 위하여 격리와 긴장재 역할을 하는 재료
(3) 기둥 거푸집의 고정 및 측압에 대응하기 위하여 주로 합판 거푸집에 사용되는 재료
(4) 철근의 피복두께를 확보하기 위해 바닥이나 벽의 철근 배근 시 사용되는 재료

정답 (1) 박리제(form oil)　　　　　　　　　(2) 세퍼레이터(separater)
(3) 칼럼밴드(column band)　　　　　　(4) 간격재(spacer)

해설 **거푸집 설치 시 부속재료**

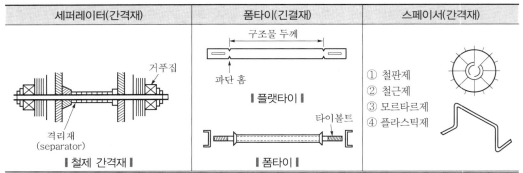

세퍼레이터(간격재)	폼타이(긴결재)	스페이서(간격재)
▮철제 간격재▮	▮폼타이▮	① 철판제 ② 철근제 ③ 모르타르제 ④ 플라스틱제

칼럼밴드(Column band)	박리제(form oil)
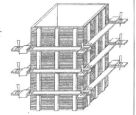① 기둥의 거푸집 체결용 철물 　(기둥의 측압에 대응) ② 종류: 평형, 각형, 채널형	① 거푸집과 콘크리트의 부착력 감소 ② 거푸집의 전용률을 높이기 위한 거푸집 도포제

08 콘크리트 타설작업 시 발생하는 콘크리트 측압에 대하여 영향요소를 3가지 적으시오. [3점]

정답 ① 콘크리트의 타설속도가 빠를수록 측압 증대
② 콘크리트의 시공연도가 좋을수록 측압 증대
③ 콘크리트의 진동다짐이 과할수록 측압 증대

[해설] **콘크리트 측압**

구 분	콘크리트 측압
정의	① 미경화 콘크리트 타설 시 수직거푸집널에 작용하는 유동성을 가진 콘크리트의 수평방향의 압력 ② 측압=미경화 콘크리트 단위중량(W)×타설높이(H)[t/m²](일반적인 경우에 한함)
측압 증가 요소	① 콘크리트의 타설속도가 빠를수록 ② 타설되는 단면치가 클수록 ③ 콘크리트의 슬럼프(slump)가 클수록 ④ 콘크리트의 시공연도가 좋을수록 ⑤ 단위시멘트량이 많을수록(부배합) ⑥ 외기온·습도가 낮을수록 ⑦ 다짐이 충분할수록 ⑧ 철골·철근량이 적을수록 ⑨ 거푸집 표면이 매끄러울수록 ⑩ 콘크리트 낙하높이가 높을수록

09 철근콘크리트 공사에서 철근이음공법 중 하나인 가스압접 시공 시 가스압접기준에 의하여 압접을 해서는 안 되는 경우를 3가지 적으시오. [3점]

[정답] ① 철근지름의 차이가 6mm 초과 시
② 철근재질이 상이할 경우
③ 철근의 항복강도가 상이할 경우

[해설] **가스압접**
(1) **정의**: 철근 접합면을 직각으로 절단·연마하여 서로 맞대고 가열·가압하면서 용접하는 방식
(2) **가스압접기준**

가스압접기준	가스압접금지사항
① 용접 돌출부 직경: 철근직경의 1.4배 이상 ② 용접 돌출부 길이: 철근직경의 1.2배 이상 ③ 철근 중심부 편심량: 철근직경의 1/4배 이하 ④ 철근 용접면 편심량: 철근직경의 1/5배 이하	① 철근 간 직경의 차이가 6mm 이상일 경우 ② 철근재질이 상이할 경우 ③ 철근의 항복점 및 강도가 상이할 경우 ④ 0℃ 이하의 작업환경

10 콘크리트의 유동성을 확인하기 위한 반죽질기시험의 종류를 3가지 적으시오. [3점]

[정답] ① 슬럼프시험(slump test) ② 비비시험(vee-bee test)
③ 플로시험(flow test)

[해설] **콘크리트의 유동성시험(반죽질기시험)**

보통콘크리트	된비빔콘크리트	유동화콘크리트
① 슬럼프시험(slump test) ② 플로시험(flow test)	① 구관입시험(ball penetration test) ② 리몰드시험(remold test) ③ 비비시험(vee-bee test)	① 슬럼프플로시험(slump flow test) ② L형 플로시험(L형 flow test)

11 다음의 콘크리트 공사와 관련된 줄눈에 대하여 간략히 설명하시오. [4점]

(1) 콜드조인트(cold joint)
(2) 조절줄눈(movement joint)

정답 (1) **콜드조인트(cold joint)**: 콘크리트 타설 중 작업관계로 응결·경화하기 시작한 콘크리트에 새로운 콘크리트를 이어치기할 때 일체화가 저해되어 생기게 되는 줄눈으로 불연속적인 접합면
(2) **조절줄눈(movement joint)**: 콘크리트의 건조수축에 의한 균열을 방지할 목적으로 일정 부위에 단면 결손 부위를 두어 구조체의 거동 흡수 및 균열을 제어·유도하는 줄눈

해설 **콘크리트 공사의 줄눈(joint)**
(1) **콜드조인트(cold joint)**

구 분	내 용
발생 원인	① 넓은 지역의 순환타설 시 2시간 초과 ② 장시간 운반 및 대기로 재료분리 발생 시 ③ 단면이 큰 구조물의 수화발열량 과다 ④ 분말도가 높은 시멘트 사용 ⑤ 조절줄눈의 누락 및 미시공 ⑥ 재료분리가 된 콘크리트 사용 시
방지 대책	① 레미콘 배차계획 및 간격 등을 엄수 ② 여름철 응결경화지연제 사용 ③ 분말도 낮은 시멘트 사용 ④ 타설구획 및 순서를 사전에 계획 ⑤ 콘크리트 이어치기는 60분 이내로 계획 ⑥ 드라이 믹싱(dry mixing)재료를 현장반입하여 사용

(2) **조절줄눈(movement joint)**

구 분	내 용	
설치위치	① 외벽의 개구부 주위 ③ 창호 및 문틀 주위	② 구조물의 모서리 부위 ④ 이질재료와의 접합 부위
설치방법	① 줄눈깊이: 벽두께의 20% 이상 ③ 코킹은 중간이 끊어지지 않고 연속 시공	② 외벽 색깔과 비슷한 코킹재료 사용 ④ 줄눈대 대기, 줄눈긋기, 커팅 등

12 다음에 제시된 철근콘크리트 공사의 용어에 대하여 간략히 설명하시오. [4점]

(1) 알칼리골재반응
(2) 인트랩트에어(entrapped air)
(3) 배처플랜트(batcher plant)

정답 (1) **알칼리골재반응**: 시멘트 중의 수산화알칼리와 골재 중의 반응성 물질(silica, 황산염 등)과 일어나는 화학반응으로 골재가 팽창하여 콘크리트가 파괴되는 현상

(2) **인트랩트에어**: 콘크리트 배합과정에서 1~2% 정도 자연적으로 형성되는 입경이 크고 불규칙적으로 갇힌 부정형의 공기

(3) **배처플랜트**: 골재, 물, 시멘트, 혼화재 등 자동중량계량장치를 이용한 콘크리트의 제조설비

해설 (1) 알칼리골재반응

원 인	대 책
① 골재의 알칼리반응성 물질 과다	① 청정골재 사용(알칼리반응성 물질 감소)
② 시멘트 중의 수산화알칼리용액 과다	② 저알칼리포틀랜드시멘트 사용[알칼리함량(Na_2O당량) 0.6% 이하]
③ 습도가 높거나 습윤상태일 경우 발생	③ 콘크리트 알칼리총량 제어: $0.3kg/m^3$
④ 콘크리트 내 수분이동으로 알칼리이온 농축	④ 단위시멘트량 감소
⑤ 단위시멘트량 과다	⑤ 혼합시멘트 사용(포졸란계 시멘트)
⑥ 제치장콘크리트일 경우 발생	

(2) 인트랩트에어

연행공기의 성질	목 적
① 공기기포의 지름: 0.025~0.25mm 정도	① 워커빌리티 개선
② 4~6% 연행 시 효과가 가장 우수	② 내동결융해성능 향상
③ 볼베어링 역할: 워커빌리티 증진	③ 단위수량의 감소 → 블리딩 감소
④ 1%의 공기량: 단위수량 3% 저감효과	④ 재료분리현상 감소
⑤ 2% 이하 공기량: 내동결융해성 확보 불가	⑤ 콘크리트의 내구성 향상

(3) 계량기기의 종류

구 분	계량기기	계량항목
콘크리트 공사	① 배처플랜트(batcher plant)	골재, 물, 시멘트, 혼화재 등 자동중량계량장치
	② 디스펜서(dispenser)	AE제를 계량하는 분배기
	③ 이넌데이터(inundator)	모래의 용적계량장치
	④ 워세크리터(wacecretor)	물결합재비를 일정하게 유지하면서 골재를 계량
	⑤ 워싱턴미터(washington air meter)	콘크리트 속의 공기량 측정기기

13 콘크리트 구조물의 화재 시 고열에 의하여 발생하는 고강도 콘크리트의 폭렬현상(exclusive fracture)에 대해 설명하시오. [3점]

정답 조직이 치밀한 고강도 콘크리트에서 화재 발생 시 콘크리트의 내부 고열로 내부 수증기압이 상승하여 콘크리트 조각이 비산되는 현상

해설 **고강도 콘크리트의 폭렬현상**
(1) 발생기구

(2) 폭렬현상의 원인 및 대책

구 분	설 명
원인	① 흡수율이 큰 골재 사용 ② 내화성이 약한 골재 사용 ③ 콘크리트 내부의 함수율이 높을 경우 ④ 치밀한 콘크리트 조직으로 수증기 배출이 지연될 경우
방지대책	① 내부 수증기압 소산: 내열성이 낮은 유기질 섬유 혼입(비폭렬성 콘크리트) ② 급격한 온도 상승 방지: 내화피복, 내화도료 도포(단열탄화층 생성) ③ 함수율이 낮은 골재 사용(3.5% 이하) ④ 콘크리트 비산 방지: 표면에 메탈라스 혼입, CFT 및 ACT column ⑤ 콘크리트 인장강도 개선: 섬유보강콘크리트 사용 ⑥ 콘크리트 피복두께 증대: 콘크리트의 내화성 향상

14 철골공사에서 용접부의 품질검사를 위해 실시하는 비파괴검사(nondistructive test)의 종류를 3가지 적으시오. [3점]

정답 ① 자기분말탐상시험 ② 초음파탐상시험 ③ 침투탐상시험

해설 **용접부 비파괴검사**

구 분	내 용
자기분말탐상시험(MT)	용접부에 자분을 뿌리고 자력선을 통과시켜 자력을 형성할 때 결함 부위에 자분이 밀집되어 용접부 결함을 검출하는 시험
초음파탐상시험(UT)	용접부에 초음파를 투입하여 발사파와 반사파 간의 속도와 반사시간을 측정하여 용접부의 내부 결함을 검출하는 시험
침투탐상시험(PT)	시험체 표면에 침투액을 스며들게 하고 씻어낸 다음 현상액을 떨어뜨리면 남아 있던 침투액이 현상액을 빨아들여 균열 부분 등을 검출하는 시험
방사선투과탐상시험(RT)	용접부에 X선 · γ선을 투과하여 그 상태를 필름에 담아 내부 결함을 검출하는 시험

15 철골공사에서 사용하는 콘크리트 충전강관(CFT)에 대하여 설명하시오. [3점]

정답 원형 또는 각형의 강관기둥 내부에 고강도 · 고유동화 콘크리트를 충전하여 만든 합성구조의 기둥

해설 **CFT(Concrete filled tube)**

구 분	내 용
구조원리	콘크리트 팽창력 강관의 수축력 강관 콘크리트 ■강관과 콘크리트 간 상호구속작용 ① 콘크리트의 팽창력: 강관의 구속력작용 ② 강관의 수축력: 콘크리트의 구속력작용

구 분	내 용	
특징	① 기둥의 좌굴 방지	② 내진성능의 개선
	③ 거푸집공사 생략 가능	④ 구조물의 내화성 증진(폭렬 발생 억제)
	⑤ 기둥단면의 축소 가능	⑥ 공기단축 가능
	⑦ 기둥의 휨강성 증대	⑧ 경제적인 구조
콘크리트 타설방법	트레미관을 이용한 상부 타설공법	하부 압입공법
	강관 상단에서 트레미관(100~150mm)을 이용하여 타설하는 방법	강관 하단에 콘크리트 압송관을 연결하여 하부로부터 콘크리트를 밀어올리는 방법

16 다음에 제시된 유리공사와 관련한 건축재료를 설명하시오. [4점]

(1) 복층유리
(2) 강화유리

정답 (1) **복층유리**: 2장 이상의 판유리를 6mm 정도 공간을 두고 그 사이에 건조공기 또는 가스를 주입하여 밀봉한 유리

(2) **강화유리**: 판유리를 연화점(650℃) 이상으로 재가열하여 찬 공기로 급랭하여 제조한 유리

해설 **복층유리와 강화유리**

(1) 복층유리

특 성	스케치
① 단열 및 차음성 우수 ② 방습 및 방서효과 우수 ③ 결로 방지효과 ④ 종류: 12mm, 16mm, 22mm, 24mm ⑤ 가공재료 　㉠ 스페이서(공간 확보) 　㉡ 건조제(밀봉구간 건조상태 유지)	건조제 판유리 건조공기층 코너 키 공간재 접착제(부틸) 접착제(치오콜)

(2) 강화유리 및 배강도유리(안전유리의 종류)

구 분	강화유리	배강도유리(반강화유리)
제조	판유리를 연화점 이상으로 재가열하여 찬 공기로 급랭하여 제조한 유리	판유리를 연화점 이하로 재가열하여 찬 공기로 서랭하여 제조한 유리
강도	일반유리의 3~5배 정도	일반유리의 2~3배 정도
파손형태	파면상태는 팥알조각으로 비산됨	파편상태가 충격점에서 삼각형형태로 깨져 나가며, 창틀에서 비산되지 않음
안정성	고층건물에 사용 시 비산낙하의 위험성	파손 시 유리파편이 이탈되지 않으므로 고층 건축물에 적용

※ 연화점: 유리가 유동성을 가질 수 있는 온도이며, 일반유리의 경우 650~750℃ 정도이다.

17 금속공사에 사용되는 비철금속의 종류인 알루미늄의 장점을 2가지 적으시오. [4점]

정답 ① 비중이 철에 비해 1/3 정도로 경량의 금속
② 공기 중에 산화피막을 형성하여 내부식성 우수

해설 **알루미늄의 특성**

장 점	단 점
① 비중이 철에 비해 1/3 정도로 경량의 금속 ② 열·전기전도율이 높고 가공성이 우수함(열전도도: 철의 4~5배 정도) ③ 공기 중에 산화피막을 형성하여 내부식성 우수 ④ 복잡한 형상으로 가공성 용이 ⑤ 열반사율 우수(열반사율: 65.1%)	① 용융점이 낮고(640℃) 열팽창계수가 높음(철의 2배) ② 용접작업 시 용접변형이 발생되고, 응고 시 균열 발생이 우려됨 ③ 이종재료와의 접촉 시 접촉부식 발생 ④ 탄성계수가 낮고 알칼리(콘크리트)에 침식

18 다음과 같이 제시된 평면도를 보고 비계면적(m^2)을 산출하시오. [5점]

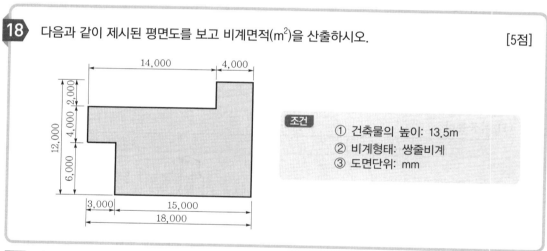

조건
① 건축물의 높이: 13.5m
② 비계형태: 쌍줄비계
③ 도면단위: mm

정답 비계면적$(A) = [(18m + 12m) \times 2 + 0.9 \times 8] \times 13.5m = \mathbf{907.2m^2}$

해설 **비계면적 산출**

(1) **내부 비계면적**: 연면적의 90%($A =$연면적$\times 0.9$)
(2) **외부 비계면적**: (비계둘레길이+이격거리)$\times$건축물 높이

구 분		통나무비계		단관파이프비계 및 강관틀비계	비 고
		외줄·겹비계	쌍줄비계		
이격거리(D)	목구조	0.45m	0.9m	1.0m	벽체 중심
	철근콘크리트 구조	0.45m	0.9m	1.0m	벽체 외면

(3) **외부 비계면적 산출식**

쌍줄비계	외줄·겹비계	파이프비계
$A = [\sum L + (8 \times 0.9)]H$	$A = [\sum L + (8 \times 0.45)]H$	$A = [\sum L + (8 \times 1.0)]H$
여기서, A: 비계면적(m^2), L: 비계둘레길이(m), H: 건축물 높이		

19 네트워크공정표 작성 시 사용되는 작업 상호 간의 연관관계만 도시하는 명목상의 작업인 더미(dummy)의 종류를 3가지 적으시오. [3점]

정답 ① numbering dummy　　　② logical dummy　　　③ connection dummy

해설 더미(dummy)의 종류

종 류	더미의 사용목적	
numbering dummy	작업의 중복을 피하기 위한 더미	
logical dummy	작업의 선후관계를 규정하기 위한 더미	
connection dummy	작업 간 연결의미의 더미(삭제 가능)	
time lag dummy	연결더미에 시간을 표시할 경우에 사용	−

20 네트워크공정표 중의 PERT기법에 의한 공정관리에서 공정의 기대시간(T_e)을 구하시오. [단, 낙관시간(T_o): 4일, 정상시간(T_m): 5일, 비관시간(T_p): 6일] [4점]

정답 공정의 기대시간(T_e) $= \dfrac{T_o + 4T_m + T_p}{6} = \dfrac{4일 + (4 \times 5일) + 6일}{6} = 5일$

해설 PERT기법의 3점 추정법(three time estimate)

구 분	설 명	
개념	① 낙관시간(optimistic time; T_o): 작업이 원활하게 진행되었을 때의 최단시간 ② 정상시간(most likely time; T_m): 발생빈도확률이 가장 많은 평균시간 ③ 비관시간(pessimistic time; T_p): 작업이 원활하게 진행되지 않았을 때 요구되는 최장시간	
소요 시간 추정	① 3점 추정: $T_e = \dfrac{T_o + 4T_m + T_p}{6}$ ② 경험이 없는 신규사업에 적용 ③ 목적: 공사기간 단축 ④ 신규사업으로 소요시간을 추정하는 가중평균치를 산출함	

21 다음과 같이 제시된 네트워크공정표를 통해 일정 계산 및 여유시간을 계상하고, 주공정선 (critical path)을 도시하시오. (단, CP에 해당하는 작업은 "※" 표시를 하시오.) [10점]

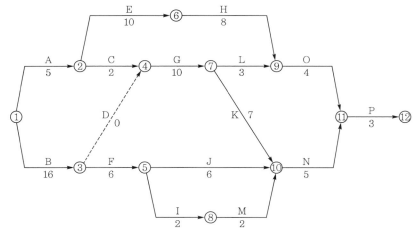

작업명	EST	EFT	LST	LFT	TF	FF	DF	CP
A								
B								
C								
D								
E								
F								
G								
H								
I								
J								
K								
L								
M								
N								
O								
P								

정답 (1) 일정 계산 및 여유시간

작업명	작업일수	EST	EFT	LST	LFT	TF	FF	DF	CP
A	5	0	5	9	14	9	0	9	
B	16	0	16	0	16	0	0	0	※
C	2	5	7	14	16	9	9	0	
D	0	16	16	16	16	0	0	0	※
E	10	5	15	16	26	11	0	11	
F	6	16	22	21	27	5	0	5	
G	10	16	26	16	26	0	0	0	※
H	8	15	23	26	34	11	6	5	
I	2	22	24	29	31	7	0	7	
J	6	22	28	27	33	5	5	0	
K	7	26	33	26	33	0	0	0	※
L	3	26	29	31	34	5	0	5	
M	2	24	26	31	33	7	7	0	
N	5	33	38	33	38	0	0	0	※
O	4	29	33	34	38	5	5	0	
P	3	38	41	38	41	0	0	0	※

(2) 주공전선

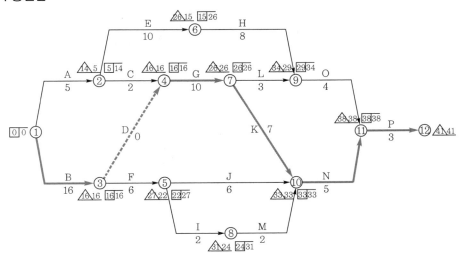

22 시멘트분말도시험방법을 2가지 적으시오. [4점]

 ① 표준체에 의한 시험
② 브레인투과장치에 의한 시험

해설 **시멘트의 분말도**

(1) **분말도의 정의**: 시멘트입자의 가늘고 굵은 정도를 표시한 것

(2) **분말도의 특징 및 시험방법**

분말도의 특징(시멘트분말도가 큰 경우)		시험방법
① 비표면적이 큼	② 수화작용 촉진	① 체가름시험(표준체시험)
③ 수화발열량 증대	④ 초기강도 우수, 장기강도 저하	② 비표면적시험(브레인투과장치에 의
⑤ 균열 발생 및 풍화 용이	⑥ 시공연도 우수	한 시험)

(3) **포틀랜드시멘트의 분말도**

① 보통포틀랜드시멘트: $3,000\text{cm}^2/\text{g}$ 정도

② 중용열포틀랜드시멘트: $2,800\text{cm}^2/\text{g}$ 정도

③ 조강포틀랜드시멘트: $4,000\text{cm}^2/\text{g}$ 정도

④ 초조강포틀랜드시멘트: $5,000\text{cm}^2/\text{g}$ 정도

23 다음 그림과 같은 조건을 갖는 부재의 단면적($b \times h$)을 구하시오. [4점]

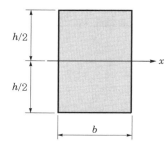

조건
① 단면 2차 모멘트: $I = 64,000\text{cm}^4$
② 단면 2차 반경: $r = \dfrac{20}{\sqrt{3}}\text{cm}$

정답 ① 단면 2차 반경 $r = \sqrt{\dfrac{I}{A}}$ 에서 $A(=bh) = \dfrac{I}{r^2} = \dfrac{64,000\,\text{cm}^4}{\left(\dfrac{20}{\sqrt{3}}\,\text{cm}\right)^2} = 480\,\text{cm}^2$

② 단면 2차 모멘트 $I = \dfrac{bh^3}{12}$ 에서 $I = \dfrac{(bh=A)h^2}{12} = \dfrac{480h^2}{12} = 64,000\text{cm}^2$ 이므로

$h = \sqrt{\dfrac{64,000 \times 12\,\text{cm}^4}{480\,\text{cm}^2}} = 40\text{cm}$

③ $A = bh$ 에서 $480\,\text{cm}^2 = b \times 40\text{cm}$ 이므로 $b = 12\text{cm}$

∴ $h = 40\text{cm}, \ b = 12\text{cm}$

해설

단면 2차 모멘트	단면 2차 반경
① 사각형 단면: $I = \dfrac{bh^3}{12}$ ② 삼각형 단면: $I = \dfrac{bh^3}{36}$ ③ 원형 단면: $I = \dfrac{\pi D^4}{64} = \dfrac{\pi D^4}{4}$	$r_x = \sqrt{\dfrac{I_x}{A}} , \quad r_y = \sqrt{\dfrac{I_y}{A}}$
① 단면의 미소면적과 구하려는 축에서 도심까지 거리의 제곱을 곱하여 전단면에 대하여 적분한 것 ② 단면 2차 모멘트=[면적]×[축에서 미소면적까지 거리의 제곱] ③ 단위기호: cm^4, m^4, ft^4	① 단면 2차 모멘트를 단면적으로 나눈 값의 제곱근 ② 압축부재설계 시 적용 ③ 최소 단면 2차 반경(r_{min})으로 설계 ④ 단면 2차 반경이 클수록 안정 ⑤ 단위기호: cm, m, ft

24 다음 그림과 같은 캔틸레버보 A점의 반력을 산출하시오. [4점]

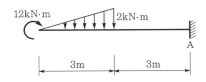

정답 ① 수직반력: $\sum V = 0$에서 $\left(-\dfrac{2kN \times 3m}{2} \right) + V_A = 0$

  ∴ $V_A = +3kN(\uparrow)$

② 수평반력: $\sum H = 0$에서 $H_A = 0$

③ 반력모멘트: $\sum M_A = 0$에서 $(+12kN) + \left(-\dfrac{2kN \times 3m}{2} \times 4m \right) + M_A = 0$

  ∴ $M_A = 0$

해설 캔틸레버보의 특성

(1) 반력
   ① 고정단: 수직, 수평, 모멘트반력 발생
   ② 모멘트하중만 작용할 경우: 모멘트반력만 발생
(2) 전단력
   ① 전단력의 하중방향: 상향 또는 하향으로만 작용할 경우 고정단에서 최대
   ② 전단력 계산: 고정단 위치에 관계없이 좌측에서 우측으로 계산
   ③ 모멘트하중만 작용할 경우: 전단력도는 기선과 동일
   ④ 전단력부호: 고정단이 좌측일 경우 (+), 고정단이 우측일 경우 (−)
(3) 휨모멘트
   ① 계산방향: 자유단에서 고정단으로 계산
   ② 모멘트부호: 하향일 경우 고정단의 위치에 관계없이 (−)
   ③ 전단력의 면적=휨모멘트의 크기
   ④ 하중이 상향 또는 하향일 경우: 고정단에서 최대 휨모멘트 발생

✓ 참고

작용하중에 따른 단면력도의 곡선변화

구 분	집중하중	등분포하중	등변분포하중
전단력	기선과 나란한 직선(상수함수)	1차 사선변화(1차 함수)	2차 곡선변화(2차 함수)
휨모멘트	1차 사선변화(1차 함수)	2차 곡선변화(2차 함수)	3차 곡선변화(3차 함수)

25 철골구조의 다음과 같은 인장재의 순단면적(mm²)을 산출하시오. [4점]

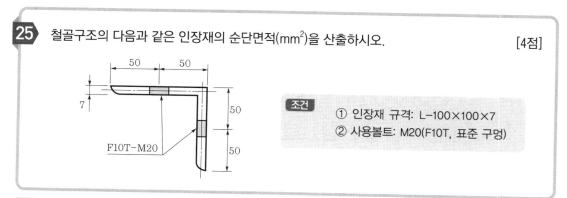

조건
① 인장재 규격: L-100×100×7
② 사용볼트: M20(F10T, 표준 구멍)

정답 순단면적$(A_n) = A_g - ndt$

$$= [(50+50) \times 2 - 7] \times 7 - [2 \times (20+2) \times 7] = 1,043\text{mm}^2$$

해설 **인장재의 순단면적 산정**

일렬(정렬)배치	불규칙(지그재그, 엇모)배치
순단면적$(A_n) = A_g - ndt$ 여기서, n: 볼트 수 d: 볼트구멍의 지름 A_g: 총단면적 t: 판의 두께	순단면적$(A_n) = A_g - ndt + \sum \dfrac{p^2}{4g} t$ 여기서, n: 볼트 수 t: 판의 두께 p: 볼트피치 g: 볼트의 응력에 직각방향인 볼트선 간의 길이 (게이지)
[A, B 사이에 n개의 볼트 일렬 배치 그림]	[A, D / 1, 2, 3 볼트 지그재그 배치 그림, g_1, g_2, h, p, P 표시]

✓ 참고

① 볼트구멍지름 산정 시 볼트지름에 따라 여유치수 적용
② 설계볼트지름
  ㉠ M16~M22: $d+2$[mm]
  ㉡ M24~M30: $d+3$[mm]
  여기서, d: 볼트 공칭지름

26 다음 그림과 같은 조건에서 용접부의 설계강도를 산출하시오. [5점]

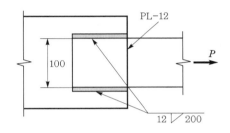

조건
① 모재: SM275($f_u = 410\text{MPa}$)
② 용접재의 인장강도: $F_{uw} = 420\text{N/mm}^2$
  (KS D 7004 연강용 피복아크용접봉)
③ 모재의 강도는 용접재의 강도보다 크다.

정답 ① $F_{nw} = 0.6 \times 420\text{N/mm}^2 = 252\text{N/mm}^2$
② $A_w = 0.7 \times 12 \times (200 - 2 \times 12) \times 2\text{면} = 2,956.8\text{mm}^2$
③ 필릿용접저항계수: $\phi = 0.75$
④ $\phi P_w = 0.75 \times 252\text{N/mm}^2 \times 2,956.8\text{mm}^2 = 558,835.2\text{N} = \mathbf{558.835kN}$

해설 **용접이음부 안정성**
① 용접부의 안정성 확보: $P_u \leq \phi P_w = \phi F_{nw} A_{we}$(이때 $P_u = 1.2P_D + 1.6P_L$)
② 용접이음부의 설계강도: $\phi P_w = \phi F_{nw} A_{we}$[N/mm]에서
  ㉠ 용접이음부의 설계강도: $F_{nw} = 0.6 F_{uw}$[N/mm²]
  ㉡ 용접이음부의 면적: $A_w = a L_e = 0.7 S L_e$[mm²]

유효목두께(a)		유효길이(L_e)	비 고
그루브용접 (groove welding)	$a = t$ (모재두께가 다를 경우 얇은 쪽이 기준이 됨)	$L_e = (L - 2S) \times$용접면수	• S: 용접치수(필릿치수)
필릿용접 (fillet welding)	$a = 0.7S$		

  ㉢ 저항계수(ϕ)

그루브용접		필릿용접
완전용입 그루브용접	부분용입 그루브용접	
$\phi = 0.8$	$\phi = 0.75$	$\phi = 0.75$

MEMO

2018 제1회 건축기사 실기

▌2018년 4월 14일 시행▐

01 공동도급(joint venture)의 운영방식별 종류를 3가지 기술하시오. [3점]

정답 ① 공동이행방식
② 분담이행방식
③ 주계약자형 공동도급방식

해설 **공동도급 운영방식**

운영방식	정 의
공동이행방식	① 공동도급에 참여하는 시공자들이 일정 비율로 노무, 기계, 자금 등을 제공 ② 새로운 건설조직을 구성하여 공동으로 시공하는 방식
분담이행방식	① 시공자들이 목적물을 분할(공구별 등) 시공하여 완성해가는 시공방식 ② 연속 반복되는 단일공사에 주로 적용
주계약자형 공동도급방식	① 자신의 분담공사 외에 도급된 전체 공사에 대해 관리, 조정 ② 다른 계약자의 계약이행(공사진행)에 대해서도 연대책임을 지는 방식

02 기준점(bench mark)의 정의 및 설치 시 유의사항을 2가지 기술하시오. [4점]

정답 **(1) 정의:** 공사 중인 건축물 높이의 기준을 정하기 위해 설치하는 가설물
(2) 설치 시 유의사항
   ① 공사에 지장이 없는 곳에 설치
   ② 기준점은 2개소 이상 표시

해설 **기준점(Bench Mark) 설치 시 유의사항**
① 공사에 지장이 없는 곳에 설치
② 기준점은 2개소 이상 표시
③ 공사기간 중에 이동될 우려가 없는 인근 건물의 벽 등을 이용
④ 지반면에서 0.5~1.0m 위에 두고 그 높이를 기준표 밑에 기록
⑤ 이동 및 변형이 없게 그 주위를 감싸는 등의 보호조치
⑥ 보조기준점 설치
⑦ 100~150mm각 정도의 나무, 돌, 콘크리트재로 하여 침하·이동이 없게 깊이 매설

03 지반천공(boring)을 하는 목적에 대하여 3가지를 기술하시오. [3점]

정답 ① 토질분포 및 토층구성 확인   ② 토질시험용 시료채취(sampling)
③ 토질주상도 작성 기초자료

해설 **지반천공(boring)**
(1) **정의**: 지중에 100mm 정도의 철관을 꽂아 토사를 채취, 관찰하기 위한 천공방식
(2) **종류**: 오거식, 수세식, 충격식, 회전식
(3) **목적**
  ① 토질분포 및 토층구성 확인
  ② 토질시험용 시료채취(sampling)
  ③ 토질주상도 작성 기초자료
  ④ 지하수위 확인
  ⑤ 지반의 지내력 추정

04 흙막이 벽체의 계측관리 시 계측에 사용되는 기기를 3가지 기술하시오. [3점]

정답 ① 지중수평변위계(inclinometer)   ② 지중수직변위계(extensometer)
③ 지하수위계(water lever meter)

해설 **토목공사용 계측기기**
(1) **흙막이 벽체**
  ① inclino meter: 지중수평변위계(경사)
  ② extenso meter: 지중수직변위계(침하)
  ③ soil pressure meter: 토압 측정
  ④ water level meter: 지하수위 측정
  ⑤ piezo meter: 간극수압 측정
(2) **버팀대**
  ① strain gauge: 버팀대 변형률 측정
  ② load cell: strut 하중 측정
(3) **지상구조물**
  ① tilt meter: 구조물 기울기 측정
  ② crack gauge: 구조물 균열 측정
(4) **환경**
  ① sound level meter: 소음 측정
  ② vibro meter: 진동 측정

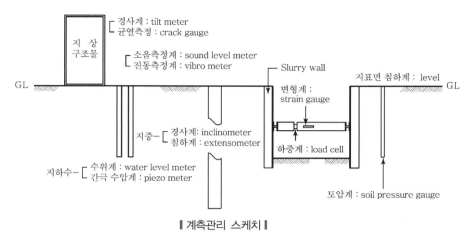

┃ 계측관리 스케치 ┃

05 토공사의 흙파기공법 중 아일랜드컷공법의 시공순서이다. ( ) 안에 들어갈 내용을 기술하시오. [3점]

흙막이 벽체 설치 → (①) → (②) → (③) → 주변부 흙파기 → 지하구조물 완성

정답 ① 중앙부 터파기   ② 중앙부 구조물 축조   ③ 버팀대 설치

해설 Island-cut공법과 Trench-cut공법

구 분	Island-cut method	Trech-cut method
굴착순서	중앙부 → 주변	주변 → 중앙
적용	얕고 넓은 터파기	깊고 넓은 터파기, heaving 예상 시
특징	① 지보공 및 가설재 절약 ② trench-cut보다 공기 단축	① 중앙부 공간활용 가능 ② 버팀대 길이의 절감으로 경제적 ③ 연약지반 적용 시 우수

06 기초공사의 언더피닝(under-pinning)공법을 적용하는 경우를 2가지 기술하시오. [3점]

정답 ① 기존 건축물 보강(신설기초 형성)   ② 경사진 건축물 복원

해설 언더피닝(under-pinning)공법

목 적	공법종류
① 기존 건축물 보강 ② 신설기초 형성 ③ 경사진 건축물 복원 ④ 인접 터파기 시 기존 건축물 침하 방지	① 덧기둥지지공법 ② 내압판방식 ③ 말뚝지지에 의한 내압판방식 ④ 2중널말뚝방식

07 다음 용어를 설명하시오. [4점]

(1) 이형철근
(2) 배력근

정답 **(1)** **이형철근**: 콘크리트와의 부착력을 향상시킬 목적으로 표면에 마디와 리브를 붙인 것
(2) **배력근**: 응력의 균등분포 및 주철근의 위치 확보, 콘크리트의 건조수축·온도변화 등에 의한 균열 발생을 방지하기 위해 주철근에 직각방향으로 설치하는 보조철근

해설 **이형철근**

이형철근(봉강)의 리브 또는 마디형상	이형철근단면
리브 마디 리브 마디	마디높이 측정위치 단면도 중앙부 1/4지점 1/4지점 리브 너비

08 다음 보기의 거푸집 종류 중에서 아래 설명에 맞는 번호를 고르시오. [4점]

보기
① 와플폼(waffle form) ② 트래블링폼(traveling form)
③ 데크플레이트(deck plate) ④ 슬라이딩폼(sliding form)

(1) 연속해서 콘크리트 타설이 가능하도록 기계적 장치를 이용하며 수평으로 이동이 가능한 시스템화된 대형 거푸집공법
(2) 바닥구조에서 사용하는 거푸집으로써 아연도금강판을 파형으로 절곡하여 거푸집 대용 또는 구조체 일부로 사용하는 무지주공법의 거푸집공법
(3) 의장효과와 층고 확보를 목적으로 2방향 장선바닥판구조가 가능하도록 된 특수 상자모양의 기성재 거푸집공법
(4) 일정한 평면을 가진 구조물에 적용되며, 연속하여 콘크리트를 타설하므로 joint가 발생하지 않는 수직활동 거푸집공법

정답 (1) ② 트래블링폼(traveling form) (2) ③ 데크플레이트(deck plate)
(3) ① 와플폼(waffle form) (4) ④ 슬라이딩폼(sliding form)

해설 거푸집의 종류

와플폼(waffle form)	트래블링폼(traveling form)
데크플레이트(deck plate)	슬라이딩폼(sliding form)

09 다음은 거푸집공사에서의 건축공사 표준시방서규정에 관한 내용으로 콘크리트 압축강도시험을 하지 않을 때의 거푸집널의 해체시기를 나타낸 표이다. 다음 빈칸에 알맞은 답을 쓰시오.   [4점]

시멘트 종류 / 평균기온	조강포틀랜드시멘트	보통포틀랜드시멘트 고로슬래그시멘트(1종)	고로슬래그시멘트(2종) 플라이애시시멘트(2종)
20℃ 이상	(1) ( )일	(2) ( )일	5일
20℃ 미만 10℃ 이상	(3) ( )일	(4) ( )일	8일

정답 (1) 2일   (2) 4일
(3) 3일   (4) 6일

해설 거푸집 존치기간
(1) 콘크리트 압축강도시험을 하지 않을 경우 거푸집널 해체시기

시멘트 종류 / 평균기온	조강포틀랜드시멘트	보통포틀랜드시멘트 고로슬래그시멘트(1종) 플라이애시시멘트(1종) 포틀랜드포졸란시멘트(A종)	고로슬래그시멘트(2종) 플라이애시시멘트(2종) 포틀랜드포졸란시멘트(B종)
20℃ 이상	2일	4일	5일
20℃ 미만 10℃ 이상	3일	6일	8일

(2) 콘크리트 압축강도시험을 할 경우 거푸집널 해체시기

부 재		콘크리트 압축강도(f_{ck})
기초, 보, 기둥, 벽 등의 측면		5MPa 이상
슬래브 및 보의 밑면, 아치 내면	단층구조	설계기준 압축강도의 2/3배 이상 또한 14MPa 이상
	다층구조	설계기준 압축강도 이상

10 다음 그림을 보고 알맞은 줄눈의 명칭을 기술하시오.   [4점]

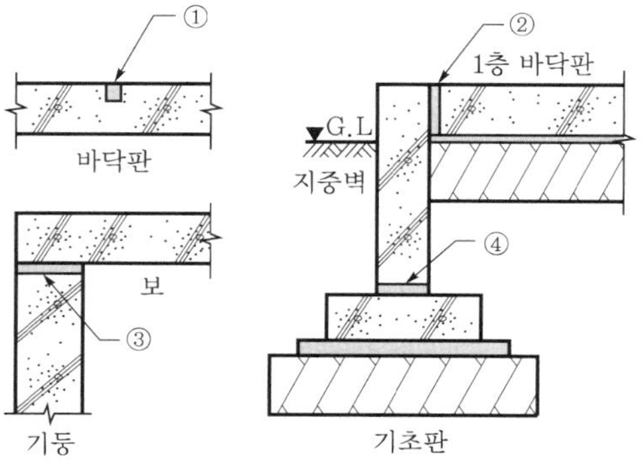

┃줄눈 시공 상세도┃

정답 ① 수축줄눈(control joint)   ② 신축줄눈(expansion joint)
③ 미끄럼줄눈(sliding joint)   ④ 시공줄눈(construction joint)

해설 **줄눈(이음)의 종류 및 정의**
(1) **수축줄눈(조절줄눈; control joint)**: 건조수축으로 인한 균열을 벽의 일정한 곳에서 일어나도록 유도
(2) **신축줄눈(expansion joint)**: 온도변화에 따른 수축·팽창, 부동침하 등에 의해 균열예상 부위에 설치
(3) **미끄럼줄눈(sliding joint)**: 슬래브, 보의 단순지지방식으로 직각방향에서 하중이 예상될 때 설치
(4) **시공줄눈(construction joint)**: 신구콘크리트를 타설할 경우 발생
(5) **슬립조인트(slip joint)**: 조적벽과 철근콘크리트 슬래브에 설치하여 상호 자유롭게 움직이게 한 조인트
(6) **딜레이조인트(delay joint)**: 장스팬 시공 시 수축대를 설치하여 초기 수축 발생 완료 후 타설하는 조인트

11 콘크리트 구조물의 화재 시 급격한 고열현상에 의하여 발생하는 고강도 콘크리트의 폭렬현상 (exclusive fracture)의 방지대책 2가지를 기술하시오.   [4점]

정답 ① 내화피복을 시공하여 열의 침입 차단
② 함수율이 낮고 내화성이 우수한 골재 사용

해설 고강도 콘크리트의 폭렬현상

구 분	설 명
정의	화재 발생 시 콘크리트 내부의 고열로 인해 내부 수증기압이 상승하여 콘크리트 조각이 비산되는 현상
원인	① 흡수율이 큰 골재 사용 ② 내화성이 약한 골재 사용 ③ 콘크리트 내부 함수율이 높을 경우 ④ 치밀한 콘크리트 조직으로 수증기 배출이 지연될 경우
방지대책	① 내부 수증기압 소산: 내열성이 낮은 유기질 섬유 혼입(비폭렬성 콘크리트) ② 급격한 온도 상승 방지: 내화피복, 내화도료 도포(단열탄화층 생성) ③ 함수율이 낮은 골재 사용(3.5% 이하) ④ 콘크리트 비산 방지: 표면에 메탈라스(metal lath) 혼입, CFT 및 ACT column ⑤ 콘크리트의 인장강도 개선: 섬유보강콘크리트 사용 ⑥ 콘크리트의 피복두께 증대

12 철골공사의 주각부(pedestal)는 고정주각, 핀주각, 매입형 주각으로 구분된다. 다음 그림에 맞는 주각부 명칭을 기술하시오. [6점]

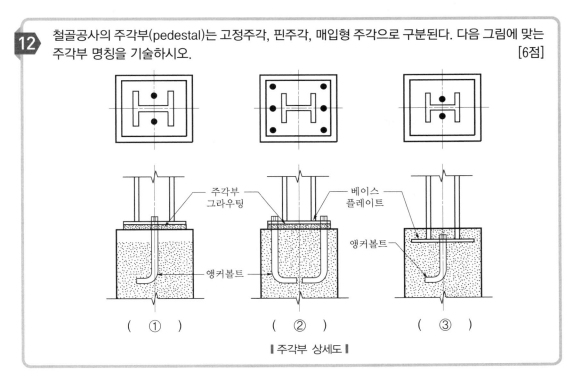

‖ 주각부 상세도 ‖

정답 ① 핀주각
② 고정주각
③ 매입형 주각(매립형 주각)

해설 **핀주각, 고정주각, 매입형 주각**

구 분	내 용
핀주각 (힌지주각)	① 이동구속, 회전이 허용되는 주각부 ② 축력 및 전단력의 반력 발생, 휨모멘트의 반력 없음
고정주각	① 이동, 회전이 구속되는 주각부 ② 축력, 전단력, 휨모멘트의 반력 발생
매입형 주각	① 저항모멘트≥작용모멘트×2배 ② 캔틸레버구조물기둥 고정형태 ③ 축력, 전단력, 휨모멘트의 반력 발생

13 다음에서 설명하는 용어를 기술하시오. [3점]

- 특수 강재못을 화약폭발로 발사하는 기구를 써서 콘크리트벽 또는 벽돌벽에 박는 못
- 머리가 달린 것을 H형, 나사로 된 것을 T형이라고 한다.

정답 드라이브 핀(drive pin)

14 목재에 사용 가능한 방부제 처리법 3가지를 기술하시오. [3점]

정답 ① 도포법 ② 주입법 ③ 침지법

해설 **목재의 방부 처리방법**

구 분	방 법
도포법	목재 건조 후 균열 및 이음부 등에 방부제를 도포하는 방법
주입법	① 상압주입법 : 방부제용액 중에 목재를 침지하여 방부제를 침투시키는 방법 ② 가압주입법 : 압력용기 속에 목재를 넣어 7~12기압의 고압하에서 방부제를 주입하는 방법
침지법	방부제용액 중에 목재를 일정 시간 이상 침지하는 방법
표면탄화법	목재의 3~10mm 정도의 표면을 탄화시키는 방법
생리주입법	벌목 전 나무뿌리에 약액을 주입하여 수간에 이행시키는 방법

15 다음 금속공사에 사용되는 철물의 용어를 설명하시오. [4점]

(1) metal lath
(2) puching metal

정답 (1) metal lath: 얇은 강판(#28)을 자름금(cutting line)을 내어 늘려 그물모양으로 만든 철물로, 미장공사의 바름벽바탕에 사용
(2) punching metal: 1.2mm 정도의 얇은 강판에 각종 모양을 도려낸 철물로 장식용, 라디에이터 등에 사용

해설 **금속공사에 사용되는 철물의 종류**
① 메탈라스: 얇은 철판에 자름금을 내어 당겨 늘린 철물
② 와이어메시: 연강철선을 직교시켜 전기용접한 철물
③ 와이어라스: 철선을 꼬아서 만든 철망
④ 코너비드: 벽 및 기둥의 모서리 부위에 대어 미장바름을 보호하는 철물
⑤ 줄눈대: 천장 및 벽 등에서 이음새를 감추기 위해 사용하는 철물

---

16 열가소성수지 및 열경화성수지의 종류를 각각 2가지씩 기술하시오. [4점]

정답 (1) **열가소성수지**: 폴리에틸렌수지, 아크릴수지
(2) **열경화성수지**: 페놀수지, 요소수지

해설

구 분	열가소성수지		열경화성수지	
정의	열을 가하여 성형한 뒤 다시 열을 가해도 연화되는 수지		열을 가하여 성형한 뒤 다시 열을 가해도 연화되지 않는 수지	
종류	① 폴리에틸렌수지	② 아크릴수지	① 페놀수지	② 요소수지
	③ 폴리스티렌수지	④ 염화비닐수지	③ 멜라민수지	④ 우레탄수지
	⑤ 초산비닐수지		⑤ 폴리에스테르수지	

---

17 흐트러진 상태의 흙 10m^3를 이용하여 10m^2의 면적에 다짐상태로 500mm 두께로 성토할 경우 시공 완료된 다음의 흐트러진 상태의 토량을 산출하시오. (단, 토량환산계수 $L=1.2$, $C=0.9$ 이다.) [3점]

정답 ① 다져진 상태의 토량: $10\text{m}^3 \times \dfrac{0.9}{1.2} = 7.5\text{m}^3$

② 다짐 후의 잔토량: $7.5\text{m}^3 - (10\text{m}^2 \times 0.5\text{m}) = 2.5\text{m}^3$

③ 흐트러진 상태의 토량: $2.5\text{m}^3 \times \dfrac{1.2}{0.9} = \mathbf{3.33\text{m}^3}$

해설 **토량환산계수**

(1) L값, C값 산정식

구 분	산정식	적 용
L값	$L = \dfrac{\text{흐트러진 상태의 토량}(m^3)}{\text{자연상태의 토량}(m^3)}$	잔토 처리(배토) 시 적용
C값	$C = \dfrac{\text{다져진 상태의 토량}(m^3)}{\text{자연상태의 토량}(m^3)}$	다짐 시 적용

(2) 토량환산계수표

기준량 \ 구하는 양	자연상태의 토량(1)	흐트러진 상태의 토양(L)	다져진 후 토량(C)
자연상태의 토량(1)	1	L	C
흐트러진 상태의 토량(L)	$1/L$	1	C/L
다져진 후의 토량(C)	$1/C$	L/C	1

(3) 토량환산계수 적용

적용방식	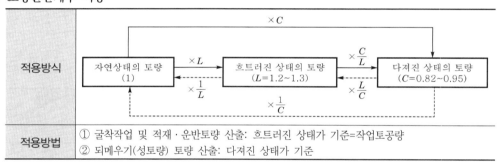
적용방법	① 굴착작업 및 적재 · 운반토량 산출: 흐트러진 상태가 기준=작업토공량 ② 되메우기(성토량) 토량 산출: 다져진 상태가 기준

---

18 벽면적 100m²의 표준형 벽돌 1.5B 쌓기 시 점토벽돌의 소요량을 산출하시오. [4점]

정답 소요량=벽면적(m²)×단위면적 벽돌 정미량(매/m²)×할증=100m²×224매/m²×1.03=**23,072매**

해설 **조적공사 적산(벽돌량 산출)**

① 단위면적당 벽돌 정미량 및 쌓기 모르타르량(표준형 벽돌의 경우에 한함)

구 분	0.5B	1.0B	1.5B	2.0B	2.5B
벽돌 정미량(매/m²)	75	149	224	298	373
쌓기 모르타르량(m³/1,000매)	0.25	0.33	0.35	0.36	0.37

② 할증률 적용: 표준형 시멘트벽돌 5%, 내화 · 점토벽돌 3%

③ 적산식: 전체 면적×벽돌쌓기 기준량×할증=벽돌소요량(매)

✓ **참고**

모르타르소요량 산출: 23,072매×0.35m³/1,000매=8.0752 ≒ **8.08m³**

19 바닥의 미장면적이 1,000m²일 때 작업인원을 1일 10인 투입 시 작업소요일을 산정하시오. (단, 다음과 같은 표준품셈을 기준으로 하여 계산과정을 표현하시오.) [3점]

구 분	단 위	수량(m²)
미장공	인	0.05

정답 작업소요일＝미장면적(m²)×품셈(인/m²)÷투입인력(인/일)＝1,000m²×0.05인/m²÷10인/일＝**5일**

해설 미장바름 작업소요일 산출

총소요인원 산출
시공면적(m²)×품셈(인/m²)

→

작업소요일 산출
총소요인원(인)÷투입인력(인/일)

✓ **참고**

표준품셈의 단위를 반드시 기억할 것!
품셈은 단위면적당 소요되는 재료, 인원 등의 수량의 기준이 되는 표

20 다음 데이터를 네트워크공정표로 작성하고, 각 작업의 여유시간을 구하시오. [10점]

작업명	작업일수	선행작업	비 고
A	5	없음	
B	8	A	
C	4	A	
D	6	A	(1) 결합점에서는 다음과 같이 표현한다.
E	7	B	
F	8	B, C, D	
G	4	D	
H	6	E	
I	4	E, F	(2) 주공정선은 굵은 선으로 표시한다.
J	8	E, F, G	
K	4	H, I, J	

| 정답 | 네트워크공정표 | 여유시간 |

네트워크공정표 그림 (생략)

작업명	TF	FF	DF	CP
A	0	0	0	※
B	0	0	0	※
C	4	4	0	
D	2	0	2	
E	1	0	1	
F	0	0	0	※
G	6	6	0	
H	3	3	0	
I	4	4	0	
J	0	0	0	※
K	0	0	0	※

해설 CPM 네트워크공정표의 여유시간 계상

TF(Total Float; 총여유)	FF(Free Float; 자유여유)	DF(Dependent Float; 종속여유)
① [그 작업 LFT]−[그 작업 EFT] ② [그 작업 LST]−[그 작업 LFT]	① [후속작업 EST]−[그 작업 EFT] ② [후속작업 EST]−[EST+소요일수]	DF=TF−FF

21 콘크리트 블록의 압축강도를 8N/mm² 이상으로 규정할 경우 390×190×190mm 표준형 블록의 압축강도를 시험한 결과 600,000N, 500,000N, 550,000N에서 파괴되었을 때 합격 및 불합격을 판정하시오. [4점]

정답 ① $F_1 = \dfrac{P_1}{A} = \dfrac{600,000\text{N}}{390\text{mm} \times 190\text{mm}} = 8.097\text{N/mm}^2$

② $F_2 = \dfrac{P_2}{A} = \dfrac{500,000\text{N}}{390\text{mm} \times 190\text{mm}} = 6.748\text{N/mm}^2$

③ $F_3 = \dfrac{P_3}{A} = \dfrac{550,000\text{N}}{390\text{mm} \times 190\text{mm}} = 7.422\text{N/mm}^2$

④ $F = \dfrac{P}{3} = \dfrac{8.097+6.748+7.422}{3} = 7.422\text{N/mm}^2 < 8.0\text{N/mm}^2$이므로 **불합격**

22 다음 그림과 같은 캔틸레버보의 A점으로부터 우측으로 4m 위치인 K점의 전단력과 휨모멘트를 구하시오. [3점]

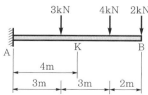

정답 ① $V_K = -[(-4\text{kN})+(-2\text{kN})] = \mathbf{6kN}$

② $M_K = -[(+4\text{kN})\times 2\text{m}+(+2\text{kN})\times 4\text{m}]$

$\qquad = \mathbf{-16kN\cdot m}$

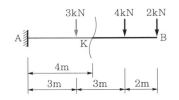

해설 **캔틸레버보의 전단력과 휨모멘트**

전단력	휨모멘트
① 고정단에서 최대 ② 계산: 좌측 → 우측 ③ 부호: 좌측 고정단은 (+), 우측 고정단은 (−)	① 고정단에서 최대 ② 계산: 자유단 → 고정단 ③ 전단력의 면적=휨모멘트 ④ 부호: 시계방향은 (+), 반시계방향은 (−)

 Key Point

① 특정 위치에서 수직절단 후 부재력을 계산한다.

② 캔틸레버보의 경우 지점반력은 계산하지 않는다.

---

23 다음 그림과 같은 구조물에서 AB부재에 발생하는 부재력을 구하시오. [3점]

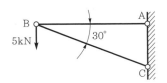

정답 ① $\sum V=0$일 때 $(-5\text{kN})-F_{BC}\times\sin 30° = 0$

$\qquad \therefore$ BC부재력$(F_{BC}) = -10\text{kN}$(압축)

② $\sum H=0$일 때 $F_{AB}+F_{BC}\times\cos 30°=0$

$\qquad \therefore$ AB부재력$(F_{AB}) = \mathbf{+8.66kN(인장)}$

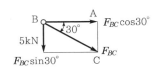

해설 **트러스의 해석방법**

절점법(격점법)	단면법(절단법)

① 절점을 중심으로 평형조건식 적용($\sum V=0$, $\sum H=0$)
② 간단한 트러스에 적용
③ 부호
  ㉠ 절점으로 들어가는 부재력: 압축(−)
  ㉡ 절점으로 나오는 부재력: 인장(+)
	① 전단력법: 수직재, 사재($\sum V=0$)
	② 모멘트법: 상현재, 하현재($\sum M=0$)
	③ 미지의 부재력 산정 시 적용

Key Point

간단한 트러스의 부재력을 산출하는 것이므로 절점법을 적용한다.

24 다음 그림과 같은 철근콘크리트 기초판의 2방향 전단(punching shear)에 저항하기 위한 위험단면의 둘레길이(mm)를 구하시오. (단, 위험단면의 위치는 기둥면에서 $0.75d$ 위치를 적용한다.) [3점]

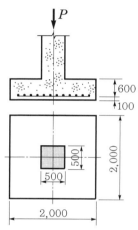

정답 위험단면의 둘레길이 $=(0.75d+500+0.75d)\times4$변
$\qquad =[(0.75\times600\text{mm})+(500\text{mm})+(0.75\times600\text{mm})]\times4$변
$\qquad =\textbf{5,600mm}$

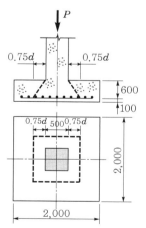

해설 **기초판의 전단에 의한 위험단면**
(1) **1방향 슬래브·기초판**: 기둥 전면에서 d만큼 떨어진 지점
(2) **2방향 슬래브·기초판**: 기둥 전면에서 $d/2(0.5d)$만큼 떨어진 지점

단, 이 문제에서는 위험단면의 위치를 $0.75d$로 지정하였으므로 $0.75d$를 적용한다.

25 다음 압연 H형강의 플랜지판폭의 두께비를 구하시오. [4점]

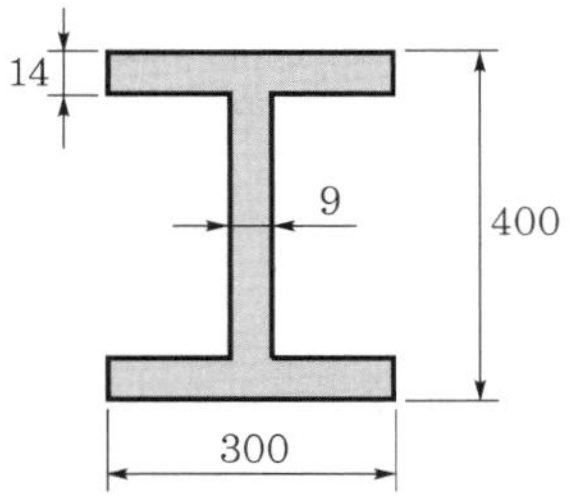

∎ H-400×300×9×14 ∎

정답 플랜지판폭의 두께비$(\lambda) = \dfrac{b}{t} = \dfrac{300/2}{14} = 10.71$

해설

압연 H형강의 플랜지	압연 H형강의 웨브
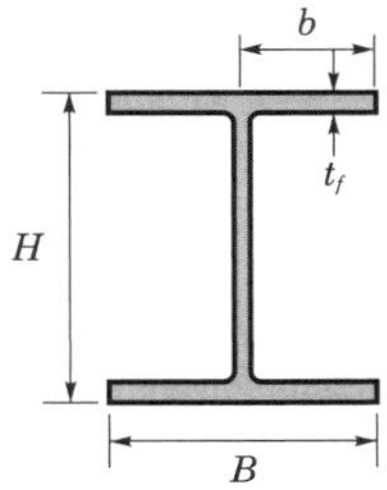 $\lambda = \dfrac{b}{t_f}$	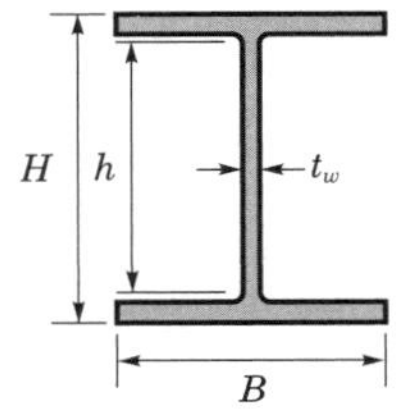 $\lambda = \dfrac{h}{t_w}$ 여기서, $h = H - 2t_f - 2r$

26 다음 그림과 같이 그루브용접(groove welding)을 용접기호를 사용하여 도시하시오. [4점]

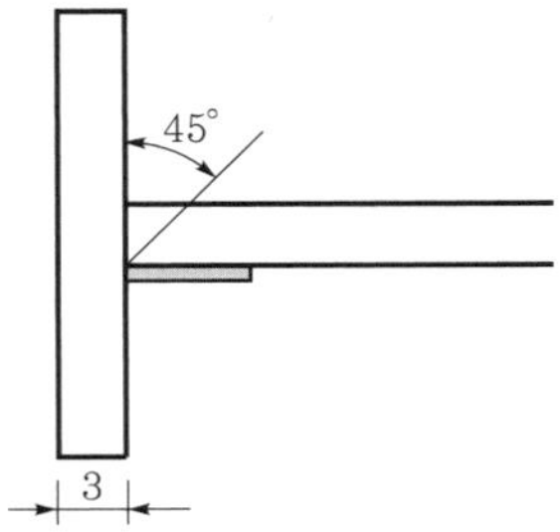

정답

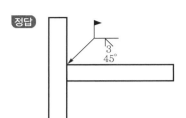

해설 **용접이음의 도시법**

용접위치	표기방법	비 고
화살표 또는 앞쪽	S 용접기호 $L(n)-P$ $\dfrac{R}{\dfrac{A}{G}}$ T 꼬리 기선 지시선	• S : 용접사이즈 • R : 루트간격 • A : 개선각 • L : 용접길이 • T : 꼬리(특기사항 기록) • $-$: 표면모양 • G : 용접부 처리방법 • P : 용접간격 • ▶ : 현장용접 • ○ : 온둘레(일주)용접
화살표 반대쪽 또는 뒤쪽	$\dfrac{G}{A}$ R S 용접기호 $L(n)-P$ T 기선 지시선	

01 다음의 입찰방식을 간략히 기술하시오. [6점]

(1) 공개경쟁입찰방식
(2) 지명경쟁입찰방식
(3) 특명입찰방식

정답 **(1) 공개경쟁입찰방식**: 일정한 자격이 있는 입찰참가자를 공모하여 모두 참여시키는 입찰방식
(2) 지명경쟁입찰방식: 가장 적격한 3~7곳의 시공자를 선정하여 입찰하는 방식
(3) 특명입찰방식: 건축주가 시공회사의 신용, 자산, 공사경력, 보유기재, 자재, 기술 등을 고려하여 그 공사에 가장 적합한 회사 한 곳을 지명하여 입찰시키는 방식

해설 **입찰방식**

구 분	특 성
공개경쟁입찰방식	① 장점: 균등하게 기회 부여, 담합 감소, 공사비 절감 ② 단점: 부적격자 낙찰 우려, 과당경쟁, 덤핑입찰 가능
지명경쟁입찰방식	① 장점: 양질의 공사 가능, 시공능력·기술·신용도 우수, 부적격자 배제 ② 단점: 입찰자 한정으로 담합 우려, 균등한 기회 제공 불가
특명입찰방식	① 장점: 양질의 시공 기대, 업체 선정 간단, 입찰수속 간단, 긴급공사 유리 ② 단점: 공사금액 불명확, 공사비 증대, 부적격자 선정 우려

02 다음에서 설명하는 계약방식의 용어를 쓰시오. [3점]

> 건축주와 시공자가 공사실비를 확인·정산하고 정해진 보수율에 따라 시공자에게 지급하는 방식

정답 실비정산 보수가산도급(실비정산 비율보수가산방식)

해설 **실비정산 보수가산식 도급(cost plus fee contract)**

구 분	도급방식
실비정산 비율보수 가산방식	① 총공사비=[실비]+[실비×비율] ② 실비에 계약된 비율을 곱한 금액을 보수로 지불하는 방식
실비정산 준동률보수 가산방식	① 총공사비=[실비]+[실비×변동비율] 또는 총공사비=[실비]+[보수−(실비×변동비율)] ② 실비가 증가함에 따라 비율보수, 정액보수를 체감하는 방식
실비 정액보수 가산방식	① 총공사비=[실비]+[보수] ② 실비와 관계없이 미리 정한 보수만을 지불하는 방식
실비 한정비율보수 가산방식	① 총공사비=[한정실비]+[한정실비×비율] ② 한정실비에 계약된 비율을 곱한 금액을 보수로 지불하는 방식

03 다음에서 설명하는 시공기계를 쓰시오. [4점]

> ① 사질지반의 굴착이나 지하연속벽, 케이슨기초 등의 좁고 깊은 수직 굴착 및 토사 채취에도 사용되며, 최대 18m 정도 깊이까지 굴착이 가능하다.
> ② 지반보다 높은 곳, 장비의 위치보다 높은 곳의 굴착에 적합한 토공장비이다

정답 ① 클램셸(clamshell)
② 파워셔블(power shovel)

해설 **토공사용 건설기계**

셔블(shovel)계 굴착기		정지용 장비	
파워셔블 (power shovel)	① 지면보다 높은 곳과 수직 굴착 용이 ② 굴삭높이: 1.5~3.0m ③ 선회각: 90°	불도저 (bulldozer)	① 운반거리: 60m(최대 110m) ② 배토작업용
드래그라인 (drag line)	① 지면보다 낮은 곳의 굴착 용이 ② 굴삭깊이: 8m ③ 선회각: 110°	모터 그레이더 (moter grader)	① 땅고르기, 정지작업 전용 기계 ② 비탈면고르기, 도로정리 등
백호 (back hoe)	① 지면보다 낮은 곳의 굴착 용이 ② 굴삭깊이: 5~8m	스크레이퍼 (scraper)	① 굴착, 정지, 운반용 ② 대량의 토사 고속 원거리 운송 ③ 운반거리: 500~2,000m
클램셸 (clamshell)	① 사질지반, 좁은 곳의 수직 굴착 용이 ② 굴삭깊이: 최대 18m		

04 예민비(sensitivity ratio)의 식을 쓰고 간단히 설명하시오. [4점]

정답 ① 예민비 = $\dfrac{\text{자연시료의 강도}}{\text{이긴 시료의 강도}}$

② 점토의 경우 함수율의 변화 없이 자연상태의 시료를 이기면 약해지는 성질 정도를 표시한 것으로, 이긴 시료의 강도에 대한 자연시료의 강도비이다.

해설 예민비

구 분	예민비	특 성
점토지반	① $S_t > 1$ ② $S_t > 2$: 비예민성, $S_t = 2 \sim 4$: 보통, 　　$S_t = 4 \sim 8$: 예민, $S_t > 8$: 초예민	① 점토를 이기면 자연상태의 강도보다 감소 ② 점토지반은 진동다짐보다 전압식 다짐공법 적용
모래지반	① $S_t < 1$ ② 비예민성	① 모래를 이기면 자연상태의 강도보다 증가 ② 사질지반은 진동식 다짐공법 적용

Keyword

예민비: 함수율, 자연시료, 이긴 시료, 강도비

---

05 대형 system 거푸집공법 중 터널폼(tunnel form)에 대하여 설명하시오. [4점]

정답 벽체와 슬래브의 콘크리트 타설 시 일체화하기 위한 목적으로 벽체와 바닥거푸집을 장선·멍에·동바리 등과 일체화하여 제작한 시스템거푸집을 말한다.

해설 터널폼(tunnel form)

적용대상	종류별 특성
① 동일 크기의 공간이 계속되는 구조 ② 보가 없는 벽식구조 ③ 토목공사의 암거 등의 지하매설물	① mono-shell 　㉠ Ⅱ자형 부재 1개로 제작 　㉡ 동일한 스팬(span)의 구조체에 적용 ② twin-shell 　㉠ Γ자형의 부재 2개로 제작 　㉡ 스팬간격이 큰 경우 적용

---

06 철근콘크리트 구조물의 철근조립순서를 보기에서 골라 쓰시오. [3점]

보기　　① 바닥철근　　② 기둥철근　　③ 기초철근　　④ 벽철근　　⑤ 보철근

정답 ③ 기초철근 → ② 기둥철근 → ④ 벽철근 → ⑤ 보철근 → ① 바닥철근

해설 **철근조립순서**
(1) **철근콘크리트 구조**: 거푸집의 조립순서에 맞추어 시공(기초 → 기둥 → 벽 → 보 → 바닥 → 계단)
(2) **기초철근조립순서**: 거푸집 위치 먹매김 → 철근간격 표시 → 직교철근 배근 → 대각선 철근 배근 → 스페이서 설치 → 기둥주근 배근 → 띠철근(hoop) 배근
(3) **철골철근콘크리트 구조**: 기초철근 → 기둥철근 → 벽철근 → 보철근 → 바닥철근 → 계단철근

Key Point

암기방법: 기 → 기 → 벽 → 보 → 슬 → 계

---

07 다음 용어를 간략히 설명하시오. [6점]

(1) 콜드조인트(cold joint)
(2) 조절줄눈(control joint)
(3) 신축줄눈(expansion joint)

정답 (1) **콜드조인트(cold joint)**: 콘크리트 타설작업 중 응결·경화하기 시작한 콘크리트에 새로운 콘크리트를 이어치기할 때 일체화가 저해되어 생기는 줄눈으로 불연속적인 접합면
(2) **조절줄눈(control joint)**: 건조수축 등의 표면균열의 방지를 위해 길이방향으로 단면 결손 부위를 두어 균열을 유발시켜 다른 부분에서의 균열을 방지하기 위한 줄눈
(3) **신축줄눈(expansion joint)**: 온도변화에 따른 팽창·수축 또는 부동침하·진동 등에 의해 균열이 예상되는 위치 중 한 곳에 집중시키도록 설계 및 시공 시 고려된 줄눈

해설 **그 외 줄눈(이음)의 종류 및 정의**
(1) **시공줄눈(construction joint)**: 신구콘크리트를 타설할 경우 발생
(2) **미끄럼줄눈(sliding joint)**: 슬래브, 보의 단순지지방식으로 직각방향에서 하중이 예상될 때 설치
(3) **slip joint**: 조적벽과 철근콘크리트 슬래브에 설치하여 상호 자유롭게 움직이게 한 조인트
(4) **delay joint**: 장스팬 시공 시 수축대를 설치하여 초기 수축이 발생한 후 타설하는 조인트

---

08 콘크리트의 슬럼프 손실(slump loss)의 원인을 2가지 기술하시오. [4점]

정답 ① 레미콘 운반시간 과다소요
② 고온의 콘크리트에 의한 수화반응 촉진

해설 (1) 슬럼프 손실(slump loss)
　　① 타설 전 콘크리트의 슬럼프가 시멘트의 응결이나 시간경과에 따라 수분의 증발로 인하여
　　　 슬럼프가 저하되는 현상
　　② 콘크리트 온도 10℃ 상승 시 슬럼프 10~20mm 저하
　(2) 원인 및 대책

원 인	대 책
① 과다한 비빔시간 ② 장거리 운반 시 콘크리트 응결 발생 ③ 콘크리트 온도 상승 ④ 타설 시 수직, 수평압송거리 과다 ⑤ 단위시멘트량, 잔골재율 과다	① 레미콘 온도관리 철저(골재냉각, 낮은 온도의 혼합수 사용, 저열시멘트 사용) ② 압송관의 시멘트페이스트 유출 방지 ③ AE감수제(지연형) 등의 혼화재 사용 ④ 단위시멘트량을 저감한 빈배합(poor mix) ⑤ 슬럼프 저하 시 유동화제 사용

09 매스콘크리트의 온도균열을 방지할 수 있는 대책을 다음 보기에서 고르시오. [3점]

보기
　① 물시멘트비 증가　　② 중용열포틀랜드시멘트 사용
　③ 단위시멘트량 감소　④ 응결경화촉진제 사용
　⑤ 프리쿨링(pre-cooling) 양생　⑥ 잔골재율 증가

정답 ②, ③, ⑤

해설 매스콘크리트의 온도균열
　(1) 매스콘크리트의 온도균열
　　① 온도구배: 단면이 큰 매스콘크리트 또는 한중콘크리트 타설 시 콘크리트 부재의 내·외부
　　　 온도차
　　② 온도균열: 수화열에 의한 내·외부 온도차(온도구배)가 큰 경우 내부의 온도 상승에 따른
　　　 표면균열, 온도 하강 시 하부 구속에 의한 **내부의 인장균열**
　　③ 표면균열: 균열폭 0.2mm 이하의 방향성이 없는 미세균열
　　④ 내부 인장균열: 하부 구속에 의해 인장응력의 발생으로 균열폭 1.0~2.0mm의 관통균열 발생
　(2) 원인 및 대책

원 인	대 책
① 시멘트페이스트의 수화열이 큰 경우 ② 단위시멘트량이 많을 경우 ③ 콘크리트 단면이 클 경우 ④ 콘크리트 타설온도가 높을 경우	① 재료의 프리쿨링(pre-cooling)온도제어 양생 ② 혼화재 사용으로 응결·경화지연 ③ 저발열시멘트 사용(혼합시멘트 사용) ④ 단위시멘트량을 감소시킴

10 특수 콘크리트 종류 중 섬유보강콘크리트에 사용되는 보강재(섬유)의 종류를 3가지 쓰시오. [3점]

정답 ① 강섬유   ② 유리섬유   ③ 탄소섬유

해설 **섬유보강콘크리트**

(1) **정의**: 콘크리트의 인장강도와 균열에 대한 저항성 및 인성 등을 개선할 목적으로 각종 섬유를 콘크리트 속에 균일하게 분산시킨 것

(2) **섬유질재료의 종류**

　① 무기계 섬유: 강섬유(steel fiber), 유리섬유(glass fiber), 탄소섬유(carbon fiber)

　② 유기계 섬유: 아라미드섬유, 폴리프로필렌섬유, 비닐론섬유, 나일론

11 철골구조의 내화피복공법 중 습식 내화피복공법을 설명하고, 그 종류 2가지와 사용되는 재료를 기술하시오.　　　　　　　　　　　　　　　　　　　　　　　　　　　　　[4점]

정답 (1) **습식 내화피복공법**: 콘크리트나 모르타르와 같이 물을 혼합한 재료를 타설하거나 미장 등의 공법으로 부착하는 내화피복공법

(2) **공법종류와 사용재료**

　① 타설공법: 보통콘크리트 및 경량콘크리트

　② 뿜칠공법: 암면 및 모르타르, 플라스터

해설 **내화피복공법의 분류**

구 분	공법종류	재 료
습식 내화피복	타설공법	보통콘크리트, 경량콘크리트
	뿜칠공법	암면, 모르타르, 플라스터, 실리카 등
	조적공법	속 빈 콘크리트 블록, 경량콘크리트 블록(ALC)
	미장공법	시멘트모르타르, 철망 펄라이트 모르타르
건식 내화피복	성형판붙임공법 세라믹울피복공법	무기섬유 혼합 규산칼슘판, ALC판, 석면시멘트판, 경량콘크리트 패널, 프리캐스트콘크리트판
합성 내화피복	이종재료 적층·접합공법	프리캐스트콘크리트판, ALC판
도장 내화피복	내화도료공법	팽창성 내화도료

12 목재의 건조방법 중 인공건조법의 종류를 3가지 쓰시오.　　　　　　　　　[3점]

정답 ① 증기법   ② 열기법   ③ 진공법(고주파법)

해설 **목재의 인공건조법**

종 류	내 용
증기법(대류법)	목재를 건조실 내에서 증기로 가열하여 건조시키는 방법(가장 많이 사용)
열기법	건조실 내의 공기를 가열하여 건조시키는 방법
훈연법	짚이나 톱밥 등을 태운 연기를 건조실 내에 도입하여 건조시키는 방법
진공법(고주파법)	원통형 탱크 속에 목재를 넣고 밀폐하여 고온·저압상태에서 건조시키는 방법

13 조적조 블록벽체의 수분침투원인을 4가지 기술하시오.   [4점]

정답 ① 벽돌재료의 강도 부족 및 흡수율 과다
② 줄눈의 사춤 불량
③ 이질재 접합부 줄눈의 사춤 불량
④ 양생기간 중 진동·충격에 의한 균열 발생

해설 **조적조 블록벽체의 수분침투원인 및 대책**

원 인	방지대책
① 벽돌재료의 강도 부족 및 흡수율 과다	① 조적벽체 표면에 발수제 도포
② 줄눈의 사춤 불량	② 줄눈 모르타르에 방수제 첨가
③ 이질재 접합부 줄눈의 사춤 불량	③ 줄눈의 밀실한 사춤
④ 양생기간 중 진동·충격에 의한 균열 발생	④ 양생기간 동안 진동, 충격 방지
⑤ 물끊기홈 및 비막이 등의 미설치	⑤ 테두리보 및 인방보를 설치하여 상부 하중 균등분배

 Key Point

조적조 블록벽체의 균열 발생에 대한 원인을 파악한다.

14 다음 설명에서 (   ) 안에 들어갈 숫자를 쓰시오.   [4점]

> 보강콘크리트 블록구조에서 세로철근은 기초보 하단에 위층까지 잇지 않고 (①)D 이상 정착시
> 키고, 피복두께는 (②)mm 이상 확보한다.

정답 ① 40   ② 20

해설 **보강콘크리트 블록구조**
(1) 정의
① 콘크리트 블록 속에 철근을 배근하고 콘크리트를 부어 수직·수평하중에 대응할 수 있도록
하는 조적식 구조법
② 조적조의 수평하중에 취약한 단점을 철근으로 보완하는 내력구조

(2) 시공 시 유의사항

① 세로근: 이음을 하지 않고 기초보 하단에서 테두리보 상단까지 **40D 이상 정착**

② 철근굵기: D10 이상으로 하고, 내력벽 끝부분이나 모서리는 D13 이상

③ 가로근, 세로근의 간격: 80cm 이내

④ 가로근의 이음은 25D 이상, 정착길이는 40D 이상

⑤ #8~#10 철선을 용접하여(와이어메시) 블록 2~3단마다 배치

⑥ 세로근과 세로줄눈 부분의 사춤 모르타르는 윗면에서 5cm 밑에 두어 사춤

⑦ **철근의 피복두께: 20mm 이상**으로 하고, 가는 철근을 사용

---

15 석공사 중 탈락되거나 깨진 석재를 붙일 수 있는 접착제를 한 가지 쓰시오. [3점]

정답 에폭시수지 접착제

해설 (1) **에폭시수지**(epoxide resin)**의 특성**

① 접착성능 우수(금속, 플라스틱, 콘크리트 등의 동종 및 이종 간 접착에 적합)

② 인장강도, 구부림강도, 압축강도 등 기계적 강도 우수

③ 전기전열성, 내수성, 내유성, 내용제성, 내약품성 양호

(2) **접착력의 크기순서**: 에폭시>요소>멜라민>페놀

(3) **내수성의 크기순서**: 실리콘>에폭시>페놀>멜라민>요소

---

16 다음에서 설명하는 용어를 쓰시오. [3점]

> 특수 화학제를 첨가한 레디믹스트 모르타르(ready mixed mortar)에 대리석분말이나 세라믹분말제를 혼합한 재료를 물과 혼합하여 1~3mm 두께로 바르는 미장공법

정답 수지미장공법(수지플라스터바름공법)

해설 **수지미장**

특 징	적용 부위	
① 바탕면 전면 시공 → 평활성 우수	① 벽지 및 도장바탕면	
② 미장바름의 균열 발생률이 현저히 감소	② 계단실 벽체 미장 대체용	
③ 바탕면과 부착성 양호	③ ALC 내·외부 미장	
④ 도배공사 시 초배지 시공 불필요		

17 다음에서 설명하는 용어를 쓰시오. [2점]

> 수장공사 시 바닥에서 1.0~1.5m 정도의 높이까지 널을 댄 것

정답 징두리벽

18 다음 그림과 같은 줄기초를 터파기를 할 때 트럭(6톤)의 필요대수를 산출하시오. (단, 흙의 단위 중량: 1,600kg/m³이며, 흙의 할증: 25%를 고려한다.) [4점]

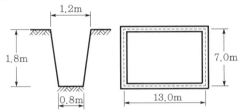

정답 ① 토량(V) = $\left[\dfrac{1.2+0.8}{2} \times 1.8\right] \times [(13+7) \times 2] = 72\text{m}^3$

② 운반대수(n) = $\dfrac{72\text{m}^3 \times 1.6\text{t/m}^3 \times 1.25}{6\text{t/대}}$ = **24대**

해설 **줄기초 터파기량**
① 산정식: 줄기초 터파기량(V) = 단면적 × 유효길이
② 유효길이: 외측은 중심 간 길이, 내측은 안목유효길이로 계산
③ 트럭 운반대수 산정: 줄기초 터파기량 × 흙의 부피 증가율
 ※ 반드시 흙의 부피 증가율(ΔV)을 고려할 것!!

19 다음 데이터를 네트워크공정표로 작성하시오. [8점]

작업명	작업일수	선행작업	비 고
A	2	없음	(1) 결합점에서는 다음과 같이 표현한다.
B	3	없음	
C	5	A	작업명
D	5	A, B	(i) ─소요일수→ (j)
E	2	A, B	EST│LST △LFT△EFT
F	3	C, D, E	(2) 주공정선은 굵은 선으로 표시한다.
G	5	E	

정답

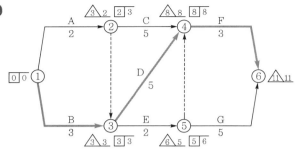

해설 CPM 네트워크공정표의 여유시간 계상

작업명	작업일수	EST	EFT	LST	LFT	TF	FF	DF	CP
A	2	0	2	1	3	1	0	1	
B	3	0	3	0	3	0	0	0	※
C	5	2	7	3	8	1	1	0	
D	5	3	8	3	8	0	0	0	※
E	2	3	5	4	6	1	0	1	
F	3	8	11	8	11	0	0	0	※
G	5	5	10	6	11	1	1	0	

20 철근의 인장강도가 240MPa 이상으로 규정되어 있다고 할 때 현장에 반입된 철근(중앙바지름 14mm, 표점거리 50mm)의 인장강도의 시험파괴하중이 각각 37.20kN, 40.57kN, 38.15kN으로 계측되었을 때 평균인장강도를 산출하고, 합격 여부를 판정하시오. [5점]

정답 ① 평균인장강도(f_t) = $\dfrac{\dfrac{P_1 + P_2 + P_3}{A}}{3}$

$$= \dfrac{\dfrac{(37.2 + 40.57 + 38.15) \times 10^3}{\dfrac{\pi \times 14^2}{4}}}{3} = 0.25101\text{kN/mm}^2 = \textbf{251.01MPa}$$

② 평균인장강도가 251.01MPa ≥ 240MPa이므로 **합격**

해설 **철근의 재료시험**
① 철근의 대표적 시험: 인장강도시험, 휨강도시험
② 인장강도시험(f_t) = $\dfrac{최대 \; 하중(P)}{시험체의 \; 단면적(A)}$
③ 철근의 품질시험문제 중 출제비중의 대부분을 차지하는 것이 인장강도시험이다.

21 다음 그림과 같은 부재의 단면 2차 모멘트의 비 $\dfrac{I_x}{I_y}$ 를 구하시오. [4점]

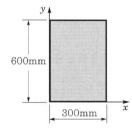

정답 $\dfrac{I_x}{I_y} = \dfrac{I_X + A y_0^2}{I_Y + A x_0^2} = \dfrac{\left(\dfrac{300 \times 600^3}{12}\right) + \left[300 \times 600 \times \left(\dfrac{600}{2}\right)^2\right]}{\left(\dfrac{600 \times 300^3}{12}\right) + \left[600 \times 300 \times \left(\dfrac{300}{2}\right)^2\right]} = 4$

해설 **단면 2차 모멘트의 평행축정리**(I_x)＝단면 2차 모멘트＋면적×거리^2

장방형의 단면	각 축에 대한 단면 2차 모멘트
  h $X \bullet G X$ $y_0 = \dfrac{h}{2}$ x —— x b	① x축에 대한 단면 2차 모멘트 $\quad I_x = I_X + A y_0^2 = \dfrac{bh^3}{12} + bh\left(\dfrac{h}{2}\right)^2 = \dfrac{bh^3}{3}$ ② y축에 대한 단면 2차 모멘트 $\quad I_y = I_Y + A x_0^2 = \dfrac{hb^3}{12} + bh\left(\dfrac{b}{2}\right)^2 = \dfrac{hb^3}{3}$

22 다음 그림과 같은 하중을 받는 독립기초에 발생되는 최대 압축응력(MPa)을 구하시오. [3점]

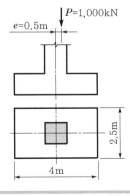

정답 $\sigma_{\max} = -\dfrac{P}{A} - \dfrac{Pe_x}{I_y}x = -\dfrac{P}{A} - \dfrac{M}{Z} = -\dfrac{1{,}000 \times 10^3}{2{,}500 \times 4{,}000} - \dfrac{(1{,}000 \times 10^3) \times 500}{\dfrac{2{,}500 \times 4{,}000^2}{6}}$

$$= -0.175\text{N/mm}^2 = \mathbf{0.175\text{MPa}(압축)}$$

해설 1축 편심하중이 작용하는 경우

(1) 축방향의 편심하중작용 : **응력＝축응력±휨응력**

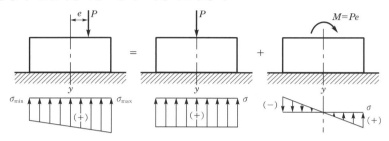

(2) 편심하중 산정식

1축 편심축하중작용		응력 산정식
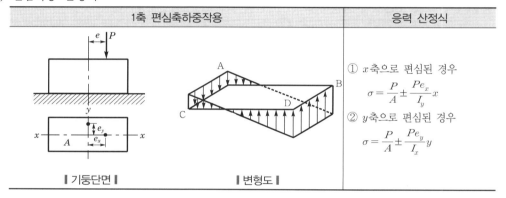		① x축으로 편심된 경우 $\sigma = \dfrac{P}{A} \pm \dfrac{Pe_x}{I_y}x$ ② y축으로 편심된 경우 $\sigma = \dfrac{P}{A} \pm \dfrac{Pe_y}{I_x}y$
∥기둥단면∥	∥변형도∥	

23 다음 그림과 같이 재질과 단면적, 길이가 동일한 4개의 장주에 대하여 유효좌굴길이가 가장 큰 기둥을 순서대로 나열하시오. [3점]

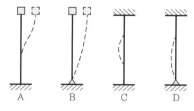

정답 B → A → D → C

해설 장주의 좌굴현상

구 분	이동자유			이동구속		
지지 조건	2L	2L	L	L	0.7L	0.5L
K	2	2	1	1	0.7	0.5
n	1/4(1)	1/4(1)	1(4)	1(4)	2(8)	4(16)
기호	• 〷⊤ : 회전구속, 이동구속 • ⊽ : 회전자유, 이동구속					
	• □ : 회전구속, 이동자유 • ♀ : 회전자유, 이동자유					

☑ **참고**

유효길이계수(l_k)와 강도계수(n)와의 관계: $n = \dfrac{1}{k^2}$

---

24 다음에서 설명하는 용어를 기술하시오.   [2점]

> 압축콘크리트가 극한변형률인 0.003에 도달할 때 최외단 인장철근의 순인장변형률 ε_t가 인장지배변형률($\varepsilon_t = 0.005$) 이상인 단면

정답 인장지배단면

해설 ① 압축콘크리트가 극한변형률인 0.003에 도달할 때
　　　　㉠ 최외단 인장철근의 순인장변형률 ε_t가 압축지배변형률한계 이하인 단면: **압축지배단면**
　　　　㉡ 최외단 인장철근의 순인장변형률 ε_t가 인장지배변형률한계 이상인 단면: **인장지배단면**
　　② 순인장변형률 ε_t가 압축지배변형률한계와 인장지배변형률한계 사이인 단면: **변화구간단면**
　　③ 최외단 인장철근(인장측 연단에 가장 가까운 철근)의 순인장변형률(ε_t)에 따라 압축지배단면, 인장지배단면, 변화구간단면으로 구분하고, 지배단면에 따라 강도감소계수(ϕ)를 달리 적용함

25 인장이형철근의 정착길이 산정 시 다음과 같은 정밀식으로 산정한다. 이때 α, β, γ, λ가 의미하는 것을 기술하시오. [4점]

$$l_d = \frac{0.9 d_b f_y}{\lambda \sqrt{f_{ck}}} \cdot \frac{\alpha \beta \gamma}{\dfrac{c + K_{tr}}{d_b}}$$

정답　① α: 철근배치위치계수　　　　② β: 철근도막계수
　　　③ γ: 철근 또는 철선의 크기계수　④ λ: 경량콘크리트 계수

해설 철근의 정착길이

구 분	산정식	비 고
인장이형철근 정착길이 (정밀식)	$l_d = \dfrac{0.9 d_b f_y}{\lambda \sqrt{f_{ck}}} \cdot \dfrac{\alpha \beta \gamma}{\dfrac{c + K_{tr}}{d_b}}$	• l_d: 철근정착길이 • d_b: 철근의 공칭지름 • f_y: 철근항복강도
압축이형철근 정착길이	① 기본정착길이: $l_{db} = \dfrac{0.25 d_b f_y}{\lambda \sqrt{f_{ck}}} \geq 0.043 d_b f_y$ ② 정착길이: 기본정착길이×보정계수≥200mm	• f_{ck}: 콘크리트 압축강도 • **α: 철근배치위치계수** • **β: 철근도막계수** • **γ: 철근의 크기계수**
표준갈고리에 의한 정착길이	① 기본정착길이: $l_{hd} = \dfrac{0.24 \beta d_b f_y}{\lambda \sqrt{f_{ck}}}$ ② 정착길이(l_{dh}): 기본정착길이×보정계수≥$8d_b$, 150mm	• **λ: 경량콘크리트 계수** • c: 철근간격 및 피복두께에 관련된 계수 • K_{tr}: 횡방향 철근지수

26 다음 그림과 같은 인장재에서 순단면적을 산출하시오. (단, 판재의 두께는 10mm이며, 구멍크기는 22mm이다.) [4점]

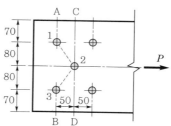

정답　① 파단선: A−1−3−B(→ 일렬배치로 해석)
　　　$A_n = A_g - ndt = (10 \times 300) - (2 \times 22 \times 10) = 2,560 \text{mm}^2$
　　② 파단선: A−1−2−3−B(→ 불규칙배치로 해석)
　　　$A_n = A_g - ndt + \sum \dfrac{p^2}{4g} t = (10 \times 300) - (3 \times 22 \times 10) + \dfrac{50^2}{4 \times 80} \times 10 + \dfrac{50^2}{4 \times 80} \times 10$
　　　$= 2,496.25 \text{mm}^2$
　　∴ ①, ② 중 작은 값이므로 $A_n = \mathbf{2,496.25 mm^2}$

별해 ① 파단선: A-1-3-B

$$A_n = A_g - ndt = (h-nd)t = (300 - 2 \times 22) \times 10 = 2,560 \text{mm}^2$$

② 파단선: A-1-2-3-B

$$A_n = A_g - ndt + \Sigma \frac{p^2}{4g}t$$

$$= \left[h - nd + \Sigma \frac{p^2}{4g} \right] t$$

$$= \left[300 - (3 \times 22) + \frac{50^2}{4 \times 80} + \frac{50^2}{4 \times 80} \right] \times 10$$

$$= 2,496.25 \text{mm}^2$$

해설 인장재의 순단면적 산정

일렬(정렬)배치	불규칙(지그재그, 엇모)배치
순단면적$(A_n) = A_g - ndt$ 여기서, n: 볼트 수 　　　　d: 볼트구멍의 지름 　　　　A_g: 총단면적 　　　　t: 판의 두께	순단면적$(A_n) = A_g - ndt + \Sigma \frac{p^2}{4g}t$ 여기서, n: 볼트 수 　　　　t: 판의 두께 　　　　p: 볼트피치 　　　　g: 볼트의 응력에 직각방향인 볼트선 간의 길이 　　　　　(게이지)

참고

① 볼트구멍지름 산정 시 볼트지름에 따라 여유치수 적용
② 설계볼트지름
　㉠ M16~M22: $d + 2$[mm]
　㉡ M24~M30: $d + 3$[mm]
　여기서, d: 볼트 공칭지름

┃ 2018년 11월 10일 시행 ┃

01 공사계약방식 중 공동도급(joint ventute contract)제도의 장점을 4가지 기술하시오. [4점]

정답 ① 위험도 분산　　　　　② 시공기술의 향상 및 교류
③ 기업의 신용도 증대　　④ 시공의 확실성 보장

해설 **공동도급의 특징 및 운영방식**
(1) 특징

장 점	단 점
① 사업수행 시 위험도(risk) 분산 ② 시공기술의 향상 및 교류 가능 ③ 기업의 신용도 증대 ④ 시공의 확실성 보장 ⑤ 시공자의 융자력 확대	① 조직 상호 간 갈등 ② 업무흐름의 불일치 발생 우려 ③ 하자책임의 불명확화 ④ 경비(비용)의 증대로 도급자 이윤의 감소 ⑤ 현장관리의 곤란

(2) 운영방식

운영방식	정 의
공동이행방식	① 공동도급에 참여하는 시공자들이 일정 비율로 노무, 기계, 자금 등을 제공 ② 새로운 건설조직을 구성하여 공동으로 시공하는 방식
분담이행방식	① 시공자들이 목적물을 분할(공구별 등) 시공하여 완성해가는 시공방식 ② 연속 반복되는 단일공사에 주로 적용
주계약자형 공동도급방식	① 자신의 분담공사 외에 도급된 전체 공사에 대해 관리, 조정 ② 다른 계약자의 계약이행(공사진행)에 대해서도 연대책임을 지는 방식

02 종합건설제도(Genecon)에 대하여 설명하시오. [3점]

정답 건설프로젝트의 발굴 및 기획단계부터 설계, 시공, 인도 및 유지관리 등에 이르는 전 과정을 일괄적으로 추진할 수 있는 종합건설업체를 일컫는 제도

해설 종합건설제도(Genecon)
(1) 업무수행영역

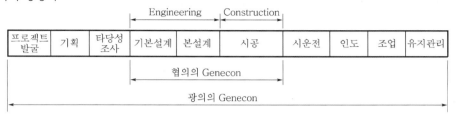

(2) 업무수행내용
① 공사 설계 및 시공관리의 책임
② 시공에 필요한 각종 기술적 문제 해결
③ 하도급업체의 선정 및 관리
④ 설계범위 내에서 재료 및 공법 선정

03 시공계획서 제출 시 환경관리 및 친환경관리에 대해 제출해야 할 서류에 포함될 내용을 4가지 쓰시오. [4점]

정답 ① 에너지 소비 및 온실가스 배출 저감계획
② 건설부산물 및 산업폐기물 재활용계획
③ 천연자원 사용 저감계획
④ 작업장, 대지 및 대지 주변의 환경관리계획

해설 시공계획서 제출 시 제출해야 할 서류
① 에너지 소비 및 온실가스 배출 저감계획
② 건설부산물 및 산업폐기물 재활용계획
③ 자원의 효율적인 관리계획
④ 천연자원 사용 저감계획
⑤ 작업장, 대지 및 대지 주변의 환경관리계획
⑥ 친환경적 건설기법
⑦ 시공 중의 폐기물관리
⑧ 건설 시 작업환경의 오염원 제어
⑨ 친환경 건설 관련 제 지침
⑩ 작업자에 대한 친환경 건설교육
⑪ 건설과정 동안 주변 지역, 부지에 대한 환경영향 최소화 및 측정
⑫ 수자원관리계획

04 언더피닝공법을 시행하는 목적과 그 공법의 종류를 2가지 쓰시오.　　　　　　　　[4점]

　(1) 목적
　(2) 공법종류

정답 **(1) 목적**: 기존 건축물의 기초보강 및 신설기초의 형성, 경사진 건축물의 복원을 목적으로 하는 기초보
　　　강공법
　　(2) 공법종류: 덧기둥지지공법, 내압판방식

해설 **언더피닝공법의 목적 및 종류**

목 적	종 류	
① 기존 건축물의 보강	① 덧기둥지지공법	
② 신설기초의 형성	② 내압판방식	
③ 경사진 건축물의 복원	③ 말뚝지지에 의한 내압판방식	
④ 인접 터파기 시 기존 건축물의 침하 방지	④ 2중널말뚝방식	

05 다음 거푸집공법을 설명하시오.　　　　　　　　　　　　　　　　　　　　　[4점]

　(1) 슬립폼(slip form)
　(2) 트래블링폼(traveling form)

정답 **(1) 슬립폼(slip form)**: 기계적 장치를 이용하여 수직으로 거푸집을 끌어올리면서 연속하여 콘크리트
　　　를 타설할 수 있으며, 단면의 형상에 변화가 있는 구조물에 적용하는 joint가 발생하지 않는 수직
　　　전용 시스템거푸집공법
　　(2) 트래블링폼(traveling form): 연속하여 콘크리트 타설이 가능하며 거푸집널, 장선, 멍에, 서포트
　　　를 일체로 제작하여 수평이동이 가능한 시스템거푸집

해설 **그 외 시스템거푸집의 종류**
　① 벽 전용: gang form, climbing form, ACS form, RCS form
　② 바닥 전용: table form, flying shore form
　③ 벽+바닥거푸집: tunnel form(mono shell form, twin shell form)
　④ 연속공법: 수직(sliding form, slip from), 수평(traveling form)
　⑤ 무지주바닥판공법: deck slab, half slab, waffle form

06 다음에서 설명하는 거푸집공사의 사용재료를 쓰시오. [4점]

> ① 벽 거푸집이 오므라드는 것을 방지하고 간격을 유지하기 위한 격리재
> ② 거푸집의 간격을 유지하며 벌어지는 것을 막는 긴장재
> ③ 슬래브에 배근되는 철근이 거푸집에 밀착되는 것을 방지하기 위한 간격재(굄재)
> ④ 콘크리트에 달대와 같은 설치물을 고정하기 위해 매입하는 철물

정답 ① 세퍼레이터(seperator; 간격재)
② 폼타이(form tie; 긴결재)
③ 스페이서(space; 간격재)
④ 인서트(insert)

해설

세퍼레이터(간격재)	폼타이(긴결재)	스페이서(간격재)
거푸집 격리재 (separator) ▮철제 간격재▮	구조물 두께 파단 홈 ▮플랫타이▮ 타이볼트 ▮폼타이▮	① 철판제 ② 철근제 ③ 모르타르제 ④ 플라스틱제

07 시멘트의 응결시간에 영향을 미치는 요소를 3가지 설명하시오. (단, 예시와 같은 형식으로 답을 작성하시오.) [3점]

> **예시** 습도가 높을수록 응결속도가 늦어진다.

정답 ① 시멘트의 분말도가 높을수록 응결속도가 빨라진다.
② 단위시멘트량이 적을수록 응결속도가 늦어진다.
③ 온도가 높고, 습도가 낮을수록 응결속도가 빨라진다.

해설 **시멘트(cement) 응결속도 영향인자**

응결속도 감소	응결속도 증가
① 풍화된 시멘트일수록	① 시멘트의 분말도가 높을수록
② 시멘트 내에 불순물이 포함되어 있는 경우	② $C_3A(3CaO \cdot Al_2O_3)$가 많을수록
③ $C_2S(2Cao \cdot Sl_2O_2)$가 많을수록	③ 슬럼프가 작을수록
④ 비빔시간이 길수록	④ 물결합재가 작을수록
⑤ 단위시멘트량이 적을수록[빈배합(poor-mix)]	⑤ 온도가 높고, 습도가 낮을수록
⑥ 혼합시멘트를 사용할수록(포졸란, 플라이애시 등)	⑥ 응결지연제 및 유동화제 등의 혼화재 사용 시

08 다음의 콘크리트 공사와 관련된 용어를 간략히 설명하시오. [4점]

(1) 콜드조인트(cold joint)
(2) 블리딩(bleeding)

정답 (1) **콜드조인트**(cold joint) : 콘크리트 타설 중 작업관계로 응결·경화하기 시작한 콘크리트에 새로운 콘크리트를 이어치기 할 때 일체화가 저해되어 생기게 되는 줄눈으로 불연속적인 접합면
(2) **블리딩**(bleeding) : 콘크리트 타설 후 물과 미세한 불순물 등은 상승하고, 무거운 골재나 시멘트는 침하하게 되는 현상

해설 **콜드조인트와 블리딩**

구 분	콜드조인트(cold joint)	블리딩(bleedging)
발생원인	① 넓은 지역의 순환 타설 시 2시간 초과 ② 장시간 운반 및 대기로 재료분리 발생 시 ③ 단면이 큰 구조물의 수화발열량 과다 ④ 재료분리가 된 콘크리트 사용 시	① 물결합재비가 클수록 ② 타설높이 및 타설속도가 클수록 ③ 분말도가 낮은 시멘트를 사용할수록 ④ 단위수량이 많을수록
방지대책	① 레미콘 배차계획 및 간격 등을 엄수 ② 여름철 응결경화지연제 사용 ③ 분말도 낮은 시멘트 사용 ④ 콘크리트 이어치기는 60분 이내로 계획	① 단위수량 저감(된비빔 콘크리트 사용) ② 단위시멘트량 증가(부배합 콘크리트) ③ 시멘트페이스트 유출 방지(거푸집의 수밀성 향상) ④ 적정 혼화재(AE, AE감수제) 사용

09 콘크리트 내의 철근의 내구성에 영향을 주는 부식 방지를 억제할 수 있는 방법을 4가지 쓰시오. [4점]

정답 ① 에폭시수지 도장철근 사용　　② 철근 표면의 아연도금 처리
③ 콘크리트 내 방청제 혼입　　④ 콘크리트 피복두께 증가

해설 **콘크리트 내의 철근부식**
(1) **철근부식의 피해**
철근부식 발생 → 철근의 체적팽창(2.6배) → 콘크리트 내 균열 발생 → 구조물의 내구성 저하
(2) **철근부식 방지대책**
① 에폭시수지 도장철근 사용
② 철근 표면의 아연도금 처리
③ 콘크리트 내 방청제 혼입
④ 콘크리트 피복두께 증가
⑤ 단위수량 감소 및 혼화재 사용(AE제, AE감수제 등)
⑥ 콘크리트 내 염화물량 0.3kg/m^3 이하로 관리

10 프리스트레스콘크리트(prestressed concrete)의 프리텐션(pre-tension)방식과 포스트텐션 (post-tension)방식에 대하여 설명하시오. [4점]

(1) 프리텐션(pre-tension)방식
(2) 포스트텐션(post-tension)방식

정답 (1) **프리텐션(pre-tension)방식**: PS강재를 긴장한 상태에서 콘크리트를 타설 · 경화시킨 후 긴장을 풀어 부재 내에 프리스트레스를 도입하는 방식
(2) **포스트텐션(post-tension)방식**: 시스관을 배치하고 콘크리트를 타설 · 경화시킨 후 시스관 내의 PS강재를 삽입 · 긴장하여 고정하고 그라우팅하여 프리스트레스를 도입하는 방식

해설 **프리스트레스콘크리트(prestressed concrete)**
(1) **정의**: 인장응력이 생기는 부분에 미리 압축의 pre-stress를 주어 콘크리트의 인장강도를 증가시키는 콘크리트
(2) **특징**
① 탄성력 및 복원성 우수   ② 장스팬(span)의 구조물 시공 가능
③ 하중 및 수축에 의한 균열 감소   ④ 내화성능에 취약
⑤ 거푸집공사 및 가설공사 등의 축소

11 철골공사의 철골세우기 장비를 3가지 쓰시오. [3점]

정답 ① 타워크레인(tower crane)
② 가이데릭(guy derrick)
③ 스티프레그데릭(stiff-leg derrick)

해설 **철골세우기 장비**

구 분	타워크레인	가이데릭	스티프레그데릭
제원	① 고층 건축물 적용 ② 넓은 작업반경 ③ 고양정 양중능력 ④ 수평지브형: T형 ⑤ 상하기복형: 러핑	① 양중능력 우수 ② 회전범위: 360° ③ 붐의 길이<마스트길이 ④ 당김줄각도: 45°	① 수평이동 가능 ② 회전범위: 270° ③ 붐의 길이>마스트길이 ④ 층수가 낮고 긴 평면의 구조물에 적용성 우수
스케치			

12 강구조공사에서 강재 표면의 부식을 방지하기 위해 철골에 녹막이칠을 하지 않는 부분을 3가지 쓰시오. [3점]

정답 ① 고력볼트 마찰접합부의 마찰면
② 현장용접부 및 인접 부위 양측 100mm 이내
③ 콘크리트에 매입되는 부분

해설 **철골에 녹막이칠을 하지 않는 부분**
① 고력볼트 마찰접합부의 마찰면
② 현장용접부 및 인접 부위 양측 100mm 이내
③ 콘크리트에 매입되는 부분
④ 초음파탐상검사 영향범위
⑤ Pin, Roller 등 밀착부
⑥ 조립에 의한 면맞춤 부분
⑦ 밀폐되는 내면

13 목재의 방부 처리방법을 3가지 기술하고 간략히 설명하시오. [3점]

정답 ① 도포법: 목재 건조 후 균열 및 이음부 등에 방부제를 도포하는 방법
② 주입법: 방부제용액 중에 목재를 침지하여 방부제를 침투시키는 방법
③ 침지법: 방부제용액 중에 목재를 일정 시간 이상 침지하는 방법

해설 **목재의 방부 처리방법 및 건조방법**
(1) 목재의 방부 처리방법

구 분	방 법
도포법	목재 건조 후 균열 및 이음부 등에 방부제를 도포하는 방법
주입법	① 상압주입법 : 방부제용액 중에 목재를 침지하여 방부제를 침투시키는 방법 ② 가압주입법 : 압력용기 속에 목재를 넣어 7~12기압의 고압하에서 방부제를 주입하는 방법
침지법	방부제용액 중에 목재를 일정 시간 이상 침지하는 방법
표면탄화법	목재의 3~10mm 정도의 표면을 탄화시키는 방법
생리주입법	벌목 전 나무뿌리에 약액을 주입하여 수간에 이행시키는 방법

(2) 인공건조법

종 류	내 용
증기법(대류법)	목재를 건조실 내에서 증기로 가열하여 건조시키는 방법(가장 많이 사용)
열기법	건조실 내의 공기를 가열하여 건조시키는 방법
훈연법	짚이나 톱밥 등을 태운 연기를 건조실 내에 도입하여 건조시키는 방법
진공법(고주파법)	원통형 탱크 속에 목재를 넣고 밀폐하여 고온·저압상태에서 건조시키는 방법

14 다음 ( ) 안에 알맞은 조적구조의 기준내용을 쓰시오. [2점]

(1) 조적구조 내력벽의 길이는 (①)m를 넘을 수 없다.
(2) 조적구조 내력벽으로 둘러싸인 부분의 바닥면적은 (②)m² 를 넘을 수 없다.

정답 ① 10   ② 80

해설 **조적구조의 설계기준**
(1) **설계기준**
    ① 내력벽의 제원: 길이 10m 이하, 최상층까지의 높이 4m 이하, 바닥면적 80m² 이하, 1.0B 이상
    ② 내력벽의 배치
        ㉠ 평면상 균형 있게 배치
        ㉡ 층간 내력벽의 수직위치 일치
        ㉢ 내력벽 상부: 테두리보 및 철근콘크리트 라멘조로 시공
(2) **벽량**
    ① 단위면적(m²)에 대한 내력벽길이(m)의 비 $\left(= \dfrac{\text{유효한 내력벽의 길이합계}}{\text{내력벽에 둘러싸인 바닥면적}} [\text{cm/m}^2] \right)$
    ② 보강블록구조의 벽량: 15cm/m² 이상
    ③ 면적이 큰 건물: 80m²마다 내력벽, 대린벽 등으로 분할 시공이 필요함

15 조적구조를 바탕으로 하는 지상부 건축물 외부 벽면의 방수공법의 종류를 3가지 쓰시오. [3점]

정답 ① 폴리머시멘트 모르타르방수
     ② 도막방수
     ③ 발수제 도포공법
     ④ 수밀재붙임공법

해설 **방수공법**

종 류	특 징
폴리머시멘트 모르타르방수	① 정의: 시멘트혼입 폴리머계 방수재료를 이용하여 방수층을 형성하는 공법 ② 특징: 수축 및 균열 발생 감소, 내구성 우수, 시공 간단, 바탕과의 부착성 양호
도막방수	① 정의: 액상의 방수재료를 여러 번 도포하여 2~3mm 두께의 방수막 형성 ② 특징: 노출공법 가능, 시공 간단 · 보수 용이, 내후 · 내약품성 우수
시멘트액체방수	① 정의: 시멘트액체형 방수제를 바탕면에 도포하여 방수층을 형성하는 공법 ② 특징: 시공비 저렴, 보수작업 용이, 신축성이 없어 균열이 발생할 우려 큼

16 공사현장에서 절단이 불가능하여 사용치수로 주문제작을 해야 하는 유리재료의 종류 2가지를 쓰시오. [2점]

정답 ① 강화유리 ② 복층유리

해설 **유리의 종류**

건축용 창호유리(대표적)	안전유리	특수 유리
① 보통판유리 ② 플로트유리 ③ **복층유리** ④ 안전유리 ⑤ 색유리 ⑥ low-E유리	① **강화유리**(현장절단 불가) ② 망입유리(현장절단 가능) ③ 접합유리(현장절단 가능)	① 복층유리(현장절단 불가) ② 열선 차단·흡수유리 ③ 자외선 투과·흡수유리 ④ low-E유리

17 금속커튼월의 성능 확인을 위한 시험방법 중 실물모형시험(mock-up test)항목을 4가지 쓰시오. [4점]

정답 ① 수밀시험 ② 기밀시험 ③ 구조시험 ④ 영구변위시험

해설 **커튼월성능시험**

구 분	풍동시험(wind tunnel test)	실물모형시험(mock-up test)	현장시험(field test)
시험시기	커튼월 설계단계	제작 완료 후 현장반입 전	준공시점(공정률 90% 이상)
시험목적	설계data 산정 및 반영	커튼월부재의 하자 발생 방지	커튼월부재의 성능 확인
시험방법	축척모형(주변 600m 반경)	실물(3스팬, 2개층)	실물(3스팬, 1개층)
시험항목	① 외벽풍압시험 ② 구조하중시험 ③ 고주파 응력시험 ④ 보행자 풍압영향시험 ⑤ 빌딩풍시험	① 예비시험 ② 기밀시험 ③ 수밀시험(정압·동압) ④ 구조시험 ⑤ 영구변위시험	① 기밀시험 ② 수밀시험

18 다음 적산에 관련된 용어를 설명하시오. [4점]

(1) 적산(積算)
(2) 견적(見積)

정답 (1) **적산(積算)**: 재료 및 품의 수량 또는 물량을 산출하는 기술활동
(2) **견적(見積)**: 적산량(공사량)을 토대로 단가를 곱하여 공사비를 산출하는 기술활동

해설 견적의 종류

구 분	명세견적	개산견적
개념	① 면밀한 적산 및 견적과정에 의한 공사비 산출 ② 설계도서, 현장설명서, 질의응답, 계약조건 등에 의거하여 견적	① 과거 유사한 프로젝트 통계실적을 토대로 한 개략적인 공사비 산출 ② 설계도서 불완전 및 여유시간 부족 시 적용
특징	① 최종견적, 상세견적, 입찰견적의 성격 ② 가장 정확한 공사비 산출 가능	① 개념견적, 기본견적의 성격 ② 단위수량에 의한 방법 ③ 단위비율에 의한 방법

19 다음 조건의 철근콘크리트 부재의 부피와 중량을 산출하시오. [4점]

조건
(1) 보(girder)
　① 단면 : 300×400mm　② 길이 : 1.0m　③ 개수 : 150개
(2) 기둥(column)
　① 단면 : 450×600mm　② 길이 : 4.0m　③ 개수 : 50개

정답 (1) 보(girder)
① 부피 : $(0.3\text{m} \times 0.4\text{m} \times 1.0\text{m}) \times 150개 = \mathbf{18\text{m}^3}$
② 중량 : $18\text{m}^3 \times 2,400\text{kg/m}^3 = 43,200\text{kg} = \mathbf{43.2\text{ton}}$
(2) 기둥(column)
① 부피 : $(0.45\text{m} \times 0.6\text{m} \times 4.0\text{m}) \times 50개 = \mathbf{54\text{m}^3}$
② 중량 : $54\text{m}^3 \times 2,400\text{kg/m}^3 = 129,600\text{kg} = \mathbf{129.6\text{ton}}$

해설 부재의 체적 및 재료별 단위중량

구 분	산출방법	주요 재료별 단위중량
기초	① 독립기초(m^3)=기초 실체적(m^3) ② 줄기초(m^3)=기초단면적(m^2)×줄기초 연장길이(m)	① 물 : 1t/m^3 ② 철근콘크리트 : 2.4t/m^3 ③ 무근콘크리트 : 2.3t/m^3
기둥	콘크리트양(m^3)=단면적×기둥높이(바닥판 간 높이)	④ 시멘트 : 1.5t/m^3 ⑤ 자갈 : $1.6\sim1.8\text{t/m}^3$
벽	① 콘크리트양(m^3)=(벽면적−개구부면적)×벽두께 ② 벽면적 : 기둥면적 공제 ③ 높이 : 바닥판 간 또는 보의 안목거리로 계상	⑥ 모래 : $1.5\sim1.7\text{t/m}^3$ ⑦ 강재 : 7.85t/m^3 ⑧ 모르타르 : 2.1t/m^3
보	① 콘크리트양(m^3)=단면적×보길이 ② 보의 단면적 : 바닥판두께 공제	⑨ 철근 　㉠ D10=0.56kg/m 　㉡ D13=0.995kg/m
바닥	콘크리트양(m^3)=(바닥면적−개구부면적)×벽두께	㉢ D16=1.56kg/m 　㉣ D19=2.25kg/m
계단	① 콘크리트양(m^3)=계단의 경사면적×계단의 평면두께 ② 계단의 경사면적 : 경사길이×계단폭	㉤ D22=3.04kg/m

20 다음 조건에서 콘크리트를 타설할 때 레미콘 배차간격을 산출하시오. [3점]

> **조건**
> (1) 콘크리트 타설
> ① 두께 : 0.15m ② 너비 : 6.0m ③ 길이 : 100m인 도로
> (2) 레미콘용량 및 작업시간
> ① 레미콘용량 : 6m³/대 ② 하루 8시간 작업 ③ 배차간격 : 분(min)

정답 ① 소요콘크리트 타설량(Q) = 0.15m × 6.0m × 100m = 90m³

② 6m³의 차량대수(n) = $\dfrac{90m^3}{6m^3/대}$ = 15대

③ 배차간격 : $\dfrac{8hr \times 60min/h}{15대}$ = **32min/대**

21 다음 데이터를 네트워크공정표로 작성하고, 여유시간을 산정하시오. [10점]

작업명	작업일수	선행작업	비 고
A	2	없음	(1) 결합점에서는 다음과 같이 표현한다.
B	3	없음	
C	5	없음	
D	4	없음	
E	7	A, B, C	(2) 주공정선은 굵은 선으로 표시한다.
F	4	B, C, D	

비고의 그림: i ─작업명/소요일수─→ j, EST│LST, LFT△EFT

정답

네트워크공정표	여유시간

작업명	TF	FF	DF	CP
A	3	3	0	
B	2	2	0	
C	0	0	0	※
D	4	1	3	
E	0	0	0	※
F	3	3	0	

해설 CPM 네트워크공정표의 여유시간 계상

TF(Total Float; 총여유)	FF(Free Float; 자유여유)	DF(Dependent Float; 종속여유)
① [그 작업 LFT] - [그 작업 EFT]	① [후속작업 EST] - [그 작업 EFT]	DF = TF - FF
② [그 작업 LST] - [그 작업 LFT]	② [후속작업 EST] - [EST + 소요일수]	

22 다음 그림과 같은 단순보의 전단력도가 나타날 때 단순보의 최대 휨모멘트를 산출하시오. [4점]

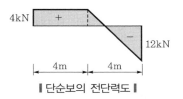

‖ 단순보의 전단력도 ‖

정답 ① 최대 휨모멘트위치(x)

삼각형의 닮음비 적용

$12 : x = (12+4) : 4$

$\therefore \ x = 3\mathrm{m}$

② 최대 휨모멘트($M_{\max}$)

$$M_{\max} = \frac{1}{2} \times 3\mathrm{m} \times 12\mathrm{kN} = 16\mathrm{kN \cdot m}$$

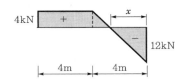

해설 단순보의 최대 휨모멘트

① 최대 휨모멘트: 전단력이 "0"인 지점에서 최대

② 휨모멘트의 절댓값: 임의의 단면의 좌측 또는 우측에서 전단력도넓이의 절댓값과 동일

23 다음 그림과 같은 트러스의 부재력을 U_2, D_2, L_2절단법을 활용하여 산출하시오. (단, "−"는 압축력, "+"는 인장력으로 부호를 반드시 표기하시오.) [6점]

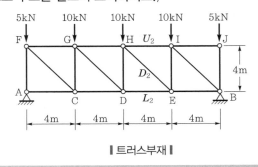

‖ 트러스부재 ‖

정답 ① 트러스에 작용하는 반력: 경간이 좌우대칭이므로 $V_A = V_B = +20\mathrm{kN}(\uparrow)$

② 상현재, 하현재, 사재의 부재력

2018년

구 분	부재력 도시	풀 이
상현재 (U_2)	5kN 10kN F G F_{U_2} ↓H 4m A C D ← 20kN 4m 4m	**모멘트법 이용($\sum M_D = 0$)** → 하현 절점 D에서 모멘트 계산 $\sum M_{D_2} = 0$ $[V_A (=20\text{kN}) \times 8\text{m}] - (5\text{kN} \times 8\text{m}) - (10\text{kN} \times 4\text{m})$ $+ (F_{U_2} \times 4\text{m}) = 0$ $\therefore F_{U_2} = -20\text{kN}$ (압축)
하현재 (L_2)	5kN 10kN F G 4m A C F_{L2} ← 20kN 4m 4m	**모멘트법 이용($\sum M_G = 0$)** → 상현 절점 G에서 모멘트 계산 $\sum M_{G_2} = 0$ $[V_A (=20\text{kN}) \times 4\text{m}] - (5\text{kN} \times 4\text{m}) - (F_{L_2} \times 4\text{m}) = 0$ $\therefore F_{L_2} = +15\text{kN}$ (인장)
사재 (D_2)	5kN 10kN F G 4m F_{D2} $\frac{1}{\sqrt{2}}$ 1 A C ← 20kN 4m 4m	**전단력법 이용($\sum V = 0$)** $\sum V = 0$ $V_A (=20\text{kN}) - 5\text{kN} - 10\text{kN} + \left(F_{D_2} \times \frac{1}{\sqrt{2}}\right) = 0$ $\therefore F_{D_2} = -5\sqrt{2}\,\text{kN} = -7.07\text{kN}$

해설 **트러스부재의 해석방법**

절점법(격점법)	단면법(절단법)
① 절점을 중심으로 평형조건식 적용($\sum V = 0$, $\sum H = 0$) ② 간단한 트러스에 적용 ③ 부호 ㉠ 절점으로 들어가는 부재력: 압축(−) ㉡ 절점으로 나오는 부재력: 인장(+)	① 전단력법: 수직재, 사재($\sum V = 0$) ② 모멘트법: 상현재, 하현재($\sum M = 0$) ③ 미지의 부재력 산정 시 적용 ④ 해석방법 ㉠ 구하고자 하는 부재가 지나가도록 절단한 후 임의의 절점에서 "$\sum M = 0$"을 계산 ㉡ 구하고자 하는 미지수 외에 타 부재의 미지수를 소거하여 구하고자 하는 부재력 계산

24 다음 그림과 같은 콘크리트 기둥이 양단 힌지로 지지되었을 때 약축에 대한 세장비가 150이 되기 위한 기둥의 길이(m)를 구하시오. [3점]

200mm

150mm

‖ 콘크리트 기둥단면도 ‖

정답 세장비$(\lambda) = \dfrac{l_k}{r_{\min}} = \dfrac{l_k}{\sqrt{\dfrac{I_{\min}}{A}}} = \dfrac{kL}{\sqrt{\dfrac{bh^3}{12}}{A}} = \dfrac{1.0L}{\sqrt{\dfrac{\dfrac{200 \times 150^3}{12}}{200 \times 150}}} = 150$

∴ $L = 6,495.19\text{mm} = \mathbf{6.495m}$

해설 **기둥의 세장비 판별**

(1) 세장비(λ): 기둥의 가늘고 긴 정도의 비

$$\lambda = \dfrac{l_k}{r_{\min}} = \dfrac{l_k}{\sqrt{\dfrac{I_{\min}}{A}}}$$

(2) 단부조건(지지상태)에 따른 유효좌굴길이 및 강도감소계수

단부조건	1단 고정 타단 자유	양단 힌지	1단 고정 타단 힌지	양단 고정
지지조건에 따른 기둥의 분류				
좌굴유효길이(l_k)	$2l$	l	$0.7l$	$0.5l$
좌굴강도계수(n)	1/4(1)	1(4)	2(8)	4(16)

※ 유효길이계수(l_k)와 강도계수(n)와의 관계: $n = \dfrac{1}{k^2}$

25 다음 그림과 같은 철근콘크리트보의 최외단 인장철근의 순인장변형률(ε_t)을 산정하고, 지배단면 (압축지배단면, 변화구간단면, 인장지배단면)을 구분하시오. (단, $A_s = 1,927\text{mm}^2$, $F_{ck} = 24\text{MPa}$, $f_y = 400\text{MPa}$, $E_s = 200,000\text{MPa}$이다.) [4점]

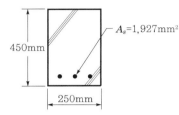

┃ 철근콘크리트보 단면도 ┃

정답 ① $a = \dfrac{A_s f_y}{0.85 f_{ck} b} = \dfrac{1,927 \times 400}{0.85 \times 24 \times 250} = 151.13\text{mm}$

② $\beta_1 = f_{ck} \leq 28\text{MPa} \rightarrow \beta_1 = 0.85$

③ $c = \dfrac{a}{\beta_1} = \dfrac{151.13}{0.85} = 177.808\text{mm}$

④ $\varepsilon_t = \varepsilon_c \left(\dfrac{d_t - c}{c} \right) = 0.003 \times \dfrac{450 - 177.808}{177.808} = 0.00459$

⑤ $0.002 < \varepsilon_t (=0.00459) < 0.005$이므로 **변화구간단면의 부재**이다.

해설 **지배단면의 구분 및 순인장변형률**

(1) **지배단면의 구분**

　① 압축지배단면 및 인장지배단면: 압축콘크리트가 극한변형률인 0.003에 도달할 때

　　㉠ 최외단 인장철근의 순인장변형률 ε_t가 **압축지배변형률한계 이하인 단면**: 압축지배단면

　　㉡ 최외단 인장철근의 순인장변형률 ε_t가 **인장지배변형률한계 이상인 단면**: 인장지배단면

　② 순인장변형률 ε_t 압축지배변형률한계와 **인장지배변형률한계 사이인 단면**: 변화구간단면

(2) **순인장변형률**

개념	최외단 인장철근 또는 긴장재의 인장변형률에서 프리스트레스, 크리프, 건조수축, 온도변화에 의한 변형률을 제외한 인장변형률
산정식	압축변형률 0.003 ① $\varepsilon_t = \varepsilon_c \left(\dfrac{d_t - c}{c} \right)$ ② $c = \dfrac{a}{\beta_1}$ ③ ㉠ $f_{ck} \leq 28\text{MPa}$인 경우 $\beta_1 = 0.85$ 　㉡ $28\text{MPa} < f_{ck} \leq 56\text{MPa}$인 경우 　　$\beta_1 = 0.85 - (f_{ck} - 28) \times 0.007 \geq 0.65$ 　㉢ $f_{ck} \geq 56\text{MPa}$인 경우 $\beta_1 = 0.65$ ④ 등가깊이(a) $= \dfrac{A_s f_y}{0.85 f_{ck} b}$

✅ 참고

콘크리트구조기준 변경(KDS 14 20 20: 2022 콘크리트 구조의 휨 및 압축설계기준)

① $f_{ck} \leq 40MPa$일 경우 등가응력블록깊이계수(β_1)=0.80으로 적용하여 계산하여야 한다.

② β_1=0.80 적용 시 중립축거리값(c)이 달라지므로 순인장변형률(ε_t) 및 강도감소계수(ϕ)값이 변화한다.

(3) 지배단면에 따른 강도감소계수(ϕ)

지배단면의 구분		순인장변형률조건	강도감소계수(ϕ)
압축지배단면		$\varepsilon_t < \varepsilon_y$	0.65
변화구간단면	SD400 이하	$\varepsilon_y(0.002) < \varepsilon_t < 0.005$	0.65~0.85
	SD400 초과	$\varepsilon_y < \varepsilon_t < 2.5\varepsilon_y$	
인장지배단면	SD400 이하	$0.005 \leq \varepsilon_t$	0.85
	SD400 초과	$2.5\varepsilon_y \leq \varepsilon_t$	

26 인장철근만 배근된 철근콘크리트 직사각형 단순보에 하중이 작용할 때 순간처짐이 5mm 발생하였다. 5년 이상 지속하중이 작용할 경우 총처짐량(순간처짐+장기처짐)을 산출하시오. (단, 장기처짐계수 $\lambda_\triangle = \dfrac{\xi}{1+50\rho'}$ 를 적용하며, 시간경과계수는 2.0으로 한다.) **[4점]**

정답 ① 장기처짐계수: $\lambda_\triangle = \dfrac{\xi}{1+50\rho'} = \dfrac{2.0}{1+50\times 0} = 2.0$

② 장기처짐: $\delta_l = \delta_i \lambda_\triangle = 5 \times 2.0 = 10mm$

③ 총처짐량: $\delta_t = \delta_i + \delta_l = 5.0 + 10 = 15mm$

해설 **최종처짐량(총처짐량) 산정**

구 분	산정식
최종처짐량	탄성처짐+장기처짐 → $\delta_i + \delta_l = \delta_i + \delta_i \lambda_\triangle = \delta_i(1+\lambda_\triangle)$
장기처짐	장기추가처짐량=탄성처짐(δ_i)×장기추가처짐계수($\lambda_\triangle$) → $\delta_l = \delta_i \lambda_\triangle = \delta_i\left(\dfrac{\xi}{1+50\rho'}\right)\left(\leftarrow \lambda_\triangle = \dfrac{\xi}{1+50\rho'}\right)$ 여기서 ρ': 압축철근비$\left(= \dfrac{A_s{}'}{bd}\right)$ ξ: 시간경과계수(3개월: 1.0, 6개월: 0.5, 1년: 1.4, 5년: 2.0)

MEMO

01 지반조사방법 중 사운딩(sounding)시험의 정의를 간략히 설명하고, 종류를 2가지 쓰시오. [4점]

정답 (1) **정의**: 로드 선단에 설치한 저항체를 땅속에 삽입해 관입, 회전, 인발 등의 저항으로 토층의 성상을 탐사하는 방법
(2) **종류**: 베인시험(vane test), 표준관입시험(standard penetration test)

해설 **베인시험과 표준관입시험**

점토지반 – 베인시험(vane test)	사질지반 – 표준관입시험(SPT)
① 연약점성토 지반의 점착력 판별 ② 회전력 작용 시 회전저항력 측정 ③ 단단한 점토질 지반에는 부적당 ④ 깊이 10m 이상 시 로드의 되돌음 발생 ⑤ 흙의 지내력 및 예민비 측정	표준관입시험용 샘플러를 중량 63.5kg의 추로 75cm 높이에서 자유낙하시킨 충격으로 30cm 관입시키는 데 요하는 타격횟수 N값을 측정하여 구한다.

02 기초와 지정의 차이점을 기술하시오. [4점]

정답 (1) **기초**: 건축물의 최하부에서 건축물의 하중을 지반에 안전하게 전달시키는 구조부
(2) **지정**: 기초판을 지지하기 위해서 그 아래에 설치하는 버림콘크리트, 잡석, 말뚝 등

03 흙막이공법 중 어스앵커(earth anchor)공법에 대하여 설명하시오. [3점]

정답 흙막이 배면을 굴착한 후 앵커체를 설치하여 주변 지반을 지지하는 흙막이공법

해설 **어스앵커공법의 특징**

장 점	단 점
① 넓은 굴착공간 확보 가능	① 시공 완료 후 품질검사 곤란
② 대형 장비 반입으로 시공효율 증대	② 흙막이 배면에 형성되므로 품질관리 미흡
③ 흙막이 배면의 지압효과로 주변 지반 변위 감소	③ 정착장 부위의 토질이 불명확할 경우 붕괴위험 우려
④ 협소한 작업공간에도 시공성 우수	④ 도심지 및 인접 건물이 있을 경우 적용 곤란
⑤ 터파기 공사 시 공기단축 가능	⑤ 지하수위의 강하가 발생할 수 있음
⑥ 설계변경 용이	⑥ 주변 대지 사용으로 민원 발생 우려

04 다음은 콘크리트의 압축강도시험을 하지 않을 경우 거푸집널의 해체시기를 나타낸 표이다. 빈칸에 알맞은 기간을 써 넣으시오. (단, 기초, 보, 기둥 및 벽의 측면의 경우) [4점]

시멘트 종류 / 평균기온	조강포틀랜드시멘트	보통포틀랜드시멘트 고로슬래그시멘트(1종)	고로슬래그시멘트(2종) 플라이애시시멘트(2종)
20℃ 이상	(1) ( )일	(2) ( )일	5일
20℃ 미만 10℃ 이상	(3) ( )일	(4) ( )일	8일

정답 (1) 2일 (2) 4일 (3) 3일 (4) 6일

해설 **거푸집 존치기간**

(1) **콘크리트 압축강도시험을 하지 않을 경우 거푸집널 해체시기**

시멘트 종류 / 평균기온	조강포틀랜드시멘트	보통포틀랜드시멘트 고로슬래그시멘트(1종) 플라이애시시멘트(1종) 포틀랜드포졸란시멘트(A종)	고로슬래그시멘트(2종) 플라이애시시멘트(2종) 포틀랜드포졸란시멘트(B종)
20℃ 이상	2일	4일	5일
20℃ 미만 10℃ 이상	3일	6일	8일

(2) **콘크리트 압축강도시험을 할 경우 거푸집널 해체시기**

부 재		콘크리트 압축강도(f_{ck})
기초, 보, 기둥, 벽 등의 측면		5MPa 이상
슬래브 및 보의 밑면, 아치 내면	단층구조	설계기준 압축강도의 2/3배 이상 또한 14MPa 이상
	다층구조	설계기준 압축강도 이상

05 굳지 않은 콘크리트의 시공연도(workability)를 측정하는 시험종류를 3가지 쓰시오.   [3점]

정답 ① 슬럼프시험(slump test)
② 흐름시험(flow test)
③ 비비시험(vee-bee test)

해설 **콘크리트의 유동성시험(반죽질기시험)**

보통콘크리트	된비빔콘크리트	유동화콘크리트
① 슬럼프시험(slump test)	① 구관입시험(ball penetration test)	① 슬럼프플로시험(slump flow test)
② 플로시험(flow test)	② 리몰드시험(remold test)	② L형 플로시험(L형 flow test)
	③ 비비시험(vee-bee test)	

06 다음이 설명하는 콘크리트의 줄눈명칭을 쓰시오.   [2점]

> 콘크리트 경화 시 수축에 의한 균열을 방지하고 슬래브에서 발생하는 수평움직임을 조절하기 위하여 설치한다. 벽과 슬래브 외기에 접하는 부분 등 균열이 예상되는 위치에 약한 부분을 인위적으로 만들어 다른 부분의 균열을 억제하는 역할을 한다.

정답 조절줄눈(control joint)

해설 **콘크리트 줄눈의 종류**
(1) **콜드조인트(cold joint)**: 콘크리트 타설작업으로 인해 신구콘크리트의 일체화가 저해되어 발생하는 줄눈(25℃ 이상: 90분, 25℃ 미만: 120분)
(2) **신축줄눈(expansion joint)**: 온도변화에 따른 수축·팽창, 부동침하 등에 의한 균열예상 부위에 설치
(3) **시공줄눈(construction joint)**: 신구콘크리트를 타설할 경우 발생
(4) **미끄럼줄눈(sliding joint)**: 슬래브, 보의 단순지지방식으로 직각방향에서 하중이 예상될 때 설치
(5) **slip joint**: 조적벽과 철근콘크리트 슬래브에 설치하여 상호 자유롭게 움직이게 하는 조인트
(6) **delay joint**: 장스팬 시공 시 수축대를 설치하여 초기 수축이 발생한 후 타설하는 조인트

 07 콘크리트 응결경화 시 콘크리트 온도 상승 후 냉각하면서 발생하는 온도균열 방지대책을 3가지 쓰시오.   [3점]

정답 ① 단위시멘트량 감소
② 수화열이 낮은 중용열포틀랜드시멘트 사용
③ 프리쿨링 및 파이프쿨링 양생

해설 **매스콘크리트 온도균열의 원인 및 대책**

원 인	대 책
① 시멘트페이스트의 수화열이 큰 경우	① 단위시멘트량 감소
② 단위시멘트량이 많을 경우	② 수화열이 낮은 중용열포틀랜드시멘트 사용
③ 콘크리트 단면이 클 경우	③ 프리쿨링 및 파이프쿨링 양생
④ 콘크리트 타설온도가 높을 경우	④ 저발열시멘트 사용(혼합시멘트 사용)
⑤ 외기온도가 낮을수록 증가	⑤ 콘크리트의 인장강도 개선(섬유보강콘크리트 적용)

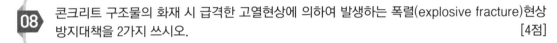

08 콘크리트 구조물의 화재 시 급격한 고열현상에 의하여 발생하는 폭렬(explosive fracture)현상 방지대책을 2가지 쓰시오. [4점]

정답 ① 내화피복을 실시하여 열의 침입 차단
② 흡수율이 낮고 내화성이 우수한 골재 사용

해설 **고강도 콘크리트의 폭렬현상**

구 분	설 명
정의	화재 발생 시 콘크리트 내부의 고열로 내부 수증기압이 상승하여 콘크리트 조각이 비산되는 현상
원인	① 흡수율이 큰 골재 사용 ② 내화성이 약한 골재 사용 ③ 콘크리트 내부 함수율이 높을 경우 ④ 치밀한 콘크리트 조직으로 수증기 배출이 지연될 경우
방지대책	① 내부 수증기압 소산: 내열성이 낮은 유기질 섬유 혼입(비폭렬성 콘크리트) ② 급격한 온도 상승 방지: 내화피복, 내화도료 도포(단열탄화층 생성) ③ 흡수율이 낮은 골재 사용(3.5% 이하) ④ 콘크리트 비산 방지: 표면에 메탈라스 혼입, CFT 및 ACT column ⑤ 콘크리트의 인장강도 개선: 섬유보강콘크리트 사용 ⑥ 콘크리트의 피복두께 증대

09 숏크리트(shotcrete)의 정의를 기술하고, 그에 대한 장단점을 각각 2가지씩 쓰시오. [6점]

정답 (1) **정의**: 콘크리트를 압축공기로 노즐에서 뿜어 시공면에 붙여 시공하는 콘크리트
(2) **숏크리트의 특징**

장 점	단 점
① 소형 장비의 사용으로 취급 및 이동 용이	① 타설 시 분진 발생 과다
② 가설공사비 감소(거푸집 불필요)	② 콘크리트 타설면의 거친 표면 발생
③ 급경사 등의 작업조건과 무관	③ 건조수축 과다 발생
④ 재료 표면의 강도 및 수밀성, 내구성 향상	④ 리바운드에 의한 재료손실 발생

10 철골부재의 접합에 사용되는 고장력 볼트 중 볼트의 장력관리를 손쉽게 하기 위한 목적으로 개발된 것으로 본조임 시 전용 조임기를 사용하여 볼트의 핀테일이 파단될 때까지 조임 시공하는 볼트의 명칭을 쓰시오. [3점]

정답 토크전단형 고력볼트

해설 (1) 토크전단형 고력볼트(T/S볼트; torque shear bolt)

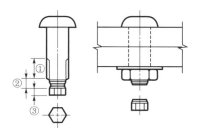

① 나사부
② 파단부(break neck)
③ 핀테일(pin tail)

(2) 고장력 볼트의 특징

장 점	단 점
① 접합부의 강도가 매우 우수	① 마찰면 처리가 곤란
② 강한 조임으로 너트의 풀림 방지	② 볼트조임 후 검사 난해
③ 시공이 간단하여 공기단축 가능	③ 가격이 고가이며 숙련공 필요
④ 불량볼트의 보수 및 수정 용이	④ 강재량이 다소 증가됨
⑤ 무소음공법, 화재 발생의 위험성 저감	

11 다음 설명에 해당되는 용접결함의 용어를 쓰시오. [4점]

(1) 용접금속과 모재가 융합되지 않고 단순히 겹쳐지는 것
(2) 용접 상부에 모재가 녹아 용착금속이 채워지지 않고 흠으로 남게 된 부분
(3) 용접봉의 피복재 용해물인 회분이 용착금속 내에 혼입된 것
(4) 용융금속이 응고할 때 방출되었어야 할 가스가 남아서 생기는 용접부의 빈 자리

정답 (1) 오버랩(overlap)   (2) 언더컷
(3) 슬래그 감싸돌기   (4) 블로홀

해설 **용접결함**
(1) 종류

내부 결함	외부 결함	형상결함	기타 결함
① 블로홀(blow hole)	① 크랙(crack)	① 언더컷(under cut)	① 각장 부족
② 슬래그 감싸돌기	② 크레이터(crater)	② 오버랩(over lap)	② 목두께(throat) 불량
③ 용입 부족	③ 피시아이(fish eye)	③ 오버헝(over hung)	③ 라멜라 티어링
	④ 피트(pit)		(lamella tearing)

(2) 원인 및 방지대책

원 인	방지대책
① 용접봉의 수분 혼입(건조 불량)	① 용접봉 건조 및 전용 보관창고에서 재료관리
② 용접부 모재의 유해불순물 미제거	② 모재의 바탕면 처리 철저
③ 용접전류의 과대·과소, 용접자세 불량	③ 예열 및 후열의 시행으로 잔류응력 제거
④ 용접 부위 개선각 및 용접치수 부적절	④ 용접전류 안정화, 용접속도 적절하게 관리
⑤ 온·습도 과다, 바람 등의 기상영향	⑤ 기온 5℃ 이하, 습도 85% 이상 시 용접금지

12 강구조공사와 관련된 다음 용어를 설명하시오. [4점]

(1) 밀시트(mill sheet)
(2) 뒷댐재(back strip)

정답 (1) **밀시트(mill sheet)** : 철강제품의 품질보증을 위해 공인된 시험기관에 의한 제조업체의 품질보증서
(2) **뒷댐재(back strip)**: 모재와 함께 용접되는 루트(root) 하부에 대어주는 강판

해설 **시험성적서와 뒷댐재**

시험성적서	뒷댐재
① 제품의 제원(길이, 중량, 두께 등) ② 제품의 역학적 성능(인장강도, 항복강도, 연신율 등) ③ 제품의 화학적 성분(Fe, C, Mn 등) ④ 시험종류와 기준(시험방법, 시험기관, 시험기준 등) ⑤ 제품의 제조사항(제조사, 제조연월일, 공장, 제품번호 등)	① 스캘럽 ② 엔드탭 ③ 뒷댐재

13 다음에서 설명하는 구조의 명칭을 쓰시오. [3점]

> 강구조물 주위에 철근 배근을 하고 그 위에 콘크리트가 타설되어 일체가 되도록 한 것으로서,
> 초고층 구조물 하층부의 복합구조로 많이 채택되는 구조

정답 매입형 합성기둥(composite column)

14 목재를 천연건조(자연건조)할 때의 장점을 2가지 쓰시오. [4점]

정답 ① 인공건조에 비해 목재의 손상 감소 및 균일한 건조 가능
② 건조에 의한 결함의 감소 및 시설투자비용 및 작업비용 감소

15 금속커튼월의 성능시험 중 실물모형시험(mock-up test)의 시험항목을 4가지 쓰시오. [4점]

정답 ① 기밀시험   ② 수밀시험   ③ 구조시험   ④ 영구변형시험

해설 **커튼월성능시험**

구 분	풍동시험(wind tunnel test)	실물모형시험(mock-up test)	현장시험(field test)
시험시기	커튼월 설계단계	제작 완료 후 현장 반입 전	준공시점(공정률 90% 이상)
시험목적	설계데이터 산정 및 반영	커튼월부재의 하자 발생 방지	커튼월부재의 성능 확인
시험방법	축척모형(주변 600m 반경)	실물(3스팬, 2개층)	실물(3스팬, 1개층)
시험항목	① 외벽풍압시험 ② 구조하중시험 ③ 고주파 응력시험 ④ 보행자 풍압영향시험 ⑤ 빌딩풍시험	① 예비시험 ② 기밀시험 ③ 정압수밀시험 ④ 동압수밀시험 ⑤ 구조시험	① 기밀시험 ② 수밀시험

16 커튼월(curtain wall)의 알루미늄바에서 누수 방지대책을 시공적 측면에서 4가지 쓰시오. [4점]

정답 ① 알루미늄바 접합 부위에 실런트 처리
② 스크루 고정 부위에 실런트 처리
③ 벽패널과 알루미늄바 틈새에 실런트 처리
④ 배수관(weep hole)을 통해 물을 외부로 배출

해설 **커튼월의 누수 방지대책**

설계적 측면	시공적 측면
① 비처리방식 설계(open joint, closed joint) ② 유리끼우기 및 고정방식 검토 ③ 알루미늄바와 타 부재 접촉 부위 방습지 설계 ④ 풍동시험을 통한 설계 데이터 예측 ⑤ 유닛시스템 적용(스틱시스템보다 누수 방지성능 우수)	① 알루미늄바 접합부에 실런트 사춤 철저 ② 프레임 내·외부에 노출되는 스크루 및 볼트에 실런트 처리 ③ 결로수 처리용 배수관(weep hole) 설치 ④ 유리, 알루미늄바, 패널의 단열성능 확보(결로 방지) ⑤ 커튼월 제작 완료 후 현장시험 실시

17 방수공사에 활용되는 시트(sheet)방수공법의 장단점을 각각 2가지씩 쓰시오. [4점]

정답 (1) 장점
　　① 재료의 규격화로 시공 간단
　　② 바탕균열에 대한 내구성 및 내후성 양호
　(2) 단점
　　① 재료비 고가
　　② 접합부 처리 및 복잡한 부위의 마감 난해

해설 **시트(sheet)방수공법(고분자 루핑방수공법)**
　(1) **정의** : 합성고무 또는 합성수지를 주성분으로 하는 0.8~2.0mm 두께의 시트를 접착제로 구체에
　　 접착하여 방수층을 형성하는 공법
　(2) **시공순서**

| 바탕면 처리 | → | 프라이머 도포 | → | 시트 접착 | → | 보호층 시공 |

　(3) **특징**

장 점	단 점
① 재료의 규격화로 시공 간단	① 재료비 고가
② 바탕균열에 대한 내구성 및 내후성 양호	② 접합부 처리 및 복잡한 부위의 마감 난해
③ 상온 시공으로 시공 용이	③ 시트 접착 후 보호층 시공 필요
④ 시공이 간단하여 공사기간 단축 가능	④ 바탕면의 돌기에 의한 시트 손상 우려

18 다음 용어를 설명하시오. [4점]

　(1) 접합유리(laminated glass)
　(2) 저방사유리(low-emissivity glass)

정답 (1) **접합유리(laminated glass)**: 두 장 이상의 판유리 사이에 합성수지막을 넣어 접착제로 접착시킨
　　 유리
　(2) **저방사유리(low-emissivity glass)**: 열적외선을 반사하는 은소재 도막으로 코팅하여 방사율과
　　 열관류율을 낮추고 가시광선투과율을 높인 에너지저감형 유리

해설 접합유리와 로이유리(Low-Emissivity galss)

구 분	내 용
접합유리	① 접합필름: 합성수지류 및 유리섬유 등(자외선 차단 무·유색 필름) ② 충격흡수력이 우수하고 파손 시 파편의 비산 방지 ③ 안전유리의 한 종류로서 현장에서 절단가공 가능 ④ 건축용으로 보통 8.76mm 접합유리 사용: 4mm(배강도)+0.76mm(필름)+4mm(배강도)
로이유리 (저방사유리)	① 냉방효과: 여름철 태양복사열 중의 적외선과 지표면에 방사되는 적외선이 실내에 유입되는 것을 차단 ② 난방효과: 겨울철 실내에 난방되는 적외선을 다시 실내로 반사시켜 실내온도 유지 ③ 적용방식 　㉠ 2면 로이유리(low heat gain glass): 여름철 냉방목적 → 업무시설 및 상업시설에 적용 　㉡ 3면 로이유리(high heat gain glass): 겨울철 난방목적 → 주거시설 및 숙박시설에 적용 　㉢ 2·3면 로이유리 : 4계절

19 다음 조건하에서 파워셔블의 1시간당 추정 굴착작업량을 산출하시오. 　　　　[4점]

> **조건**
> ① $g=0.8m^3$　　　② $k=0.8$　　　③ $f=0.7$
> ④ $E=0.83$　　　⑤ $C_m=40sec$

정답 1시간당 굴착작업량$(Q) = \dfrac{3,600\,g\,k\,f\,E}{C_m}$

$$= \frac{3,600 \times 0.8m^3 \times 0.8 \times 0.7 \times 0.83}{40sec} = 33.4656 ≒ \mathbf{33.47m^3/h}$$

해설 토공기계 작업량 적산

구 분	산정식	
파워셔블 (power shovel)	$Q = \dfrac{3,600\,g\,f\,EK}{C_m}[m^3/h]$	여기서, • Q: 시간당 작업량　　• g: 1회 작업토공량(m^3) • f: 작업변화율　　　• E: 작업효율
불도저 (bulldozer)	$Q = \dfrac{60\,g\,f\,E}{C_m}[m^3/h]$	• K: 버킷계수　　　• C_m: 사이클타임

주의 각 토공기계의 사이클타임(C_m)의 기준단위가 상이함
　① 파워셔블의 1회 사이클타임(C_m)단위: 초 → 시간당 작업량으로 환산할 때 분자에 3,600을 곱함
　② 불도저의 1회 사이클타임(C_m)단위: 분 → 시간당 작업량으로 환산할 때 분자에 60을 곱함

20 다음 데이터를 네트워크공정표로 작성하고, 각 작업의 여유시간을 구하시오. [10점]

작업명	작업일수	선행작업	비 고
A	3	없음	
B	2	없음	(1) 결합점에서는 다음과 같이 표현한다.
C	4	없음	
D	5	C	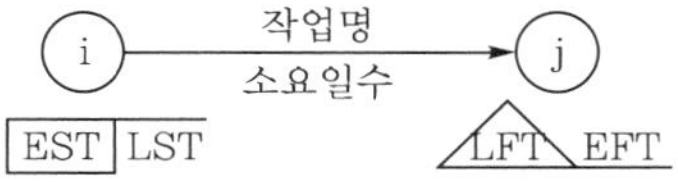
E	2	B	
F	3	A	
G	3	A, C, E	(2) 주공정선은 굵은 선으로 표시한다.
H	4	D, F, G	

정답

| 네트워크공정표 | 여유시간 |

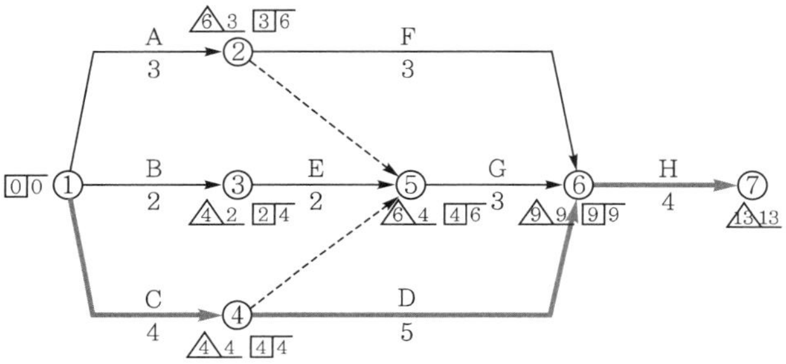

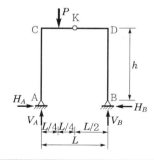

작업명	TF	FF	DF	CP
A	3	0	3	
B	2	0	2	
C	0	0	0	※
D	0	0	0	※
E	2	0	2	
F	3	3	0	
G	2	2	0	
H	0	0	0	※

21 다음 그림과 같은 3-hinge라멘에서 A지점의 수평반력을 구하시오. [3점]

정답 ① $\sum M_B = 0$; $(+ V_A \times L) - \left[P \times \left(P \times \dfrac{3L}{4} \right) \right] = 0$

$\therefore V_A = + \dfrac{3P}{4} (\uparrow)$

② $\sum M_K = 0$; $+ \left(\dfrac{3P}{4} \times \dfrac{L}{2} \right) - \left(P \times \dfrac{L}{4} \right) - (H_A \times h) = 0$

$\therefore H_A = + \dfrac{PL}{8h} (\rightarrow)$

해설 라멘구조의 반력 계산

구 분	계산방법	비 고
수직반력	단순보의 반력 계산과 동일한 방법 적용	$\sum M_A = 0$ 또는 $\sum M_B = 0$
수평반력 (H_A, H_B)	① 부재절단 후 구하고자 하는 반력의 방향 선정 ② 절단지점에서 좌측 반력 : (+)부호 ③ 절단지점에서 우측 반력 : (−)부호	(그림)
부호 산정	① 전단력 ㉠ 상향 : (+)부호 ㉡ 하향 : (−)부호 ② 휨모멘트 ㉠ 시계방향 : (+)부호 ㉡ 반시계방향 : (−)부호	

22 철근콘크리트보의 춤이 700mm이고, 부모멘트를 받는 상부단면에 HD25철근이 배근되어 있을 때 철근의 인장정착길이(l_d)를 구하시오. (단, $f_{ck} = 25$MPa, $f_y = 400$MPa 철근의 순간격과 피복두께는 철근직경 이상이고, 상부 철근보정계수는 1.3을 적용하며, 도막되지 않은 철근, 보통중량콘크리트를 사용) [3점]

정답 인장정착길이(l_d) $= \left(\dfrac{0.6 d_b f_y}{\lambda \sqrt{f_{ck}}} \right) \times$ 보정계수

$= \left(\dfrac{0.6 \times 25 \times 400}{1 \times \sqrt{25}} \right) \times 1.3$

$= 1,560 \text{mm}$

해설 **철근의 정착길이**

구 분	정착길이 산정식	
인장이형철근 정착길이	$l_d = \dfrac{0.9 d_b f_y}{\lambda \sqrt{f_{ck}}} \cdot \dfrac{\alpha \beta \gamma}{\dfrac{c + K_{tr}}{d_b}}$ 이고, 300mm 이상	• l_d: 철근의 정착길이 • d_b: 철근의 공칭지름 • f_y: 철근의 항복강도 • f_{ck}: 콘크리트 압축강도 • α: 철근배치위치계수 • β: 철근도막계수 • γ: 철근의 크기계수 • λ: 경량콘크리트 계수 • c: 철근간격 및 피복두께에 관련된 계수 • K_{tr}: 횡방향 철근지수
압축이형철근 정착길이	① 기본정착길이: $l_{db} = \dfrac{0.25 d_b f_y}{\lambda \sqrt{f_{ck}}} \geq 0.043 d_b f_y$ ② 정착길이: 기본정착길이×보정계수≥200mm	
표준갈고리에 의한 정착길이	① 기본정착길이: $l_{hd} = \dfrac{0.24 \beta d_b f_y}{\lambda \sqrt{f_{ck}}}$ ② 정착길이(l_{dh}): 기본정착길이×보정계수≥$8d_b$, 150mm	

23 큰 처짐에 의하여 손상되기 쉬운 칸막이벽이나 기타 구조물을 지지 또는 부착하지 않은 부재의 경우 다음 표에서 정한 최소 두께를 적용하여야 한다. 표의 ( ) 안에 알맞은 숫자를 써 넣으시오. (단, 표의 값은 보통중량콘크리트와 설계기준 항복강도 400MPa 철근을 사용한 부재에 대한 값임) [3점]

구 분	단순지지된 1방향 슬래브	1단 연속보	양단 연속된 리브가 있는 1방향 슬래브
슬래브 최소 두께 기준	(1)	(2)	(3)
	처짐을 계산하지 않는 경우의 보 또는 1방향 슬래브의 최소 두께 기준		

정답 (1) $\dfrac{L}{20}$ (2) $\dfrac{L}{18.5}$ (3) $\dfrac{L}{21}$

해설 **처짐을 계산하지 않는 경우의 보 또는 1방향 슬래브의 최소 두께**

구 분	단순지지	1단 연속	양단 연속	캔틸레버
1방향 슬래브	$\dfrac{L}{20}$	$\dfrac{L}{24}$	$\dfrac{L}{28}$	$\dfrac{L}{10}$
보 또는 리브가 있는 1방향 슬래브	$\dfrac{L}{16}$	$\dfrac{L}{18.5}$	$\dfrac{L}{21}$	$\dfrac{L}{8}$

24 다음과 같은 조건의 철근콘크리트 띠철근기둥의 설계축하중 ϕP_n[kN]을 구하시오. [3점]

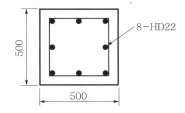

8-HD22

500

500

조건
① f_{ck} =24MPa
② f_y =400MPa
③ 8-HD22, HD22 1개의 단면적은 387mm²
④ 강도감소계수(ϕ)=0.65

정답
$$\phi P_n = \phi[0.8\{0.85f_{ck}(A_g - A_{st}) + f_y A_{st}\}]$$
$$= 0.65 \times 0.8 \times [0.85 \times 24 \times (500 \times 500 - 8 \times 387) + (400 \times (8 \times 387))]$$
$$= 3,263,125\text{N} = \mathbf{3,263\,kN}$$

해설 압축재의 설계축하중

기둥의 설계축하중	벽체의 설계축하중
$\phi P_n = \phi[0.8\{0.85f_{ck}(A_g - A_{st}) + f_y A_{st}\}]$ ① 띠철근기둥 : $\phi = 0.65$ ② 나선철근기둥 : $\phi = 0.70$	$\phi P_{nw} = 0.55\phi f_{ck} A_g\left[1 - \left(\dfrac{kl_c}{32h}\right)^2\right]$ 여기서, $\phi = 0.65$ 　　　b_e : 유효벽길이 　　　h : 벽두께 　　　l_c : 벽높이 　　　k : 유효길이계수

25 다음이 설명하는 구조의 명칭을 쓰시오. [2점]

건축물의 기초 부분 등에 적층고무 또는 미끄럼받이 등을 넣어서 지진에 대한 건축물의 흔들림을 감소시키는 구조

정답 면진구조

해설 지진력저항시스템

구 분	면진구조	제진구조	내진구조
정의	지반과 구조물 사이에 절연체를 설치하여 지진력의 진동을 소산시키는 구조(지진에 의한 진동이 구조체에 전달되지 않는 방법)	구조물 내부에 지진파에 대응하는 반대파를 작용시켜 지진력을 상쇄 및 소산시키는 구조	강성이 우수한 내진벽 등의 부재를 구조물에 배치하여 지진력에 대응하는 구조
재료	탄성받침, 합성고무받침, 납면진받침, 미끄럼받침 등	점탄성감쇠기, 동조감쇠기, 점성유체감쇠기, 능동형 감쇠장치 등	① 연성이 우수한 재료 ② 질량이 가벼운 재료(내력벽, 구조체 튜브시스템)

구 분	면진구조	제진구조	내진구조
특징	① 구조물의 안정성, 사용성 확보 ② 지진력에 효과적으로 대응 ③ 구조·비구조요소 보호 가능	① 중규모의 지진력에 대응 ② 구조물의 사용성을 확보 ③ 비구조적 요소 보호에는 한계성이 있음	① 구조물의 부재 증설 및 단면 증대 ② 비경제적 설계 가능 ③ 구조물의 자중 증가

26 강구조 부재에서 비틀림이 생기지 않고 휨변형만 유발하는 위치를 전단 중심(shear center)이라 한다. 다음 형강들에 대하여 전단 중심의 위치를 각 단면에 표기하시오. [5점]

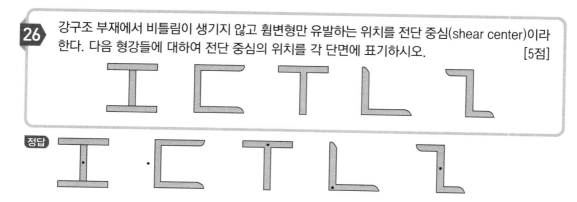

정답

해설 전단 중심 및 도심

구 분	전단 중심(S) 및 도심(G)
1축 대칭단면	
2축 대칭단면	
비대칭단면	

2019 제2회 건축기사 실기

▌2019년 6월 29일 시행▐

01 다음 그림과 같이 터파기를 했을 경우 인접 건물의 주위 지반이 침하할 수 있는 원인을 3가지 쓰시오. (단, 일반적으로 인접하는 건물보다 깊게 파는 경우) [3점]

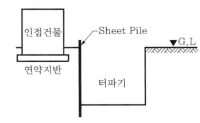

정답 ① 흙막이 배면 파이핑 발생
② 지하수위의 강하(변동)
③ 흙막이 배면 뒷채움재 다짐 부족

해설 **지반침하의 원인 및 대책**

원 인	대 책
① 흙막이 배면 파이핑(piping) 발생	① 차수성이 우수한 흙막이벽 시공
② 지하수위의 강하(변동)	② 언더피닝공법 적용
③ 흙막이 배면 뒷채움재 다짐 부족	③ 지표면 상부 하중 재하금지
④ 흙막이벽에 작용하는 측압 과다	④ 뒷채움재의 밀실다짐(층다짐 30cm)
⑤ 히빙(heaving) 및 보일링(boiling) 발생	⑤ 주변 지반개량공법 적용

02 흙막이공사에서 역타설공법(top-down method)의 장점을 4가지 쓰시오. [4점]

정답 ① 1층 슬래브가 먼저 타설되어 작업공간으로 활용 가능
② 지상과 지하의 동시 시공으로 공기단축이 용이
③ 날씨와 무관하게 공사진행이 가능
④ 주변 지반에 대한 영향이 없음

해설 ① 1층 슬래브가 먼저 타설되어 작업공간으로 활용 가능
② 지상과 지하의 동시 시공으로 공기단축이 용이
③ 날씨와 무관하게 공사진행이 가능

④ 주변 지반에 대한 영향이 없음
⑤ 가설자재의 절감
⑥ 기상영향과 무관한 공사진행 가능

03 슬러리월(slurry wall)공법에 대한 다음 설명 중 빈칸에 들어갈 알맞은 말을 쓰시오. [3점]

> 지하연속벽공법인 슬러리월(slurry wall)은 먼저 안내벽(guide wall)을 설치한 후 (①)을(를) 사용하여 지반을 굴착하고 (②)을(를) 일으켜 세워서 설치한 후, (③)을(를) 타설하여 지중에 연속벽체를 형성하는 공법으로 흙막이의 안정성이 뛰어나며, 차수성능이 우수하다.

정답 ① 안정액　　② 철근망　　③ 콘크리트

해설 (1) **안정액**(stabilizer liquid): 굴착벽면 붕괴 방지, 지반을 안정화시키는 비중이 큰 액체
(2) **가이드월**: 지표 굴착부 붕괴 방지, 평면적 위치결정, 철근망 거치대기능, 굴착수직도 확보

04 대형 시스템거푸집 중에서 갱폼(gang form)의 장단점을 각각 2가지씩 쓰시오. [4점]

정답 (1) **장점**
　　① 거푸집 조립 및 해체작업 감소
　　② 시공능률 향상 및 공기단축
(2) **단점**
　　① 초기 투자비 과다 발생
　　② 대형 양중장비 필요

해설	장 점	단 점
	① 거푸집 조립 및 해체작업 감소	① 초기 투자비 과다 발생
	② 시공능률 향상 및 공기단축	② 대형 양중장비 필요
	③ 노무인력 감소 및 숙련공 불필요	③ 현장제작 및 해체장소 필요
	④ 시공정밀도 확보 가능(벽체 수직도 양호)	④ 갱폼 제작기간 소요
		⑤ 대형 부재로 안전사고 우려

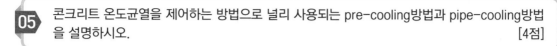
05 콘크리트 온도균열을 제어하는 방법으로 널리 사용되는 pre-cooling방법과 pipe-cooling방법을 설명하시오. [4점]

정답 (1) pre-cooling**방법**: 콘크리트 재료의 일부 또는 전부를 냉각시켜 콘크리트의 온도를 낮추는 방법
(2) pipe-cooling**방법**: 콘크리트 타설 전에 파이프를 배관하여 냉각수나 찬 공기를 순환시켜 콘크리트의 온도를 낮추는 방법

해설 (1) pre-cooling**방법**: 저열시멘트, 얼음 사용(물량의 10~40%), 굵은 골재 냉각살수, 액체질소 분사
(2) pipe-cooling**방법**: ϕ25mm 흑색 Gas-Pipe 사용, 1.0~1.5m 간격 배치(직렬배치), 15L/분 통수량

06 콘크리트의 알칼리골재반응을 방지하기 위한 대책을 3가지 쓰시오. [3점]

정답 ① 저알칼리 포틀랜드시멘트 사용[알칼리함량(Na_2O 당량) 0.6% 이하]
② 청정골재 사용(알칼리반응성 물질 감소)
③ 혼합시멘트 사용(포졸란계 시멘트)

해설 **알칼리골재반응**(alkali aggregate reaction)
(1) **정의**: 시멘트 중의 수산화알칼리와 골재 중의 반응성 물질(실리카, 황산염 등) 사이에 일어나는 화학반응
(2) **원인 및 대책**

원 인	대 책
① 골재의 알칼리반응성 물질 과다	① 저알칼리 포틀랜드시멘트 사용[알칼리함량(Na_2O 당량) 0.6% 이하]
② 시멘트 중의 수산화알칼리용액 과다	
③ 습도가 높거나 습윤상태일 때 발생	② 청정골재 사용(알칼리반응성 물질 감소)
④ 콘크리트 내 수분이동으로 알칼리이온 농축	③ 혼합시멘트 사용(포졸란계 시멘트)
⑤ 단위시멘트량 과다	④ 콘크리트 알칼리총량 제어: $0.3kg/m^3$
⑥ 제치장콘크리트일 경우 발생	⑤ 단위시멘트량 감소

07 한중(寒中)콘크리트의 동결저하 방지대책을 2가지 쓰시오. [4점]

정답 ① AE제, AE감수제, 고성능 AE감수제 중 한 가지를 사용
② 초기강도 5MPa이 발현될 때까지 보온양생 실시

해설 **한중콘크리트**

(1) **정의**: 일평균기온 4℃ 이하일 때 타설하는 콘크리트
(2) **동결 방지대책**
 ① 조강포틀랜드시멘트 사용
 ② 초기강도 5MPa 이상 확보
 ③ 배합수온도 40℃ 이상 가열
 ④ 타설 시 콘크리트 온도 5~20℃ 미만 관리
 ⑤ 단위수량 감소
 ⑥ 단열보온 및 가열보온양생 실시
 ⑦ AE제, AE감수제, 고성능 AE감수제 등 혼화재 사용
 ⑧ 콘크리트 내 적당량의 연행공기(4~6%)

---

08 TS(Torque Shear)형 고장력볼트의 시공순서를 번호로 나열하시오. [3점]

보기
 ① 팁 레버를 잡아당겨 내측 소켓에 들어 있는 핀테일을 제거
 ② 렌치의 스위치를 켜 외측 소켓이 회전하며 볼트를 체결
 ③ 핀테일이 절단되었을 때 외측 소켓이 너트로부터 분리되도록 렌치를 잡아당김
 ④ 핀테일에 내측 소켓을 끼우고 렌치를 살짝 걸어 너트에 외측 소켓이 맞춰지도록 함

정답 ④ → ② → ③ → ①

---

09 철골공사 습식 내화피복공법의 종류를 3가지 쓰시오. [3점]

정답 ① 타설공법 ② 뿜칠공법 ③ 미장공법

해설 **내화피복공법의 분류**

구 분	공법종류	재 료
습식 내화피복	타설공법	보통콘크리트, 경량콘크리트
	뿜칠공법	암면, 모르타르, 플라스터, 실리카 등
	조적공법	속 빈 콘크리트 블록, 경량콘크리트 블록(ALC)
	미장공법	시멘트모르타르, 철망 펄라이트 모르타르
건식 내화피복	성형판붙임공법 세라믹울피복공법	무기섬유 혼합 규산칼슘판, ALC판, 석면시멘트판, 경량콘크리트 패널, 프리캐스트콘크리트판
합성 내화피복	이종재료 적층 · 접합공법	프리캐스트콘크리트판, ALC판
도장 내화피복	내화도료공법	팽창성 내화도료

10 기둥 축소(column shortening)현상에 대한 다음 항목을 기술하시오. [5점]

(1) 원인
(2) 기둥 축소에 따른 영향 3가지

정답

(1) 원인	(2) 기둥 축소에 따른 영향 3가지
① 내부와 외부의 기둥구조가 다를 경우 ② 기둥재료의 재질 및 응력차	① 기둥의 축소변위 발생 ② 기둥의 변형 및 조립 불량 ③ 창호재의 변형 및 조립 불량

해설 column shortening

(1) **정의**: 내·외부 기둥구조 상이, 재료의 재질 및 응력차 등으로 인한 수직부재의 상대적 신축량으로 기중의 축소변위

(2) **영향**
　　① 외부 창호재(curtain wall)의 비틀림
　　② 바닥 슬래브의 불균형 처짐
　　③ 비내력벽체(칸막이벽체)의 균열
　　④ 설비 오·배수관의 역구배 발생
　　⑤ 슬래브 및 보에 부가응력(전단력, 모멘트) 유발

(3) **원인 및 대책**

원인		대책
탄성 쇼트닝	비탄성 쇼트닝	
① 기둥부재 재질 상이 ② 부재의 단면적 상이 ③ 부재의 높이 상이 ④ 상부 하중 상이	① 방위에 따른 콘크리트의 건조수축(수화, 건조, 자기수축) ② 크리프에 의한 변위	① 설계단계 시 축소량 사전예측 ② 시공단계 시 구간별 등분 조절 ③ 수직부재 간 상부 하중 균등배분 ④ 가조립상태에서 변위 발생 조절 ⑤ 변위량 조절 후 본 조립

11 커튼월공사 시 누수 방지대책과 관련된 다음 용어에 대해 설명하시오. [4점]

(1) closed joint
(2) open joint

정답 (1) closed joint: 커튼월의 개별 접합부를 seal재로 완전히 밀폐시켜 틈새를 없애는 방법
(2) open joint: 벽의 외측면과 내측면 사이에 공간을 두고 외기압과 등압을 유지하여 압력차를 없애는 방법

해설 **커튼월(curtain wall) 누수 방지대책**(누수원인; 물, 틈새, 압력)
(1) closed joint: 접합부 seal재로 완전 밀폐하여 틈새 제거(부재 내·외측 차단)
(2) open joint: 등압이론을 적용한 압력 제거, 외측 개방, 내측 기밀 유지(seal재 밀폐)

12 시트(sheet)방수공법의 단점을 2가지 쓰시오. [2점]

정답 ① 재료가 비싸다.
② 접합부 처리 및 복잡한 부위의 마감이 어렵다.

해설 **시트(sheet)방수공법(합성고분자 루핑방수공법)**
(1) **정의**: 두께 0.8~2.0mm 정도의 합성고무, 합성수지를 구조체에 접착하여 방수층을 형성하는 공법
(2) **특징**

장 점	단 점
① 방수층 두께 균일	① 누수 시 국부적 보수 난해
② 방수성능 우수	② 시트이음부 결함 우려
③ 시공이 간단하며 공기단축 가능	③ 외부 충격에 의한 파손 발생 가능
④ 상온공법 적용 가능	④ 복잡한 시공 부위 작업 곤란
⑤ 내후성 및 신축성 우수	⑤ 수직부재 접착 시 박리, 처짐 발생
⑥ 경량으로 현장 소운반 용이	⑥ 시트재료비 고가

13 금속판 지붕공사에서 금속기와의 설치순서를 번호로 나열하시오. [4점]

보기
① 서까래 설치(방부 처리를 할 것)
② 금속기와 size에 맞는 간격으로 기와걸이 미송각재 설치
③ 경량철골 설치
④ 펄린(purlin) 설치(지붕 레벨 고려)
⑤ 부식 방지를 위한 철골 용접 부위 방청 도장 실시
⑥ 금속기와 설치

정답 ③ → ④ → ⑤ → ① → ② → ⑥

해설 **금속기와 스케치와 시공순서**

금속기와 스케치	시공순서
 금속기와잇기 기와걸이(40×40) 서까래(45×90 각재 900) Purlin C-150×50×20×T3.2 @1200 2C-100×50×20×T2.3 물끊기홈 T50 단열재 드라이비트 T100 단열재 석고보드 위 천장지	① 경량철골 설치(C형강 트러스구조) ② 펄린(purlin) 설치(지붕레벨 고려) ③ 용접부 방청 처리(용접부 부식 방지) ④ 서까래 900mm 간격 설치(방부 처리) ⑤ 기와걸이 설치(금속기와의 크기 고려) ⑥ 금속기와 설치(하부→상부방향)

14 다음 설명이 뜻하는 계약방식의 용어를 쓰시오. [4점]

(1) 사회간접시설의 확충을 위해 민간이 자금 조달과 공사를 완성하여 투자액을 회수하기 위해 일정 기간 운영하고 시설물과 운영권을 발주측에 이전하는 방식

(2) 사회간접시설의 확충을 위해 민간이 자금 조달과 공사를 완성하여 소유권을 공공부문에 먼저 이양하고, 약정기간 동안 그 시설물을 운영하여 투자금액을 회수하는 방식

(3) 사회간접시설의 확충을 위해 민간이 자금 조달과 공사를 완성하여 시설물의 운영과 함께 소유권도 민간에 이전하는 방식

(4) 발주자는 설계에서 시공까지 건물의 요구성능만을 제시하고 시공자가 재료나 시공방법을 선택하여 요구성능을 실현하는 방식

정답 (1) BOT(Build-Operate-Transfer)
(2) BTO(Build-Transfer-Own)
(3) BOO(Build-Operate-Own)
(4) 성능발주방식

15 칸막이벽 면적 20m²를 표준형 벽돌 1.5B 두께로 쌓고자 한다. 이때 현장에 반입하여야 하는 벽돌의 수량(소요량)을 산출하시오. (단, 줄눈두께 10mm) [3점]

정답 소요량$=20\times224\times1.05=$**4,704매**

해설 **조적공사 적산(벽돌량 산출)**

(1) 단위면적당 벽돌 정미량 및 쌓기 모르타르량(표준형 벽돌의 경우에 한함)

구 분	0.5B	1.0B	1.5B	2.0B	2.5B
벽돌 정미량(매/m²)	75	149	224	298	373
쌓기 모르타르량(m³/1,000매)	0.25	0.33	0.35	0.36	0.37

(2) **할증률 적용**: 5%

(3) **적산식**: 전체 면적×벽돌쌓기 기준량×할증=벽돌소요량(매)

(4) **할증률**
① 벽돌: 시멘트벽돌 5%, 내화벽돌 3%, 붉은 벽돌(점토벽돌) 3%를 가산하여 소요량으로 산정
② 속 빈 콘크리트 블록: 할증률 4%가 포함된 소요량이 기준이 됨

16 다음 그림과 같은 철근콘크리트조 건물에서 기둥과 벽체의 거푸집량을 산출하시오. [6점]

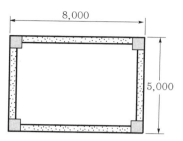

8,000

5,000

조건

① 기둥: 400mm×400mm
② 벽두께: 200mm
③ 높이: 3m
④ 치수는 바깥치수: 8,000mm×5,000mm
⑤ 콘크리트 타설은 기둥과 벽을 별도로 타설한다.

정답 ① 기둥: $(0.4 \times 4 \times 3) \times 4$개$=19.2\text{m}^2$
② 벽: $(4.2 \times 3 \times 2) \times 2 + (7.2 \times 3 \times 2) \times 2 = 136.8\text{m}^2$
③ 전체 거푸집 면적: $19.2\text{m}^2 + 136.8\text{m}^2 = \mathbf{156\text{m}^2}$

해설 **철근콘크리트 구조 거푸집량 적산**
• 기둥/벽체 접합부: 거푸집 면적 산정 시 공제하지 않는 것이 원칙

17 다음 데이터를 네트워크공정표로 작성하고, 각 작업의 여유시간을 구하시오. [10점]

작업명	작업일수	선행작업	비 고
A	5	없음	
B	6	없음	
C	5	A	(1) 결합점에서는 다음과 같이 표현한다.
D	2	A, B	
E	3	A	
F	4	C, E	
G	2	D	(2) 주공정선은 굵은 선으로 표시한다.
H	3	F, G	

정답

네트워크공정표	여유시간			

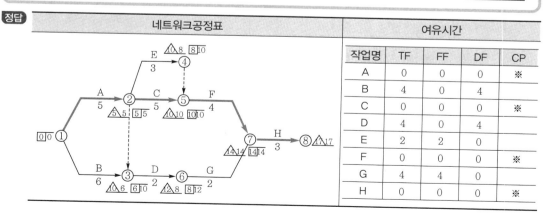

작업명	TF	FF	DF	CP
A	0	0	0	※
B	4	0	4	
C	0	0	0	※
D	4	0	4	
E	2	2	0	
F	0	0	0	※
G	4	4	0	
H	0	0	0	※

18 수중에 있는 골재의 중량이 1,300g이고, 표면건조 내부 포화상태의 중량은 2,000g이며, 이 시료를 완전히 건조시켰을 때의 중량이 1,992g일 때 흡수율을 구하시오. [4점]

정답 $흡수율 = \dfrac{표면건조\ 내부\ 포화상태 - 절건상태}{절건상태}$

$$= \frac{2,000 - 1,992}{1,992} \times 100$$

$$= 0.4\%$$

해설 골재의 함수상태 및 밀도

골재의 함수상태	골재의 밀도
① 유효흡수율: $\dfrac{유효흡수량}{기건상태\ 골재중량} \times 100\%$ ② 흡수율: $\dfrac{흡수량}{절건상\ 골재중량} \times 100\%$ ③ 함수율: $\dfrac{함수량}{절건상태\ 골재중량} \times 100\%$ ④ 표면수율: $\dfrac{표면흡수량}{표건내포상태\ 골재중량} \times 100\%$	① 겉보기 밀도: $\left(\dfrac{A}{B-C}\right)\rho_w$ (절대건조상태의 밀도) ② 표건내포상태 밀도: $\left(\dfrac{B}{B-C}\right)\rho_w$ ③ 진밀도: $\left(\dfrac{A}{A-C}\right)\rho_w$ 여기서, A: 절대건조상태의 질량(g) $\quad\quad B$: 표면건조 내부 포화상태의 질량(g) $\quad\quad C$: 시료의 수중질량(g) $\quad\quad \rho_w$: 시험온도에서 물의 밀도(g/cm³)

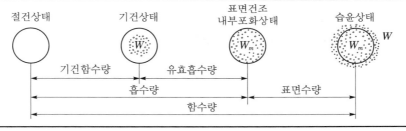

19 다음 형강을 단면형상의 표시방법에 따라 표시하시오. [2점]

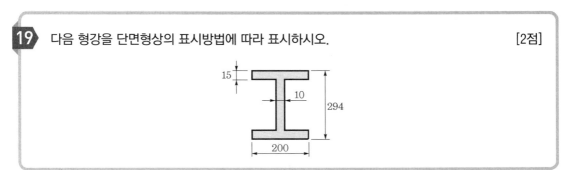

정답 $H - 294 \times 200 \times 10 \times 15$

해설 강재의 표기방법

SM 490 A

└─ 충격흡수에너지시험보증값 구분(용접성: A 〈 B 〈 C)
└─ 인장강도(MPa)
└─ 강제의 종류(SS: 일반구조용, SM: 용접구조용)

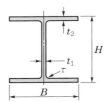

① H-Beam : $H \times B \times t_1 \times t_2$
② ㄱ-Beam : $H \times B \times T$(Angle; L형강)
③ ㄷ-Beam : $H \times B \times t_1 \times t_2$(Channel; C형강)

☑ 참고

강재기호 변경
① 변경 전: SM490 – 용접구조용 압연강재, 인장강도 490MPa(영문기호 뒤의 숫자는 인장강도를 의미함)
② 변경 후: SM315 – 용접구조용 압연강재, 항복강도 315MPa(영문기호 뒤의 숫자는 항복강도를 의미함)

20 강재의 항복비(yield strength ratio)를 설명하시오. [2점]

정답 강재가 항복에서 파단에 이르기까지를 나타내는 기계적 성질의 지표로서, 인장강도에 대한 항복강도의 비

21 기둥의 재질과 단면크기가 모두 같은 다음 그림과 같은 4개의 장주의 좌굴길이를 쓰시오. [4점]

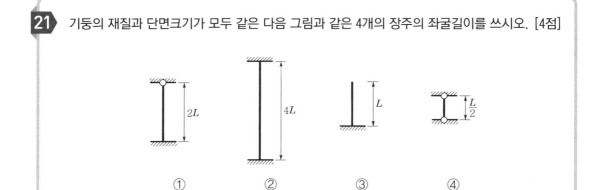

정답 ① $0.7 \times 2L = 1.4L$ ② $0.5 \times 4L = 2.0L$
③ $2 \times L = 2.0L$ ④ $1 \times L/2 = L/2 = 0.5L$

해설 기둥의 좌굴길이

단부조건	1단 고정 타단 자유	양단 힌지	1단 고정 타단 힌지	양단 고정
지지조건에 따른 기둥의 분류	$kl=2l$	$kl=l$	$kl=0.7l$	$kl=0.5l$
좌굴유효길이(l_k)	$2l$	l	$0.7l$	$0.5l$
좌굴강도계수(n)	1/4(1)	1(4)	2(8)	4(16)

22 다음 그림과 같은 단순보의 최대 휨응력을 구하시오. (단, 보의 자중은 무시한다.) [3점]

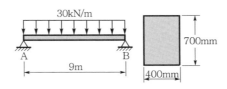

정답 $\sigma_{\max} = \dfrac{M_{\max}}{Z} = \dfrac{\dfrac{wL^2}{8}}{\dfrac{bh^2}{6}} = \dfrac{\dfrac{30 \times (9 \times 10^3)^2}{8}}{\dfrac{400 \times 700^2}{6}} = 9.3\text{N/mm}^2 = \mathbf{9.3MPa}$

23 다음 그림과 같은 연속보의 지점반력 V_A, V_B, V_C를 구하시오. [4점]

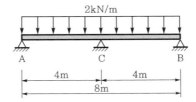

정답 ① 적합조건: $\delta_c = \dfrac{5wL^4}{384EI} - \dfrac{V_c L^3}{48EI} = 0$ 으로부터 $V_C = +\dfrac{5}{8}wL = +\dfrac{5}{8} \times 2 \times 8 = \mathbf{+10kN(\uparrow)}$

② 평형조건: $V_A = V_B = +\dfrac{1.5}{8}wL = +\dfrac{1.5}{8} \times 2 \times 8 = \mathbf{+3kN(\uparrow)}$

24 철근콘크리트 구조에서 탄성계수비 $n = \dfrac{E_s}{E_c} = \dfrac{200{,}000}{8{,}500 \sqrt[3]{f_{cu}}} = \dfrac{200{,}000}{8{,}500 \sqrt[3]{f_{ck} + \Delta f}}$ 식으로
표현할 수 있다. 다음 빈칸에 들어갈 수치를 쓰시오. [4점]

$f_{ck} \leq 40\text{MPa}$	$40\text{MPa} < f_{ck} < 60\text{MPa}$	$60\text{MPa} \leq f_{ck}$
$\Delta f = ($ ① $)$	$\Delta f =$ 직선보간	$\Delta f = ($ ② $)$

정답 ① 4MPa ② 6MPa

25 철근콘크리트 구조에서 균열모멘트를 구하기 위한 콘크리트의 파괴계수 f_r을 구하시오. (단, 모 래경량콘크리트 사용, $f_{ck} = 21\text{MPa}$) [4점]

정답 $f_r = 0.63\lambda \sqrt{f_{ck}} = 0.63 \times 0.85 \sqrt{21} = \mathbf{2.45\text{MPa}}$

해설 **경량콘크리트 계수(λ)**
① 전경량콘크리트: $\lambda = 0.75$
② 모래경량콘크리트: $\lambda = 0.85$
③ 보통중량콘크리트: $\lambda = 1.0$

26 철근콘크리트 벽체의 설계축하중(ϕP_{nw})을 계산하시오. [4점]

> **조건**
> ① 유효벽길이(b_e)=2,000mm
> ② 벽두께(h)=200mm
> ③ 벽높이(l_c)=3,200mm
> ④ $\phi P_{nw} = 0.55\phi f_{ck} A_g \left[1 - \left(\dfrac{kl_c}{32h}\right)^2\right]$ 식을 이용하고, $\phi = 0.65$, $k = 0.8$, $f_{ck} = 24\text{MPa}$, $f_y = 400\text{MPa}$을 적용한다.

정답 $\phi P_{nw} = 0.55\phi f_{ck} A_g \left[1 - \left(\dfrac{kl_c}{32h}\right)^2\right]$

$= 0.55 \times 0.65 \times 24 \times (2{,}000 \times 200) \times \left[1 - \left(\dfrac{0.8 \times 3{,}200}{32 \times 200}\right)^2\right]$

$= 2{,}882{,}880\text{N} = \mathbf{2{,}882.880\text{kN}}$

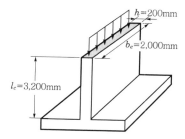

01 다음의 공사관리계약방식에 대하여 설명하시오. [4점]

(1) CM for fee
(2) CM at risk

정답 (1) **CM for fee**: 발주자와 설계자·시공자가 직접 계약하는 형태에서 CM자는 건설사업 수행에 관한 발주자를 대리인으로 하여 서비스를 제공하는 방식으로, 약정된 보수를 발주자에게 지급 받는 형태
(2) **CM at risk**: 발주자와 시공 및 건설사업관리에 대한 별도의 계약을 체결하여 종합적인 계획, 관리 및 조정을 하면서 미리 정한 공사금액과 공사기간 내에 시설물을 시공하는 형태

해설 **CM의 기본형태**

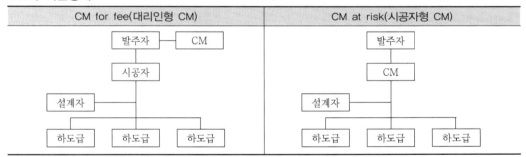

CM for fee(대리인형 CM)	CM at risk(시공자형 CM)

02 다음 용어를 설명하시오. [4점]

(1) 예민비
(2) 지내력시험

정답 (1) **예민비**: 점토의 경우 함수율변화 없이 자연상태의 시료를 이기면 약해지는 성질 정도를 표시한 것으로, 이긴 시료의 강도에 대한 자연시료의 강도비
(2) **지내력시험**: 기초저면에 직접 하중을 재하하여 기초지반의 지내력을 구하는 원위치시험

해설 **예민비 및 지내력시험**

예민비	지내력시험의 종류
예민비 = $\dfrac{\text{자연시료의 강도}}{\text{이긴 시료의 강도}}$	① 평판재하시험 ② 말뚝박기시험(시항타) ③ 말뚝재하시험

03 히빙(heaving)현상에 대해 현장의 모식도(模式圖)를 간략히 그려서 설명하시오. [4점]

정답

히빙현상 스케치	히빙개념(정의)
	연약점토지반의 흙막이 내·외흙의 중량차 등에 의해 굴착저면의 흙이 지지력을 잃고 붕괴되어 흙막이 배면의 토사가 안으로 밀려 굴착저면이 부푸는 현상

해설 **히빙현상의 원인 및 대책**

원인	대책
① 흙막이벽 내·외흙의 중량차 ② 상부 재하중 과다 ③ 흙막이벽의 근입깊이 부족 ④ 기초저면 지지력 부족	① 흙막이벽의 근입깊이 확보 ② 부분굴착으로 굴착지반 안정성 확보 ③ 기초저면의 연약지반 개량 ④ 흙막이 배면 상부 하중 제거

04 언더피닝공법을 시행하는 목적과 그 공법의 종류를 2가지 쓰시오. [4점]

정답 (1) **시행목적**
　　① 기존 건축물 보강　　② 신설기초 형성　　③ 경사진 건축물 복원
(2) **공법의 종류**
　　① 덧기둥지지공법　　② 내압판방식

해설 **언더피닝공법의 목적과 종류**

목적	공법의 종류
① 기존 건축물 보강 ② 신설기초 형성 ③ 경사진 건축물 복원 ④ 인접 터파기 시 기존 건축물 침하 방지	① 덧기둥지지공법 ② 내압판방식 ③ 말뚝지지에 의한 내압판방식 ④ 2중널말뚝방식

05 연약지반개량공법의 종류를 3가지 쓰시오. [3점]

정답 ① 치환공법 ② 압밀공법 ③ 탈수공법

해설

사질지반	점성토 지반
① 진동다짐공법	① 치환공법, 표면처리공법
② 모래진동다짐공법(SCP)	② 압밀공법(선행재하공법, 사면선단재하공법)
③ 전기충격공법	③ 탈수공법, 배수공법
④ 폭파다짐공법	④ 고결공법, 동결공법
⑤ 약액주입공법	⑤ 전기침투공법, 침투압공법

 Key Point

연약지반 관련 문제의 경우 점토질 지반을 중점적으로 답안을 작성하는 것이 좋다.

06 시스템거푸집 중 바닥슬래브의 콘크리트를 타설하기 위한 대형 거푸집으로서 거푸집널, 장선, 멍에, 서포트를 일체로 제작하여 수평 및 수직이동이 가능한 거푸집을 쓰시오. [2점]

정답 ① table form ② traveling form
③ flying shore form

해설 ① table form: 바닥판+지보공 Unit화 → 수평이동
② traveling form: 연속적 콘크리트 타설 → 수평이동
③ flying shore form: 거푸집+장선+멍에+지주 Unit화 → 수평이동+수직이동
④ tunnel form: 벽체+바닥거푸집 일체화 → 수평이동

07 Remicon(25-27-150)은 ready mixed concerte의 규격에 대한 수치이다. 이 3가지의 수치가 뜻하는 바를 간단히 쓰시오. [3점]

정답 ① 25: 굵은 골재 최대 치수 25mm
② 27: 27일 콘크리트 압축강도 27MPa(콘크리트 호칭강도 27MPa)
③ 150: 슬럼프값 150mm

해설 Remicon(Ready Mixed Concrete)
(1) **정의**: 레미콘 제조설비능력을 갖춘 레미콘공장에서 제조·생산하여 현장으로 운반하여 타설되는 콘크리트

(2) 레미콘 규격 표시

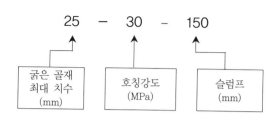

25 — 30 — 150

| 굵은 골재 최대 치수 (mm) | 호칭강도 (MPa) | 슬럼프 (mm) |

■ 호칭강도
① 레미콘공장에서 상품으로서의 강도
② 강도를 규정한 경우는 설계기준강도와 같은 의미로 사용
③ 내구성, 수밀성을 규정한 경우에는 호칭강도와 설계기준강도가 상이함(일반적: 설계기준강도 ≤호칭강도)

---

08 골재의 상태는 절대건조상태, 기건상태, 표면건조 내부 포화상태, 습윤상태로 구분한다. 이때 골재의 흡수량과 함수량에 대하여 설명하시오. [4점]

정답 (1) **흡수량**: 표면건조 내부 포화상태의 골재 중에 포함된 물의 양
(2) **함수량**: 습윤상태의 골재 중에 포함된 물의 양

해설 **골재의 함수상태 및 밀도**

골재의 함수상태	골재의 밀도
① 유효흡수율: $\dfrac{\text{유효흡수량}}{\text{기건상태 골재중량}} \times 100\%$ ② 흡수율: $\dfrac{\text{흡수량}}{\text{절건상태 골재중량}} \times 100\%$ ③ 함수율: $\dfrac{\text{함수량}}{\text{절건상태 골재중량}} \times 100\%$ ④ 표면수율: $\dfrac{\text{표면흡수량}}{\text{표건내포상태 골재중량}} \times 100\%$	① 겉보기 밀도: $\left(\dfrac{A}{B-C}\right)\rho_w$ (절대건조상태의 밀도) ② 표건내포상태 밀도: $\left(\dfrac{B}{B-C}\right)\rho_w$ ③ 진밀도: $\left(\dfrac{A}{A-C}\right)\rho_w$ 여기서, A: 절대건조상태의 질량(g) $\quad\quad\quad B$: 표면건조 내부 포화상태의 질량(g) $\quad\quad\quad C$: 시료의 수중질량(g) $\quad\quad\quad \rho_w$: 시험온도에서 물의 밀도(g/cm^3)

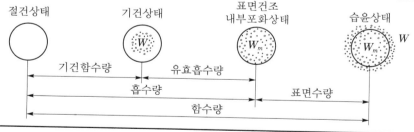

09 다음은 콘크리트 이어치기 시간에 대한 설명이다. ( ) 안에 알맞은 시간을 써 넣으시오.   [2점]

> 콘크리트 이어치기 시간이란 1개층 타설 시 콘크리트 비빔부터 타설 완료 후 마감까지 소요되는
> 시간으로, 이어치기 시간간격의 한도는 외기온이 25℃ 미만일 때는 (①), 25℃ 이상에서는
> (②)으로 한다.

정답 ① 150분(2.5시간)
② 120분(2.0시간)

해설 **이어치기 시간간격**

구 분	건축공사 표준시방서	콘크리트시방서
외기온도	• 25℃ 초과: 2.0시간 • 25℃ 이하: 2.5시간	• 25℃ 초과: 1.5시간 • 25℃ 이하: 2.0시간

 Key Point

> 건축공사 표준시방서의 이어치기 시간간격으로 답안을 작성해야 한다.

10 철골공사의 재료 중 강재의 시험성적서(mill-sheet)로 확인할 수 있는 사항을 3가지 쓰시오.
[3점]

정답 ① 제품의 제원
② 강재의 역학적 성능
③ 강재의 화학적 성분

해설 **시험성적서(mill sheet)**
(1) **정의**: 강재의 제조업체가 발행하는 공인된 품질인증서
(2) **표기항목**
   ① 제품의 제원(길이, 중량, 두께 등)
   ② 제품의 역학적 성능(인장강도, 항복강도, 연신율 등)
   ③ 제품의 화학적 성분(Fe, C, Mn 등)
   ④ 시험종류와 기준(시험방법, 시험기관, 시험기준 등)
   ⑤ 제품의 제조사항(제조사, 제조연월일, 공장, 제품번호 등)

2019년

11 다음은 철골공사 용접에 관련한 용어이다. 다음 용어를 설명하시오. [4점]

(1) 스캘럽
(2) 엔드탭

정답 (1) **스캘럽(scallop)**: 용접선 교차부에 열영향에 의한 취약 부위를 방지하기 위해 부채꼴모양으로 모따기 한 것
(2) **엔드탭(end tab)**: 용접 bead의 시작과 끝부분의 용접결함을 방지하기 위해 양단에 붙이는 모재와 동등한 홈을 갖는 임시용 보조강판

해설

스케치	부재명
	① 스캘럽 : 용접선 교차 방지 ② 엔드탭 : 용접선 단부 결함 방지 ③ 뒷댐재 : 배면용접 결함 방지

12 철골공사에서 강재 표면의 부식 방지를 위한 녹막이 도장을 하지 않는 부분을 쓰시오. [2점]

정답 ① 고력볼트 마찰접합부 마찰면
② 현장용접부 및 인접 부위 양측 100mm 이내

해설 **녹막이칠 제외 부분**
① 고력볼트 마찰접합부 마찰면
② 현장용접부 및 인접 부위 양측 100mm 이내
③ 초음파탐상검사 지장범위
④ 콘크리트 내 매입 부분
⑤ pin, roller 등 밀착부
⑥ 조립에 의한 면맞춤 부분
⑦ 밀폐되는 내면

13 목재의 방부처리방법 3가지를 작성하고 간단히 설명하시오. [3점]

정답 (1) **도포법**: 목재 건조 후 균열 및 이음부 등에 방부제를 도포하는 방법
(2) **주입법**: 방부제용액 중에 목재를 침지하여 방부제를 침투시키는 방법
(3) **침지법**: 방부제용액 중에 목재를 일정 시간 이상 침지하는 방법

해설 **목재의 방부 처리방법**

구 분	방 법
도포법	목재 건조 후 균열 및 이음부 등에 방부제를 도포하는 방법
주입법	① 상압주입법 : 방부제용액 중에 목재를 침지하여 방부제를 침투시키는 방법 ② 가압주입법 : 압력용기 속에 목재를 넣어 7~12기압의 고압하에서 방부제를 주입하는 방법
침지법	방부제용액 중에 목재를 일정 시간 이상 침지하는 방법
표면탄화법	목재의 3~10mm 정도의 표면을 탄화시키는 방법
생리주입법	벌목 전 나무뿌리에 약액을 주입하여 수간에 이행시키는 방법

14 다음에서 설명하는 용어를 쓰시오. [2점]

> 시멘트 중의 수산화칼슘이 공기 중의 탄산가스와 반응하여 벽체의 표면에 생기는 흰 결정체

정답 백화현상

해설 **백화현상**
(1) 발생 메커니즘
① 화학반응식: $[CaO+H_2O \rightarrow Ca(OH)_2(수화반응)]+CO_2 \rightarrow CaCO_3+H_2O(탄산화반응)$
② 1차 백화(경화체 내 자체 보유수) → 2차 백화(외부 유입수) → 3차 백화(발수제 함유수)
(2) 원인 및 대책

원 인		대 책
기후조건	저온(수화반응 지연)	소성이 잘된 벽돌 및 흡수율이 낮은 벽돌 사용
	다습(수분 제공)	줄눈의 방수 처리(경화 후 발수제 도포)
	그늘진 장소(건조 지연)	외부 유입수 차단(차양, 루버, 물끊기 등)
물리적 조건	균열 발생 부위	시공 후 양생관리 철저
	벽돌 및 타일 뒤 공극 과다	겨울철 등 저온 시공 지양
	겨울철 양생온도관리 불량	저알칼리형 시멘트 사용
	줄눈 시공 불량(양생 불량)	분말도 큰 시멘트 사용

15 방수공사에서 안방수공법과 바깥방수공법의 특징을 보기에서 골라 번호를 표기하시오. [4점]

구 분	안방수공법	바깥방수공법	보 기	
공법 적용			① 수압이 작은 얕은 지하실	② 수압이 큰 깊은 지하실
바탕만들기			① 필요	② 없어도 무방함
공사 용이성			① 시공 간단	② 시공 어려움
본공사 추진			① 본 공사와 전 시공	② 본 공사에 영향 없음
경제성			① 공사비 저렴	② 공사비 고가
보호누름			① 필요함	② 없어도 무방함

정답

구 분	안방수공법	바깥방수공법
공법 적용	①	②
바탕만들기	②	①
공사 용이성	①	②
본 공사 추진	②	①
경제성	①	②
보호누름	①	②

해설 안방수공법과 바깥방수공법의 비교

구 분	안방수공법	바깥방수공법
공법 적용	수압이 낮고 얕은 지하실	수압이 높고 깊은 지하실
시공시기	구조체 완료 후	구조체 완료 후 되메우기 전
공사비	저렴	고가
시공성	용이	시공 어려움
본공사 영향	지장 없음	후속 시공 진행 불가
보호층	필요	무관
하자보수	용이	하자보수 난해
수압대응 성능	성능 저하	성능 우수

16 다음 용어를 설명하시오. [4점]

(1) 코너비드
(2) 차폐용 콘크리트

정답 (1) **코너비드**: 미장면의 벽, 기둥 등의 모서리를 보호하기 위하여 미장바름 마감을 할 때 붙이는 보호용 철물
(2) **차폐용 콘크리트**: 주로 생물체의 방호를 위해 γ선 및 중성자선을 차폐할 목적으로 만든 콘크리트

해설 **금속공사에 사용되는 철물의 종류**
① 메탈라스: 얇은 철판에 자름금을 내어 당겨 늘린 철물
② 와이어메시: 연강철선을 직교시켜 전기용접한 철물
③ 와이어라스: 철선을 꼬아서 만든 철망
④ 줄눈대: 천장 및 벽 등에서 이음새를 감추기 위해 사용하는 철물

17 액세스플로어(access floor)에 대해 설명하시오. [4점]

정답 콘크리트 슬래브와 바닥 마감 사이를 전기설비의 배선, 기계설비의 배관 등을 자유롭게 배치할 수 있도록 일정 공간(450~600mm)을 둔 이중바닥구조

18 LCC(Life Cycle Cost)의 정의에 대해 기술하시오. [4점]

정답 건축물의 초기 투자단계부터 유지관리, 철거단계로 이어지는 건축물의 일련의 과정인 건축물의 Life Cycle에 소요되는 제 비용을 합계한 것

해설 **생애주기비용(Life Cycle Cost)**

LCC 필요성	LCC곡선
① LCC 설계의 개발 및 보급 확대 ② 설계·시공·유지관리의 합리화 ③ 고도정보화시대의 대응성 확보	 LCC=생산비(C_1)+유지관리비(C_2)

19 다음에 주어진 도면에서 한 층분의 콘크리트양을 산출하시오. [8점]

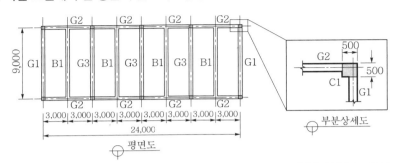

조건
(1) 부재치수(단위: mm)
(2) 전 기둥(C1): 500×500
(3) Slab두께: 120mm
(4) 보($B \times D$)
  ① G1, G2: 400×600 ② G3: 400×700 ③ B1: 300×600
(5) 층고: H=3,600

정답 ① 기둥(C1): $[0.5\text{m} \times 0.5\text{m} \times 3.6\text{m}] \times 10$개 $= 9\text{m}^3$
② 보(G1): $[0.4\text{m} \times (0.6-0.12)\text{m} \times (9-0.6)\text{m}] \times 2$개 $= 3.226\text{m}^3$
③ 보(G2): $([0.4\text{m} \times (0.6-0.12)\text{m} \times (6-0.55)\text{m}] \times 4$개$)$
　　　　　$+ ([0.4\text{m} \times (0.6-0.12)\text{m} \times (6-0.50)\text{m}] \times 4$개$) = 8.409\text{m}^3$
④ 보(G3): $[0.4\text{m} \times (0.7-0.12)\text{m} \times (9\text{m}-0.6\text{m})] \times 3$개 $= 5.846\text{m}^3$
⑤ 보(B1): $[0.3\text{m} \times (0.6-0.12)\text{m} \times (9\text{m}-0.4\text{m})] \times 4$개 $= 4.953\text{m}^3$
⑥ Slab: $[(9+0.4)\text{m} \times (24+0.4)\text{m} \times 0.12\text{m}] = 27.523\text{m}^3$
⑦ 합계: $9\text{m}^3 + 3.2266\text{m}^3 + 8.409\text{m}^3 + 5.846\text{m}^3 + 4.953\text{m}^3 + 27.523\text{m}^3 = 58.957 \fallingdotseq \mathbf{58.96\text{m}^3}$

해설 **거푸집량 적산방법**
(1) **기둥**: 단면적×기둥높이(바닥판 간 안목높이)
(2) **큰보**: 보너비×[보춤−바닥판두께]×보길이(기둥 간 안목길이)
(3) **작은보**: 보너비×[보춤−바닥판두께]×보길이(큰보 간 안목길이)
(4) **슬래브**: 바닥판면적×두께(개구부 제외)

20 다음 데이터를 네트워크공정표로 작성하고, 각 작업의 여유시간을 구하시오. [10점]

작업명	작업일수	선행작업	비 고
A	5	없음	(1) 결합점에서는 다음과 같이 표현한다.
B	3	없음	
C	2	없음	
D	2	A, B	
E	5	A, B, C	
F	4	A, C	(2) 주공정선은 굵은 선으로 표시한다.

(1) 결합점에서는 다음과 같이 표현한다.

$$\text{i} \xrightarrow[\text{소요일수}]{\text{작업명}} \text{j}$$

$\boxed{EST \mid LST}$ $\triangle{LFT \backslash EFT}$

정답

네트워크공정표	여유시간

작업명	TF	FF	DF	CP
A	0	0	0	※
B	2	2	0	
C	3	3	0	
D	3	3	0	
E	0	0	0	※
F	1	1	0	

21 다음 보기에 나열된 시험항목과 관계되는 것을 골라 번호를 쓰시오. [4점]

보기
① 신월샘플링(thin wall sampling)
② 베인시험(vane test)
③ 표준관입시험(standard penetration test)
④ 정량분석시험(quantitative analysis test)

(1) 진흙의 점착력
(2) 지내력
(3) 연한 점토
(4) 염분

정답 (1) **진흙의 점착력**: ② (2) **지내력**: ③
(3) **연한 점토**: ① (4) **염분**: ④

2019년

22 다음 그래프는 강재의 응력-변형도곡선으로 각각이 의미하는 용어를 보기에서 골라 번호를 쓰시오. [3점]

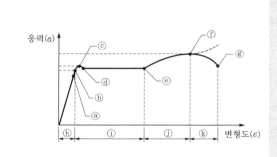

보기
① 변형도 경화영역
② 파괴점
③ 극한강도점
④ 탄성한계점
⑤ 소성영역
⑥ 상위항복점
⑦ 비례한계점
⑧ 변형도 경화점
⑨ 하위항복점
⑩ 네킹영역(파괴영역)
⑪ 탄성영역

정답

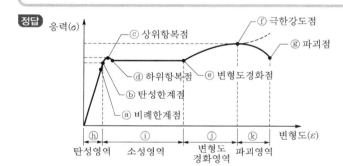

23 사용성 한계상태(serviceability limit state)를 설명하시오. [3점]

정답 구조물 또는 부재가 과도한 처짐, 균열, 진동, 피로균열 등에 의해 사용측면에서 건전성을 상실한 상태

해설 (1) **사용한계상태**: 정상적인 사용상태의 필요성을 만족하지 못하게 되는 상태로, 내구성에 관련된 한계상태
(2) **극한한계상태**: 구조물 또는 부재가 파괴되어 전도, 좌굴, 대변형 등이 발생하여 구조적 불안정을 초래하는 상태

24 다음 그림과 같은 내민보의 전단력도(SFD)와 휨모멘트도(BMD)를 그리시오. [4점]

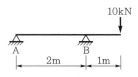

정답

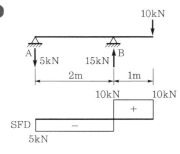

해설 **지점반력 계산**

① $\sum M_B = 0$

$V_A \times 2 + 10 \times 1 = 0$

$\therefore \ V_A = -5 \text{kN} (\downarrow)$

② $\sum V = 0$

$-5 + V_B - 10 = 0$

$\therefore \ V_B = 15 \text{kN} (\uparrow)$

25 철근콘크리트 구조의 1방향 슬래브와 2방향 슬래브를 구분하는 기준에 대해 설명하시오. [3점]

정답 (1) **1방향 슬래브:** 변장비 $= \dfrac{\text{장변 경간}}{\text{단변 경간}} > 2$

(2) **2방향 슬래브:** 변장비 $= \dfrac{\text{장변 경간}}{\text{단변 경간}} \leq 2$

해설 **1방향 슬래브와 2방향 슬래브**

(1) **1방향 슬래브:** 주철근을 1방향으로 배근하는 슬래브로, 단변방향의 2변지지 슬래브

(2) **2방향 슬래브:** 주철근을 2방향으로 배근하는 슬래브로, 4변지지 슬래브

26 전단철근의 전단강도 V_s값의 산정결과 $V_s > \dfrac{1}{3}\lambda\sqrt{f_{ck}}\,b_w d$ 로 검토되었다. 전단보강철근을 배치해야 되는 구간 내에서 배근되어야 할 수직스터럽(stirrup)의 최대 간격을 구하시오. (단, 보의 유효깊이 $d=550\text{mm}$이다.) [4점]

정답 $\dfrac{d}{4}=\dfrac{550}{4}=137.5\text{mm}$ 또는 300mm 이하 중 작은 값이므로 137.5mm

해설 **전단철근간격조건**

① 수직스터럽의 간격: $0.5d$ 이하, 600mm 이하 $\rightarrow s \leq \dfrac{d}{2}$, $s \leq 600\text{mm}$

② $V_s > \dfrac{1}{3}\lambda\sqrt{f_{ck}}\,b_w d$인 경우 ①의 최대 간격$\times\dfrac{1}{2}$로 함 $\rightarrow s \leq \dfrac{d}{4}$, $s \leq 300\text{mm}$

③ 콘크리트가 분담하는 전단강도: $V_s > \dfrac{1}{6}\lambda\sqrt{f_{ck}}\,b_w d$(상세한 계산을 하지 않는 경우)

01 BOT(Build Operate Transfer Contract)방식을 간략히 설명하고, 이와 유사한 계약방식 2가지
를 기술하시오. [4점]
(1) BOT(Build Operate Transfer)계약방식
(2) 유사한 계약방식 2가지

정답 (1) **BOT(Build Operate Transfer)계약방식**: 사회간접시설을 민간부문이 주도하여 프로젝트를 설
계·시공한 후 일정 기간 동안 시설물을 운영하여 투자금액을 회수한 다음 무상으로 시설물과
운영권을 발주자에게 이전하는 방식
(2) **유사한 계약방식**
① BTO(Build Transfer Operate)
② BOO(Build Operate Own)

해설 SOC(Social Overhead Capital)
(1) **개념**
① 민간부문(SPC)이 사업 주도
② 프로젝트 설계+자금 조달+공공시설물 양도 → 투자비 회수방식
(2) **종류**
① BTO: Build(설계·시공) → Transfer(소유권 이전) → Operate(운영)
② BOT: Build(설계·시공) → Operate(운영) → Transfer(소유권 이전)
③ BOO: Build(설계·시공) → Operate(운영) → Own(소유권 획득)
④ BTL: Build(설계·시공) → Transfer(소유권 이전) → Lease(임대료 징수)
⑤ BLT: Build(설계·시공) → Lease(임대료 징수) → Transfer(소유권 이전)
(3) **BTL과 BTO계약방식 비교**

구 분	BTL	BTO
적용시설	① 이용자에게 사용료를 부과하기 어려운 시설 ② 생활기반시설(학교, 병원 등)	① 이용자에게 사용료를 부과하여 투자비의 회수가 가능한 시설 ② 산업기반시설(도로, 공항 등)
시설투자비 회수방식	발주자의 시설임대료 징수 (임대형 민간투자방식; 서비스 구매형)	이용자의 임대료 징수 (수익형 민간투자방식; 독립채산형)
사업위험성	민간부문의 위험성이 배제됨	민간부문이 위험 부담

02 입찰방식 전 적격낙찰제도에 관하여 간략히 설명하시오. [2점]

정답 적격낙찰제도란 입찰가격 이외에도 시공경험, 기술능력, 신인도 등의 공사수행능력을 종합적으로 심사하여 낙찰자를 결정하는 제도이다.

해설 **적격낙찰제도(적격심사제도)**
(1) **도입배경**
① 최저가입찰에 따른 부실공사의 방지
② 건설업체의 전문역량의 강화
③ 부적격업체의 낙찰 방지
④ 업체 간 과다경쟁 방지
(2) **대상공사**: 추정가격 300억 미만인 공사(300억 이상 시 종합심사낙찰제도 적용)
(3) **심사분야**

구 분	심사분야	심사항목	배점한도
해당 공사 수행능력	① 시공경험 ② 기술능력 ③ 시공결과 평가 ④ 경영상태 ⑤ 신인도	PQ심사항목 이용	40점
	하도급관리계획의 적정성	하도급금액의 적정성	14점
	자재 및 인력조달가격의 적정성	재료비 및 노무비의 적정성	16점
입찰가격	–	–	30점

(4) **낙찰자 선정**
① 예정가격 이하로서 최저가격입찰자 순으로 선정
② 100억 이상 공사: 종합평점 92점 이상
③ 100억 미만 공사: 종합평점 95점 이상

03 압밀(consolidation)과 다짐(compaction)의 차이점을 비교하여 설명하시오. [3점]

정답 ① 압밀이란 점성토 지반에서 하중을 재하하여 흙 속의 간극수를 제거하면서 압축되는 현상이다.
② 다짐이란 사질토 지반에서 외력을 가하여 흙 속의 공기를 제거하면서 압축되는 현상이다.

해설 **압밀과 다짐의 비교**

구 분	압밀(consolidation)	다짐(compaction)
적용지반	점성토 지반	사질토 지반
목적	전단강도 증가, 침하 촉진	전단강도 증가, 투수성 감소
간극 제거	흙 속의 간극수 제거	흙 속의 공기 제거
시간특성	장기적으로 진행	단기적 진행
함수비변화	함수비 감소	함수비 증가
침하량	비교적 크다	작다
변형거동	소성적 변형	탄성적 변형

 04 SPS(Strut as Permanent System)공법의 특징을 4가지 쓰시오. [4점]

 정답 ① 구조적 안정성 우수
② 가설공사의 생략 가능
③ 환기 및 조명설비의 감소
④ 가설버팀대 해체가 생략되므로 공기단축

해설 **SPS공법**

역타설공법의 문제점	SPS공법의 특징(역타설공법의 문제점 개선)
① 수직부재의 역조인트가 발생	① 철골보와 콘크리트 슬래브가 띠장역할을 하여 구조적으로 안정성 우수
② 지하공사 시 채광 및 환기설비 과다 설치	
③ 대형 토공장비의 작업공간 미확보	② 가설공사의 생략이 가능
④ 가시설공사비 과다 소요	③ 환기 및 조명설비의 감소
⑤ 가설버팀대 해체 시 안전성 저하	④ 가설버팀대 해체가 생략되므로 공기단축
⑥ 해체공사의 추가공사기간 소요	⑤ 넓은 굴착공간 확보로 대형 토공장비 사용 가능

✓ **참고**

SPS공법은 가설버팀대 대신에 영구 구조부재를 사용하여 토압과 수직하중을 지지하는 구조로서 top-down공법, up-up공법, down-up공법이 적용 가능하며, 지상·지하 동시 시공이 가능한 공법이다.

 05 지하구조물은 구조물의 밑면까지의 깊이만큼 지하수위에 의해 부력을 받아 건물이 부상하게 되는데, 이에 대한 방지대책을 2가지 기술하시오. [2점]

정답 ① 부력 방지용 rock anchor 설치
② 지하수위강하공법 적용(강제배수공법)

2020년

해설 ① 부력 방지용 rock anchor 설치
② 지하수위강하공법 적용(강제배수공법)
③ 마찰말뚝 시공
④ 기초 중간 부위 주수 처리
⑤ 지하구조물 깊이 및 규모 축소
⑥ 차수공법 적용

06 기초의 부동침하는 구조적으로 문제를 일으키게 된다. 이러한 기초의 부동침하를 방지하기 위한 대책 중 하부구조 부분에 처리할 수 있는 사항을 2가지 기술하시오. [4점]

정답 ① 동일한 제원의 기초구조부 시공
② 경질지반에 기초부 지지

해설 **기초의 부동침하**
(1) **원인**
　　① 경사지반
　　② 지하매설물 존재
　　③ 상이한 기초 제원
　　④ 이질지반
　　⑤ 인접 지역 터파기
　　⑥ 지하수위의 변동
　　⑦ 일부 증축
　　⑧ 연약한 점토지반
　　⑨ 연약지반의 깊이 상이
(2) **방지대책**

상부 구조부에서의 대책	하부 구조부에서의 대책
① 구조물의 경량화	① 동일한 제원의 기초구조부 시공
② 구조물의 강성 증대	② 경질지반에 기초부 지지
③ 구조물 하중의 균등배분(균일한 접지압)	③ 마찰말뚝의 사용으로 파일의 마찰력으로 지지
④ 구조물의 평면길이 축소	④ 지반에 지지하는 유효기초면적 확대
⑤ 인접 건물과의 거리 확보	⑤ 지하수위를 강하하여 수압변화 방지
⑥ 신축줄눈 설치	⑥ 언더피닝공법 실시(기초 및 지반보강)

07 다음과 같이 제시된 콘크리트 종류에 사용되는 굵은 골재의 최대 치수를 쓰시오. [3점]

> 조건
> ① 일반콘크리트 ·· (①)mm
> ② 단면이 큰 콘크리트 ·· (②)mm
> ③ 무근콘크리트 ·· (③)mm

정답 ① 20 또는 25
② 40
③ 40

해설

구 분	굵은 골재의 품질특성
정의	표준망체 5mm체에 중량비로 85% 이상 남는 골재
치수 결정	① 일반적 단면: 20mm 또는 25mm ② 대단면: 40mm ③ 무근콘크리트: 40mm, 부재치수의 1/4 이하
품질요구조건	① 견고하고 모양이 구형에 가까울 것 ② 밀도가 높고 물리·화학적으로 안정할 것 ③ 시멘트페이스트와 부착력이 양호할 것 ④ 내구성 및 내화성이 우수할 것
콘크리트에 미치는 영향	■ 굵은 골재 최대 치수가 클 경우 　① 단위수량 감소 → 콘크리트 강도 및 내구성 향상 　② 단위시멘트량 감소 → 콘크리트의 건조수축 및 수화발열량 감소 　③ 단위수량 감소 → 콘크리트 강도 및 내구성 향상 　④ 최대 치수 초과 시 → 콘크리트와 부착강도 저하, 재료분리현상 발생

08 다음에 제시된 용어를 간략히 설명하시오. [4점]

(1) 레이턴스(laitance)
(2) 크리프(creep)

정답 (1) **레이턴스(laitance):** 블리딩으로 인하여 미세물질이 같이 상승하며 콘크리트 경화 후 표면에 침적된 미세한 페이스트상의 물질을 말한다.
(2) **크리프(creep):** 콘크리트에 지속적으로 하중이 발생할 때 하중변화 없이 시간경과에 따라 변형이 점차로 증가하는 현상을 말한다.

해설 (1) 레이턴스(laitance)

레이턴스의 발생기구	레이턴스 발생 시 콘크리트에 미치는 영향
	① 콘크리트 이어치기면 부착강도 저하 ② 이어치기면 누수의 원인 ③ 철근의 부식 발생 ④ 콘크리트 탄산화의 요인 ⑤ 콘크리트 내구성 저하

(2) 크리프(creep)

크리프의 특성	크리프의 증가요인
 ① 재하기간 3개월: 전 creep의 약 50% 발생 ② 재하기간 1년: 전 creep의 약 80% 완료 ③ 20~80℃에서 온도 상승에 비례	① 재하응력이 클수록 ② 대기온도가 높을수록 ③ 콘크리트 재령기간이 짧을수록 ④ 단위시멘트량 및 물결합재비가 클수록 ⑤ 부재의 치수가 작을수록 ⑥ 다짐작업이 나쁠수록 ⑦ 부재의 경간길이에 비해 높이가 낮을수록 ⑧ 양생조건이 나쁠수록

09 다음 제시된 용어를 간단히 설명하시오. [4점]

(1) 시공줄눈(construction joint)
(2) 신축줄눈(expansion joint)

정답 (1) **시공줄눈(construction joint)**: 콘크리트 작업관계상 신·구콘크리트를 타설할 때 콘크리트 이어치기 부분에서 발생되는 줄눈
(2) **신축줄눈(expansion joint)**: 온도변화에 따른 수축·팽창, 부동침하 등에 의해 균열예상 부위에 설치하여 구조체 간 단면을 분리시키는 줄눈

해설 **시공줄눈 및 신축줄눈의 특징**

구 분	특 징
시공줄눈	① 콘크리트 작업관계상 신·구콘크리트를 타설할 때 콘크리트 이어치기 부분에서 발생되는 줄눈 ② 설치목적 　㉠ 1일 타설량의 제한　　　　　　㉡ 거푸집의 반복 사용 　㉢ 콘크리트의 품질검사　　　　　㉣ 매스콘크리트의 온도 상승 방지
신축줄눈	① 온도변화에 따른 수축·팽창, 부동침하 등에 의해 균열예상 부위에 설치하여 구조체 간 단면을 분리시키는 줄눈 ② 설치위치 　㉠ 하중분배가 상이한 곳　　　　　㉡ 부재의 단면이 변화되는 곳 　㉢ 저층과 고층의 접합부　　　　　㉣ 건축물 길이 50~60m마다 설치 ③ 설치간격 　㉠ 철근콘크리트: 13m 내외　　　 ㉡ 무근콘크리트: 벽 8m 내외, 바닥 3~4.5m 　㉢ 얇은 벽: 6~9m　　　　　　　㉣ 두꺼운 벽: 15~18m

10 매스콘크리트 타설 시 발생하는 수화발열량의 감소를 위한 대책을 3가지 기술하시오.　　　[3점]

정답 ① 저발열시멘트 사용(혼합시멘트 사용)
　　② 단위시멘트량 감소
　　③ 단면이 큰 경우 분할 타설

해설 **매스콘크리트(mass concrete)**
(1) **정의**: 부재단면의 최소 치수가 0.8m 이상, 하단이 구속된 벽체의 경우 두께 0.5m 이상의 콘크리트의 내·외부 온도차가 최소 25℃ 이상으로 예상되는 곳에 적용하는 콘크리트
(2) **매스콘크리트의 온도균열원인 및 방지대책(수화열저감대책)**

원 인	대책(수화열 저감대책)
① 시멘트페이스트의 수화열이 큰 경우	① 저발열시멘트 사용(혼합시멘트 사용)
② 단위시멘트량이 많을 경우	② 단위시멘트량 감소
③ 콘크리트 단면이 클 경우	③ 단면이 큰 경우 분할 타설
④ 콘크리트 타설온도가 클 경우	④ 재료의 프리쿨링온도제어 양생
⑤ 대단면 콘크리트의 급속타설	⑤ 혼화재 사용으로 응결·경화 지연

11 경량기포콘크리트(ALC; Autoclaved Lightweight Concrete) 제조 시 사용되는 재료 2가지를 쓰시오.　　　[4점]

정답 ① 석회질 재료: 생석회 또는 포틀랜드시멘트
　　② 규산질 원료: 규석 또는 규사

해설 **경량기포콘크리트(ALC)**

(1) **정의**: 경량기포콘크리트는 발포제에 의해 콘크리트 속에 무수한 기포를 골고루 독립적으로 분산시켜 오토클레이브 양생한 경량콘크리트의 일종이다.

(2) **사용재료**

구 분		내 용
석회질 재료	석회(CaO)	생석회
	시멘트	포틀랜드시멘트, 고로시멘트, 실리카시멘트, 플라이애시시멘트 등
규산질 원료		규석, 규사, 고로슬래그, 플라이애시
기포제		Al분말, 표면활성제 등
혼화재료		기포의 안정 및 콘크리트 경화시간의 조정을 위한 혼화재료
철근		일반구조용 압연강재의 봉강, 철근콘크리트용 이형봉강 등
방청제		수지, 역청, 시멘트 등을 주원료로 한 것

(3) **제조순서**: 생석회, 시멘트 규사 비빔 → 물과 알루미늄분말 첨가 → 거푸집에 주입 후 발포 → 경화 진행 중 오토클레이브 양생(180℃, 1MPa 압력, 10~20시간)

(4) **특징**
① 경량성 우수: 기건비중 2.0 이하(보통콘크리트의 1/4 정도)
② 단열성 향상: 열전도율이 보통콘크리트의 약 1/10 정도
③ 흡음 및 차음성 우수: ALC의 흡음률은 10~20% 정도
④ 불연성 및 내화성 향상: 불연재이면서 내화재료
⑤ 내구성 우수: ALC의 건조수축률이 작아 균열 발생 저감
⑥ 시공성 향상: 경량으로 취급 용이, 패널부재의 절단 및 가공 용이

12 강구조공사에서 용접부의 품질검사를 위한 비파괴시험(NDT)의 종류를 3가지 나열하시오. [3점]

정답 ① 초음파탐상시험
② 방사선투과탐상시험
③ 자기분말탐상시험

해설 **용접부 비파괴검사(NDT; Non-Destructive Test)**

구 분	설 명
자기분말탐상시험 (MT; Magnetic particle Test)	용접부에 자분을 뿌리고 자력선을 통과시켜 자력을 형성할 때 결함 부위에 자분이 밀집되어 용접부 결함을 검출하는 시험
초음파탐상시험 (UT; Ultra-sonic Test)	용접부에 초음파를 투입하여 발사파와 반사파 간의 속도와 반사시간을 측정하여 용접부의 내부 결함을 검출하는 시험
침투탐상시험 (PT; Penetration Test)	용접부에 침투액을 침투시킨 후 현상액으로 결함을 검출하는 시험
방사선투과탐상시험 (RT; Radiographic Test)	용접부에 X선·γ선을 투과하여 그 상태를 필름에 담아 내부 결함을 검출하는 시험

13 강구조에서 메탈터치(metal touch)에 대한 용어의 정의를 간단히 설명하시오.　　　　[3점]

정답 철골기둥의 이음부를 가공하여 상·하부 기둥 밀착을 좋게 하여 축력의 50%까지 하부 기둥 밀착면에 직접 전달시키는 이음방법

해설 **메탈터치(metal touch)**

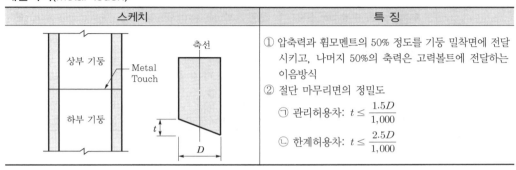

스케치	특 징
	① 압축력과 휨모멘트의 50% 정도를 기둥 밀착면에 전달시키고, 나머지 50%의 축력은 고력볼트에 전달하는 이음방식 ② 절단 마무리면의 정밀도 ㉠ 관리허용차: $t \leq \dfrac{1.5D}{1,000}$ ㉡ 한계허용차: $t \leq \dfrac{2.5D}{1,000}$

14 커튼월조립방식에 의한 분류에서 각 설명에 해당하는 방식을 번호로 쓰시오.　　　　[3점]

> **보기**
> ① Stick wall방식
> ② Window wall방식
> ③ Unit wall방식

(1) 구성부재의 모두가 공장에서 조립된 프리패브(pre-fab)형식으로 창호와 유리, 패널의 일괄발주방식이며, 제작업체에 대한 의존도가 높아 현장상황에 융통성을 발휘하기 어려운 방식

(2) 구성부재를 현장에서 조립·연결하여 창틀이 구성되는 형식으로 유리는 현장에서 끼우며, 현장 적응력이 우수하여 공기조절이 가능한 방식

(3) 창호와 유리, 패널의 개별발주방식으로 창호 주변이 패널로 구성됨으로써 창호의 구조가 패널트러스에 연결할 수 있어서 재료의 사용효율이 높아 경제적인 방식

정답 (1) ③ Unit wall방식
　　　(2) ① Stick wall방식
　　　(3) ② Window wall방식

해설 **커튼월(Curtain wall)조립방식**

구 분	Stick wall방식	Window wall방식	Unit wall방식
개념	구성부재를 현장조립하여 창틀 형성	① stick wall방식과 unit wall방식이 혼합된 시스템 ② 수직 mullion bar를 먼저 설치하고 창호패널을 설치	구성부재를 공장에서 완전히 조립하고 유닛화하여 현장에 반입·부착하는 공법
시공 순서	구조체 anchoring ↓ 수직 bar 및 수평 bar 설치 ↓ 창호재 및 마감재 부착	구조체 정착(anchoring) ↓ 멀리언 바(mullion bar) 설치 ↓ 조립 완료된 유닛 부착	구조체 정착(anchoring) ↓ 유닛월(unit wall) 현장 입고 ↓ 조립 완료된 유닛 부착
특징	① 현장 적응력 우수 ② 공기조절 가능 ③ 복잡한 입면에 적합 ④ 품질 균일성 확보 곤란 ⑤ 하자 발생 가능	① 현장 적응력 우수 ② 재료의 사용효율 우수 ③ 경제적 공법 ④ 공기단축 가능 ⑤ 양중의 용이성 유리	① 공장 완전 조립 ② 현장작업 최소화 ③ 품질의 균일성 확보 ④ 업체 의존도 높음 ⑤ 시공비용 고가

15 목구조 횡력보강을 위한 부재를 3가지 쓰시오. [3점]

정답 ① 가새
② 버팀대
③ 귀잡이

해설 **목구조 횡력(수평력)보강부재**

구 분	설 명
가새	① 횡력보강재: 대각선방향의 경사부재 ② 수평에 대한 각도: 45°(최대 60° 이하) ③ 가새와 샛기둥과 간섭: 샛기둥을 따내고 가새는 따내지 않음 ④ 가새의 단면적 　　㉠ 압축가새: 기둥단면의 1/3 이상 　　㉡ 인장가새: 기둥단면의 1/5 이상
버팀대	① 가새를 댈 수 없는 곳에서 45° 경사로 대어 설치 ② 설치목적: 절점의 강성의 향상
귀잡이	수평으로 댄 버팀대

16 벽, 기둥 등의 모서리 부분의 손상을 방지하기 위해 별도의 마감재를 감아대거나 미장면의 모서리를 보호하면서 벽·기둥을 마무리하는 보호용 재료를 쓰시오. [2점]

정답 코너비드(corner bead)

해설 Bead의 종류

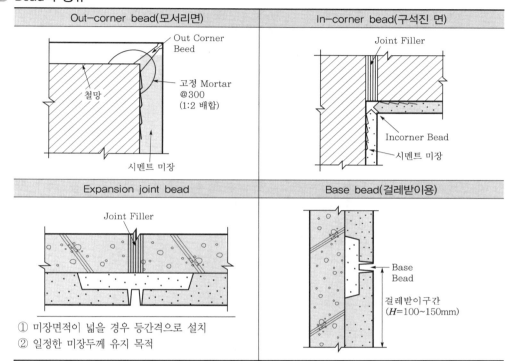

Out-corner bead(모서리면)	In-corner bead(구석진 면)
Expansion joint bead	Base bead(걸레받이용)

① 미장면적이 넓을 경우 등간격으로 설치
② 일정한 미장두께 유지 목적

17 다음과 같이 제시된 조건에서 콘크리트 1m³를 생산하는데 필요한 시멘트, 굵은 골재, 잔골재의 중량 및 체적을 산출하시오. [8점]

조건
① 단위수량: 170kg/m³
② 물결합재비: 50%
③ 공기량: 1%
④ 시멘트비중: 3.15
⑤ 굵은 골재, 잔골재의 비중: 2.6
⑥ 잔골재율: 45%

정답 ① 단위시멘트량: $\dfrac{170\mathrm{kg/m^3}}{0.5}=\mathbf{340kg/m^3}$

② 시멘트의 체적: $\dfrac{340\mathrm{kg/m^3}}{3.15\times1,000\mathrm{kg}}=\mathbf{0.108m^3}$

③ 물의 체적: $\dfrac{170\mathrm{kg/m^3}}{1\times1,000\mathrm{kg}}=\mathbf{0.17m^3}$

④ 전체 골재의 체적: $1\mathrm{m^3}-(0.108\mathrm{m^3}+0.17\mathrm{m^3}+0.01\mathrm{m^3})=\mathbf{0.712m^3}$

⑤ 굵은 골재의 체적: $0.712\mathrm{m^3}\times(1-0.45)=\mathbf{0.392m^3}$

⑥ 굵은 골재량: $0.392\mathrm{m^3}\times(2.6\times1,000)=\mathbf{1,019kg}$

⑦ 잔골재의 체적: $0.712\mathrm{m^3}\times0.45=\mathbf{0.320m^3}$

⑧ 잔골재량: $0.320\mathrm{m^3}\times(2.6\times1,000)=\mathbf{832kg}$

해설 **콘크리트 단위중량 배합 적산**
① 단위시멘트량: 물의 중량÷물결합재비(W/B)
② 시멘트의 체적: 시멘트의 중량÷시멘트의 비중
③ 물의 체적: 단위수량÷물의 비중
④ 전체 골재의 체적: $1\mathrm{m^3}-$(시멘트의 체적+물의 체적+공기량의 체적)
⑤ 굵은 골재의 체적: 전체 골재의 체적×(1−잔골재율)
⑥ 굵은 골재량: 굵은 골재의 체적×(굵은 골재의 비중×1,000)
⑦ 잔골재의 체적: 전체 골재의 체적×잔골재율(%)
⑧ 잔골재량: 잔골재의 체적×(잔골재의 비중×1,000)

☑ 참고

① 비중: $\dfrac{\text{물질의 밀도}}{\text{표준물질(물)의 밀도}}$, 밀도($\rho$, dencity): $\dfrac{m(\text{질량})}{V(\text{부피})}[\mathrm{kg/m^3}]$
② 단위변환: 밀도의 단위가 $\mathrm{m^3}$이므로 ton의 단위를 kg으로 변환(×1,000)하여야 함
③ 단위중량 배합 시 공기량이 제시된 경우 반드시 공기량도 체적에 반영하여 계상

18 다음 제시된 도면은 철근콘크리트 구조의 경비실 건물의 평면도 및 단면도이다. 다음 조건을 참조하여 C1, G1, G2, S1부재의 1층 및 2층 콘크리트 타설량과 거푸집량을 산출하시오. (단, 단면도에 표기된 1층 바닥선 이하는 산출하지 계산하지 않는다.) [8점]

조건
① 기둥 제원: C1 300mm×300mm
② 보 제원: G1, G2 300mm×600mm
③ 슬래브(S1)두께: 200mm
④ 층고: 1층 3,500mm, 2층 3,300mm

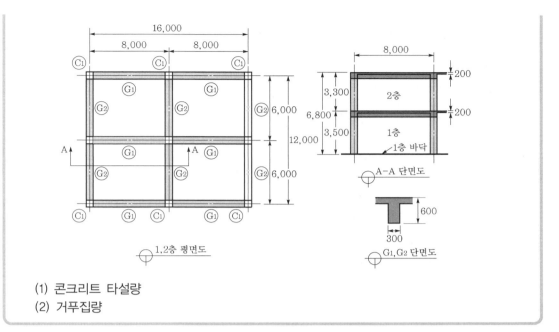

1,2층 평면도

A-A 단면도

G1,G2 단면도

(1) 콘크리트 타설량
(2) 거푸집량

정답 (1) **콘크리트 타설량**

　① 기둥(C1)

　　㉠ 1층: $0.3 \times 0.3 \times (3.5 - 0.2) \times 9$개 $= 2.673 \text{m}^3$

　　㉡ 2층: $(0.3 \times 0.3) \times (3.3 - 0.2) \times 9$개 $= 2.511 \text{m}^3$

　② 보(G1, G2)

　　㉠ G1: $[0.3 \times (0.6 - 0.2) \times (8 - 0.3)] \times 6$개$\times 2$개층 $= 11.088 \text{m}^3$

　　㉡ G2: $[0.3 \times (0.6 - 0.2) \times (6 - 0.3)] \times 6$개$\times 2$개층 $= 8.208 \text{m}^3$

　③ 슬래브

　　• S1: $[(16 + 0.3) \times (12 + 0.3)] \times 0.2 \times 2$개층 $= 80.196 \text{m}^3$

　④ 총콘크리트 타설량: $2.673 + 2.511 + 11.088 + 8.208 + 80.196 = \mathbf{104.676 \text{m}^3}$

(2) **거푸집 설치량**

　① 기둥(C1)

　　㉠ 1층: $(0.3 \times 4$면$) \times (3.5 - 0.2) \times 9$개 $= 35.64 \text{m}^2$

　　㉡ 2층: $(0.3 \times 0.4) \times (3.3 - 0.2) \times 9$개 $= 33.48 \text{m}^2$

　② 보(G1, G2)

　　㉠ G1: $[(0.6 - 0.2) \times 2] \times (8 - 0.3) \times 6$개$\times 2$개층 $= 73.92 \text{m}^2$

　　㉡ G2: $[(0.6 - 0.2) \times 2] \times (6 - 0.3) \times 6$개$\times 2$개층 $= 54.72 \text{m}^2$

　③ 슬래브

　　• S1: $[(16 + 0.3) \times (12 + 0.3) + (16 + 0.3 + 12 + 0.3) \times 2 \times 0.2] \times 2$개층 $= 423.86 \text{m}^2$

　④ 총거푸집 설치량: $35.64 + 33.48 + 73.92 + 54.92 + 423.86 = \mathbf{621.82 \text{m}^2}$

해설 부재의 체적 및 재료별 단위중량

구 분	산출방법	주요 재료별 단위중량
기초	① 독립기초(m^3)＝기초 실체적(m^3) ② 줄기초(m^3)＝기초단면적(m^2)×줄기초 연장길이(m)	① 물: 1t/m^3 ② 철근콘크리트: 2.4t/m^3
기둥	콘크리트량(m^3)＝단면적×기둥높이(바닥판 간 높이)	③ 무근콘크리트: 2.3t/m^3 ④ 시멘트: 1.5t/m^3
벽	① 콘크리트량(m^3)＝(벽면적－개구부면적)×벽두께 ② 벽면적: 기둥면적 공제 ③ 높이: 바닥판 간 또는 보의 안목거리로 계상	⑤ 자갈: 1.6~1.8t/m^3 ⑥ 모래: 1.5~1.7t/m^3 ⑦ 강재: 7.85t/m^3
보	① 콘크리트량(m^3)＝단면적×보길이 ② 보의 단면적: 바닥판두께 공제	⑧ 모르타르: 2.1t/m^3 ⑨ 철근
바닥	콘크리트량(m^3)＝(바닥면적－개구부면적)×두께	㉠ D10＝0.56kg/m ㉡ D13＝0.995kg/m ㉢ D16＝1.56kg/m
계단	① 콘크리트량(m^3)＝계단의 경사면적×계단의 평면두께 ② 계단의 경사면적: 경사길이×계단폭	㉣ D19＝2.25kg/m ㉤ D22＝3.04kg/m

19 다음 데이터를 네트워크공정표로 작성하고, 각 작업의 여유시간을 구하시오. [10점]

작업명	작업일수	선행작업	비 고
A	6	없음	
B	3	없음	(1) 결합점에서는 다음과 같이 표현한다.
C	5	없음	
D	5	A, B, C	
E	4	A, B, C	(2) 주공정선은 굵은 선으로 표시한다.
F	3	A, B, C	

정답 (1) 네트워크공정표

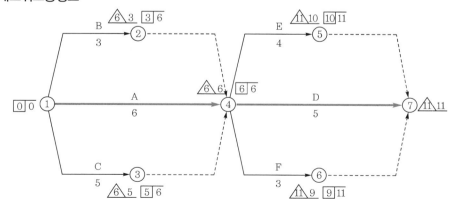

(2) 각 작업의 여유시간 계상

작업명	작업일수	EST	EFT	LST	LFT	TF	FF	DF	CP
A	6	0	6	0	6	0	0	0	※
B	3	0	3	3	6	3	3	0	
C	5	0	5	1	6	1	1	0	
D	5	6	11	6	11	0	0	0	※
E	4	6	10	7	11	1	1	0	
F	3	6	9	8	11	2	2	0	

20 품질관리도구 중 특성요인도(characteristics diagram)에 대해 설명하시오. [3점]

정답 결과에 의한 요인이 어떻게 관계하고 있는지 알아보기 위하여 작성하는 다이어그램

해설 종합적 품질관리(TQC) 7가지 기법(tools)

구 분	내 용
관리도	① 정의: 공정상태의 특성치를 그래프화 ② 목적: 공정관리상태 유지
히스토그램	① 정의: 계량치data의 분포를 그래프화 ② 목적: 데이터분포도를 파악하여 품질상태 만족 여부를 파악
파레토도	① 정의: 불량건수를 항목별로 분류하여 크기순서대로 나열 ② 목적: 불량요인, 집중관리항목 파악
특성요인도	① 정의: 결과와 원인 간의 관계를 그래프화(fish bone diagram) ② 목적: 문제 및 하자의 분석
산포도	① 정의: 대응하는 2개의 짝으로 된 data를 그래프화하여 상호관계 파악 ② 목적: 품질특성과 상관관계의 조사
체크시트	① 정의: 계수치의 data 분류항목의 집중도 파악을 위한 도구 ② 종류: 기록용 체크시트, 점검용 체크시트
층별	① 정의: 집단구성의 data를 부분집단화하여 원인이 산포의 상관관계 파악 ② 목적: 집단품질의 분포 비교

21 다음은 표준공시체의 압축강도시험에 관한 내용이다. 이때 표준공시체의 압축강도(f_c)를 산출하시오. [3점]

조건
① 표준공시체 규격: ϕ150mm×300mm(재령 28일 표준공시체)
② 파괴하중: 500kN

2020년

정답 $f_c = \dfrac{P}{A} = \dfrac{P[\text{kN}]}{\dfrac{\pi D^2}{4}} = \dfrac{500 \times 10^3 \text{N}}{\dfrac{\pi \times 150 \text{mm}^2}{4}} = 28.294 \,\text{N/mm}^2 = \mathbf{28.294 \text{MPa}}$

해설 **콘크리트 강도시험의 종류**

압축강도시험	인장강도시험	휨강도시험
$f_c = \dfrac{P}{A}$	$f_t = \dfrac{2P}{\pi dl}$	① 중앙점 하중법: $f_b = \dfrac{3Pl}{2bd^2}$ ② 3등분점 하중법 　㉠ $f_b = \dfrac{Pl}{bd^2}$ (중앙부 파괴 시) 　㉡ $f_b = \dfrac{3Pa}{bd^2}$ (외측부 5% 파괴 시)

22 다음 그림과 같은 캔틸레버보 A점의 반력을 구하시오. [3점]

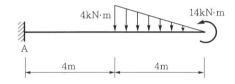

정답 ① 수직반력: $\sum V = 0$에서 $\left(-\dfrac{4\text{kN} \times 4\text{m}}{2}\right) + V_A = 0$　$\therefore V_A = +8\text{kN}(\uparrow)$

② 수평반력: $\sum H = 0$에서 $H_A = 0$

③ 반력모멘트: $\sum M_A = 0$에서 $-14\text{kN} + \left[\left(\dfrac{4\text{kN} \times 4\text{m}}{2}\right) \times \left(4\text{m} + 4\text{m} \times \dfrac{1}{3}\right)\right] + M_A = 0$

　$\therefore M_A = \mathbf{-28.67 \text{kN} \cdot \text{m}}$

해설 **캔틸레버보의 특성**
(1) **반력**
① 고정단: 수직, 수평, 모멘트반력 발생
② 모멘트하중만 작용할 경우: 모멘트반력만 발생
(2) **전단력**
① 전단력: 하중방향이 상향 또는 하향으로만 작용할 경우 고정단에서 최대
② 전단력 계산: 고정단위치에 관계없이 좌측에서 우측으로 계산
③ 모멘트하중만 작용할 경우: 전단력도는 기선과 동일
④ 전단력부호: 고정단이 좌측일 경우 (+), 고정단이 우측이면 (−)

(3) 휨모멘트
    ① 계산방향: 자유단에서 고정단으로 계산
    ② 모멘트부호: 하향일 경우 고정단의 위치에 관계없이 (−)
    ③ 전단력의 면적＝휨모멘트의 크기
    ④ 하중이 상향 또는 하향일 경우: 고정단에서 최대 휨모멘트 발생

☑ 참고

작용하중에 따른 단면력도의 곡선변화

구 분	집중하중	등분포하중	등변분포하중
전단력	기선과 나란한 직선(상수함수)	1차 사선변화(1차 함수)	2차 곡선변화(2차 함수)
휨모멘트	1차 사선변화(1차 함수)	2차 곡선변화(2차 함수)	3차 곡선변화(3차 함수)

23 다음은 인장력을 받는 이형철근 및 이형철선의 겹이음길이에 관한 기준이다. 괄호 안에 알맞은 수치를 쓰시오. (단, l_d는 인장이형철근의 정착길이) [3점]

〈인장이형철근의 겹이음길이〉
(1) A급 이음: (①)
(2) B급 이음: (②)
(3) 최소겹이음길이: 300mm 이상

2020년

정답 ① $1.0l_d$ 이상
     ② $1.3l_d$ 이상

해설 이형철근 및 이형철선의 겹이음길이

인장이형철근	압축이형철근

① A급 이음: $1.0l_d$ 이상
② B급 이음: $1.3l_d$ 이상
③ 최소 겹이음길이: 300mm 이상
	① 압축철근의 겹이음길이: $l_s = \left(\dfrac{1.4f_y}{\lambda\sqrt{f_{ck}}} - 52\right)d_b$
	② 산정된 이음길이
	  ㉠ $f_y \le 400$MPa: $0.072f_y d_b$ 이하
	  ㉡ $f_y > 400$MPa: $(0.13f_y - 24)d_b$ 이하
	③ 최소 겹이음길이: 300mm 이상
	④ 콘크리트 설계기준강도 21MPa 미만인 경우 겹이음 길이를 1/3 증가

☑ 참고

A급 이음
배근된 철근량이 소요철근량의 2배 이상이고, 겹이음된 철근량이 총철근량의 1/2 이하인 경우

$$\frac{\text{배근 철근량}(A_s{}')}{\text{소요 철근량}(A_s)} \ge 2$$

24 다음 그림과 같은 단순보에 등분포하중이 작용할 때 다음 물음에 답하시오. [4점]

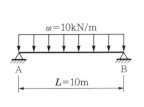

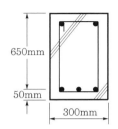

조건
① 작용하중: $\omega = 10$kN/m
　(보의 자중 포함)
② 경간: $L = 10$m
③ 콘크리트 강도: $f_{ck} = 27$MPa
　(보통중량콘크리트 사용)
④ 철근의 인장강도: $f_y = 400$MPa

(1) 최대 휨모멘트
(2) 균열모멘트를 구하고 균열 발생 여부를 판정하시오.

정답 (1) **최대 휨모멘트**: $M_{max} = \dfrac{wL^2}{8} = \dfrac{10 \times 10^2}{8} = 125$kN · m

(2) **균열모멘트 및 균열 발생 여부 판정**

$$M_{cr} = \frac{bh^2}{6}f_r = \frac{300 \times 700^2}{6} \times (0.63 \times 1 \times \sqrt{27})$$

$$= 80,202,612.64 \text{N} \cdot \text{mm} ≒ \mathbf{80.203\,kN \cdot m} < 125\text{kN} \cdot \text{m}(\textbf{균열 발생})$$

해설 단순보의 휨모멘트 및 균열모멘트

(1) 하중형태에 따른 전단력 및 휨모멘트

구 분	집중하중	등분포하중	삼각등변분포하중	모멘트하중
전단력	$V_{max} = \dfrac{P}{2}$	$V_{max} = \dfrac{wL}{2}$	$V_{max} = \dfrac{wL}{3}$	$V_{max} = \dfrac{M}{L}$
휨모멘트	$M_{max} = \dfrac{PL}{4}$	$M_{max} = \dfrac{wL^2}{8}$	$M_{max} = \dfrac{wL^2}{9\sqrt{3}}$	$M_{max} = \dfrac{M}{2}$

(2) 균열모멘트

균열모멘트	
$M_{cr} = \dfrac{I_g}{y_t}f_r = \dfrac{I_g}{y_t}(0.63\lambda\sqrt{f_{ck}})$ 여기서, I_g: 부재 전체 단면에 대한 단면 2차 모멘트 $\quad\quad y_t$: 도심에서 인장측 외단까지의 거리 $\quad\quad f_r$: 파괴계수($= 0.63\lambda\sqrt{f_{ck}}$) $\quad\quad \lambda$: 경량콘크리트 계수(전경량: 0.75, 모래경량: $\quad\quad\quad$ 0.85, 보통중량: 1.0)	① 부재에 작용하는 휨모멘트가 일정 크기를 초과하면 보의 인장측에 균열이 발생할 때의 모멘트 ② 균열모멘트의 크기 이상이 보에 작용할 때 중립축까지 균열이 진행됨

25 다음 그림과 같이 등분포하중을 받는 단순지지의 철골보에 발생하는 최대 처짐량(mm)을 산출하시오. [3점]

철근콘크리트보 단면도	철골보의 구조조건
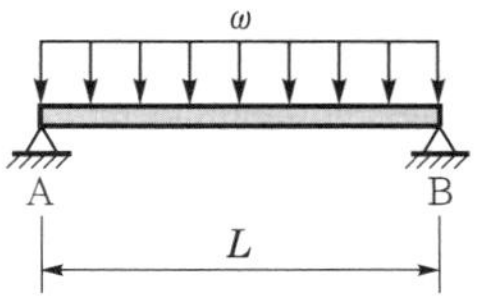	① 단면규격: H-600×200×11×17 ② 탄성단면계수: $S_x = 2,590\text{mm}^2$ ③ 단면 2차 모멘트: $I = 4,870\text{cm}^4$ ④ 탄성계수: $E = 2.1 \times 10^5$ ⑤ 경간: $L = 7.0\text{m}$ ⑥ 고정하중: $W_D = 12\text{kN/m}$, 활하중: $W_L = 14\text{kN/m}$(단, 철골보의 자중은 무시할 것)

정답 ① 부재에 작용하는 하중

$w = 1.0L_D + 1.0L_L = (1.0 \times 12\text{kN/m}) + (1.0 \times 14\text{kN/m}) = 26\text{kN/m}$

$\therefore w = 26\text{N/mm}$ (← 처짐량 mm단위와 일치하기 위해 단위변환)

② 철골보의 최대 처짐량(mm)

$$\delta_{\max} = \frac{5\omega L^4}{384EI} = \frac{5 \times 26 \times (7 \times 10^3)^4}{384 \times (2.1 \times 10^5) \times (4,870 \times 10^4)} = \mathbf{79.48mm}$$

해설 **탄성처짐**

(1) 처짐한계 규정목적

① 보는 강도가 확보되더라도 휨강성이 부족하면 사용성에 지장 초래

② 구조물의 사용성을 확보하기 위해 처짐한계 규정

(2) 하중 및 구조형태별 탄성처짐공식

구 분	단순보 처짐량	캔틸레버보 처짐량
집중하중	$\delta_{\max} = \dfrac{PL^3}{48EI}$	$\delta_{\max} = \dfrac{PL^3}{3EI}$
등분포하중	$\delta_{\max} = \dfrac{5\omega L^4}{384EI}$	$\delta_{\max} = \dfrac{\omega L^4}{8EI}$

(3) 하중계수 산정

① 건축물 강구조설계기준에 준하여 처짐량의 산정은 사용성에 준하여 계산

② 사용성을 기준으로 하는 하중계수를 적용하지 않는 사용하중으로 계산

26 다음에 제시된 강재의 구조적 특성을 간단히 설명하시오. [4점]

(1) SN강

(2) TMCP강

정답 (1) SN강: 기존 SS, SM강재의 내진성 및 용접성을 개선시킨 건축구조용 압연강재
(2) TMCP강: 제어압연을 기본으로 하여 그 후 공냉 또는 강제적인 제어냉각을 하여 얻어지는 강재

해설 (1) SN강
① 기존 SS강재, SM강재의 내진성과 용접성을 개선하고 소성변형능력을 향상시킨 강재
② 내진성능이 요구되는 보나 기둥에 사용
(2) TMCP강(thermo-mechanical control process steel; 열가공제어강)
① 강재의 압연온도를 제어하는 제어압연과 공냉 및 수냉에 의한 가속냉각법을 이용하여 강재의 기계적 성질을 개선한 강재
② TMCP강의 특징
㉠ 용접 부위 열영향의 감소
㉡ 탄소당량이 낮아 용접성능 우수
㉢ 소성능력이 우수하여 내진성능 향상
㉣ 후판부재(40~80mm)의 기계적 성질 유지
㉤ 일반강재 대비 단면 감소 10% 가능
(3) 강재의 종류

구 분	명 칭	강 종	비 고
SS (Steel for Structure)	일반구조용 압연강재	SS235, SS275, SS315, SS410, SS450, SS550	
SM (Steel for Marine)	용접구조용 압연강재	SM275 A, B, C, D-TMC SM355 A, B, C, D-TMC SM420 A, B, C, D-TMC SM460 B, C-TMC	
SMA (Steel Marine Atmosphere)	용접구조용 내후성 열간압연강재	SMA275 AW, AP, BW, BP, CW, CP SMA355 AW, AP, BW, BP, CW, CP SMA460 W, P	① 용접성: A<B<C(우수) ② TMC(Thermo Mechanical Control Process) ③ W: 압연화한 그대로 녹 안 정화 처리 ④ P: 도장 처리
SN (Steel New)	건축구조용 압연강재	SN275 A, B, C SN355 B, C SN460 B, C	
SHN (Steel H-beam New)	건축구조용 열간압연 H형강	SHN275, SHN355, SHN420, SHN460	
HSA (High Strength Steel)	건축구조용 고성능 압연강재	HSA 650	

01 다음 제시된 계약제도를 간략히 설명하시오. [4점]

(1) 부대입찰제도
(2) 대안입찰제도

정답 (1) **부대입찰제도**: 공사입찰 시 하도급할 업체의 견적서와 계약서를 입찰서류에 첨부하여 입찰하는 제도

(2) **대안입찰제도**: 발주자가 제시한 설계도서를 바탕으로 동등 이상의 기능과 효과를 갖고 공사기간을 초과하지 않는 범위 이내에서 공사비를 절감할 수 있는 공법을 도급자가 제안하여 입찰하는 방식

해설 **부대입찰제도 및 대안입찰제도**

(1) **부대입찰 시 제출항목**: 산출내역서에 입찰금액을 구성하는 공사 중 하도급할 부분, 하도급금액 및 하수급인 등 하도급에 관한 사항

(2) **대안입찰방식**

발주자가 설계도서 교부	⇨	도급자가 대안설계	⇨	대안 심의	⇨	낙찰자 선정
① 대안설계설명서 (대안공종 제시)		① 동등 이상의 기능		① 중앙설계심의위원회 개최		종합평가점수 +대안설계점수
② 설계서		② 원가절감요소		② 대안요소 심의		
③ 내역서		③ 지정공기 준수·단축		③ 최적업체 선정		
				④ 대안 채택·불채택 결정		

✓ 참고

NSC(Nominated Sub-Contractor)방식(부대입찰과 유사한 계약방식)
① 발주자가 주시공자 선정 전에 특정 업체를 지명하여 주시공자와 함께 공사를 추진하는 방식이다.
② 지명하도급자발주방식이라 하며, 주시공자는 일정 관리비를 받고 현장관리의 책임을 진다.

02 가설시설의 시스템비계에 설치하는 일체형 작업발판의 장점을 3가지 기술하시오. [3점]

정답 ① 조립 및 설치 용이
② 구조적 안전성 우수
③ 작업발판과 안전난간의 동시 시공으로 안전성 확보

해설 **일체형 작업발판(시스템비계)**

(1) **정의**: 수직재, 수평재, 가새재 등 각각의 부재를 공장에서 제작하고 현장에서 조립하여 사용하는 조립형 작업발판으로 고소작업에서 작업자가 작업장소에 접근하여 작업할 수 있도록 설치하는 가설구조물

(2) **설치순서**

잭베이스 설치	① 수직재를 받치는 부재로 최하단에 설치 ② 나사관으로 구성되어 높이조절 가능

↓

수직재 세우기	① 수직으로 세워 설치, 상부 하중을 지반으로 전달하는 기둥부재 역할 ② 4방향의 연결 부위에 수평재 및 대각가새 체결 가능

↓

수평재 체결	① 수평으로 연결하는 부재로 견고하고 내구성 우수 ② 쐐기체결방식으로 분리, 이탈위험 감소

↓

계단/안전발판 및 안전난간 설치	① 작업발판: 단관비계, 시스템비계 겸용 사용 가능 ② 계단발판: 통행용 계단부재로 시스템비계의 경사면에 설치

↓

대각가새 조립	대각방향으로 설치하는 부재로 수평력에 의한 인장, 압축력 지지

(3) **특징**

장 점	단 점
① 조립 및 설치 용이 ② 구조적 안정성 우수 ③ 작업발판과 안전난간의 동시 시공으로 안전성 확보 ④ 연속적 설치가 가능하므로 정형화 구조물에 적합 ⑤ 재료의 소운반 용이	① 설치비, 자재비 고가 ② 협소한 장소에 설치 곤란 ③ 규격제한으로 비정형성 구조물에 시공 미흡 ④ 조립 숙련자가 적음 ⑤ 단차 부위에 설치가 어려움

03 탈수공법에 적용되는 샌드드레인(sand drain)공법에 대하여 설명하시오. [3점]

정답 연약한 점토지반에 모래말뚝(sand pile)을 지중에 시공하여 지반 중의 간극수를 배수하여 단기간에 지반을 압밀하는 공법

해설 **샌드드레인공법(sand drain method)**

개 념	스케치	특 징
연약한 점토지반에 모래말뚝을 시공하여 지중의 간극수를 배수하는 압밀 공법		① 압밀효과 우수 ② 단기간에 지반전단강도 강화 가능 ③ 침하속도 조절 가능 ④ Drain 주위 지반교란 우려 ⑤ 모래말뚝의 단면 결손 발생 용이

04 흙막이공법에 사용되는 슬러리월(slurry wall)공법의 장점 및 단점을 각각 2가지 기술하시오. [4점]

정답 (1) 장점
　① 흙막이 벽체의 강성 우수
　② 차수성 및 지수성 양호
(2) 단점
　① 소요시공비 고가
　② 벽체이음부의 누수 우려

해설 Slurry wall공법
(1) 정의
　① 공벽 붕괴 방지를 위해 안정액을 사용하여 지반을 굴착하여 철근망을 삽입하고 콘크리트를 타설하여 지중에 연속적인 벽체를 조성하는 공법
　② 벽체의 강성 및 차수성이 우수한 무소음·무진동공법
(2) Slurry wall의 시공순서

가이드월 설치	⇨	굴착 및 슬라임 처리	⇨	철근망 삽입	⇨	콘크리트 타설

■ 가이드월의 기능
① 굴착위치 결정
② 지표 부위 붕괴 방지
③ 안정액 수위 유지
④ 철근망 거치대
⑤ 수직도, 벽두께 확보

■ 안정액의 기능
① 공벽 붕괴 방지
② 굴착부 마찰저항 감소
③ 지하수 침투 방지
④ 신선한 안정액 치환(Desanding 작업)

■ 안정액(Stabilizer Liquid)
굴착벽면 붕괴 방지, 지반을 안정화시키는 비중이 큰 액체

(3) 지하연속벽공법의 특징

장 점	단 점
① 흙막이 벽체의 강성 우수	① 이수처리 단점(환경오염)
② 차수성 및 지수성 양호	② 소요시공비 고가
③ 다양한 지반 적용 가능	③ 벽체이음부의 누수 우려
④ 인접 지반의 영향 최소화	④ 대형 장비 및 기계설비 필요
⑤ 벽길이, 깊이 등 조정 가능	⑤ 소규모 현장에서 적용 곤란

05 기초공사의 강관말뚝 지정공사의 특징을 3가지 기술하시오. [3점]

정답 ① 지지층에 깊이 관입 및 지지력 우수
② 중량이 가볍고 단면적 감소
③ 경질층에 타입, 인발 용이

해설 **기성 강관말뚝(steel pile) 지정**

  (1) **기성 강관말뚝의 종류**

     ① 강관말뚝, H형강 말뚝

     ② H형강 말뚝은 깊은 지정 설치 시 사용

  (2) **기성 강관말뚝의 특징**

     ① 지지층에 깊이 관입 및 지지력 우수

     ② 중량이 가볍고 단면적 감소

     ③ 경질지반에 타입 가능, 인발 용이

     ④ 휨 저항력, 횡력, 충격력 등에 대한 저항성 우수

     ⑤ 이음이 강하며 길이조절 용이

     ⑥ 부식되며 재료가 고가

     ⑦ 재질이 균일하고 신뢰성 높음

  (3) **강관말뚝의 부식 방지대책**

     ① 판두께 증가법

     ② 방청도료를 도포하는 방법

     ③ 시멘트피복법(합성수지피복법)

     ④ 전기도금법

06 보의 철근 배근단면도(주근 및 늑근)을 도시하고, 철근의 피복두께의 정의와 피복두께 확보목적을 2가지 기술하시오. [5점]

정답 (1) **보의 철근 배근단면도**

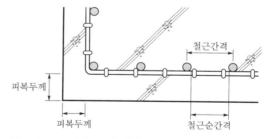

  (2) **철근의 피복두께 정의**: 콘크리트 표면과 그에 가장 가까이 배치된 철근 표면 사이의 콘크리트 두께

  (3) **피복두께 확보목적**

     ① 콘크리트와 부착성능 향상

     ② 콘크리트 내화성능 확보

해설 **철근의 피복두께**

피복두께의 확보목적	최소 피복두께기준		
① 콘크리트와 부착성능 향상 　→ 철근의 허용부착응력의 확보 ② 콘크리트 내화성 확보 　→ 화재 시 콘크리트 내부 온도 상승 억제 ③ 내구성능 유지 　→ 콘크리트 탄산화 지연효과 ④ 소요구조내력 확보 ⑤ 콘크리트의 유동성 확보 　→ 굵은 골재의 충전성 및 수밀성 개선 ⑥ 철근 부식 발생의 방지 　→ 철근의 산화피막을 형성하여 부식제어	구분		피복두께
	수중에서 치는 콘크리트		100mm
	흙에 접하여 콘크리트를 친 후 영구히 흙에 묻혀 있는 콘크리트		75mm
	흙에 접하거나 옥외의 공기에 직접 노출되는 콘크리트	D19 이상의 철근	50mm
		D16 이하의 철근, 지름 16mm 이하의 철선	40mm
	옥외의 공기나 흙에 직접 접하지 않는 콘크리트	슬래브, 벽체, 장선	D35 초과하는 철근	40mm
			D35 이하인 철근	20mm
		보, 기둥	40mm
		콘크리트의 설계기준 압축강도(f_{ck})가 40MPa 이상인 경우 규정된 값에서 10mm 저감시킬 수 있다.	
		셸, 절판부재	20mm

07 거푸집공사에서의 건축공사 표준시방서규정에 관한 내용으로 콘크리트 압축강도시험을 하지 않을 때의 거푸집널의 해체시기를 나타낸 표이다. 다음 빈칸에 알맞은 답을 쓰시오. [4점]

시멘트 종류 / 평균기온	조강포틀랜드시멘트	보통포틀랜드시멘트 고로슬래그시멘트(1종) 플라이애시시멘트(1종) 포틀랜드포졸란시멘트(A종)	고로슬래그시멘트(2종) 플라이애시시멘트(2종) 포틀랜드포졸란시멘트(B종)
20℃ 이상	(①)일	4일	5일
20℃ 미만 10℃ 이상	(②)일	(③)일	(④)일

정답 ① 2　② 3　③ 6　④ 8

해설 **거푸집 존치기간**

(1) 콘크리트 압축강도시험을 하지 않을 경우 거푸집널 해체시기

시멘트 종류 / 평균기온	조강포틀랜드시멘트	보통포틀랜드시멘트 고로슬래그시멘트(1종) 플라이애시시멘트(1종) 포틀랜드포졸란시멘트(A종)	고로슬래그시멘트(2종) 플라이애시시멘트(2종) 포틀랜드포졸란시멘트(B종)
20℃ 이상	2일	4일	5일
20℃ 미만 10℃ 이상	3일	6일	8일

(2) 콘크리트 압축강도시험할 경우 거푸집널 해체시기

부 재		콘크리트 압축강도(f_{ck})
기초, 보, 기둥, 벽 등의 측면		5MPa 이상
슬래브 및 보의 밑면, 아치 내면	단층구조	설계기준 압축강도의 2/3배 이상 또한 14MPa 이상
	다층구조	설계기준 압축강도 이상

08 경화되지 않은 콘크리트에 의해 거푸집널에 작용하는 측압의 증가요인을 4가지 기술하시오. [4점]

정답 ① 콘크리트의 타설속도가 빠를수록
② 콘크리트의 슬럼프(slump)가 클수록
③ 콘크리트의 시공연도가 좋을수록
④ 단위시멘트량이 많을수록(부배합)

해설 **콘크리트 측압**

구 분	콘크리트 측압
정의	① 미경화 콘크리트 타설 시 수직거푸집널에 작용하는 유동성을 가진 콘크리트의 수평방향의 압력 ② 측압＝미경화 콘크리트 단위중량(W)×타설높이(H)[t/m²](일반적인 경우에 한함)
측압 증가 요소	① 콘크리트의 타설속도가 빠를수록 　② 타설되는 단면치가 클수록 ③ 콘크리트의 슬럼프(slump)가 클수록 　④ 콘크리트의 시공연도가 좋을수록 ⑤ 단위시멘트량이 많을수록(부배합) 　⑥ 외기온·습도가 낮을수록 ⑦ 다짐이 충분할수록 　⑧ 철골·철근량이 적을수록 ⑨ 거푸집 표면이 매끄러울수록 　⑨ 콘크리트 낙하높이가 높을수록
콘크리트 헤드	① 콘크리트 타설 윗면에서 최대 측압이 발생하는 지점까지의 수직거리(벽: 0.5m, 기둥: 1.0m) ② 최대 측압 　㉠ 벽: 0.5m×2.3t/m³≒1.0t/m² 　㉡ 기둥: 1.0m×2.3t/m³≒2.5t/m²

09 콘크리트 구조물의 화재 시 고열에 의하여 발생하는 고강도 콘크리트의 폭렬현상(exclosive fracture)에 설명하시오. [3점]

정답 화재 발생 시 콘크리트 내부 고열로 내부 수증기압이 상승하여 콘크리트 조각이 비산되는 현상

해설 **고강도 콘크리트의 폭렬현상**

(1) **폭렬현상의 발생기구**

(2) **폭렬현상의 원인 및 대책**

구 분	설 명
원인	① 흡수율이 큰 골재 사용 ② 내화성이 약한 골재 사용 ③ 콘크리트 내부 함수율이 높을 경우 ④ 치밀한 콘크리트 조직으로 수증기가 배출 지연될 경우
방지대책	① 내부 수증기압 소산: 내열성 낮은 유기질 섬유 혼입(비폭렬성 콘크리트) ② 급격한 온도 상승 방지: 내화피복, 내화도료 도포(단열탄화층 생성) ③ 함수율 낮은 골재 사용(3.5% 이하) ④ 콘크리트 비산 방지: 표면 Metal lath 혼입, CFT 및 ACT Column ⑤ 콘크리트 인장강도 개선: 섬유보강콘크리트 사용 ⑥ 콘크리트 피복두께 증대: 콘크리트의 내화성 향상

10 프리스트레스콘크리트(Pre-stressed concrete)의 제작공법으로 프리텐션(Pre-tension)방식 과 포스트텐션(Post-tension)방식에 대하여 설명하시오. [4점]

정답 (1) **프리텐션(Pre-tension)방식**: PS강재를 긴장한 상태에서 콘크리트를 타설·경화시킨 후 긴장을 풀어 부재 내에 프리스트레스를 도입하는 방식

(2) **포스트텐션(Post-tension)방식**: 시스관을 배치하고 콘크리트 타설·경화시킨 후 시스관 내 PS 강재를 삽입·긴장하여 고정하고 그라우팅하여 프리스트레스를 도입하는 방식

해설 **프리스트레스트콘크리트(Pre-stressed concrete)**

(1) **정의**: 인장응력이 생기는 부분에 미리 프리스트레스를 주어 콘크리트의 인장강도를 증가시키는 콘크리트

(2) **특징**
① 탄성력 및 복원성 우수
② 장스팬의 구조물 시공 가능
③ 하중 및 수축에 의한 균열 감소
④ 내화성능에 취약
⑤ 거푸집공사 및 가설공사 등의 축소

(3) 공법종류

구 분	프리텐션(Pre-tension)방식	포스트텐션(Post-tension) 방식
제작공법 종류	① Individual mold공법 　→ 1개 부재 단일생산 ② Long line공법 　→ 여러 개 부재 동시생산	① Post-tensioning공법 ② Unbond Post-tensioning공법 　(sheath관 내 그라우팅작업 생략)
특징	① 탄성력 및 복원성 우수 ③ 하중 및 수축에 의한 균열 감소 ⑤ 거푸집공사 및 가설공사 등의 축소	② 장스팬(span)의 구조물 시공 가능 ④ 내화성능에 취약
스케치		

---

11 철골구조의 내화피복공법 종류 중 다음 표에 제시된 습식 내화피복공법의 종류별 사용재료를 각각 2가지씩 기술하시오.　　　　　　　　　　　　　　　　　　　　[3점]

공 법	사용재료 1	사용재료 2
타설공법		
조적공법		
미장공법		

정답

공 법	사용재료 1	사용재료 2
타설공법	보통콘크리트	경량콘크리트
조적공법	콘크리트 블록	경량콘크리트 블록
미장공법	철망 모르타르	철망 펄라이트 모르타르

해설 내화피복공법의 분류

구 분	공법종류	재 료
습식 내화피복	타설공법	보통콘크리트, 경량콘크리트
	뿜칠공법	암면, 모르타르, 플라스터, 실리카 등
	조적공법	속 빈 콘크리트 블록, 경량콘크리트 블록(ALC)
	미장공법	시멘트모르타르, 철망 펄라이트 모르타르
건식 내화피복	성형판붙임공법 세라믹울피복공법	무기섬유 혼합 규산칼슘판, ALC판, 석면시멘트판, 경량콘크리트 패널, 프리캐스트콘크리트판
합성 내화피복	이종재료 적층·접합공법	프리캐스트콘크리트판, ALC판
도장 내화피복	내화도료공법	팽창성 내화도료

12 용접 부위 품질검사를 위한 용접검사는 용접 전·중·후로 구분된다. 다음 보기에 제시된 검사항목들을 아래 물음에 대하여 해당 번호를 나열하시오. [3점]

보기
① 부재의 밀착 정도 ② 균열 및 언더컷 유무
③ 필릿의 크기 ④ 용접 부위 청소상태
⑤ 밑면 따내기 ⑥ 홈의 각도 및 간격, 치수
⑦ 용접속도 ⑧ 아크전압

(1) 용접작업 전 검사항목: _____
(2) 용접작업 중 검사항목: _____
(3) 용접작업 후 검사항목: _____

정답 (1) 용접작업 전 검사항목: ①, ④, ⑥
(2) 용접작업 중 검사항목: ⑤, ⑦, ⑧
(3) 용접작업 후 검사항목: ②, ③

해설 **용접검사**

(1) 용접 전·중·후 검사

구 분	용전작업 전 검사	용접작업 중 검사	용접작업 후 검사
시험항목	① 접합면 트임새모양 ② 구속법 ③ 모아대기법 ④ 자세의 적부 ⑤ 용접부 청소상태	① 용접봉의 품질상태 ② 운봉(weeving, 용접속도) ③ 용접전류(아크안정상태) ④ 용입상태, 용접폭 ⑤ 표면형상 및 root상태	① 육안검사 ② 절단검사(파괴검사) ③ 비파괴검사(UT, RT, PT, MT)

(2) 육안검사

육안검사범위		검사항목	
① 모든 용접부는 전길이에 대해 육안검사 수행 ② 표면결함 발생 시 침투탐상시험(PT) 및 자분탐상(MT) 등 수행		① 용접균열검사 ② 용접비드 표면의 피트 ③ 용접비드 표면의 요철	④ 언더컷 ⑤ 오버랩 ⑥ 필릿용접의 크기

(3) 용접부 비파괴검사

구 분	설 명
자기분말탐상시험 (MT; Magnetic particle test)	용접부에 자분을 뿌리고 자력선을 통과시켜 자력을 형성할 때 결함 부위에 자분이 밀집되어 용접부 결함을 검출하는 시험
초음파탐상시험 (UT; Ultra-sonic test)	용접부에 초음파를 투입하여 발사파와 반사파 간의 속도와 반사시간을 측정하여 용접부의 내부 결함을 검출하는 시험
침투탐상시험 (PT; Penetration test)	용접부에 침투액을 침투시킨 후 현상액으로 결함을 검출하는 시험
방사선투과탐상시험 (RT; Radiographic test)	용접부에 X선·γ선을 투과하여 그 상태를 필름에 담아 내부결함을 검출하는 시험

13 다음과 같이 제시된 용접표기사항으로 알 수 있는 용접사항을 기술하시오. [3점]

용접기호	용접사항

정답 ① 온둘레(일주)용접
② 현장용접

해설 **용접기호**

용접위치	표기방법	비고
화살표 또는 앞쪽		• S: 용접사이즈 • R: 루트간격 • A: 개선각 • L: 용접길이 • T: 꼬리(특기사항 기록) • $-$: 표면모양 • G: 용접부 처리방법 • P: 용접간격 • ▶: 현장용접 • ○: 온둘레(일주)용접
화살표 반대쪽 또는 뒤쪽		

14 목재의 섬유포화점의 정의를 기술하고, 함수율 증가에 따른 강도변화에 대하여 설명하시오.
[3점]

(1) 목재의 섬유포화점
(2) 함수율 증가에 따른 강도변화

정답 **(1) 목재의 섬유포화점**: 목재 건조 시 유리수가 먼저 증발하고, 그 후에 세포수가 증발할 때의 한계점으로 함수율 30% 정도의 상태이다.
(2) 함수율 증가에 따른 강도변화: 목재의 섬유포화점 이하에서는 강도·신축률의 변화가 급속히 이뤄지나 섬유포화점 이상에서는 강도 및 신축률이 일정하다.

해설 **목재의 함수율과 섬유포화점**
(1) **목재의 함수율**: 목재 전건재중량에 대한 함수량의 백분율

$$함수율 = \frac{목재의\ 함수량}{전건재\ 중량} \times 100 = \frac{W_2 - W_1}{W_1} \times 100[\%]$$

여기서, W_1: 목재의 전건재중량

W_2: 함수된 상태의 목재의 중량

- 목재의 강도와 함수량과의 관계
  ① 섬유포화점 이하의 함수율: 목재의 세포수 증발로 수축 발생
  ② 섬유포화점 이상의 함수율: 함수율변화에도 수축·팽창이 일어나지 않음
  ③ 수축률의 비=널결방향 : 곧은결방향 : 섬유방향=20 : 10 : 1~0.5 정도
  ④ 밀도가 큰 수종일수록 수축량 증가

(2) 섬유포화점

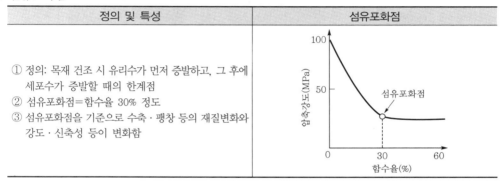

정의 및 특성	섬유포화점
① 정의: 목재 건조 시 유리수가 먼저 증발하고, 그 후에 세포수가 증발할 때의 한계점 ② 섬유포화점=함수율 30% 정도 ③ 섬유포화점을 기준으로 수축·팽창 등의 재질변화와 강도·신축성 등이 변화함	

15 건축공사 표준시방서에 명시된 조적공사의 블록공사에 사용되는 속 빈 콘크리트 블록의 치수를 3가지 나열하시오. [3점]

정답 길이×높이×두께
  ① 390×190×100
  ② 390×190×150
  ③ 390×190×190

해설 속 빈 콘크리트 블록의 종류

형 상	치 수			허용치(mm)	
	길 이	높 이	두 께	길이 및 두께	높 이
기본블록	390	190	210 190 150 100	±2	
이형블록	길이, 높이 및 두께의 최소 크기를 90mm 이상으로 한다. 또 가로근 삽입블록, 모서리블록과 기본블록과 동일한 크기인 것의 치수 및 허용치는 기본블록에 따른다.				

16 열가소성수지 및 열경화성수지의 종류를 각각 2가지씩 기술하시오. [4점]

(1) 열가소성수지   (2) 열경화성수지

정답 (1) **열가소성수지**: 폴리에틸렌수지, 아크릴수지
(2) **열경화성수지**: 페놀수지, 요소수지

해설 **열가소성수지 및 열경화성수지**

구 분	열가소성수지		열경화성수지	
정의	열을 가하여 성형한 뒤 다시 열을 가해도 연화되는 수지		열을 가하여 성형한 뒤 다시 열을 가해도 연화되지 않는 수지	
종류	① 폴리에틸렌수지 ③ 폴리스티렌수지 ⑤ 초산비닐수지	② 아크릴수지 ④ 염화비닐수지	① 페놀수지 ③ 멜라민수지 ⑤ 폴리에스테르수지	② 요소수지 ④ 우레탄수지

17 다음에서 설명하는 용어를 기술하시오. [3점]

① 특수 강재못을 화약폭발로 발사하는 기구를 써서 콘크리트벽 또는 벽돌벽에 박는 못
② 머리가 달린 것을 H형, 나사로 된 것을 T형이라고 한다.

정답 드라이브 핀(drive pin)

18 다음 도면과 같이 지하구조물 mat 기초 시공을 위한 터파기량, 되메우기량, 잔토처리량을 산출하시오. (단, 토량환산계수 $L=1.3$으로 적용, 도면의 단위: mm) [9점]

(1) 터파기량   (2) 되메우기량   (3) 잔토처리량

정답 **(1) 터파기량:** $V_1 = [(20+1.6\times2)\times(15+1.6\times2)]\times12 = \mathbf{5,066.88m^3}$

(2) 되메우기량

① 지하구조물체적

$V_2 = [(20+0.4\times2)\times(15+0.4\times2)]\times0.3 + [(20+0.1\times2)\times(15+0.1\times2)]\times(12-0.3)$

$\qquad = 3,690.96m^3$

② 되메우기량: $V_3 = 5,066.88m^3 - 3,690.96m^3 = \mathbf{1,375.92m^3}$

(3) 잔토처리량: $V_4 = 3,690.96m^3 \times 1.3 = \mathbf{4,798.25m^3}$

해설 **토공사 적산**

구 분	적산방법	
터파기량	독립기초: $V = \dfrac{h}{6}[(2a+a')b+(2a'+a)b']$ 	줄기초: $V = \left(\dfrac{a+b}{2}\right)hL$ 여기서, L: 중심연장길이
되메우기량	터파기량 − 기초구조물체적	
잔토처리량	① 되메우기 후 잔토 처리: $V_1 = ($터파기 체적 $-$ 되메우기 체적$)\times L = $ 기초구조부체적$\times L$ ② 되메우기 후 성토 처리: $V_2 = [$터파기 체적 $-($되메우기 체적 $+$ 성토 체적$)]\times L$ $\qquad\qquad = \left[$터파기 체적 $-\left($되메우기 체적 $\times \dfrac{1}{C}\right)\right]\times L$ ③ 전체 터파기량의 잔토 처리: $V_3 = $ 흙파기 체적$\times L$	

---

19 다음 데이터를 네트워크공정표로 작성하고, 각 작업의 여유시간을 구하시오.　　　　[10점]

작업명	작업일수	선행작업	비 고
A	5	없음	(1) 결합점에서는 다음과 같이 표현한다.
B	3	없음	
C	4	없음	
D	4	A, B, C	
E	2	A, B, C	(2) 주공정선은 굵은 선으로 표시한다.
F	3	A, B, C	

정답 (1) 네트워크공정표

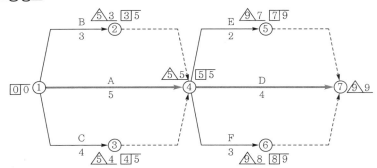

(2) 각 작업의 여유시간 계상

작업명	작업일수	EST	EFT	LST	LFT	TF	FF	DF	CP
A	5	0	5	0	5	0	0	0	※
B	3	0	3	2	5	2	2	0	
C	4	0	4	1	5	1	1	0	
D	4	5	9	5	9	0	0	0	※
E	2	5	7	7	9	2	2	0	
F	3	5	8	6	9	1	1	0	

20 다음 보기에 제시된 최소 비용에 대한 공기단축기법인 MCX(Minimum Cost Expediting)기법의 순서를 나열하시오. [4점]

> **보기**
> ① 보조주공정선(sub CP)의 확인
> ② 비용구배(cost slope)가 최소인 작업부터 단축
> ③ 주공정선상의 단축작업 선정
> ④ 주공정선과 보조주공선작업을 동시에 단축
> ⑤ 공기단축한계일수까지 단축

정답 ③ → ② → ⑤ → ① → ④

해설 최소 비용에 의한 공기단축기법(MCX; Minimum Cost Expediting)

Step 1	표준 네트워크공정표 작성	① 일정 계산 및 주공정선(CP) 산출 ② 작업별 여유시간 계상(생략 가능)
Step 2	CP상의 비용구배 계산 및 비용구배가 최소인 작업부터 단축	① 비용구배(cost slope): 공기 1일 단축시키는 데 추가되는 비용 ② $C/S = \dfrac{\text{급속비용} - \text{정상비용}}{\text{정상공기} - \text{급속공기}} = \dfrac{\triangle \text{비용}}{\triangle \text{공기}}$
Step 3	sub CP상의 여유시간 확인	CP상의 작업이 단축되면 sub CP가 갖는 여유시간이 감소하므로 반드시 확인이 요구됨

| Step 4 | sub CP가 CP가 될 경우 | ① CP상의 작업과 sub CP상의 작업을 동시에 공기단축
② 이때 비용구배가 최소인 작업부터 단축 |

⇩

| Step 5 | 추가공사비 산출 | ① 추가공사비(extra cost)=단축일수×비용구배
② 총공사비=표준공사비+추가공사비 |

21 다음 그림과 같은 3-Hinge라멘에서 A지점의 반력을 구하시오. [3점]

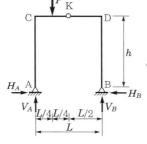

조건

① P=10kN
② L=4.0m
③ h=3.0m
④ 반력의 방향을 화살표로 표기

정답 ① $\sum M_B = 0 \rightarrow (+V_A) \times 4\text{m} + (-10\text{kN}) \times 3 = 0$에서 $V_A = 7.5\text{kN}(\uparrow)$

② $\sum M_k = 0 \rightarrow (-H_A)h + V_A\dfrac{L}{2} + (-P)\dfrac{L}{4}h = 0$에서 $H_A = 1.67\text{kN}(\rightarrow)$

[별해] $(-H_A)h + \dfrac{3PL}{4 \times 2} + P\dfrac{L}{4} = 0$에서 $H_A = \dfrac{PL}{8h} = \dfrac{10\text{kN} \times 4\text{m}}{8 \times 3\text{m}} = 1.67\text{kN}(\rightarrow)$

③ $R_A = \sqrt{V_A^{\,2} + H_A^{\,2}} = \sqrt{7.5^2 + 1.67^2} = \mathbf{7.68\text{kN}}(\nearrow)$

해설 **3힌지 라멘구조의 반력 계산**

구 분	계산방법	비 고
수직반력	단순보의 반력 계산과 동일한 방법 적용	$\sum M_A = 0$ 또는 $\sum M_B = 0$
수평반력 (H_A, H_B)	① 부재 절단 후 구하고자 하는 반력의 방향 선정 ② 절단지점에서 좌측 반력 : (+)부호 ③ 절단지점에서 우측 반력 : (−)부호	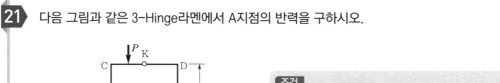
부호 산정	① 전단력 ㉠ 상향 : (+)부호 ㉡ 하향 : (−)부호 ② 휨모멘트 ㉠ 시계방향 : (+)부호 ㉡ 반시계방향 : (−)부호	

22 다음 그림과 같은 철근콘크리트 단순보의 A지점의 처짐각 및 C지점의 최대 처짐량을 계산하시오. (단, 탄성계수 $E = 210\text{GPa}$, 단면 2차 모멘트 $I = 1.8 \times 10^8 \text{mm}^4$이다.) [4점]

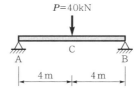

정답 ① A지점의 처짐각: $\theta_A = \dfrac{PL^2}{16EI} = \dfrac{1}{16} \times \dfrac{(40 \times 10^3) \times (8 \times 10^3)^2}{(210 \times 10^3) \times (1.8 \times 10^8)} = +0.00423\text{rad}$

② C지점의 최대 처짐량: $\delta_{\max} = \dfrac{PL^3}{48EI} = \dfrac{1}{48} \times \dfrac{(40 \times 10^3) \times (8 \times 10^3)^3}{(210 \times 10^3) \times (1.8 \times 10^8)} = +11.287\text{mm}$

해설 **처짐각 및 최대 처짐량**
(1) 정의 및 특징

구 분	처짐각	처짐량
정의	탄성곡선상의 한 점에서 그은 접선이 변형 전 보의 축과 이루는 각	보가 하중을 받아 변형하였을 때 그 축상 임의 점의 변위에 대한 연직방향의 거리
부호	시계방향일 때 (+), 반시계방향일 때 (−)	하향일 때 (+), 상향일 때 (−)

(2) 처짐각 및 최대 처짐량

구 분	단순보		캔틸레버보	
	처짐량(δ[mm])	처짐각(θ[rad])	처짐량(δ[mm])	처짐각(θ[rad])
집중하중	$\delta_{\max} = \dfrac{PL^3}{48EI}$	$\theta_A = -\theta_B = \dfrac{PL^2}{16EI}$	$\delta_{\max} = \dfrac{PL^3}{3EI}$	$\theta_B = \dfrac{PL^2}{2EI}$
등분포하중	$\delta_{\max} = \dfrac{5\omega L^4}{384EI}$	$\theta_A = -\theta_B = \dfrac{\omega L^3}{24EI}$	$\delta_{\max} = \dfrac{\omega L^4}{8EI}$	$\theta_B = \dfrac{\omega L^3}{6EI}$

23 다음 그림과 같은 철근콘크리트 단순보의 하중 $P = 12\text{kN}$이 작용할 때 휨강도을 계산하시오. [4점]

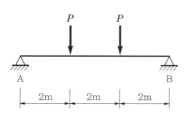
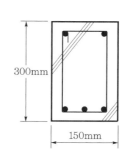

정답 $f_b = \dfrac{M_{max}}{Z} = \dfrac{PL}{\dfrac{bh^2}{6}} = \dfrac{(12 \times 10^3) \times (2 \times 10^3)}{\dfrac{150 \times 300^2}{6}} = 10.67\text{N/mm}^2 = \mathbf{10.67\text{MPa}}$

해설 휨재의 거동

구 분		개 념
항복모멘트	$M_y = F_y Z$	보 단면의 최외단이 강재의 항복강도에 도달할 때의 단면이 저항하는 휨강도
탄성단면계수	$Z = \dfrac{bh^2}{6}$	도심을 지나는 축에 대한 단면 2차 모멘트를 도심에서 상·하 최연단까지의 거리로 나눈 값

24 철근콘크리트 구조에서 휨부재의 순인장변형률(ε_t)은 최소 허용변형률(ε_y) 이상으로서, 철근의 항복강도에 따라 구분되는데 최외단 인장철근의 순인장변형률을 허용변형률로 표기하시오.　　　[2점]

철근의 항복강도가 400MPa 이하인 경우 ($f_y \leq 400\text{MPa}$)	철근의 항복강도가 400MPa을 초과하는 경우 ($f_y > 400\text{MPa}$)
(①)	(②)

정답 ① $\varepsilon_t = 0.004$　　　② $\varepsilon_t = 2.0\varepsilon_y$

해설 순인장변형률(ε_t)

(1) 지배단면의 변형률한계

강재의 종류		압축지배 변형률한계	인장지배 변형률한계	휨부재의 최소 허용변형률	비 고
철근	SD400 이하	ε_y	0.005	0.004	$\varepsilon_y = \dfrac{f_y}{E_s} = \dfrac{400}{2.0 \times 10^6} = 0.002$
	SD400 초과	ε_y	$2.5\varepsilon_y$	$2.0\varepsilon_y$	
PS강재		0.002	0.005	–	

※ 균형변형률: 인장철근이 항복하여 그 변형률이 허용변형률(ε_y)에 도달하고, 동시에 콘크리트의 변형률이 그 극한변형률 $\varepsilon_c = 0.003$에 도달하는 상태

(2) 지배단면에 따른 강도감소계수(ϕ)

지배단면의 구분		순인장변형률조건	강도감소계수(ϕ)
압축지배단면		$\varepsilon_t < \varepsilon_y$	0.65
변화구간단면	SD400 이하	$\varepsilon_y(0.002) < \varepsilon_t < 0.005$	0.65~0.85
	SD400 초과	$\varepsilon_y < \varepsilon_t < 2.5\varepsilon_y$	
인장지배단면	SD400 이하	$0.005 \leq \varepsilon_t$	0.85
	SD400 초과	$2.5\varepsilon_y \leq \varepsilon_t$	

25 다음은 콘크리트구조설계기준의 벽체 및 슬래브의 철근간격에 관한 내용이다. 괄호 안에 알맞은 수치를 쓰시오. [2점]

(1) 슬래브 철근의 중심간격은 위험단면에서는 슬래브두께의 (①) 이하이어야 하고, 또한 (②) 이하로 하여야 한다.
(2) 벽체의 수직 및 수평철근의 간격은 벽두께의 (③) 이하, 또한 (④) 이하로 하여야 한다.

정답 ① 2배　② 300mm　③ 3배　④ 450mm

해설 **콘크리트구조설계기준**
(1) 간격제한

구 분	철근간격
동일 평면	철근 수평순간격 25mm 이상, 철근 공칭지름 이상
상·하 2단 배근	동일 연직면 내에 배치, 상·하철근 순간격 25mm 이상
압축부재	축방향 철근 순간격 40mm 이상, 철근 공칭지름의 1.5배 이상
벽체, 슬래브(휨 주철근간격)	벽체나 슬래브두께의 3배 이하, 또한 450mm 이하(단, 장선구조의 경우 미적용)
프리텐셔닝 긴장재(중심간격)	강선의 경우 5D 이상, 강연선 4D 이상

(2) 콘크리트 슬래브 및 벽체 설계기준

구 분	철근의 중심간격
슬래브	① 1방향 슬래브 　㉠ 위험단면: 슬래브두께의 2배 이하, 또한 300mm 이하 　㉡ 기타 단면: 슬래브두께의 3배 이하, 또한 450mm 이하 ② 2방향 슬래브 　㉠ 위험단면: 슬래브두께의 2배 이하, 또한 300mm 이하 　㉡ 단, 와플구조나 리브구조에서는 예외(와플구조의 경우 기타 단면에 준하여 적용)
벽체	수직 및 수평철근의 간격: 벽두께의 3배 이하, 또한 450mm 이하

26 다음 그림과 같은 L−100×100×7 인장재에서 순단면적을 산출하시오. [4점]

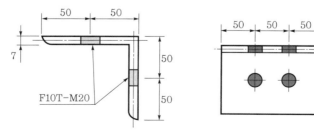

정답 $A_n = A_g - ndt = [(200-7) \times 7] - (2 \times (20+2) \times 7) = \mathbf{1{,}043mm^2}$

해설 인장재의 순단면적 산정

일렬(정렬)배치	불규칙(지그재그, 엇모)배치
순단면적$(A_n) = A_g - ndt$ 여기서, n: 볼트 수 $\quad\quad d$: 볼트구멍의 지름 $\quad\quad A_g$: 총단면적 $\quad\quad t$: 판의 두께	순단면적$(A_n) = A_g - ndt + \sum \dfrac{p^2}{4g} t$ 여기서, n: 볼트 수 $\quad\quad t$: 판의 두께 $\quad\quad p$: 볼트피치 $\quad\quad g$: 볼트의 응력에 직각방향인 볼트선 간의 길이 $\quad\quad$ (게이지)
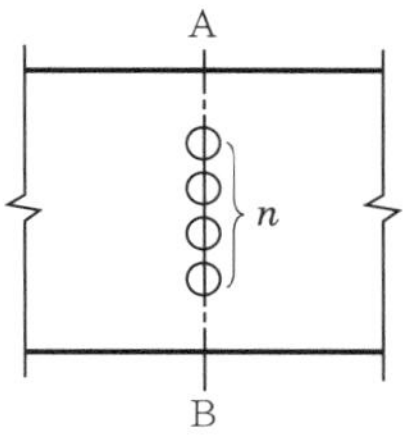	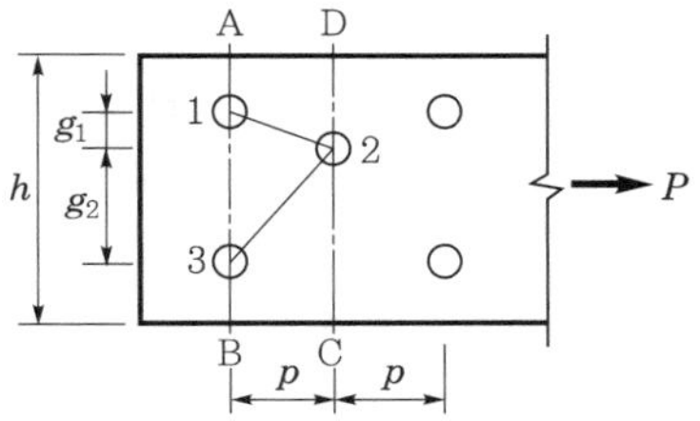

☑ **참고**

① 볼트구멍지름 산정 시 볼트지름에 따라 여유치수 적용
② 설계볼트지름
　　㉠ M16~M22: $d + 2$[mm]
　　㉡ M24~M30: $d + 3$[mm]
　　여기서, d: 볼트 공칭지름

01 가설공사의 기준점(bench mark)에 대하여 설명하시오. [3점]

정답 공사 중일 때 높이의 기준을 정하기 위해 설치하는 가설물(건축물 높이의 기준)

해설 **기준점(bench mark) 설치 시 유의사항**
① 공사에 지장이 없는 곳에 설치
② 공사기간 중에 이동될 우려가 없는 인근 건물의 벽 등을 이용
③ 지반면에서 0.5~1.0m 위에 두고 그 높이를 기준표 밑에 기록
④ 이동 및 변형이 없게 그 주위를 감싸는 등의 보호조치
⑤ 기준점은 2개소 이상 표시
⑥ 보조기준점 설치
⑦ 100~150mm각 정도의 나무, 돌, Con'c재로 하여 침하·이동이 없게 깊이 매설

02 토공사의 흙막이공사 중 발생하는 히빙(heaving)파괴 및 보일링(boiling)파괴의 방지책을 각각 3가지씩 기술하시오. [4점]

정답

히빙파괴 방지책	보일링파괴 방지책
① 흙막이벽의 근입깊이 확보	① 흙막이벽의 근입깊이 증대
② 부분굴착으로 굴착지반 안정성 확보	② 지하수위 저하
③ 기초저면의 연약지반 개량	③ 수밀성이 우수한 흙막이벽 설치

해설 **히빙(heaving)과 보일링(boiling)**
(1) **히빙(heaveing)현상**
① 정의: 연약점토지반에서 흙막이벽 내외의 흙의 중량차이에 의해서 굴착저면흙이 지지력을 잃고 붕괴되어 흙막이 바깥에 있는 흙이 안으로 밀려 굴착저면이 부풀어 오르는 현상
② 원인 및 대책

원 인	대 책
• 흙막이벽 내·외흙의 중량차	• 흙막이벽의 근입깊이 확보
• 상부 재하중 과다	• 부분굴착으로 굴착지반 안정성 확보
• 흙막이벽의 근입깊이 부족	• 기초저면의 연약지반 개량
• 기초저면 지지력 부족	• 흙막이 배면 상부 하중 제거

(2) 보일링(boiling)현상
　① 정의: 투수성이 좋은 사질지반에서 흙막이벽의 배면 지하수위와 굴착저면과의 수위차에 의해 굴착저면을 통하여 모래와 물이 부풀어 오르는 현상
　② 원인 및 대책

원 인	대 책
• 흙막이벽의 근입깊이 부족 • 굴착저면과 배면과의 지하수위차가 클 때 • 굴착 하부 지반의 투수성이 좋은 사질층이 있을 경우	• 흙막이벽의 근입깊이 증대 • 지하수위 저하 • 수밀성이 우수한 흙막이벽 설치 • 지수벽 및 지수층 형성

 다음과 같이 제시된 탈수공법에 대하여 설명하시오. [4점]

(1) 페이퍼드레인공법(paper drain method)
(2) 생석회 말뚝공법(chemico pile method)

정답 (1) **페이퍼드레인공법**: 합성수지로 된 card board지를 지중에 압입하여 압밀을 촉진시키는 공법
(2) **생석회 말뚝공법**: 지반 내에 생석회(CaO) 말뚝을 조성하여 흙을 고결화하여 연약지반을 개량하는 공법

해설 **탈수공법의 특징**

페이퍼드레인공법	생석회 말뚝공법
① 주위 지반의 교란 감소 ② 시공속도가 빠름 ③ 공장제품의 드레인으로 품질 균일 ④ 장시간 사용 시 배수효과 감소 ⑤ 조밀한 사질층 관입이 곤란	① 생석회의 흡수·발열로 간극수압 억제 ② 연약점토 및 실트질에 효과적 ③ 생석회의 팽창압에 의한 압밀효과 발생(말뚝부피의 2배로 팽창) ④ 지하수의 탈수효과 우수

 콘크리트 구조물에 발생된 균열을 보강하기 위한 공법의 종류를 3가지 나열하시오. [3점]

정답 ① 강재보강공법(강재앵커공법)
② 복합재료보강공법(탄소섬유시트보강공법)
③ 단면증대공법

해설 **균열 보수 및 보강공법**
(1) 보수 및 보강의 개념
　① 보수: 손상된 부위를 당초의 형상, 외관, 성능 등으로 회복시키는 작업(외관보수개념)
　② 보강: 구조물의 강도 증진을 위해 다른 부재를 덧대는 작업(구조성능향상개념)

(2) 보수 및 보강공법의 종류

보수공법	보강공법
① 표면처리공법: 폭 0.2mm 이하 미세 균열보수 ② 충전법: 폭 0.5mm 정도의 큰 균열보수 ③ 주입공법: 대표적 공법(에폭시수지)	① 강재보강공법: 강판부착공법, 강재앵커공법(철골보 강보) ② 복합재료보강공법: 탄소섬유 및 유리섬유시트보강 공법 ③ 프리스트레스트공법 ④ 단면증대공법

05 레디믹스트콘크리트의 공장 선정 시 고려해야 할 사항을 3가지 나열하시오.   [3점]

정답 ① 현장까지의 운반시간
② 콘크리트의 제조능력
③ 운반차의 수

해설 레디믹스트콘크리트(remicon)공장 선정

레미콘공장 선정 시 고려사항	기타 품질관리사항
① 현장까지의 운반시간 및 배출시간 ② 콘크리트의 제조능력 ③ 운반차의 수 ④ 공장의 제조설비 ⑤ 품질관리상태	① 단일 구조물, 동일 공구 　→ 1개 공장의 레디믹스트콘크리트 사용 ② 2개 이상의 공장 선정 시 　→ 품질관리계획서에 의한 동일 성능 확보

06 경량기포콘크리트(ALC; Autoclaved Lightweight Concrete) 제조 시 사용되는 주재료 2가지와
기포 제조방법을 기술하시오.   [4점]

정답 (1) **ALC 제조 시 주재료**: 석회질 재료(생석회), 규산질 원료(규사)
(2) **기포 제조방법**: 기포제에 의한 방법

해설 경량기포콘크리트(ALC)
(1) **정의**: 경량기포콘크리트는 발포제에 의해 콘크리트 속에 무수한 기포를 골고루 독립적으로 분산
시켜 오토클레이브 양생한 경량콘크리트의 일종이다.

(2) 사용·재료

구 분		내 용
석회질 재료	석회(CaO)	생석회
	시멘트	포틀랜드고로시멘트, 실리카시멘트, 플라이애시시멘트 등
규산질 원료		규석, 규사, 고로슬래그, 플라이애시
기포제		Al분말, 표면활성제 등
혼화재료		기포의 안정 및 콘크리트 경화시간의 조정을 위한 혼화재료
철근		일반구조용 압연강재의 봉강, 철근콘크리트용 이형봉강 등
방청제		수지, 역청, 시멘트 등을 주원료로 한 것

(3) 제조순서: 생석회, 시멘트 규사 비빔 → 물과 알루미늄분말 첨가 → 거푸집에 주입 후 발포 → 경화 진행 중 오토클레이브 양생(180℃, 1MPa 압력, 10~20시간)

07 다음에서 설명하는 재료의 명칭을 쓰시오. [3점]

> 철골철근콘크리트 구조에서 철근콘크리트 슬래브와 강재보의 일체화를 목적으로 전단력을 전달하도록 강재보에 용접하고, 콘크리트 속에 매입되는 시어커넥터(shear connetor)에 사용되는 볼트

정답 스터드볼트

해설 시어커넥터(shear connector ; 전단연결철물)

구 분	내 용	스케치
정의	콘크리트와 철골의 합성구조에서 전단응력 전달 및 일체성을 확보하기 위해 설치하는 연결재	Stud bolt, φ22, 현장타설 콘크리트, 철골보
목적	① 철골부재와 콘크리와의 일체성 확보 ② 콘크리트와의 합성구조에서 전단응력 전달 ③ 상부 철근 배근 시 구조적 연결고리	
검사	① 기울기검사 → 기울기 5° 이내로 관리 ② 타격구부림검사 → 15°까지 해머로 타격하여 결함이 발생하지 않으면 합격	5° 이내, 15°, ▌기울기검사▌ ▌타격구부림검사▌

08 강구조물의 내화피복공법 중 습식 내화피복공법에 관하여 기술하시오. [4점]

(1) 습식 내화피복공법의 정의
(2) 습식 내화피복공법의 종류 2가지 및 사용재료

정답 (1) **습식 내화피복공법의 정의**: 화재 열에 의한 강재의 온도상승 및 강도저하에 의하여 구조물의
붕괴를 방지하기 위해 강재 주위를 내화재료로 피복하는 공법
(2) **습식 내화피복공법의 종류 2가지 및 사용재료**
① 타설공법: 콘크리트
② 뿜칠공법: 뿜칠 모르타르

해설 **내화피복공법의 분류**

구 분	공법종류	재 료
습식 내화피복	타설공법	보통콘크리트, 경량콘크리트
	뿜칠공법	암면, 모르타르, 플라스터, 실리카 등
	조적공법	속 빈 콘크리트 블록, 경량콘크리트 블록(ALC)
	미장공법	시멘트모르타르, 철망 펄라이트 모르타르
건식 내화피복	성형판붙임공법 세라믹울피복공법	무기섬유 혼합 규산칼슘판, ALC판, 석면시멘트판, 경량콘크리트 패널, 프리캐스트콘크리트판
합성 내화피복	이종재료 적층·접합공법	프리캐스트콘크리트판, ALC판
도장 내화피복	내화도료공법	팽창성 내화도료

09 다음 강구조공사에서 사용되는 용접기호를 도식하시오. [6점]

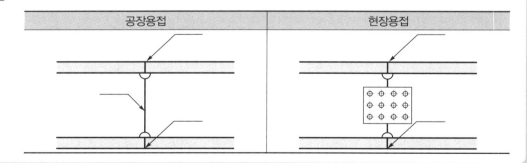

공장용접	현장용접

정답

공장용접	현장용접

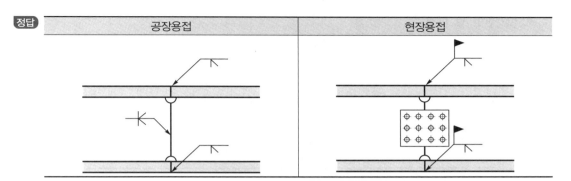

해설 **용접기호**

용접위치	표기방법	비 고
화살표 또는 앞쪽	S 용접기호 $L(n) - P$ R $\dfrac{A}{G}$ 지시선 기선 T꼬리	• S: 용접사이즈 • R: 루트간격 • A: 개선각 • L: 용접길이 • T: 꼬리(특기사항 기록) • $-$: 표면모양 • G: 용접부 처리방법 • P: 용접간격 • ▶: 현장용접 • ○: 온둘레(일주)용접
화살표 반대쪽 또는 뒤쪽	$\dfrac{G}{A}$ R S 용접기호 $L(n) - P$ 지시선 기선 T	

---

10 조적벽체에 발생하는 결함 중에서 백화(effloresence)의 방지대책을 4가지 나열하시오. [4점]

정답
① 흡수율 낮은 벽돌 사용
② 벽체 표면에 발수제 도포
③ 저알칼리형 시멘트 사용
④ 차양, 물끊기 등 외부 유입수 차단

해설 **백화현상**
(1) **정의**: 경화체 내 시멘트 중의 수산화칼슘과 공기 중의 탄산가스와 반응하여 경화체 표면에 생기는 흰 결정체

Engineer Architecture

(2) 원인 및 대책

구 분	원 인	대 책
기후조건	① 저온(수화반응 지연) ② 다습(수분제공) ③ 그늘진 장소(건조 지연)	① 소성 잘된 벽돌 및 흡수율 낮은 벽돌 사용 ② 줄눈의 방수 처리(경화 후 발수제 도포) ③ 외부 유입수 차단(차양, 루버, 물끊기 등)
물리적 조건	① 균열 발생 부위 ② 벽돌 및 타일 뒤 공극 과다 ③ 겨울철 양생온도관리 불량 ④ 줄눈 시공 불량(양생 불량)	① 시공 후 양생관리 철저 ② 겨울철 등 저온 시공 지양 ③ 저알칼리형 시멘트 사용 ④ 분말도 큰 시멘트 사용

11 다음 제시된 단면도를 참고하여 옥상의 시트방수 시공순서를 보기에서 골라 괄호 안에 쓰시오. [4점]

옥상방수 단면 상세도	보 기
(⑤) (④) (③) (②) (①)	(가) 시트방수 (나) 보호 모르타르 (다) 지정마감재(목재데크) (라) 고름 모르타르 (마) 무근콘크리트

정답 ① (라) ② (가) ③ (나) ④ (마) ⑤ (다)

해설 **시트(sheet)방수공법(고분자 루핑방수공법)**

(1) **정의**: 합성고무 또는 합성수지를 주성분으로 하는 0.8~2.0mm 두께의 시트를 접착제로 구체에 접착하여 방수층을 형성하는 공법

(2) **시공순서**

| 바탕면 처리 | ⇨ | 프라이머 도포 | ⇨ | 시트 접착 | ⇨ | 보호층 시공 |

(3) **시트 접착방법**: 전면 접착, 점 접착 또는 자착식, 융착(버너 등으로 시트를 가열하여 접착)

20-46 제2편 과년도 기출문제

(4) 특징

장 점	단 점
① 내구성, 신장성, 접착성 우수	① 시트의 접합부 처리가 난해
② 상온 시공으로 시공 용이	② 바탕면의 돌기에 의한 시트손상 우려
③ 공장제작제품으로 품질 균일	③ 복잡한 형상에 시공 곤란
④ 바탕균열에 대한 저항성 우수	④ 시트 접착 후 보호층 시공 필요
⑤ 시공이 간단하여 공사기간 단축 가능	

12 석공사 중 탈락되거나 깨진 석재를 붙일 수 있는 데 주로 사용하는 접착제를 1가지 쓰시오. [2점]

정답 에폭시(epoxy)수지 접착제

해설 **에폭시수지(Epoxide resin adhesive) 접착제**
(1) 에폭시수지 접착제의 특성

구 분	설 명
개요	① 에폭시수지는 경화제를 배합하여 열을 가하면 화학반응하여 경화하는 열경화성수지 ② 경화 후 열에 의해 연화되거나 용제에도 용해되지 않는 안정상태 ③ 경화제 또는 다른 수지와 배합하여 망상결합에 의한 3차원 구조의 경화수지
특성	① 접착성능 우수(금속, 플라스틱, 콘크리트 등의 동종 및 이종 간 접착에 적합) ② 인장강도, 구부림강도, 압축강도 등 기계적 강도 우수 ③ 전기전열성, 내수성, 내유성, 내용제성, 내약품성 양호

(2) 접착력의 크기순서: 에폭시>요소>멜라민>페놀
(3) 내수성의 크기순서: 실리콘>에폭시>페놀>멜라민>요소

13 다음 금속공사에 사용되는 철물의 용어를 설명하시오.　　　　　　　　　　　　[4점]

(1) 메탈라스
(2) 펀칭메탈

정답 (1) **메탈라스(metal lath)**: 얇은 강판에 자름금(cutting line)을 내어 늘려 그물모양으로 만든 철물로 미장공사의 바름벽 바탕에 사용
(2) **펀칭메탈(puching metal)**: 1.2mm 정도의 얇은 강판에 각종 모양을 도려낸 철물로 장식용, 라디에이터 등에 사용

해설 Metal lath의 종류

편형 lath	봉우리 lath	파형 lath	Rib lath

---

14 도장공사에 사용되는 도료의 종류 중에서 유성 바니시(vanish)에 사용되는 재료 2가지를 쓰시오. [2점]

정답 ① 건성유
② 희석제

해설 유성 바니시(vanish)

구 분	명 칭	사용재료
1종	스파바니시	페놀수지, 건성유＋희석제
2종	우레탄 변성바니시	우레탄 변성유＋희석제
3종	알키드바니시	산화형 알카드수지＋희석제(휘발성)

※ 건성유: 불포화도가 높은 지방산을 함유하여 공기 가운데 두면 산소와 반응하여 수지형태로 굳어 버리는 성질을 가진 식물성 기름

---

15 건설공사 원가관리기법에 해당하는 VE(Value Engineering)의 사고방식을 4가지 기술하시오. [4점]

정답 ① 사용자 우선의 사고방식
② 기능 중심적 사고방식
③ 조직적 활동의 노력
④ 고정관념의 제거

해설 가치공학(VE; Value Engineering)
(1) **정의**: 최소의 생애주기비용(LCC)으로 시설물의 필요한 기능을 확보하기 위한 기능적 분석과 개선에 쏟는 조직적인 노력의 개선활동이다.

(2) 가치공학의 개념 및 사고방식

기능(Function)	비용(Cost)	가치(Value)	사고방식(기본원칙)
유지 또는 향상	최소화	극대화	① 고정관념의 제거
$V(가치) = \dfrac{F(기능)}{C(비용)}$			② 사용자 우선의 사고방식
			③ 기능 중심적 접근 및 분석
			④ 팀단위의 조직적 노력

16 다음 용어를 설명하시오. [4점]

(1) VE(Value Engineering)
(2) LCC(LIfe Cycle Cost)

정답 (1) VE: 최소의 생애주기비용(LCC)으로 시설물의 필요한 기능을 확보하기 위한 기능적 분석과 개선에 쏟는 조직적인 노력의 개선활동이다.

(2) LCC: 건축물의 기획, 설계단계, 시공, 유지관리, 철거에 이르는 건축물 생애 전과정의 제 비용의 합계이다.

해설 VE(Value Engineering)와 LCC(Life Cycle Cost)

(1) VE(가치공학)

기능(Function)	비용(Cost)	가치(Value)	사고방식(기본원칙)
유지 또는 향상	최소화	극대화	① 사용자 우선의 사고방식
$V(가치) = \dfrac{F(기능)}{C(비용)}$			② 기능 중심적 접근 및 분석
			③ 팀단위의 조직적 노력
			④ 고정관념의 제거

(2) LCC(생애주기비용)

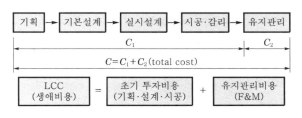

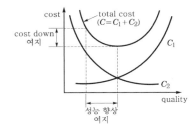

① 성능 향상 시: 초기 투자비(C_1) 상승+유지관리비(C_2) 절감=LCC 감소

② 장기적인 측면에서 원가절감의 경제적 성과(cost down)

17 다음 도면과 같은 헌치보에서 거푸집 면적과 콘크리트 타설량을 산출하시오. [6점]

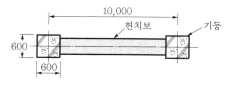

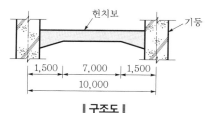

▮ **구조도** ▮

▮ **단면 상세도** ▮

조건
① 거푸집 면적 산출 시 헌치보의 밑면도 산정할 것
② 슬래브두께: 200mm
③ 부재단위: mm

(1) 거푸집 면적
(2) 콘크리트 타설량

정답 **(1) 거푸집 면적**
① 보 부분
　㉠ 측면: $[(10-0.3\times2)\times(0.8-0.2)]\times2면=11.28\mathrm{m}^2$
　㉡ 밑면: $(10-0.3\times2)\times0.4=3.76\mathrm{m}^2$
② 보 헌치부
　• 측면: $\left[\dfrac{1}{2}\times(1.2-0.8)\times1.2\right]\times2면=0.48\mathrm{m}^2$
③ 총거푸집 면적: $11.28\mathrm{m}^2+3.76\mathrm{m}^2+0.48\mathrm{m}^2=\mathbf{15.52\mathrm{m}^2}$

(2) 콘크리트 타설량
① 보 부분: $(10-0.3\times2)\times0.8\times0.4=3.01\mathrm{m}^3$
② 보 헌치부: $\left[\dfrac{1}{2}\times(1.2-0.8)\times1.2\times0.4\right]\times2(양단)=0.19\mathrm{m}^3$
③ 총콘크리트 타설량: $3.01\mathrm{m}^3+0.19\mathrm{m}^3=\mathbf{3.2\mathrm{m}^3}$

해설 **적산 시 유의사항**
① 헌치 부분의 거푸집 면적 및 콘크리트 타설량을 별도 산정
② 헌치보 단일부재의 콘크리트량 산출이므로 슬래브두께를 공제하지 않고 포함하여 산출
③ 보 밑면의 거푸집 면적은 슬래브 거푸집량 산정 시 포함되는 게 원칙이나, 이 문제의 경우 헌치보의 단일부재 산정이므로 추가 산출에 유의할 것
④ 헌치 부분의 경사거푸집량은 수평투영면적으로 산정

18 조적공사에서 1.5B 두께의 벽체를 표준형 벽돌 5,000매로 시공할 수 있는 면적을 산출하시오. (단, 표준형 벽돌의 할증률은 5%로 계산한다.) [4점]

정답 시공면적=5,000매÷224매/m²÷1.05=**21.25m²**

해설 **조적공사 적산(벽돌량 산출)**

① 표준형 벽돌: 190mm×90mm×57mm, 줄눈 10mm(내화벽돌: 230mm×114mm×65mm; 줄눈 6mm)

② 단위면적당 벽돌 정미량 및 쌓기 모르타르량(표준형 벽돌의 경우에 한함)

구 분	0.5B	1.0B	1.5B	2.0B	2.5B
벽돌 정미량(매/m²)	75	149	224	298	373
쌓기 모르타르량(m³/1,000매)	0.25	0.33	0.35	0.36	0.37

③ 적산식: 전체 면적(m²)×벽돌쌓기 기준량(매/m²)×할증=벽돌소요량(매)

④ 할증률

  ㉠ 벽돌: 표준형 벽돌 5%, 내화벽돌 3%, 붉은 벽돌(점토벽돌) 3%를 가산하여 소요량으로 산정

  ㉡ 속 빈 콘크리트 블록: 할증률 4%가 포함된 소요량이 기준이 됨

  ㉢ 쌓기 모르타르량 산출 시 소요량이 아닌 정미량으로 산출해야 함

19 다음과 같이 제시된 데이터를 활용하여 네트워크공정표를 작성하시오. [6점]

작업명	작업일수	선행작업	비 고
A	6	없음	(1) 결합점에서는 다음과 같이 표현한다.
B	4	A	
C	4	없음	
D	5	없음	
E	4	C, D	(2) 주공정선은 굵은 선으로 표시한다.

정답

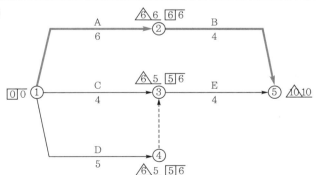

✅ **참고**

각 작업의 여유시간 계상

작업명	작업일수	EST	EFT	LST	LFT	TF	FF	DF	CP
A	6	0	6	0	6	0	0	0	※
B	4	6	10	6	10	0	0	0	※
C	4	0	4	2	6	2	1	1	
D	5	0	5	1	6	1	0	1	
E	4	5	9	6	10	1	1	0	

20 철근콘크리트용 봉강의 인장강도가 400MPa의 설계기준일 경우 현장에 반입된 봉강(중앙바지름 14mm, 표점거리 50mm)의 인장강도를 시험한 결과 시험파괴하중이 각각 65.9kN, 64.3kN, 67.4kN으로 계측되었을 경우 평균인장강도를 산출하고 재료의 합격 여부를 판정하시오. [5점]

정답 ① 평균인장강도

$$f_t = \frac{\frac{P_1+P_2+P_3}{A}}{3} = \frac{\frac{(65.9+64.3+67.4)\times10^3}{\frac{\pi\times14^2}{4}}}{3} = 427.878\text{kN/mm}^2 = \textbf{427.878MPa}$$

② 합격 여부 판정: 평균인장강도가 427.878MPa ≥ 400MPa이므로 **합격**

해설 **철근의 재료시험**
① 철근의 대표적 시험: 인장강도시험, 휨강도시험
② 인장강도시험: $f_t = \frac{\text{최대 하중}(P)}{\text{시험체의 단면적}(A)}$
③ 철근의 품질시험문제 중 인장강도시험 출제비중이 대부분임

21 골재의 비중이 2.65이고, 단위용적중량이 1,800kg/m³일 때 이 골재의 공극률을 산정하시오. [4점]

정답 $v = \left(1-\frac{W}{0.999\rho}\right)\times100 = \left(1-\frac{1.8}{0.999\times2.65}\right)\times100 = \textbf{32\%}$

해설 **골재의 실적률 및 공극률**

구 분	실적률	공극률	비 고
개념	골재의 단위용적중량에 대한 실적용적의 백분율(%)	골재의 단위용적중량에 대한 공극의 백분율(%)	• W: 골재의 단위용적중량(t/m³)
산정식	$d=\frac{W}{\rho}\times100\,[\%]$	$v=\left(1-\frac{W}{0.999\rho}\right)\times100\,[\%]$	• ρ: 골재의 비중

22 다음 그림과 같은 부재에서 x축에 대한 단면 2차 모멘트를 계산하시오.　　　　　　　　[3점]

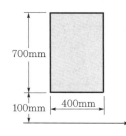

정답 $I_x = \dfrac{bh^3}{12} + A{y_0}^2 = \dfrac{400 \times 700^3}{12} + (400 \times 700) \times 450^2 = \mathbf{6.81 \times 10^{10}} \textbf{mm}^4$

해설 **단면 2차 모멘트 평행축정리:** $I_x =$ 단면 2차 모멘트 $+$ 면적 $\times$ 거리^2

장방형의 단면	각 축에 대한 단면 2차 모멘트
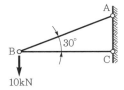	① x축에 대한 단면 2차 모멘트 $I_x = I_X + A{y_0}^2 = \dfrac{bh^3}{12} + bh\left(\dfrac{h}{2}\right)^2 = \dfrac{bh^3}{3}$ ② y축에 대한 단면 2차 모멘트 $I_y = I_Y + A{x_0}^2 = \dfrac{hb^3}{12} + bh\left(\dfrac{b}{2}\right)^2 = \dfrac{hb^3}{3}$

23 다음 그림과 같은 구조물에서 AB부재에 발생하는 부재력을 산출하시오. (단, 인장은 "+", 압축은 "–"로 표시하시오.)　　　　　　　　[3점]

정답 $\sum V = 0$

$-10\text{kN} + F_{AB} \sin 30° = 0$

$\therefore F_{AB} = +20\text{kN}(\text{인장})$

해설 **트러스의 해석방법**

절점법(격점법)	단면법(절단법)
① 절점을 중심으로 평형조건식 적용($\sum V=0$, $\sum M=0$)	① 전단력법: 수직재, 사재($\sum V=0$)
② 간단한 트러스에 적용	② 모멘트법: 상현재, 하현재($\sum M=0$)
③ 부호	③ 미지의 부재력 산정 시 적용
㉠ 절점으로 들어가는 부재력: 압축(−)	
㉡ 절점으로 나오는 부재력: 인장(+)	

Key Point

간단한 트러스의 부재력 산출이므로 절점법을 적용

☑ 참고

BC부재력: $\sum H=0$에서 $F_{BC}=(-1)\times F_{AB}\times \cos 30° = \dfrac{-20\sqrt{3}}{2}=-17.32\text{kN}(압축)$

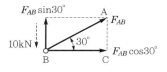

---

24 다음 그림과 같은 철근콘크리트보에서 중립축거리(c)가 300mm일 때 강도감소계수(ϕ)를 산정하시오. (단, 강도감소계수 계산값은 소수점 셋째 자리에서 반올림하시오.) [4점]

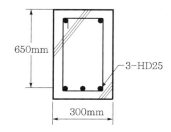

정답 ① 순인장변형률: $\varepsilon_t = \varepsilon_c\left(\dfrac{d_t-c}{c}\right)=0.003\times\dfrac{650-300}{300}=0.0035$으로 $0.002 < \varepsilon_t(=0.0035) < 0.005$

이므로 변화구간단면의 부재

② 강도감소계수: $\phi = 0.65+0.2\left(\dfrac{\varepsilon_t-\varepsilon_y}{0.005-\varepsilon_y}\right)=0.65+0.2\times\left(\dfrac{0.0035-0.002}{0.005-0.002}\right)=\mathbf{0.75}$

해설 순인장변형률(ε_t) 및 강도감소계수(ϕ)

(1) 지배단면의 변형률한계

강재의 종류		압축지배 변형률한계	인장지배 변형률한계	휨부재의 최소 허용변형률	비 고
철근	SD400 이하	ε_y	0.005	0.004	$\varepsilon_y = \dfrac{f_y}{E_s} = \dfrac{400}{2.0 \times 10^6} = 0.002$
	SD400 초과	ε_y	$2.5\varepsilon_y$	$2.0\varepsilon_y$	
PS강재		0.002	0.005	−	

(2) 지배단면에 따른 강도감소계수(ϕ)

지배단면의 구분		순인장변형률조건	강도감소계수(ϕ)
압축지배단면		$\varepsilon_t < \varepsilon_y$	0.65
변화구간단면	SD400 이하	$\varepsilon_y(0.002) < \varepsilon_t < \varepsilon_y(0.005)$	0.65~0.85
	SD400 초과	$\varepsilon_y < \varepsilon_t < 2.5\varepsilon_y$	
인장지배단면	SD400 이하	$0.005 \leq \varepsilon_t$	0.85
	SD400 초과	$2.5\varepsilon_y \leq \varepsilon_t$	

(3) 변화구간단면에서의 강도감소계수

기타 띠철근의 경우	나선철근의 경우	비 고
$\phi = 0.65 + 0.2\left(\dfrac{\varepsilon_t - \varepsilon_y}{0.005 - \varepsilon_y}\right)$	$\phi = 0.75 + 0.15\left(\dfrac{\varepsilon_t - \varepsilon_y}{0.005 - \varepsilon_y}\right)$	SD400 이하인 경우 $\varepsilon_y = \dfrac{f_y}{E_s} = \dfrac{400}{2.0 \times 10^5} = 0.002$

25 다음 조건의 1방향 슬래브의 단위폭 1m에 대하여 수축·온도철근량을 산출하고, 철근 배근 시 요구되는 배근개수를 산정하시오.

조건
① 슬래브두께: 200mm
② 철근규격: HD13
③ 공칭단면적: $A = 127\text{mm}^2$
④ 철근의 항복강도: $f_y = 400\text{MPa}$

정답 ① 소요수축·온도철근량

　㉠ $f_y \leq 400\text{MPa}$이므로 철근비 $\rho = 0.002$

　㉡ $\rho = \dfrac{A_s}{bd}$에서 $A_s = \rho bd = 0.002 \times 1,000 \times 200 = \textbf{400mm}^2$

② 배근개수: $n = \dfrac{A_s}{A'} = \dfrac{400}{127} = 3.15$개이므로 **4개**

해설 1방향 슬래브구조 설계기준

(1) 수축온도철근의 철근비

　① $f_y \leq 400\text{MPa}$의 철근비: $\rho = 0.002$

　② 항복변형률 0.0035일 때 $f_y > 400\text{MPa}$의 철근비: $\rho = 0.002\dfrac{400}{f_y}$

　③ 어느 경우에도 $\rho = 0.0014$ 이상

(2) 주철근의 간격

    ① 최대 모멘트 발생 단면(위험단면): 슬래브두께의 2배 이하, 300mm 이하

    ② 기타 단면(일반단면): 슬래브두께의 3배 이하, 450mm 이하

(3) 1방향 슬래브의 최소 두께

캔틸레버	단순지지	1단 연속
$\dfrac{l}{10}$	$\dfrac{l}{20}$	$\dfrac{l}{24}$

    ① l: 경간길이(mm)

    ② 보통골재를 사용한 콘크리트와 항복강도 $f_y = 400$MPa 철근을 사용한 경우의 값

    ③ $f_y = 400$MPa 이외의 경우 $h\left(0.43 + \dfrac{f_y}{700}\right)$

26 압연 H형강(H $-400 \times 300 \times 9 \times 14$)의 플랜지와 웨브의 판폭두께비를 산출하시오. (단, H형강의 필릿반지름은 $r = 14$mm이다.)   [4점]

정답 (1) 플랜지(flange): $\lambda_f = \dfrac{b}{t} = \dfrac{150}{14} = 10.71$

    (2) 웨브(web): $\lambda_w = \dfrac{h}{t_w} = \dfrac{400 - 2 \times 14 - 2 \times 14}{9} = 38.22$

해설 H형강의 플랜지 및 웨브 판폭비

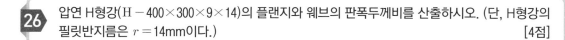

압연 H형강의 플랜지	압연 H형강의 웨브
$\lambda = \dfrac{b}{t_f}$	$\lambda = \dfrac{h}{t_w}$ 이때 $h = H - 2t_f - 2r$

제1회 건축기사 실기

01 공사계약방식 중 BOT(building operation transfer contract)방식에 대해 설명하시오.　　[3점]

정답 사회간접시설을 민간부문이 주도하여 프로젝트를 설계 · 시공한 후 일정 기간 동안 시설물을 운영하여 투자금액을 회수한 다음 무상으로 시설물과 운영권을 발주자에게 이전하는 방식

해설 SOC(Social Overhead Capital)
(1) 개념
　　① 민간부문(SPC)이 사업 주도
　　② 프로젝트 설계 + 자금 조달 + 공공시설물 양도 → 투자비 회수방식
(2) 종류
　　① BTO: Build(설계 · 시공) → Transfer(소유권 이전) → Operate(운영)
　　② BOT: Build(설계 · 시공) → Operate(운영) → Transfer(소유권 이전)
　　③ BOO: Build(설계 · 시공) → Operate(운영) → Own(소유권 획득)
　　④ BTL: Build(설계 · 시공) → Transfer(소유권 이전) → Lease(임대료 징수)
　　⑤ BLT: Build(설계 · 시공) → Lease(임대료 징수) → Transfer(소유권 이전)
(3) BTL와 BTO계약방식 비교

구 분	BTL	BTO
적용시설	① 이용자에게 사용료를 부과하기 어려운 시설 ② 생활기반시설(학교, 병원 등)	① 이용자에게 사용료를 부과하여 투자비 회수가 가능한 시설 ② 산업기반시설(도로, 공항 등)
시설투자비 회수방식	발주자의 시설임대료 징수 (임대형 민간투자방식; 서비스 구매형)	이용자의 임대료 징수 (수익형 민간투자방식; 독립채산형)
사업위험성	민간부문의 위험성이 배제됨	민간부문이 위험 부담

02 종합심사낙찰방식의 정의에 대하여 설명하시오.　　[2점]

정답 공사수행능력, 입찰가격, 사회적 책임점수가 가장 높은 업체를 낙찰자로 선정하는 제도

해설 종합심사낙찰제도
(1) **정의:** 공사수행능력, 입찰가격, 사회적 책임점수가 가장 높은 업체를 낙찰자로 선정하는 계약방식
(2) **대상공사**
① 추정가격 100억원 이상인 공사
② 문화재수리로서 문화재청장이 정하는 공사
③ 건설관리용역: 추정가 20억원 이상인 용역
④ 기본설계용역 추정가격 15억원 이상, 실시설계용역 25억원 이상인 용역
(3) **평가방식:** 입찰자격 사전심사(PQ심사) → 종합심사
(4) **가격평가:** 입찰금액, 단가, 물량심사
(5) **공사수행능력평가:** 시공실적, 기술능력, 사회적 신인도 등
(6) **관련 법령:** 국가를 계약상대자로 하는 계약에 관한 법률 및 계약예규–공사계약 종합심사낙찰제 심사기준

03 다음과 같이 가설공사의 용어에 대한 정의를 설명하시오. [4점]

(1) 기준점(Bench mark)
(2) 방호선반

정답 (1) **기준점(Bench mark):** 공사 중의 높이의 기준을 정하기 위해 설치하는 가설물(건축물 높이의 기준)
(2) **방호선반:** 작업 중 재료나 공구 등의 낙하로 인한 피해를 방지하기 위하여 강판 등의 재료를 사용하여 비계 내측 및 외측, 그리고 낙하물의 위험이 있는 장소에 설치하는 가설물

해설 (1) **기준점 설치 시 유의사항**
① 공사에 지장이 없는 곳에 설치
② 공사기간 중에 이동될 우려가 없는 인근 건물의 벽 등을 이용
③ 지반면에서 0.5~1.0m 위에 두고 그 높이를 기준표 밑에 기록
④ 이동 및 변형이 없게 그 주위를 감싸는 등의 보호조치
⑤ 기준점은 2개소 이상 표시
⑥ 보조기준점 설치
(2) **방호선반**
① 설치위치: 근로자, 통행인 및 통행차량 등에 낙하물로 인한 재해가 예상되는 곳(주출입구, 건설Lift 출입구 상부 등)
② 내민길이: 비계의 외측으로부터 수평거리 2m 이상
③ 방호선반 끝단에는 수평면으로부터 높이 60cm 이상의 난간 설치
④ 수평면과 이루는 각도: 최외측이 구조물 쪽보다 20~30° 이내
⑤ 설치높이: 낙하물에 의한 위험을 방호할 수 있도록 가능한 낮은 위치, 높이 8m 이하

04 다음은 흙의 함수량변화에 따른 흙의 물리적 성질을 설명한 내용이다. 괄호 안에 들어갈 알맞은 내용을 적으시오. [2점]

> 흙의 함수량 변화에 따라 액성상태에서 소성상태로 변화할 때의 함수를 (①), 소성상태에서 반고체상태로 변화할 때의 함수비를 (②)이라 한다.

정답 ① 액성한계(LL: Liquid limit)
② 소성한계(PL: Plastic limit)

해설 흙의 연경도(Consistency)
(1) **정의:** 점착성이 있는 흙의 성질로서, 함수량의 변화에 따라 고체상태, 반고체상태, 소성상태, 액성상태로 변하는 성질
(2) **함수량변화에 따른 연경도**

Consistency한계(Attrrerberg한계)	특 성	
	수축한계 (SL)	함수량이 증가로 흙의 부피가 증대하게 되는 한계의 함수비
	소성한계 (PL)	① 파괴 없이 변형시킬 수 있는 최소의 함수비 ② 압축, 투수, 강도 등 흙의 역학적 성질을 추정
	액성한계 (LL)	외력에 전단저항력이 zero가 되는 최소의 함수비

05 다음과 같이 제시된 흙파기공법에 대하여 공법을 쓰시오. [4점]

(1) 얕고 넓은 흙파기공사 시 중앙부를 먼저 굴착하여 구조물을 일부 축조하고 버팀대 설치 후 주변부 터파기를 하여 지하구조물을 완성하는 흙파기공법
(2) 구조물의 측벽이나 주열선 부분만을 먼저 파내고 그 부분의 기초와 지하구조체를 축조한 다음, 중앙부의 나머지 부분을 파내어 구조물을 완성하는 공법

정답 (1) 아일랜드컷공법(Island-cut method)
(2) 트렌치컷공법(Trench-cut method)

해설 Island－cut공법과 Trench－cut공법 비교

구 분	Island－cut method	Trench－cut method
굴착순서	중앙부→주변	주변→중앙
적용	얕고 넓은 터파기	깊고 넓은 터파기, Heaving 예상 시
특징	① 지보공 및 가설재 절약 ② Trench－cut보다 공기단축	① 중앙부 공간활용 가능 ② 버팀대 길이의 절감으로 경제적 ③ 연약지반 적용 시 우수

06 다음은 연약지반을 개량하기 위한 공법에 대한 설명이다. 각 설명에 대한 공법 명칭을 쓰시오. [4점]

(1) 점토지반의 탈수공법으로 적용되며, 지중에 400~500mm 정도로 천공 후 모래를 채워 넣은 모래말뚝을 형성하여 지중의 간극수를 배수하는 압밀공법
(2) 사질지반의 배수공법으로 적용되며, 지중에 진공흡입펌프가 설치된 집수관을 1~2m 간격으로 배치하여 지상의 집수관에 연결하여 지하수위를 저하시키는 공법

정답 (1) 샌드드레인공법(Sand drain method)
(2) 웰포인트공법(Well point method)

해설 샌드드레인공법과 웰포인트공법 비교

구 분	정 의	특 징
샌드드레인공법	연약한 점토지반에 모래말뚝을 시공하여 지중의 간극수를 배수하는 압밀공법	① 압밀효과 우수 ② 단기간에 지반전단강도 강화 가능 ③ 침하속도 조절 가능 ④ Drain 주위 지반 교란 우려 ⑤ 모래말뚝의 단면 결손 발생 용이
웰포인트공법	지중에 진공흡입장치가 설치된 집수관을 1~2m 간격으로 삽입하여 지하수를 진공펌프로 흡입하여 지하수위를 저하시키는 공법	① 투수성 낮은 사질지반 배수 가능 ② 보일링 및 히빙현상 방지 ③ 지하공사의 Dry work 가능 ④ 지하수위 저하로 주변 지반 침하 발생

07 철근콘크리트공사의 철근 배근 시 이용되는 스페이서(Spacer)의 용도에 대하여 기술하시오. [2점]

정답 철근의 위치 고정 및 간격의 유지, 철근 피복두께의 확보

해설 스페이서(Spacer) – 간격재

구 분	내 용	설치기준
정의	철근과 거푸집 또는 철근과 철근의 간격을 유지하기 위한 철제 및 철근제 또는 모르타르제 등으로 괴거나 끼우는 재료	① 기초: 8개/m², 20개/m² ② 지중보: 간격 1.5m(단부: 1.5m 이내) ③ 기둥
목적	① 배근된 철근의 위치 확보 및 받침 ② 철근의 피복두께의 확보 ③ 수평철근의 수직위치 유지	④ 보: 간격 1.5m(단부: 1.5m 이내) ⑤ 슬래브: 상·하부 철근 각각 가로, 세로 1m ⑥ 벽
재료	모르타르, 콘크리트, 스테인리스, 플라스틱	

기둥 기준:

구 분	기 준
상단	보 밑에서 0.5m 이내
중단	주각과 상단의 중간
폭방향	• 1m 미만: 2개 • 1m 이상: 3개

벽 기준:

구 분	기 준
상단	보 밑에서 0.5m 이내
중단	상단에서 1.5m 이내
횡간격	1.5m(단부는 1.5m 이내)

08 거푸집공사에 주로 활용되는 알루미늄거푸집의 장점을 다음과 같이 제시된 구조체의 품질 및 해체작업에 관하여 각각 설명하시오. [2점]

(1) 구조체의 품질
(2) 해체작업

정답 (1) **구조체의 품질:** 수직 및 수평정밀도 향상, 전용횟수가 높아 경제적 시공 가능
(2) **해체작업:** 해체작업 시 안전성 향상 및 소음 저감

해설 **알루미늄거푸집(aluminium form)**
(1) 정의
　① 알루미늄합금의 거푸집의 프레임과 표면이 코팅된 알루미늄패널로 구성된 강제거푸집의 한 종류이다.
　② 경량으로 취급이 용이하고 강성이 뛰어나 높은 전용률을 가지며 구조체의 수직 및 수평정밀도가 향상된다.
(2) 특징

장 점	단 점
① 구조체의 수직/수평정밀도 우수	① 초기 투자비용이 과다
② 콘크리트 표면마감이 우수(견출작업 감소)	② 자재의 적용범위가 제한적
③ 전용횟수가 우수하여 경제적	③ 거푸집의 제작기간 다수 소요
④ 설치 및 해체작업의 안전성 향상, 소음 저감	④ 기능공의 숙련도 부족
⑤ 강성이 우수하고 경량의 거푸집	⑤ 단면의 변화 및 층고의 변화에 대한 대응 미흡

09 다음 설명과 같이 굳지 않은 콘크리트의 성질을 나타내는 적합한 용어를 쓰시오.　　　　　[4점]

> (1) 시멘트풀, 모르타르 또는 콘크리트의 반죽이 되거나 진 정도
> (2) 반죽질기 여하에 따라 작업의 난이 정도 및 재료의 분리에 저항 정도

정답 (1) 반죽질기(Consistency)　　　　　(2) 시공연도(Workability)

해설 **굳지 않은 콘크리트의 성질**

(1) **정의:** 비빔 직후부터 거푸집 내에 부어넣어 소정의 강도를 발휘할 때까지의 콘크리트에 대한 총칭
(2) 성질

구 분	설 명
반죽질기(Consistency)	굳지 않은 콘크리트에서 주로 단위수량의 다소에 따라 **유동성의 정도**를 나타내는 것으로서 작업성을 판단할 수 있는 요소
시공연도(Work-ability)	반죽질기에 의한 **작업의 난이한 정도**와 균일한 질의 콘크리트를 만들기 위하여 필요한 **재료의 분리에 저항**하는 정도
성형성(Plasticity)	거푸집에 쉽게 다져 넣을 수 있고 거푸집을 제거하면 천천히 형상이 변하기는 하지만 **허물어지거나 재료가 분리되지 않는 굳지 않은 콘크리트의 성질**
마감성(Finish-ability)	잔골재, 굵은 골재, 반죽질기와 성형성에 따른 **표면의 마감처리성능**
운반성(Pump-ability)	콘크리트펌프에 의해 굳지 않은 콘크리트 또는 모르타르를 압송할 때의 운반성능
유동성(Mobility)	중력이나 외력에 의해 유동하기 쉬운 정도를 나타내는 굳지 않은 콘크리트의 성질

10 구조물의 콘크리트 설계기준 압축강도를 추정하고 내구성 진단, 균열 및 철근의 위치 등을 파악하기 위해 시행하는 비파괴시험의 종류를 3가지 쓰시오.　　　　　[3점]

정답 ① 반발경도법　　　② 초음파 전달속도법　　　③ 공진법(진동법)

해설 **콘크리트의 압축강도 추정 – 비파괴시험(NDT; Non-Destructive Test)**

구 분	설 명
반발경도법 (슈미트해머법)	① 콘크리트 표면을 타격하여 반발계수를 측정하여 콘크리트 압축강도 추정 ② 검사장비가 소형, 경량이고, 시험방법이 용이하여 광범위하게 사용 ③ 타격각도, 구조체 표면의 습윤 정도에 따른 품질편차 발생(신뢰성 부족) ④ 종류: 보통콘크리트(N형), 경량콘크리트(L형), 중량콘크리트(M형), 저강도 콘크리트(P형)
초음파 전달속도법 (음속법)	① 발신자와 수신자 사이의 음파통과시간을 측정하여 압축강도 추정 ② 기능: 압축강도 추정, 내구성 진단, 내부 균열 발생 판별, 철근위치탐상 등 ③ 콘크리트의 내부 강도 측정 가능(신뢰도 우수) ④ 타설 후 6~9시간 후 측정 가능 ⑤ 측정거리: 100mm 이상, 10m 이내
복합법	반발경도법과 초음파 전달속도법을 병용하여 시험
공진법(진동법)	콘크리트 공시체에 진동을 주어 공명·진동주기를 동적측정기로 강도추정

구 분	설 명
인발법	콘크리트에 철근을 종류별로 매입하여 타설한 후 철근을 잡아당겨 부착력 측정
철근탐사법	① 전자유도에 의한 병렬공진회로의 진폭 감소를 응용하여 구조물의 철근탐사 ② 종류: 자연전극전위법, 자기법, 레이더법
기타	방서선법(X선 이용), 탄성파법 등

 동절기공사에서 한중콘크리트의 초기 동해 방지를 위한 양생 시 유의사항을 3가지 기술하시오. [3점]

정답 ① 소요압축강도 확보 시까지 콘크리트 온도 5℃ 이상 유지
② 초기 압축강도 5MPa 도달 시까지 보온양생 실시
③ 급열양생 시 콘크리트의 급격한 건조 및 국부적 가열 방지

해설 **한중콘크리트 초기 동해 방지**

구 분	설 명
정의	일평균기온 4℃ 이하 시 타설하는 콘크리트
초기 양생 시 중점관리사항	① 소요압축강도가 얻어질 때까지 **콘크리트의 온도를 5℃ 이상으로 유지** ② 소요압축강도에 도달한 후 2일간은 **구조물의 어느 부분이라도 0℃ 이상**이 되도록 유지 ③ **초기 압축강도 5MPa 도달** 시까지 보온양생 ④ 콘크리트를 타설한 직후에 찬바람이 콘크리트 표면에 닿는 것을 방지 ⑤ 급열양생 시 콘크리트의 급격한 건조 및 국부적 가열 방지
동결방지대책	① 조강포틀랜드시멘트 사용 ② 초기 강도 5MPa 이상 확보 ③ 배합수온도 40℃ 이상 가열 ④ 타설 시 콘크리트 온도 5~20℃ 미만 관리 ⑤ 단위수량 감소 ⑥ 단열보온 및 가열보온양생 실시 ⑦ 외부유입수 차단(물끊기, 구배) ⑧ 콘크리트 내 적당량의 연행공기(4~6%) ⑨ AE제, AE감수제, 고성능 AE감수제 등 혼화재 사용
보온양생	① 방법: 급열양생, 단열양생, 피복양생 및 이들을 복합한 방법 ② 급열양생: 가열보온 시 콘크리트가 급격히 건조하거나 국부적으로 가열 방지 ③ 단열보온: 계획된 양생온도를 유지, 국부적으로 냉각 방지 ④ 보온양생 또는 급열양생 종류 후 콘크리트 온도의 급격한 저하 방지

12 다음 강구조공사에서 사용되는 재료를 간단히 설명하시오. [4점]

(1) 데크플레이트(Deck plate)
(2) 시어커넥터(Shear connector)

정답 (1) 데크플레이트(Deck plate): 바닥구조에서 사용하는 거푸집으로써 아연도금강판을 파형으로 절곡하여 거푸집 대용 또는 구조체 일부로 사용하는 무지주공법의 거푸집공법
(2) 시어커넥터(Shear connector): 콘크리트와 철골의 합성구조에서 전단응력 전달 및 일체성을 확보하기 위해 설치하는 연결재

해설 **철골부재의 용어설명**
(1) 데크플레이트(deck plate)

구 분	내 용
정의	바닥구조에서 사용하는 거푸집으로써 아연도금강판을 파형으로 절곡하여 거푸집 대용 또는 구조체 일부로 사용하는 무지주공법의 거푸집공법
특징	① 거푸집 설치 및 해체작업의 생략 가능 ② 노무비 절감효과 ③ 공장제작품으로 품질 확보에 유리 ④ 비계설치작업의 감소 ⑤ 거푸집 설치 및 철근 배근작업의 감소 ⑥ 공기단축 및 공사비 절감효과
종류	① deck plate 밑창거푸집공법(거푸집 대용) ② deck plate 구조체공법(거푸집＋구조체 역할) ③ 철근 배근형 deck plate(제거식 deck plate) ④ 합성 deck plate

(2) 시어커넥터(shear connector; 전단연결철물)

구 분	내 용	스케치
정의	콘크리트와 철골의 합성구조에서 전단응력 전달 및 일체성을 확보하기 위해 설치하는 연결재	Stud bolt / $\phi 16$ / 현장타설 콘크리트 / 철골보
목적	① 철골부재와 콘크리트와의 일체성 확보 ② 콘크리트와의 합성구조에서 전단응력 전달 ③ 상부 철근 배근 시 구조적 연결고리	
검사방법	① 기울기검사 →기울기 5° 이내로 관리 ② 타격구부림검사 →15°까지 해머로 타격하여 결함이 발생하지 않으면 합격	5° 이내 / 15° / ▮기울기검사▮ ▮타격구부림검사▮

---

13 금속커튼월의 성능확인을 위한 시험방법 중 실물모형시험(Mock – up test)의 시험항목 4가지를 나열하시오. [4점]

정답 ① 수밀시험　　② 기밀시험　　③ 구조시험　　④ 영구변위시험

해설 **커튼월성능시험**

구 분	풍동시험(wind tunnel test)	실물모형시험(mock-up test)	현장시험(field test)
시험시기	커튼월 설계단계	제작 완료 후 현장반입 전	준공시점(공정률 90% 이상)
시험목적	설계data 산정 및 반영	커튼월부재의 하자 발생 방지	커튼월부재의 성능 확인
시험방법	축척모형(주변 600m 반경)	실물(3스팬, 2개층)	실물(3스팬, 1개층)
시험항목	① 외벽풍압시험 ② 구조하중시험 ③ 고주파 응력시험 ④ 보행자 풍압영향시험 ⑤ 빌딩풍시험	① 예비시험 ② 기밀시험 ③ 수밀시험(정압·동압) ④ 구조시험 ⑤ 영구변위시험	① 기밀시험 ② 수밀시험

14 건축공사 표준시방서에 따른 목공사에서 방부 및 방충 처리된 목재를 사용하여야 하는 경우를 2가지 나열하시오. [4점]

정답 ① 구조내력상 중요한 부분에 사용되는 목재로서 투습성의 재질에 접하는 경우
② 목재부재가 외기에 직접 노출되는 경우

해설 **목재의 방부 처리방법**
(1) **방부 및 방충 처리된 목재의 사용**
① 구조내력상 중요한 부분에 사용되는 목재로서 콘크리트, 벽돌, 돌, 흙 및 기타 이와 비슷한 **투습성의 재질**에 접하는 경우
② 목재부재가 **외기에 직접 노출**되는 경우
③ **급수 및 배수시설에 근접한 목재**로서 수분으로 인한 열화의 가능성이 있는 경우
④ 목재가 직접 우수에 맞거나 **습기가 차기 쉬운 부분**의 모르타르 바름, 라스 붙임 등의 바탕으로 사용되는 경우
⑤ 목재가 **외장마감재**로 사용되는 경우
(2) **방부 처리방법**

구 분	방 법
도포법	목재 건조 후 균열 및 이음부 등에 방부제를 도포하는 방법
주입법	① 상압주입법: 방부제용액 중에 목재를 침지하여 방부제를 침투시키는 방법 ② 가압주입법: 압력용기 속에 목재를 넣어 7~12기압의 고압하에서 방부제를 주입하는 방법
침지법	방부제용액 중에 목재를 일정 시간 이상 침지하는 방법
표면탄화법	목재의 3~10mm 정도의 표면을 탄화시키는 방법
생리주입법	벌목 전 나무뿌리에 약액을 주입하여 수간에 이행시키는 방법

15 다음과 같이 설명하는 조적구조의 벽돌쌓기방법에 대하여 쓰시오. [2점]

(1) 난간벽과 같이 상부하중을 지지하지 않는 벽에 있어서 장식적인 효과를 기대하기 위하여 벽체에 구멍을 내어 쌓는 방법
(2) 담 또는 처마 부분에 내쌓기를 할 때 45도 각도로 모서리면이 돌출되어 나오도록 쌓는 방법

정답 (1) 영롱쌓기 (2) 엇모쌓기

해설 조적구조의 형태별 벽돌쌓기방법

구 분	쌓기방법	비 고
마구리쌓기	마구리면이 보이도록 쌓는 방식(벽두께: 1.0B)	구조용, 주벽체(내력벽)
길이쌓기	길이면이 보이도록 쌓는 방식(벽두께: 0.5B)	치장용, 가장 얇은 벽쌓기방식
영롱쌓기	+자형태의 구멍을 내어 쌓는 방법	장식용(난간벽, 비내력벽)
엇모쌓기	담 또는 처마 부분에 내쌓기할 때 45° 각도로 모서리가 면에 나오도록 쌓는 방법	장식용(비내력벽)
세워쌓기	길이면이 내보이도록 수직으로 쌓는 방법	–
옆세워쌓기	마구리면이 내보이도록 수직으로 쌓는 방법	–

16 방수공사에서 바깥방수공법과 비교하여 안방수공법의 특징을 3가지 이상 설명하시오. [3점]

정답 ① 안방수는 바깥방수보다 공사비가 저렴하다.
② 안방수는 본공사와 지장 없이 시공이 가능하다.
③ 안방수는 하자보수가 바깥방수보다 용이하다.
④ 안방수는 보호층 시공이 필요하고, 바깥방수는 보호층이 없어도 무관하다.

해설 안방수공법과 바깥방수공법의 비교

구 분	안방수공법	바깥방수공법
공법 적용	수압 적고 얕은 지하실	수압 크고 깊은 지하실
시공시기	구조체 완료 후	구조체 완료 후, 되메우기 전
공사비	저렴	고가
시공성	용이	시공 어려움
본공사영향	지장 없음	후속 시공 진행 불가
보호층	필요	무관
하자보수	용이	난해
수압대응성능	성능 저하	성능 우수

17 다음에 제시된 경량철골벽체에 대한 시공순서를 바르게 나열하시오. [3점]

① 석고보드 설치   ② 단열재 설치   ③ 바탕면 처리
④ 벽체틀 설치   ⑤ 도배 및 도장마감

정답 ③ → ④ → ② → ① → ⑤

해설 **경량철골벽체(Dry wall)**
(1) **정의** : 금속제 철물을 사용하여 내부의 Glass wool을 충전하여 석고보드 및 합판 등을 이용하여 건식벽체를 설치하는 공법
(2) **시공순서 및 스케치**

시공순서	스케치
바탕면 처리 ↓ Line marking(먹매김) ↓ 상·하부 Runner 고정 ↓ Metal stud 설치 ↓ 단열재 충전 ↓ 석고보드 붙임 ↓ 지정마감재 시공	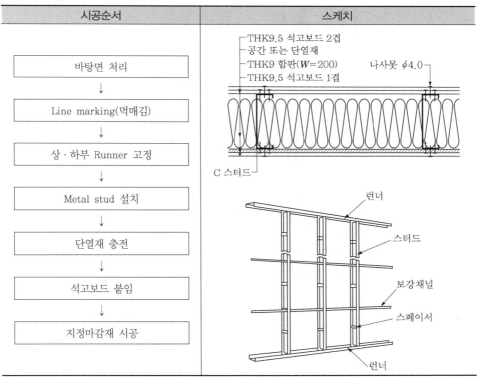

18 유리공사에서 두께가 두꺼운 유리 및 색유리를 사용할 때 발생하는 유리의 열파손현상에 대하여 간단히 설명하시오. [3점]

정답 복사열에 의해 유리 중앙부의 열축적과 단부의 방열로 온도차에 따른 팽창과 수축의 차이로 인해 유리가 파손되는 현상

해설 **유리의 열파손현상**

(1) 정의

① 유리의 열파손현상이란 복사열에 의해 유리 중앙부의 열축적과 단부의 방열로 온도차에 따른 팽창성차이로 인해 유리가 파손되는 현상이다.

② 유리의 두께 및 유리배면의 환기불량, 금속제 프레임의 방열 등에 의해 열파손현상이 가속화된다.

(2) 유리의 열파손현상 Mechanism

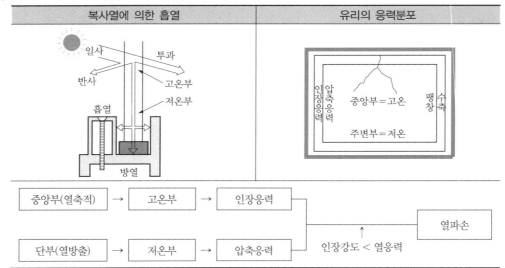

복사열에 의한 흡열	유리의 응력분포

(3) 유리의 열파손현상 방지대책

① 유리의 인장강도의 확보: 안전유리 사용(강화유리 및 배강도유리), 유리의 내열성 확보

② 유리배면의 환기량 확보: 실내측 차양막과 이격거리 확보(최소 10cm 이상)

③ 유리와 Frame의 열전달 방지: 단열간봉 및 단열바 적용

④ Spandrel 부위의 내부 공기의 유출구 처리: 내부 공기의 외부 배출

⑤ 유리의 단부의 절단면 처리 및 결점 방지

⑥ 복사열의 차폐성능 확보: Low-E유리, 열선반사유리 등의 사용

19 다음 그림과 같이 토공사에 관하여 물음에 답하시오. [9점]

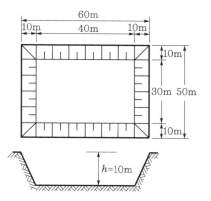

조건   토공사 시공조건
① 운반트럭 적재량: 12m³/대
② 토량환산계수
    ㉠ L: 1.3
    ㉡ C: 0.9
③ 경사면은 수직으로 가정한다.
④ 성토장의 면적: 5,000m²

(1) 터파기량   (2) 운반대수   (3) 성토 · 다짐 시 표고

정답 (1) 터파기량$(V) = \dfrac{10}{6} \times [(2 \times 60 + 40) \times 50 + (2 \times 40 + 60) \times 30] = \mathbf{20{,}333.33 m^3}$

(2) 운반대수$(n) = \dfrac{20{,}333.33 m^3 \times 1.3}{12 m^3/대} = 2{,}202.777 ≒ \mathbf{2{,}203대}$

(3) 성토 · 다짐 시 표고$(h) = \dfrac{20{,}333.33 m^3 \times 0.9}{5{,}000 m^2} = 3.659 ≒ \mathbf{3.66m}$

해설 토공량 적산

구 분	산정식
독립기초 터파기량	$V = \dfrac{h}{6}[(2a + a')b + (2a' + a)b']$
운반대수	$n = \dfrac{[터파기량] \times [토량환산계수(L)]}{[트럭 \ 1대의 \ 적재량(m^3/대)]}$ [대]
성토량	$[성토장 면적] \times [성토높이] = [터파기량] \times [토량환산계수(C)]$ $[성토높이] = \dfrac{[터파기량] \times [토량환산계수(C)]}{[성토장면적]}$

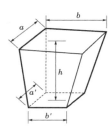

2021년

20 다음과 같이 제시된 데이터를 활용하여 네트워크공정표를 작성하시오.　　　　[10점]

작업명	작업일수	선행작업	비 고
A	3	없음	
B	4	없음	
C	5	없음	(1) 결합점에서는 다음과 같이 표현한다.
D	6	A, B	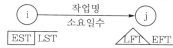
E	7	B	
F	4	D	
G	5	D, E	(2) 주공정선은 굵은 선으로 표시한다.
H	6	C, F, G	
I	7	F, G	

정답 (1) 네트워크공정표

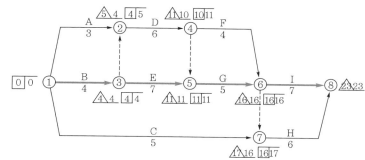

(2) 일정 계산

작업명	작업일수	EST	EFT	LST	LFT	TF	FF	DF	CP
A	3	0	3	2	5	2	1	1	
B	4	0	4	0	4	0	0	0	※
C	5	0	5	12	17	12	11	1	
D	6	4	10	5	11	1	0	1	
E	7	4	11	4	11	0	0	0	※
F	4	10	14	12	16	2	2	0	
G	5	11	16	11	16	0	0	0	※
H	6	16	22	17	23	1	1	0	
I	7	16	23	16	23	0	0	0	※

21 다음은 종합적 품질관리(total qualty control)기법을 설명이다. 각각 해당되는 도구명을 쓰시오. [3점]

(1) 불량 등 발생건수를 분류항목별로 나누어 크기순서대로 나열해 놓은 도구
(2) 계량치의 데이터가 어떠한 분포를 하고 있는지 알아보기 위하여 작성하는 도구
(3) 결과에 원인이 어떻게 관계하고 있는가를 한눈에 알 수 있도록 작성한 도구

정답 (1) 파레토도　　　(2) 히스토그램　　(3) 특성요인도

해설 종합적 품질관리(total qualty control)의 기법

구 분	설 명
관리도	① 정의: 공정상태의 특성치 → 그래프화 ② 목적: 공정관리상태 유지
히스토그램	① 정의: 계량치data의 분포 → 그래프화 ② 목적: 데이터분포도를 파악하여 품질상태 만족 여부를 파악
파레토도	① 정의: 불량건수를 항목별로 분류 → 크기순서대로 나열 ② 목적: 불량요인, 집중관리항목 파악
특성요인도	① 정의: 결과와 원인 간의 관계 → 그래프화(fish bone diagram) ② 목적: 문제 및 하자의 분석
산포도	① 정의: 대응하는 2개의 짝으로 된 data → 그래프화 → 상호관계 파악 ② 목적: 품질특성과 상관관계의 조사
체크시트	① 정의: 계수치의 data 분류항목의 집중도 파악 → 기록용, 점검용 체크시트로 분류 ② 종류: 기록용 체크시트, 점검용 체크시트
층별	① 정의: 집단구성의 data → 부분집단화(원인이 산포에 영향 여부를 파악하는 데 유리함) ② 목적: 집단품질의 분포 비교

22 다음은 표준공시체의 압축강도시험에 관한 내용이다. 이때 표준공시체의 압축강도(f_c)를 산출하시오. [3점]

조건
① 표준공시체규격: $\phi 150 \times 300mm$(재령 28일 표준공시체)
② 파괴하중: 500kN

정답 $f_c = \dfrac{500 \times 10^3}{\dfrac{\pi \times 150^2}{4}} = 28.294 \text{N/mm}^2 = \mathbf{28.294 \text{MPa}}$

해설 **강도시험의 종류별 산정식**

압축강도시험	인장강도시험	휨강도시험
$f_c = \dfrac{P}{A}$	$f_t = \dfrac{2P}{\pi dl}$	① 중앙점 하중법: $f_b = \dfrac{3Pl}{2bd^2}$ ② 3등분점 하중법 　㉠ $f_b = \dfrac{Pl}{bd^2}$ (중앙부 파괴 시) 　㉡ $f_b = \dfrac{3Pa}{bd^2}$ (외측부 5% 파괴 시)

23 다음은 굵은 골재(25mm)의 상태별 질량을 나타낸 표이다. 제시된 데이터를 이용하여 물음에 답하시오. [6점]

조건
① 절대건조질량: 3,600g
② 수중질량: 2,450g
③ 표면건조 내부 포화상태 질량: 3,950g
④ 물의 밀도: 1g/cm³

(1) 흡수율　　　　　(2) 표건상태의 밀도　　　　　(3) 진밀도

정답 (1) **흡수율** $= \dfrac{3,950 - 3,600}{3,600} \times 100 = \mathbf{9.72\%}$

(2) **표건상태의 밀도** $= \dfrac{3,950}{3,950 - 2,450} = \mathbf{2.63 g/cm^3}$

(3) **진밀도** $= \dfrac{3,600}{3,600 - 2,450} = \mathbf{3.13 g/cm^3}$

해설 **골재의 함수상태**
(1) 골재의 함수상태

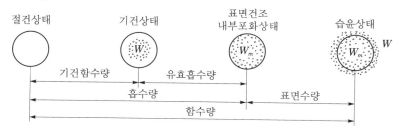

(2) 골재의 함수상태 및 밀도

골재의 함수상태	골재의 밀도
① 유효흡수율: $\dfrac{\text{유효흡수량}}{\text{기건상태 골재중량}} \times 100[\%]$ ② 흡수율: $\dfrac{\text{흡수량}}{\text{절건상태 골재중량}} \times 100[\%]$ ③ 함수율: $\dfrac{\text{함수량}}{\text{절건상태 골재중량}} \times 100[\%]$ ④ 표면수율: $\dfrac{\text{표면흡수량}}{\text{표건내포상태 골재중량}} \times 100[\%]$	① 겉보기 밀도: $\left(\dfrac{A}{B-C}\right)\rho_w$ (절대건조상태의 밀도) ② 표건내포상태 밀도: $\left(\dfrac{B}{B-C}\right)\rho_w$ ③ 진밀도: $\left(\dfrac{A}{A-C}\right)\rho_w$ 여기서, A: 절대건조상태의 질량(g) B: 표면건조 내부 포화상태의 질량(g) C: 시료의 수중질량(g) ρ_w: 시험온도에서 물의 밀도(g/cm^3)

24 다음과 같이 3-Hinge 라멘에 등분포하중이 작용할 때 휨모멘트도를 작도하시오. [3점]

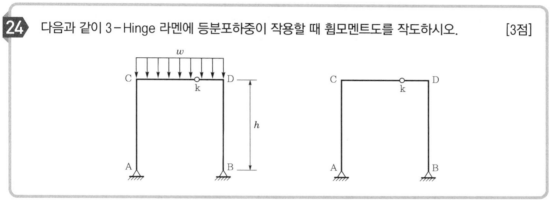

정답

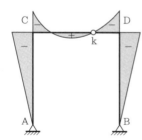

해설 라멘구조의 휨모멘트

(1) **휨모멘트**
  ① 부재를 구부리거나 휘려고 하는 힘
  ② 방향: 아래로 볼록한 형태 "+", 위로 볼록한 형태 "−"

(2) **휨모멘트도 작도**
  ① **활절지점**: 전단력은 그대로 전달되며, **휨모멘트는 반드시 "0"이다.**
  ② 전단력이 "0"이 되는 지점에서 정(+), 부(−)의 극대모멘트가 발생한다.
  ③ 집중하중 작용 시 1차 직선의 형태이며, **등분포하중 작용 시 2차 곡선의 형태**로 작도한다.

2021년

(3) 라멘구조의 자유물체도

수직부재(좌측)	수평부재	수직부재(우측)
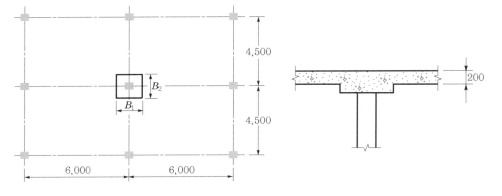		

25 다음 도면과 같은 조건에서 플랫슬래브의 지판(Drop panel)의 최소 크기 및 두께를 산정하시오.
(단, 슬래브두께 $t_f = 200$mm이다.) [4점]

(1) 지판의 최소 크기
(2) 지판의 최소 두께

정답 (1) **지판의 최소 크기**

$$B_1 = \frac{6,000}{6} \times 2 = 2,000\text{mm}$$

$$B_2 = \frac{4,500}{6} \times 2 = 1,500\text{mm} \ (\text{중심선에서 양방향이므로 2배 적용})$$

$$\therefore B_1 \times B_2 = 2,000\text{mm} \times 1,500\text{mm}$$

(2) **지판의 최소 두께**: $t_{\min} = \dfrac{t_f}{4} = \dfrac{200}{4} = 50\text{mm}$

해설 **플랫슬래브의 지판(Drop panel)크기**
① 플랫슬래브: 기둥 상부의 부모멘트에 대한 철근을 줄이기 위하여 **지판을 사용**
② 받침부 중심선에서 각 방향 받침부 중심 간 경간의 **1/6 이상을 각 방향으로 연장**
③ 지판의 슬래브 아래로 돌출한 두께는 돌출부를 제외한 **슬래브두께의 1/4 이상**
④ 지판 부위의 슬래브**철근량을 계산할 때 슬래브 아래로 돌출한 지판의 두께**는 지판의 외단부에서 기둥이나 기둥머리면까지 거리의 **1/4 이하**

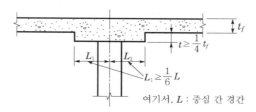

여기서, L : 중심 간 경간

26 강구조 접합부 설계의 종류 중 전단접합(단순접합)과 강접합을 도식하고 간략히 설명하시오. [6점]

구 분	전단접합(단순접합)	강접합
도식		
설명		

정답

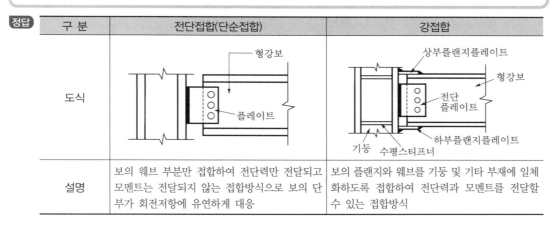

구 분	전단접합(단순접합)	강접합
도식		
설명	보의 웨브 부분만 접합하여 전단력만 전달되고 모멘트는 전달되지 않는 접합방식으로 보의 단부가 회전저항에 유연하게 대응	보의 플랜지와 웨브를 기둥 및 기타 부재에 일체화하도록 접합하여 전단력과 모멘트를 전달할 수 있는 접합방식

해설 **접합부의 일반사항**

구 분	스케치	설 명
전단접합 (핀접합)	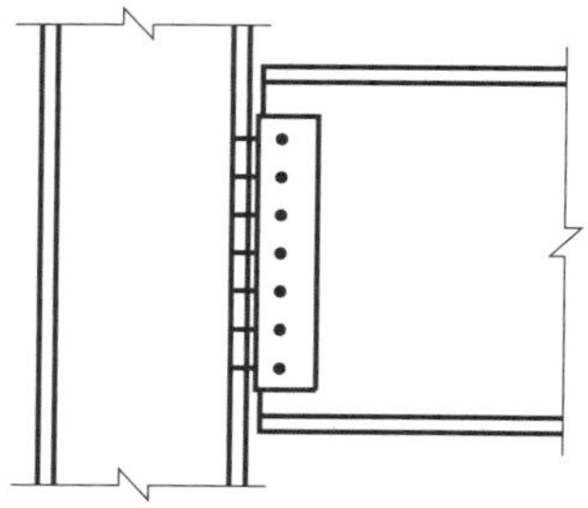	① 접합부: 보의 회전에 대한 저항력 없음 ② 기둥에는 전단력만 전달 ③ 설계: 전단력만 고려 ④ 단부조건: 단순지점으로 가정 ⑤ 접합이 간단, 시공비와 재료비가 절약 ⑥ 수직하중 작용 시: 보가 부담하는 휨모멘트가 증대 　→ 보의 단면 확대(비경제적 설계) ⑦ 수평하중 작용 시: 휨모멘트를 보가 부담하지 못함 　→ 골조의 강성 감소
강접합 (모멘트접합)	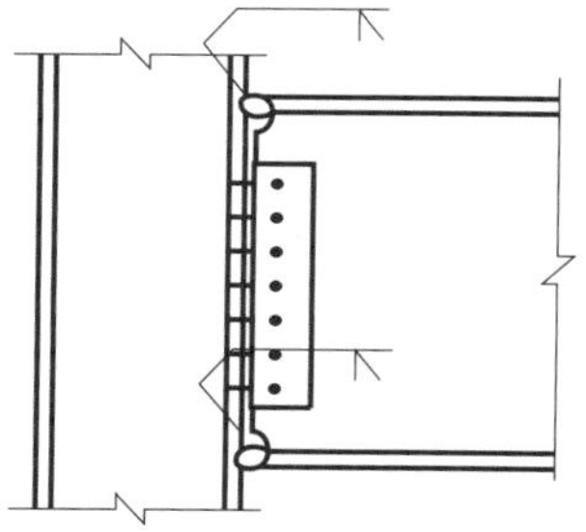	① 완전한 휨모멘트 저항능력 보유 ② 보의 모멘트를 기둥으로, 기둥의 모멘트를 보에 분배 ② 설계: 휨모멘트+전단력의 조합력 ③ 시공이 복잡, 재료비용이 많이 소요 ④ 수평하중 작용 시: 휨모멘트를 보가 같이 부담 　→ 고층골조에서 유리 ⑤ 수직하중 작용 시: 보의 휨모멘트를 기둥이 같이 부담 　→ 보의 단면 축소 가능

✔ **참고**

반강접합(부분강접합)
① 강접합과 전단접합의 중간 정도의 강성을 지닌 접합방식
② 모멘트저항능력: 20~90% 정도의 접합부
③ 단순접합 및 강접합의 중간적인 거동특성이 나타남

01 샌드드레인(Sand drain)공법에 대하여 설명하시오. [3점]

정답 연약한 점토지반에 모래말뚝(sand pile)을 지중에 시공하여 지반 중의 간극수를 배수하여 단기간에 지반을 압밀하는 공법

해설 **샌드드레인공법(Sand drain method)**
(1) **정의**: 연약한 점토지반에 모래말뚝을 시공하여 지중의 간극수를 배수하는 압밀공법
(2) **공법의 특징**
    ① 압밀효과 우수
    ② 단기간에 지반전단강도 강화 가능
    ③ 침하속도 조절 가능
    ④ Drain 주위 지반 교란 우려
    ⑤ 모래말뚝의 단면 결손 발생 용이

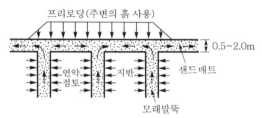

02 흙막이공법인 역타설공법(Top down)의 장점에 대하여 3가지 쓰시오. [3점]

정답 ① 흙막이벽의 안정성 우수(본 구조체로 사용)
    ② 1층 바닥의 작업공간 활용 가능
    ③ 지상과 지하구조물 동시 축조로 공기단축 가능

해설 **역타설공법(Top down method)**
(1) **정의**: 지하 외벽 및 지하의 기둥과 기초를 선시공하고 1층 바닥판을 설치하여 작업공간으로 활용이 가능하며 지하토공사 및 구조물공사를 동시에 진행하여 지하구조체와 지상구조물의 동시에 진행하는 공법으로 공기단축이 가능한 공법

(2) 특징

장 점	단 점
① 흙막이벽이 안정성 우수(본 구조체로 사용)	① 지하구조물 역조인트 발생
② 가설공사의 감소로 인한 경제성 우수	② 지하 굴착공사 시 대형장비의 반입이 곤란
③ 1층 바닥의 작업공간 활용이 가능	③ 조명 및 환기설비의 필요
④ 건설공해(소음, 진동)의 저감	④ 고도의 시공기술과 숙련도가 요구됨
⑤ 도심지의 인접 건물의 근접 시공 가능	⑤ 지중 콘크리트 타설 시 품질관리 난해
⑥ 지상과 지하구조물 동시 축조 가능(공기단축)	⑥ 설계변경이 곤란하고 공사비가 고가임

03 다음과 같이 제시된 흙막이 가시설에 사용되는 계측기기의 종류에 따른 적합한 설치위치를 한 가지씩 쓰시오. [4점]

(1) 토압계
(2) 하중계
(3) 경사계
(4) 변형률계

정답 (1) **토압계**: 흙막이벽 배면의 지중에 설치
(2) **하중계**: 흙막이 버팀대의 양단부
(3) **경사계**: 인접 구조물의 골조 및 벽체
(4) **변형률계**: 흙막이 버팀대의 중앙부

해설 **흙막이 가시설의 계측기기 종류 및 설치위치**

구 분	계측기기 종류	설치위치
흙막이 벽체	① Inclinometer: 지중수평변위계(경사) ② Extensometer: 지중수직변위계(침하) ③ Soil pressure meter: 토압계 ④ Water lever meter: 지하수위계 ⑤ Piezo meter: 간극수압계	흙막이 벽체 배면
버팀대 (Strut)	① Strain gauge: Strut 변형계 ② Load cell: Strut 하중계	버팀대 양단부 버팀대 중앙부
지상구조물	① Tilt meter: 구조물 기울기 ② Crack gauge: 구조물 균열	인접 구조물 골조 또는 벽체
주변환경	① Sound lever meter: 소음계 ② Vibrometer: 진동계	공사현장 주변

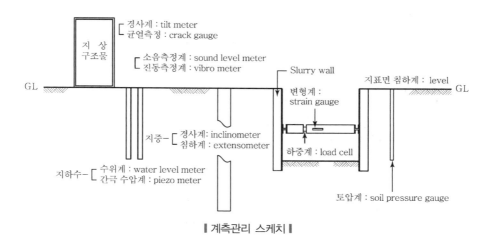

┃ 계측관리 스케치 ┃

---

04 다음과 같이 제시된 용어를 설명하시오. [4점]

(1) 슬럼프 플로(Slump flow)
(2) 조립률(Fineness modulus)

정답 **(1) 슬럼프 플로(Slump flow):** 아직 굳지 않는 콘크리트의 유동성 정도를 나타내는 지표
(2) 조립률(Fineness modulus): 10개의 체로 체가름시험을 하여 각 체에 남는 누적백분율의 합을 100으로 나눈 값

해설 (1) 슬럼프 플로
　① 아직 굳지 않는 콘크리트의 유동성 정도를 나타내는 지표
　② 슬럼프콘을 들어 올린 후에 원모양으로 퍼진 콘크리트의 직경을 측정하여 나타냄
(2) 골재의 조립률(fineness modulus of aggregate)
　① 10개의 체를 1조로 하여 체가름시험을 하였을 때 각 체에 남는 누계량의 전체 시료에 대한 질량백분율의 합을 100으로 나눈 값
　② 10개의 체 : 75, 40, 20, 10, 5, 2.5, 1.2, 0.6, 0.3, 0.15mm
　③ 산정식: $FM = \dfrac{10개 \ 표준체의 \ 가적잔류율의 \ 누계}{100}$

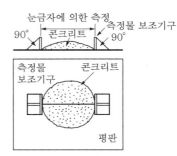

┃ 슬럼프플로시험 ┃

2021년

05 다음은 콘크리트 품질관리에 대한 설명이다. 괄호 안에 알맞은 용어 및 수치를 기입하시오. [3점]

(1) 하루평균기온이 25℃를 초과하는 것이 예상되는 경우 콘크리트의 비빔 및 운반, 타설, 양생을 하는 경우에는 (①)콘크리트로 시공하여야 한다.
(2) 콘크리트의 비비기로부터 타설이 끝날 때까지의 시간은 지연형 감수제를 사용하는 등의 일반적인 대책을 강구한 경우라도 (②)시간 이내에 타설하여야 한다.
(3) 콘크리트를 타설할 때의 콘크리트의 온도는 (③)℃ 이하여야 한다.

정답 ① 서중   ② 1.5   ③ 35

해설 **서중콘크리트 일반사항**
(1) **정의:** 하루평균기온이 25℃를 초과하는 것이 예상되는 경우 적용하는 콘크리트
(2) **특징**
    ① 콘크리트는 비빈 후 즉시 타설하여야 한다.
    ② 지연형 감수제를 사용하는 등의 일반적인 대책을 강구한 경우라도 **1.5시간 이내**에 타설하여야 한다.
    ③ 콘크리트를 타설할 때의 콘크리트의 온도는 **35℃ 이하**여야 한다.

06 다음은 고강도 콘크리트에서 발생되는 폭렬현상에 대한 방지대책을 2가지 쓰시오. [4점]

정답 ① 내열성이 낮은 유기질섬유의 혼입(비폭렬성 콘크리트)
② 내화성이 우수하고 함수율(흡수율)이 낮은 골재 사용

해설 **폭렬현상(Explosive fracture)**
(1) **정의:** 콘크리트 부재가 화재로 가열되어 표층부가 소리를 내어 박리할 때 등의 급격한 파열현상
(2) **원인 및 대책**

구 분	설 명
원인	① 흡수율이 큰 골재 사용 ② 내화성이 약한 골재 사용 ③ 콘크리트 내부 함수율이 높을 경우 ④ 치밀한 콘크리트 조직으로 수증기 배출이 지연될 경우
방지대책	① 내부 수증기압 소산: 내열성 낮은 유기질섬유 혼입(비폭렬성 콘크리트) ② 급격한 온도 상승 방지: 내화피복, 내화도료 도포(단열탄화층 생성) ③ 함수율(흡수율)이 낮은 골재 사용(3.5% 이하) ④ 콘크리트 비산 방지: 표면 Metal lath 혼입, CFT 및 ACT Column ⑤ 콘크리트 인장강도 개선: 섬유보강콘크리트 사용 ⑥ 콘크리트 피복두께 증대: 콘크리트의 내화성 향상

07 매스콘크리트의 응결 및 경화과정에서 내부 온도의 상승 후에 냉각과정에서 발생하는 온도균열에 대한 방지대책을 3가지 쓰시오. [3점]

정답 ① 단위시멘트량 감소
② 재료의 프리쿨링 및 파이프쿨링의 온도제어양생
③ 저발열시멘트 사용(포졸란계 시멘트)

해설 **매스콘크리트의 온도균열**

(1) 매스콘크리트의 온도균열

① 온도구배: 단면이 큰 매스콘크리트 또는 한중콘크리트 타설 시 콘크리트 부재의 내·외부 온도차

② 온도균열: 수화열에 의한 내·외부 온도차(온도구배)가 큰 경우 내부의 온도 상승에 따른 **표면균열**, 온도 하강 시 하부구속에 의한 **내부의 인장균열**

③ 표면균열: 균열폭 0.2mm 이하의 방향성이 없는 미세균열

④ 내부 인장균열: 하부구속에 의해 인장응력의 발생으로 균열폭 1.0~2.0mm의 관통균열 발생

(2) 원인 및 대책

원 인	대 책
① 시멘트페이스트의 수화열이 큰 경우 ② 콘크리트 온도와 외기온도차가 큰 경우 ③ 단위시멘트량이 많은 경우 ④ 콘크리트 단면이 클 경우 ⑤ 콘크리트 타설온도가 클 경우 ⑥ 외기온도가 낮을수록 증가	① 단면이 큰 경우 분할 타설 ② 내·외부 온도차 25℃ 이하 관리 ③ 재료의 프리쿨링(pre-coolong) 온도제어양생 ④ 혼화재 사용으로 응결·경화 지연 ⑤ 저발열시멘트 사용(혼합시멘트 사용) ⑥ 단위시멘트량 감소 ⑦ 콘크리트의 인장강도 개선(섬유보강콘크리트 적용)

08 강구조형식의 구조물의 상부 하중을 지지하는 기초 Anchor bolt의 매입공법의 종류를 3가지 나열하시오. [3점]

정답 고정매입공법, 가동매입공법, 나중매입공법

해설 **강구조 – 기초 Anchor bolt매입공법**

구 분	내 용	스케치
고정매입공법	① 정의: 기초철근 조립 시 동시에 앵커볼트를 매입하여 콘크리트를 타설하는 공법 ② 특성: 대규모 공사에 적용, 구조성능 우수, 불량 시 보수 곤란	앵커볼트

구 분	내 용	스케치
가동매입공법	① 정의: 콘크리트 타설 전에 원통형의 강판재 등으로 조치하여 앵커볼트 상부의 위치를 조정할 수 있는 공법 ② 특성: 시공오차 수정 용이, 부착강도 저하, 중소규모 공사	
나중매입공법	① 정의: 앵커볼트 설치위치에 파이프 등을 매입하거나, 콘크리트 타설 후 천공하여 앵커볼트 설치 후 그라우팅하는 공법 ② 특성: 구조물용도로 부적합, 기계장비의 기초로 사용	

09 강구조의 접합방법 중 메탈터치(Metal touch)에 관하여 그림을 도시하여 간략히 설명하시오. [4점]

Metal touch 도시	설 명

정답

Metal touch 도시	설 명
상부 기둥 하부 기둥 —Metal Touch	압축력과 휨모멘트의 50% 정도를 기둥 밀착면에 전달시키고, 나머지 50%의 축력은 고력볼트에 전달하는 이음방식

해설 메탈터치(metal touch)

스케치	특 징
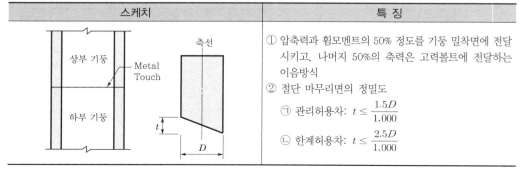	① 압축력과 휨모멘트의 50% 정도를 기둥 밀착면에 전달시키고, 나머지 50%의 축력은 고력볼트에 전달하는 이음방식 ② 절단 마무리면의 정밀도 　㉠ 관리허용차: $t \leq \dfrac{1.5D}{1,000}$ 　㉡ 한계허용차: $t \leq \dfrac{2.5D}{1,000}$

10 다음은 강구조 용접접합부의 용접기호에 대한 표기이다. 용접 제작 상세를 설명하시오. [4점]

용접접합부 용접기호	용접 제작 상세
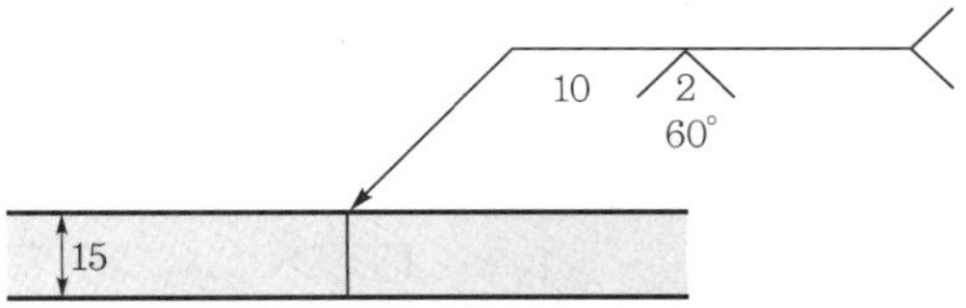	

정답 ① 개선각 60° V형 그루브용접
② 목두께: 15mm
③ 개선깊이(홈깊이): 10mm
④ 루트간격: 2mm

해설 **용접기호**

용접위치	표기방법	비 고
화살표 또는 앞쪽	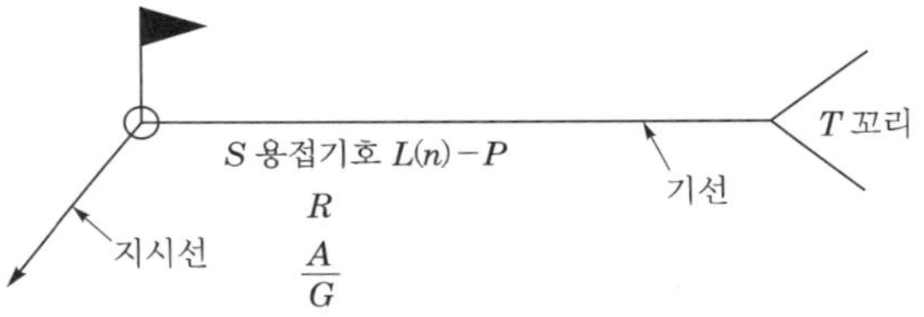	• S: 용접사이즈 • R: 루트간격 • A: 개선각 • L: 용접길이 • T: 꼬리(특기사항 기록) • $-$: 표면모양 • G: 용접부 처리방법 • P: 용접간격 • ▶: 현장용접 • ○: 온둘레(일주)용접
화살표 반대쪽 또는 뒤쪽	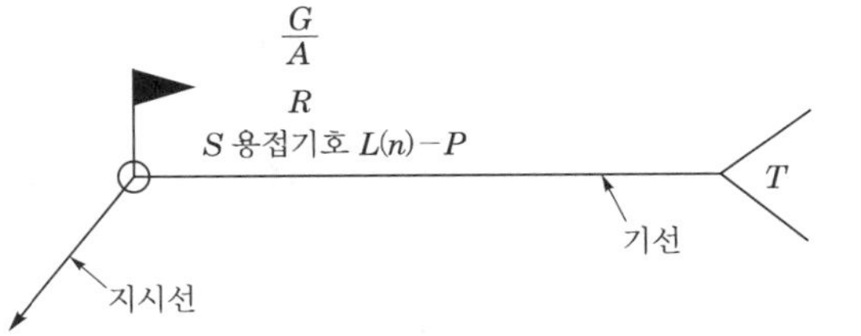	

11 강구조 용접접합 시 발생되는 용접결함 중 언더컷(Under cut)과 오버랩(Over lap)을 간략히 도시하시오. [4점]

언더컷(Under cut)	오버랩(Over lap)

언더컷(Under cut)	오버랩(Over lap)

해설 용접결함 – 언더컷(Under cut)과 오버랩(Over lap)

구 분	특 징	스케치
언더컷	① 정의: 용접 끝단에 생기는 작은 홈 ② 원인: 용접전류의 과다, 용착금속의 용입 부족	
오버랩	① 정의: 용융된 금속이 모재면에 덮인 상태 ② 원인: 용접전류의 과다	

12 다음과 같이 제시된 목재의 방부 처리공법의 종류에 대하여 간략히 설명하시오.　　　[3점]

(1) 침지법
(2) 주입법
(3) 표면탄화법

정답 (1) **침지법:** 방부제용액 중에 목재를 일정 시간 이상 침지하는 방법
(2) **주입법:** 압력용기 속에 목재를 넣어 7~12기압의 고압하에서 방부제를 주입하는 방법
(3) **표면탄화법:** 목재의 3~10mm 정도의 표면을 탄화시키는 방법

해설 목재의 방부 처리방법

구 분	방 법
도포법	목재 건조 후 균열 및 이음부 등에 방부제를 도포하는 방법
주입법	① 상압주입법: 방부제용액 중에 목재를 침지하여 방부제를 침투시키는 방법 ② 가압주입법: 압력용기 속에 목재를 넣어 7~12기압의 고압하에서 방부제를 주입하는 방법
침지법	방부제용액 중에 목재를 일정 시간 이상 침지하는 방법
표면탄화법	목재의 3~10mm 정도의 표면을 탄화시키는 방법
생리주입법	벌목 전 나무뿌리에 약액을 주입하여 수간에 이행시키는 방법

13 다음과 같이 제시된 목구조의 1층 마룻널 시공순서를 번호순서대로 나열하시오.　　　[3점]

① 멍에　　　② 동바리　　　③ 동바리 받침돌　　　④ 장선　　　⑤ 마룻널

정답 ③ → ② → ① → ④ → ⑤

해설 **목구조 1층 마룻널 시공순서**

동바리 받침돌	→	동바리 세우기	→	멍에	→	장선	→	마룻널 깔기

가새 및 밑둥잡이 설치(높이 1m 미만의 경우 밑둥잡이 생략 가능) / 동바리 윗면에서 주먹장이음 / ① 멍에와 직각배치 ② 길이방향 이음은 멍에 위에서 맞댐이음 / ① 측면: 제혀쪽매가공 ② 이음면: 턱솔이음

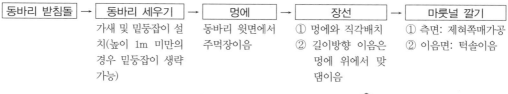
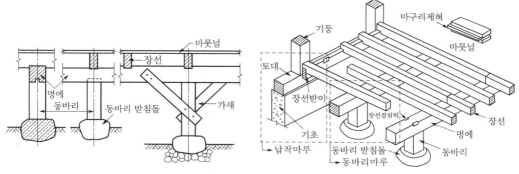

‖ 목구조 1층 마룻널 상세 ‖

---

14 다음 설명은 조적공사에서 쌓기의 일반사항에 대한 설명이다. 빈칸에 알맞은 용어 및 숫자를 쓰시오. [5점]

(1) 벽돌쌓기는 도면 또는 공사시방서에서 정한 바가 없을 때에는 영식 쌓기 또는 (①)로 한다.
(2) 가로 및 세로줄눈의 너비는 도면 또는 공사시방서에 정한 바가 없을 때에는 (②)를 표준으로 한다.
(3) 하루의 쌓기 높이는 (③)(18켜 정도)를 표준으로 하고, 최대 (④)(22켜 정도) 이하로 한다.
(4) 벽돌벽이 블록벽과 서로 직각으로 만날 때에는 연결철물을 만들어 블록 (⑤)마다 보강하여 쌓는다.

정답 ① 화란식 쌓기 ② 10mm ③ 1.2m ④ 1.5m ⑤ 3단

해설 **조적공사 쌓기 일반사항**
① 가로 및 세로줄눈의 너비 : 10mm를 표준으로 함
② 벽돌쌓기 방법: 영식 쌓기 또는 화란식 쌓기
③ 하루쌓기 높이: 1.2m(18켜 정도)를 표준으로 하고, 최대 1.5m(22켜 정도) 이하
④ 나중쌓기 할 경우 그 부분을 층단 들여쌓기로 시공
⑤ 벽돌벽과 블록벽의 직각으로 교차할 경우: 블록 3단마다 연결철물로 보강

---

15 조적벽체의 표면에 발생하는 결함 중에서 백화(effloresence)의 방지대책을 4가지 나열하시오. [4점]

정답 ① 흡수율이 낮은 벽돌 사용
② 벽체 표면에 발수제 도포
③ 저알칼리형 시멘트 사용
④ 차양, 물끊기 등 외부 유입수 차단

해설 **백화현상**
(1) **정의:** 경화체 내 시멘트 중의 수산화칼슘과 공기 중의 탄산가스와 반응하여 경화체 표면에 생기는 흰 결정체
(2) **발생메커니즘**
　　① 화학반응식: $[CaO + H_2O \rightarrow Ca(OH)_2(수화반응)] + CO_2 \rightarrow CaCO_3 + H_2O(탄산화반응)$
　　② 1차 백화(경화체 내 자체 보유수) → 2차 백화(외부 유입수) → 3차 백화(발수제 함유수)
(3) **원인 및 대책**

구 분	원 인	대 책
기후조건	① 저온(수화반응 지연) ② 다습(수분 제공) ③ 그늘진 장소(건조 지연)	① 소성 잘된 벽돌 및 흡수율 낮은 벽돌 사용 ② 줄눈의 방수 처리(경화 후 발수제 도포) ③ 외부 유입수 차단(차양, 루버, 물끊기 등)
물리적 조건	① 균열 발생 부위 ② 벽돌 및 타일 뒤 공극 과다 ③ 겨울철 양생온도관리 불량 ④ 줄눈 시공 불량(양생 불량)	① 쌓기 완료 후 양생관리 철저 ② 겨울철 등 저온 시공 지양 ③ 저알칼리형 시멘트 사용 ④ 분말도 큰 시멘트 사용

16 다음 설명은 수장공사의 경량철골천장틀에 관련한 설명이다. 빈칸에 알맞은 숫자를 쓰시오. [4점]

(1) 달대볼트는 주변부의 단부로부터 1.5m 이내에 배치하고, 간격은 (①) 정도로 한다.
(2) 천장깊이가 (②) 이상인 경우에는 가로, 세로 (③) 정도의 간격으로 달대볼트의 흔들림 방지용 보강재를 설치한다.
(3) 반자틀간격은 공사시방서에 의한다. 공사시방서가 없는 경우는 (④) 정도로 한다.

정답 ① 900mm　　② 1.5m　　③ 1.8m　　④ 900mm

해설 **경량철골천장틀**

구 분	방 법
달대볼트의 설치	① 설치간격: 주변부의 단부로부터 1.5m 이내에 배치, 간격은 900mm 정도 ② 수직으로 설치하는 것이 원칙 ③ 천장깊이 1.5m 이상인 경우에는 가로, 세로 1.8m 정도의 간격으로 흔들림 보강 방지용 보강재 설치
반자틀의 설치	반자틀받이는 행어에 끼워 고정하고 반자틀에 설치한 후 높이를 조정하여 체결
반자틀의 고정	① 반자틀간격은 공사시방서에 의한다(공사시방서가 없는 경우는 900mm 정도). ② 반자틀은 클립을 이용해서 반자틀받이에 고정한다.

17 다음은 수장공사에 대한 용어설명이다. 알맞은 용어를 쓰시오. [2점]

> 수장공사 시 바닥에서 1.0~1.5m 정도의 높이까지 널을 댄 것

정답 징두리벽

18 시멘트 500포대를 저장할 수 있는 시멘트창고의 최소 필요면적을 산출하시오. [3점]

정답 $A = \dfrac{0.4 \times 포대수}{쌓기단수} = \dfrac{0.4 \times 500}{13단} = 15.38\text{m}^2$

해설 **시멘트창고 필요면적 산출**

구 분	시멘트창고 면적 산출 시 적산기준	
필요면적	$A = 0.4\,\dfrac{N}{n}\,[\text{m}^2]$	여기서, A: 시멘트창고 저장면적(m^2) N: 저장할 수 있는 시멘트량(포대) n: 쌓기단수(최고 13포대)(단)
적용기준	① 시멘트량이 600포 이내일 경우: 전량 저장 ② 시멘트량이 600포대 이상일 경우: 공기에 따라 전량의 1/3	

19 다음 도면을 참조하여 방수공사에 대한 적산량을 산출하시오. [6점]

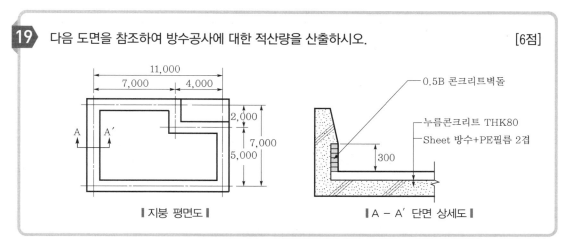

▮ 지붕 평면도 ▮   ▮ A – A′ 단면 상세도 ▮

정답 ① 옥상 시트방수면적 = $(7 \times 7) + (4 \times 5) + (11 + 7) \times 2 \times 0.38 = \mathbf{82.63\text{m}^2}$
② 누름콘크리트량 = $[(7 \times 7) + (4 \times 5)] \times 0.08 = \mathbf{5.52\text{m}^3}$
③ 보호벽돌소요량 = $[(11 - 0.09) + (7 - 0.09)] \times 2 \times 0.3 \times 75 \times 1.05 = 841.995 ≒ \mathbf{842매}$

해설 **방수공사 적산**

(1) **시트방수면적:** [바닥면적]＋[파라펫의 치켜올림 부위 벽면적]

(2) **누름콘크리량:** [전체 바닥면적(중심선 간 치수 적용)]×[타설두께(THK)]

(3) **보호벽돌소요량:** [벽면적]×[기준벽돌량(0.5B; 75매/m²)]×[할증률(1.05)]

　① 벽면적 계산 시 모서리구간 중복 부분을 공제(→0.5B이므로 각 모서리에서 0.09m 공제)

　② 문제조건에 정미량을 산출하라는 조건이 없을 경우 반드시 할증률을 적용

　③ 벽돌기준량은 0.5B(75매/m²), 1.0B(149매/m²), 1.5B(224매/m²), 2.0B(298매/m²)까지는

　　반드시 암기(단, 벽돌은 표준형 190×90×57을 기준)

---

20 다음과 같이 제시된 데이터를 활용하여 네트워크공정표를 작성하고, 각 작업의 여유시간을 구하시오. [10점]

작업명	작업일수	선행작업	비 고
A	5	없음	
B	6	A	
C	5	A	
D	4	A	(1) 결합점에서는 다음과 같이 표현한다.
E	3	B	
F	7	B, C, D	
G	8	D	
H	6	E	
I	5	E, F	(2) 주공정선은 굵은 선으로 표시한다.
J	8	E, F, G	
K	7	H, I, J	

(1) 결합점에서는 다음과 같이 표현한다.

```
  i  ──작업명──▶  j
     소요일수
 ┌─────┐      ┌─────┐
 │EST│LST│    │LFT│EFT│
 └─────┘      └─────┘
```

정답 (1) 네트워크공정표

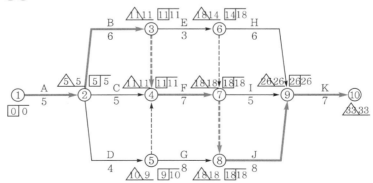

(2) 일정 계산

작업명	작업일수	EST	EFT	LST	LFT	TF	FF	DF	CP
A	5	0	5	0	5	0	0	0	※
B	6	5	11	5	11	0	0	0	※
C	5	5	10	6	11	1	1	0	
D	4	5	9	6	10	1	0	1	
E	3	11	14	15	18	4	0	4	
F	7	11	18	11	18	0	0	0	※
G	8	9	17	10	18	1	1	0	
H	6	14	20	20	26	6	6	0	
I	5	18	23	21	26	3	3	0	
J	8	18	26	18	26	0	0	0	※
K	7	26	33	26	33	0	0	0	※

21 다음은 각 작업에 따른 정상계획과 급속계획에 관한 공기와 비용에 관련한 Data이다. 비용구배가 큰 작업부터 순서대로 나열하시오. [3점]

작업명	정상계획		급속계획	
	공기(일)	비용(원)	공기(일)	비용(원)
A	2	2,000	1	3,000
B	5	3,000	3	6,000
C	8	5,000	4	8,000

정답 ① A작업: $C/S_A = \dfrac{3,000 - 2,000}{2 - 1} = 1,000$원/일

② B작업: $C/S_B = \dfrac{6,000 - 3,000}{5 - 3} = 1,500$원/일

③ C작업: $C/S_C = \dfrac{8,000 - 5,000}{8 - 4} = 750$원/일

$\therefore \ B > A > C$

해설 비용구배(Cost slope)

(1) 정의

① 공기 1일을 단축시키는 데 소요되는 비용

② 공기와 비용의 상관관계그래프에서 정상점과 급속점을 연결한 기울기

(2) 산정식

$$C/S = \frac{\text{급속비용(Crash cost)} - \text{정상비용(Normal cost)}}{\text{정상공기(Normal time)} - \text{급속공기(Crash time)}} = \frac{\Delta \text{비용(cost)}}{\Delta \text{공기(time)}}$$

(3) 공기와 비용과의 상관관계
① 급속계획 시 직접공사비의 증가
② 공기단축일수와 비례하여 비용 증가
③ Cost slope가 클수록 공사비 증가
④ 추가공사비(Extra cost)
　　㉠ 공기단축 시 발생되는 증가되는 비용의 합계
　　㉡ 추가공사비=각 작업 단축일수×Cost slope
⑤ 총공사비 = 표준공사비 + 추가공사비

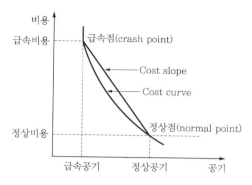

22 종합적 품질관리(total quality control)기법의 종류 중 3가지를 쓰시오. [3점]

정답 ① 파레토도　　② 히스토그램　　③ 특성요인도

해설 종합적 품질관리(total quality control)기법

구 분	설 명
관리도	① 정의: 공정상태의 특성치 → 그래프화 ② 목적: 공정관리상태 유지
히스토그램	① 정의: 계량치data의 분포 → 그래프화 ② 목적: 데이터분포도를 파악하여 품질상태 만족 여부를 파악
파레토도	① 정의: 불량건수를 항목별로 분류 → 크기순서대로 나열 ② 목적: 불량요인, 집중관리항목 파악
특성요인도	① 정의: 결과와 원인 간의 관계 → 그래프화(fish bone diagram) ② 목적: 문제 및 하자의 분석
산포도	① 정의: 대응하는 2개의 짝으로 된 data → 그래프화 → 상호관계 파악 ② 목적: 품질특성과 상관관계의 조사
체크시트	① 정의: 계수치의 data 분류항목의 집중도 파악 → 기록용, 점검용 체크시트로 분류 ② 종류: 기록용 체크시트, 점검용 체크시트
층별	① 정의: 집단구성의 data → 부분집단화(원인이 산포에 영향 여부의 파악이 유리함) ② 목적: 집단품질의 분포 비교

23 다음과 같은 조건의 압축부재(H − 150×150×7×10)에 작용하는 탄성좌굴하중(kN)을 구하시오. [4점]

> **조건**
> ① 단부조건: 1단 고정 타단 자유
> ② 압축부재길이: 3.5m
> ③ 단면 2차 모멘트: $I_x = 1,640 \times 10^4 \, \text{mm}^4$, $I_y = 563 \times 10^4 \, \text{mm}^4$
> ④ 부재의 탄성계수: $E = 2.0 \times 10^5 \, \text{MPa}$

정답 $P_{cr} = \dfrac{\pi^2 EI}{l_k{}^2} = \dfrac{\pi^2 \times 2.0 \times 10^5 \times 563 \times 10^4}{(2 \times 3.5 \times 10^3)^2} = 2,267,994.807 \text{N} = \mathbf{2,267.99 \text{kN}}$

해설 압축재의 탄성좌굴하중

(1) 좌굴현상의 정의
　① 장·단면의 크기에 비해 기둥의 길이가 비교적 긴 기둥(세장한 기둥)은 압축력의 크기가 어느
　　한도에 도달하게 되면 갑자기 불안정한 상태가 되어 옆으로 휘는 현상
　② H형강의 좌굴방향: 약축방향의 휨에 의하여 발생 → 약축의 단면 2차 모멘트 적용

(2) 탄성좌굴하중 및 좌굴응력

탄성좌굴하중(임계하중)	좌굴응력	비 고
$P_{cr} = \dfrac{\pi^2 EI}{l_k{}^2} = \dfrac{\pi^2 n EI}{l^2}$	$f_{cr} = \dfrac{P_{cr}}{A} = \dfrac{\pi^2 E}{\lambda^2}$	여기서, EI: 휨강도 　　　 l_k: 좌굴유효길이 　　　 n: 좌굴강도계수 　　　 λ: 세장비

(3) 단부조건에 따른 계수

단부조건	1단 고정 타단 자유	양단 힌지	1단 고정 타단 힌지	양단 고정
지지조건에 따른 기둥의 분류	(그림) $kl=2l$	(그림) $kl=l$	(그림) $kl=0.7l$	(그림) $kl=0.5l$
좌굴유효길이(l_k)	$2l$	l	$0.7l$	$0.5l$
좌굴강도계수(n)	$1/4(1)$	$1(4)$	$2(8)$	$4(16)$

24 길이가 L인 용수철에 단위하중 P가 작용할 때 늘어난 길이가 ΔL이라고 할 때 용수철의 계수 k를 구하시오. (단, 용수철의 단면적은 A, 탄성계수는 E이다.) [4점]

2021년

정답 ① $P = k\Delta L$에서 $k = \dfrac{P}{\Delta L}$

② $\Delta L = \dfrac{PL}{AE}$이므로 $k = \dfrac{P}{\Delta L} = \dfrac{P}{\dfrac{PL}{AE}} = \dfrac{AE}{L}$

해설 **훅의 법칙과 용수철상수(계수)**

(1) 훅의 법칙

　① 훅의 법칙: $\sigma = \varepsilon E$(재료의 탄성한도 내에서 응력은 변형률에 비례)

　② 탄성계수: $E = \dfrac{\sigma}{\varepsilon} = \dfrac{P/A}{\Delta L/L} = \dfrac{PL}{A\Delta l}$ (변형량: $\Delta L = \dfrac{PL}{AE}$)

(2) 용수철상수(계수)

　① 힘 F가 작용할 때 늘어난 길이가 ΔL일 경우: $P = k\Delta L$(이때 k는 용수철상수)

　② 용수철의 단면적 및 탄성계수가 각각 A와 E일 때 변형량: $\Delta L = \dfrac{PL}{AE}$

　③ 용수철계수: $k = \dfrac{P}{\Delta L} = \dfrac{P}{\dfrac{PL}{AE}} = \dfrac{AE}{L}$

---

25 다음 그림과 같은 철근콘크리트보에 지속하중에 의한 처짐이 발생할 때 총처짐량을 구하시오. [4점]

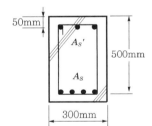

조건
① 즉시처짐량: 20mm
② 지속하중에 의한 시간경과계수: $\xi = 2.0$
③ 압축철근량: $A_s' = 1,200\text{mm}^2$

정답 ① 장기처짐계수: $\lambda_\Delta = \dfrac{\xi}{1 + 50\rho'} = \dfrac{2.0}{1 + 50 \times \dfrac{1,200}{300 \times 500}} = 1.429$

② 총처짐량: $\delta_t = \delta_i + \delta_l = \delta_i + \delta_i \lambda_\Delta = 20 + 20 \times 1.429 = \textbf{48.58mm}$

해설 **부재의 처짐량 계산**

구 분	산정식	비 고
총처짐량	탄성(즉시)처짐+장기처짐 $\rightarrow \delta_i + \delta_l = \delta_i + \delta_i \lambda_\Delta = \delta_i(1 + \lambda_\Delta)$	• δ_i: 탄성처짐(즉시처짐) • δ_l: 지속하중에 의한 장기처짐
장기처짐	① 장기처짐: $\delta_l = \delta_i \lambda_\Delta$ ② 장기처짐계수: $\lambda_\Delta = \dfrac{\xi}{1 + 50\rho'}$	• ξ: 지속하중에 의한 시간경과계수(3개월: 1.0, 6개월: 0.5, 1년: 1.4, 5년: 2.0) • ρ': 압축철근비$\left(= \dfrac{A_s'}{bd} \right)$

26 다음 그림과 같은 단면을 가진 철근콘크리트기둥에서 D10의 띠철근을 사용하는 경우 띠철근의 최대 수직간격을 구하시오. [3점]

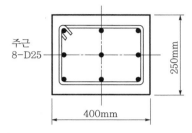

주근
8-D25

250mm

400mm

정답 ① 축방향 철근지름의 16배 이하: $S_1 = 16 \times 25 = 400\text{mm}$

② 띠철근이나 철선지름의 48배 이하: $S_2 = 48 \times 10 = 480\text{mm}$

③ 기둥단면의 최소 치수 이하: $S_3 = 250\text{mm}$

∴ 최솟값을 적용하면 띠철근의 수직간격은 **250mm**를 적용

해설 **철근콘크리트기둥의 띠철근(횡철근)의 수직간격**

① 축방향 철근지름의 16배 이하: S_1

② 띠철근이나 철선지름의 48배 이하: S_2

③ 기둥단면의 최소 치수 이하: S_3

∴ 위 값 중 최솟값 적용

┃2021년 12월 24일 시행┃

01 공사계약방식 중 BOT(building operation transfer contract)방식에 대해 설명하시오.　　[3점]

정답 사회간접시설을 민간부문이 주도하여 프로젝트를 설계·시공한 후 일정 기간 동안 시설물을 운영하여 투자금액을 회수한 다음 무상으로 시설물과 운영권을 발주자에게 이전하는 방식

해설 SOC(Social Overhead Capital)
  (1) 개념
    ① 민간부문(SPC)이 사업 주도
    ② 프로젝트 설계+자금 조달+공공시설물 양도 → 투자비 회수방식
  (2) 종류
    ① BTO: Build(설계·시공) → Transfer(소유권 이전) → Operate(운영)
    ② BOT: Build(설계·시공) → Operate(운영) → Transfer(소유권 이전)
    ③ BOO: Build(설계·시공) → Operate(운영) → Own(소유권 획득)
    ④ BTL: Build(설계·시공) → Transfer(소유권 이전) → Lease(임대료 징수)
    ⑤ BLT: Build(설계·시공) → Lease(임대료 징수) → Transfer(소유권 이전)

02 입찰방식의 종류 중에서 지역제한입찰방식에 대하여 간단히 설명하시오.　　[3점]

정답 지역경제 활성화를 위해 법인등기부상 본점 소재지가 해당 공사의 관할구역 내에 있는 자로 제한하는 입찰방식

해설 제한입찰의 제한기준
  (1) 정의: 제한입찰에 참가할 자의 자격을 제한하는 경우에는 이행의 난이도, 규모의 대소 및 수급상황 등을 고려하여 최적의 입찰참가자를 선정하는 입찰제도
  (2) 제한입찰의 제한기준

구 분	설 명
공사실적 및 시공능력에 따른 제한	공사의 실적 및 시공능력에 따라 제한입찰에 참가할 자의 자격을 제한
기술보유상황에 따른 제한	특수한 기술이나 공법이 요구되는 공사의 경우 기술보유상황을 제한기준
지역제한	법인등기부상 본점 소재지가 해당 공사의 관할구역 내에 있는 자로 제한
유자격자명부에 따른 제한	공사를 성질별·규모별로 유형화하여 이에 상응하는 입찰제한기준을 정하고, 이를 미리 지정정보처리장치에 공고하여 입찰참가적격자로 하여금 등록신청

03 공사 중의 높이의 기준이 되는 기준점(Bench Mark)의 설치 시 유의사항을 2가지 기술하시오. [4점]

정답 ① 공사기간 중 이동될 우려가 없고 공사에 지장이 없는 곳에 설치
② 기준점은 2개소 이상 표시하고 보조기준점 설치

해설 **기준점(Bench mark)**
(1) **정의:** 공사 중의 높이의 기준을 정하기 위해 설치하는 가설물(건축물 높이의 기준)
(2) **설치 시 유의사항**
　① 공사에 지장이 없는 곳에 설치
　② 공사기간 중에 이동될 우려가 없는 인근 건물의 벽 등을 이용
　③ 지반면에서 0.5~1.0m 위에 두고 그 높이를 기준표 밑에 기록
　④ 이동 및 변형이 없게 그 주위를 감싸는 등의 보호조치
　⑤ 기준점은 2개소 이상 표시
　⑥ 보조기준점 설치
　⑦ 100~150mm각 정도의 나무, 돌, 콘크리트재로 하여 침하와 이동이 없게 깊이 매설

04 비산먼지 발생 방지 및 억제를 위해 설치하는 방진시설의 종류를 2가지 쓰시오. [2점]

정답 ① 방진벽
② 고정식 또는 이동식 살수시설

해설 **비산먼지 발생을 억제하기 위한 시설의 설치 및 필요한 조치에 관한 기준**

배출공정	시설의 설치 및 조치에 관한 기준(건축공사와 관련된 사항만 발췌)
야적	① 야적물질 1일 이상 보관 시: **방진덮개** 사용 ② 공사장 경계: **1.8m 이상의 방진벽** 설치(공사 중 주위 주거·상가건물이 있는 곳: 3.0m 이상 방진벽) ③ 야적물질로 인한 비산먼지 발생 억제: **살수시설** 설치
싣기 및 내리기	① 작업 시 발생하는 비산먼지 제거: **이동식 집진시설 또는 분무식 집진시설** ② 싣거나 내리는 장소 주위: **고정식 및 이동식 살수시설** 설치·운영(살수반경 5m 이상, 수압 3kg/cm² 이상) ③ 풍속이 평균초속 8m 이상일 경우: 작업 중지
수송	① **적재함 밀폐덮개** 설치 ② 적재함 상단으로부터 5cm 이하까지 적재물을 수평으로 적재 ③ **자동식 세륜시설, 수조를 이용한 세륜시설** 등의 조건에 맞는 시설 설치 ④ 수송차량 측면 살수시설 설치 및 세륜·살수 후 운행조치할 것 ⑤ 공사장 내 통행차량 운행속도: 시속 20km 이하 ⑥ 공사장 내 통행도로: 1일 1회 이상 살수
기타	이송, 채광·채취, 조쇄 및 분쇄, 야외 절단, 야외 녹 제거, 야외 연마, 야외 도장, 그 밖의 공정(건설업만 해당)

2021년

05 지반조사방법 중 사운딩(Sounding)시험의 정의를 간략히 설명하고 종류를 2가지 쓰시오. [4점]

정답 ① 정의: Rod 선단에 설치한 저항체를 땅속에 삽입하여서 관입, 회전, 인발 등의 저항으로 토층의 성상을 탐사하는 방법
② 종류: 베인시험(Vane Test), 표준관입시험(Standard Penetration Test)

해설 **표준관입시험(Standard Penetration Test)과 베인시험(Vane Test)**

사질지반 – 표준관입시험(SPT)	점토지반 – 베인시험(vane test)
표준관입시험용 샘플러를 중량 63.5kg의 추로 75cm 높이에서 자유낙하시켜 30cm 관입시키는 데 필요한 타격수(N값)을 측정하는 시험	① 연약점성토지반의 점착력 판별 ② 회전력 작용 시 회전저항력 측정 ③ 단단한 점토질지반에는 부적당 ④ 깊이 10m 이상 시 rod의 되돌음 발생 ⑤ 흙의 지내력 및 예민비 측정

무게 63.5kg 해머
750mm
타격
원통분리형 샘플러
300mm

회전
베인

06 다음과 같이 제시된 보링의 종류에 대하여 간략히 설명하시오. [4점]

(1) 회전식 보링
(2) 수세식 보링

정답 (1) **회전식 보링:** 매우 연약한 점토층 및 지층의 변화를 선단의 비트를 회전시켜 연속적으로 천공하는 방식
(2) **수세식 보링:** 토사 및 균열이 심한 전석층, 자갈층 등의 비교적 연약한 지반에 수압을 이용해 천공하여 물과 함께 흙을 배출하여 침전 후 토질을 판별하는 방식

 보링(Boring)
(1) **정의:** 지중에 100mm 정도의 철관을 꽂아 토사를 채취, 관찰하기 위한 천공방식

(2) 종류

구 분	특 징
오거식 보링 (auger boring)	① 나선형의 오거회전에 의한 천공방식 이용 ② 깊이 10m 이내 얕은 지층(인력으로 지중관입) ③ 연약한 점토지반에 적용
수세식 보링 (washer boring)	① 선단에 충격을 주어 이중관을 박아 수압에 의해 천공하는 방식 ② 흙을 물과 함께 배출하여 침전 후 토질 판별 ③ 연약한 토사에 적용
충격식 보링 (percussion boring)	① 충격날의 상하작동에 의한 충격으로 천공하는 방식 ② 토사, 암석 파쇄 천공하여 토사는 천공 bailer로 배출 ③ 거의 모든 지층 적용 가능
회전식 보링 (rotary type boring)	① 드릴 로드선단의 bit를 회전시켜 천공하는 방식 ② 지층의 변화를 연속적으로 판별 가능 ③ 공벽붕괴가 없는 지반(다소 점착성이 있는 토사층)

07 흙막이공사 중에 붕괴의 원인 중 하나인 히빙(Heaving)현상에 대하여 간략히 설명하시오. [3점]

정답 흙막이벽 내·외흙의 중량차 등에 의해 굴착저면의 흙이 지지력을 잃고 붕괴되어 흙막이 배면의 토사가 안으로 밀려 굴착저면이 부풀어지는 현상

해설 히빙(Heaving)현상

히빙현상 스케치	원 인	대 책
	① 흙막이벽 내·외흙의 중량차 ② 상부 재하중 과다 ③ 흙막이벽의 근입깊이 부족 ④ 기초저면 지지력 부족	① 흙막이벽의 근입깊이 확보 ② 부분굴착(소단)으로 굴착지반의 안정성 확보 ③ 기초저면의 연약지반개량 ④ 흙막이 배면 상부 하중 제거

08 콘크리트의 내구성을 저해하는 알칼리골재반응의 개념을 설명하고, 방지대책을 2가지 기술하시오. [4점]

정답 (1) **정의**: 시멘트 중의 수산화알칼리와 골재 중의 반응성 물질과 일어나는 화학반응으로, 골재가 팽창하여 콘크리트가 파괴되는 현상
(2) **방지대책**: 저알칼리 포틀랜드시멘트 사용, 청정골재 사용, 단위시멘트량 감소

해설 알칼리골재반응
(1) **정의**: 시멘트 중의 수산화알칼리와 골재 중의 반응성 물질(Silica, 황산염 등)과 일어나는 화학반응

(2) 원인 및 대책

원 인	대 책
① 골재의 알칼리반응성 물질 과다	① 청정골재 사용(알칼리반응성 물질 감소)
② 시멘트 중의 수산화알칼리용액 과다	② 저알칼리포틀랜드시멘트 사용(알칼리함량(Na_2O당
③ 습도가 높거나 습윤상태일 경우 발생	량) 0.6% 이하)
④ 콘크리트 내 수분이동으로 알칼리이온 농축	③ 콘크리트 알칼리총량 제어: 0.3kg/m3
⑤ 단위시멘트량 과다	④ 단위시멘트량 감소
⑥ 제치장콘크리트일 경우 발생	⑤ 혼합시멘트사용(포졸란계 시멘트)

09 강구조의 내화피복공법 중 습식 내화피복공법의 종류를 4가지 쓰시오. [4점]

정답 ① 타설공법 ② 뿜칠공법 ③ 미장공법 ④ 조적공법

해설 내화피복공법의 분류

구 분	공법종류	재 료
습식 내화피복	타설공법	보통콘크리트, 경량콘크리트
	뿜칠공법	암면, 모르타르, 플라스터, 실리카 등
	조적공법	속 빈 콘크리트 블록, 경량콘크리트 블록(ALC)
	미장공법	시멘트모르타르, 철망 펄라이트 모르타르
건식 내화피복	성형판붙임공법 세라믹울피복공법	무기섬유 혼합 규산칼슘판, ALC판, 석면시멘트판, 경량콘크리트 패널, 프리캐스트콘크리트판
합성 내화피복	이종재료 적층 · 접합공법	프리캐스트콘크리트판, ALC판
도장 내화피복	내화도료공법	팽창성 내화도료

10 다음은 강구조 용접접합에 사용되는 부재에 대한 설명이다. 알맞은 용어를 쓰시오. [2점]

Blow hole, crater 등의 용접결함이 생기기 쉬운 용접bead의 시작과 끝지점에 용접을 하기 위해 용접접합하는 모재의 양단에 부착하는 보조강판

정답 엔드탭(End tab)

해설 엔드탭(End tab)

역 할	스케치
① 용접 양단부의 용접결함 방지 ② 용접bead의 전유효길이로 인정 ③ 용접결함검사의 시험편으로 활용(용접이음부 강도 검사용 시편) ④ 용접 완료 후 제거 ⑥ end-tab재질: 모재와 동일한 두께, 재질 사용	

11 강구조에 사용되는 콘크리트 충전강관(CFT)의 정의를 간략히 설명하시오. [3점]

정답 원형 또는 각형의 강관기둥 내부에 고강도 · 고유동화 콘크리트를 충진하여 만든 합성구조의 기둥

해설 **콘크리트 충전강관(CFT; Concrete Filled Tube)**

구 분	설 명	
구조원리		■ 강관과 콘크리트 간 상호구속작용 ① 콘크리트의 팽창력: 강관의 구속력 작용 ② 강관의 수축력: 콘크리트의 구속력 작용
	장점	단점
특징	① 기둥의 좌굴 방지 ② 거푸집공사의 생략 가능 ③ 구조물의 내화성 증진(폭렬 발생 억제) ④ 기둥단면의 축소 가능 ⑤ 경제적인 구조	① 외측 강재의 별도 내화피복 필요 ② 보와 기둥 간 연속접합성능 부족 ③ 충전콘크리트 품질 확인이 곤란 ④ 단면 축소로 진동에 취약 ⑤ 강관 내부 물에 의한 동결 발생 가능

12 강구조에 사용되는 강재의 종류 중 SM275에서 SM과 275의 명칭에 대하여 설명하시오. [4점]

(1) SM
(2) 275

정답 (1) **SM:** 용접구조용 압연강재
(2) **275:** 항복강도 $f_y = 275\text{MPa}$

해설 **강구조 강재의 종류별 명칭**
(1) **강재의 종류별 명칭 및 종류**

구 분	명 칭	강 종
SS(Steel for Structure)	일반구조용 압연강재	SS235, SS275, SS315, SS410 등
SM(Steel for Marine)	용접구조용 압연강재	① SM275 A, B, C, D: TMC ② SM355 A, B, C, D: TMC ③ SM420 A, B, C, D: TMC ④ SM460 B, C: TMC
SMA(Steel Marine Atmosphere)	용접구조용 내후성 열간압연강재	① SMA275 AP, BW, BP, CW, CP ② SMA355 AP, BW, BP, CW, CP ③ SMA460 W, P

2021년

구 분	명 칭	강 종
SN(Steel New)	건축구조용 압연강재	① SN275 A, B, C ② SN355 B, C ③ SN460 B, C
SHN(Steel H-beam New)	건축구조용 열간압연 H형강	SHN275, SHN355, SHN420, SHN460

(2) 강재의 기호설명(예)

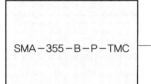

SMA-355-B-P-TMC

① SMA: 용접구조용 내후성 압연강재
② 355: 항복강도 f_y =355MPa([참고] 인장강도 F_u =490MPa)
③ B: 샤르피흡수에너지 B등급(충격흡수성능: A〈B〈C)
④ P: 보통 도장 처리([참고] W: 압연한 그대로 또는 녹안정화 처리)
⑤ TMC: 압연 시 온도제어 압연+가속냉각법(급냉 또는 수냉)

---

13 목재의 방부 처리공법의 종류를 3가지 나열하시오. [3점]

정답 ① 도포법   ② 주입법   ③ 침지법

해설 목재의 방부 처리공법

구 분	방 법
도포법	목재 건조 후 균열 및 이음부 등에 방부제를 도포하는 방법
주입법	① 상압주입법: 방부제용액 중에 목재를 침지하여 방부제를 침투시키는 방법 ② 가압주입법: 압력용기 속에 목재를 넣어 7~12기압의 고압하에서 방부제를 주입하는 방법
침지법	방부제용액 중에 목재를 일정 시간 이상 침지하는 방법
표면탄화법	목재의 3~10mm 정도의 표면을 탄화시키는 방법
생리주입법	벌목 전 나무뿌리에 약액을 주입하여 수간에 이행시키는 방법

---

14 목공사에 사용되는 이음과 맞춤에 대하여 간략히 설명하시오. [4점]

(1) 이음
(2) 맞춤

정답 (1) **이음**: 목재를 길이방향으로 잇는 접합방식
　　(2) **맞춤**: 수직재와 수평재 등을 직각 또는 일정한 각을 지어 맞추는 접합방식

해설 목구조의 이음과 맞춤

(1) 맞춤
　　① 정의: 수직재와 수평재 등을 각을 지어 맞추는 접합방식
　　② 종류: 장부빗턱맞춤, 안장맞춤, 걸침턱맞춤, 장부맞춤, 가름장맞춤, 연귀맞춤

(2) 이음
　　① 정의: 목재를 길이방향으로 잇는 접합방식(짧은 재의 길이는 1m 이상)
　　② 종류: 맞댄이음, 겹침이음, 주먹장이음, 메뚜기장이음, 엇걸이이음, 빗걸이이음, 빗이음
(3) 쪽매
　　① 정의: 사용널재를 옆으로 이어대는 접합방식
　　② 종류: 맞댄쪽매, 반턱쪽매, 빗쪽매, 제혀쪽매, 오니쪽매, 딴혀쪽매, 틈막이 쪽매

15 다음은 조적공사의 구조기준에 대한 설명이다. 괄호 안에 알맞은 용어나 숫자를 쓰시오.　[4점]

> (1) 조적식 구조의 내력벽에 대한 기초는 (①)로 하여야 한다.
> (2) 건축물의 한 층에서 조적식 내력벽으로 둘러싸인 1개 실의 바닥면적은 (②) 이하로 하여야 한다.
> (3) 내력벽의 길이는 (③) 이하로 하여야 하며, 모든 내력벽의 두께는 (④) 이상으로 하여야 한다.

정답 ① 연속줄기초　　② 80m^2　　　③ 10m　　　　④ 190mm

해설 **소규모 건축구조기준 − 조적식 구조**
(1) **내력벽의 기준**

길 이	두 께	2층 내력벽 높이	내력벽으로 둘러싸인 바닥면적
10m 이하	190mm 이상 (비내력벽: 90mm)	4m 이하	80m^2 이하

(2) **테두리보:** 폭 200mm, 높이 400mm 이상의 콘크리트보 설치
(3) **인방보 최소 걸침길이:** 200mm 이상
(4) **기초**
　　① 내력벽에 대한 기초는 연속줄기초로 하여야 한다.
　　② 지반의 동결융해로 인한 손상을 방지하기 위해 지반으로부터 1.0m 하부에 위치하여야 한다.

16 조적공사의 벽돌 표면에 발생하는 백화현상의 정의와 방지대책을 2가지 쓰시오.　[4점]

(1) 백화현상의 정의
(2) 백화 방지대책

정답 (1) **백화현상의 정의:** 경화체 내 시멘트 중의 수산화칼슘과 공기 중의 탄산가스와 반응하여 경화체 표면에 생기는 흰 결정체
(2) **백화 방지대책**
　　① 흡수율이 낮은 벽돌 사용
　　② 벽체 표면에 발수제 도포

2021년

해설 **백화현상**

(1) **정의**: 경화체 내 시멘트 중의 수산화칼슘과 공기 중의 탄산가스와 반응하여 경화체 표면에 생기는 흰 결정체

(2) **발생메커니즘**

① 화학반응식: $[CaO + H_2O \rightarrow Ca(OH)_2(수화반응)] + CO_2 \rightarrow CaCO_3 + H_2O(탄산화반응)$

② 1차 백화(경화체 내 자체 보유수) → 2차 백화(외부 유입수) → 3차 백화(발수제 함유수)

(3) **원인 및 대책**

구 분	원 인	대 책
기후조건	① 저온(수화반응 지연) ② 다습(수분 제공) ③ 그늘진 장소(건조 지연)	① 소성 잘된 벽돌 및 흡수율 낮은 벽돌 사용 ② 줄눈의 방수 처리(경화 후 발수제 도포) ③ 외부 유입수 차단(차양, 루버, 물끊기 등)
물리적 조건	① 균열 발생 부위 ② 벽돌 및 타일 뒤 공극 과다 ③ 겨울철 양생온도관리 불량 ④ 줄눈 시공 불량(양생 불량)	① 쌓기 완료 후 양생관리 철저 ② 겨울철 등 저온 시공 지양 ③ 저알칼리형 시멘트 사용 ④ 분말도 큰 시멘트 사용

17 방수공사의 시트(Sheet)방수공법의 단점을 2가지 나열하시오. [4점]

정답 ① 시트접합부의 결함 발생 우려
② 복잡한 부위의 작업 곤란

해설 **Sheet방수공법**

(1) **정의**: 두께 0.8~2.0mm 정도의 합성고무, 합성수지를 구조체에 접착하여 방수층 형성공법

(2) **특징**

장 점	단 점
① 방수층두께 균일 ② 방수성능 우수 ③ 시공이 간단하며 공기단축 가능 ④ 상온공법 적용 가능 ⑤ 내후성 및 신축성 우수 ⑥ 경량으로 현장 소운반 용이	① 누수 시 국부적 보수 난해 ② Sheet이음부 결함 우려 ③ 외부 충격에 의한 파손 발생 가능 ④ 복잡한 시공 부위 작업 곤란 ⑤ 수직부재접착 시 박리, 처짐 발생 ⑥ Sheet재료비 고가

18 방수공법 중 콘크리트 타설 시 방수제를 혼입하여 방수하는 공법을 무엇이라고 하는가? [3점]

정답 콘크리트 구체방수

해설 **콘크리트 구체방수공법**

(1) **정의**: 콘크리트 타설 시 방수제를 혼입하여 일정 시간(1~2분) 비빔 후에 타설하여 콘크리트의 모세관 공극을 충전하는 방수공법

(2) **특성**
① 콘크리트의 수밀성 향상
② 철근의 방청성 확보
③ 콘크리트의 슬럼프 및 작업성 우수
④ 콘크리트의 강도 증가
⑤ 공기단축 및 경제성 우수
⑥ 누수 발견 및 보수 용이

---

19 다음 조건에서 콘크리트를 타설할 때 레미콘 배차간격을 산출하시오. [4점]

> **조건**
> ① 콘크리트 타설
> ㉠ 두께: 0.2m   ㉡ 너비: 6.0m   ㉢ 길이: 200m인 도로
> ② 레미콘용량 및 작업시간
> ㉠ 레미콘용량: 6m³/대   ㉡ 하루 8시간 작업   ㉢ 배차간격: 분(min)

(1) 계산식
(2) 답

정답 (1) **계산식**

① 소요콘크리트 타설량: $Q = 0.2 \times 6.0 \times 200 = 240\text{m}^3$

② 차량대수: $n = \dfrac{240}{6} = 40$대

③ 배차간격: $\dfrac{8 \times 60}{40} = 12\text{min/대}$

(2) **답**: 12분/대

해설 **레미콘 배차간격 적산**

총체적(m³) 산출		총소요물량 계상		배차간격 산출
타설면적×타설두께	→	총물량÷운반트럭용량	→	작업시간÷차량대수 (단위 확인 철저)

20 다음과 같이 제시된 데이터를 활용하여 각 물음에 답하시오.   [10점]

작업명	작업일수	선행작업	비용구배(원)	비 고
A	5	없음	10,000	(1) 결합점에서는 다음과 같이 표현한다.
B	8	없음	15,000	
C	15	없음	9,000	
D	3	A	공기단축 불가	
E	6	A	23,000	(2) 주공정선은 굵은 선으로 표시한다.
F	7	B, D	30,000	(3) 공기단축일수는 다음과 같다.
G	9	B, D	20,000	
H	10	C, E	8,000	
I	4	H, F	9,500	
J	3	G	공기단축 불가	
K	2	I, J	공기단축 불가	

(1) 결합점에서는 다음과 같이 표현한다.

i ──작업명 / 소요일수── j

│EST│LST│   △LFT△EFT

(2) 주공정선은 굵은 선으로 표시한다.
(3) 공기단축일수는 다음과 같다.

작업명	공기단축일수
C작업	5일
H작업	3일
I작업	2일

(4) 표준공기 시 총공사비: 1,500,000원

(1) 표준공사의 네트워크공정표를 작성하시오.
(2) 공기를 10일 단축한 네트워크공정표를 작성하시오.
(3) 공기단축된 총공사비를 산출하시오.

정답 (1) 표준 네트워크공정표

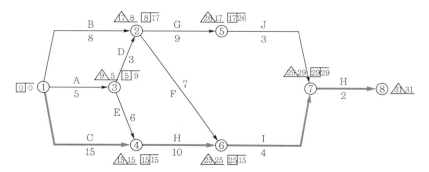

(2) 10일 공기단축 네트워크공정표

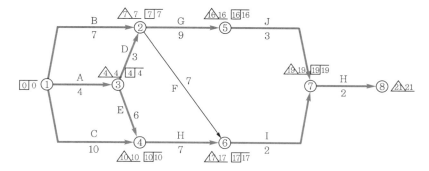

(3) 총공사비

① 추가공사비

㉠ 1차 공기단축: H작업 3일 단축 → 8,000원×3일=24,000원

㉡ 2차 공기단축: C작업 4일 단축 → 9,000원×4일=36,000원 ⇨ CP 추가 검토: A, E

㉢ 3차 공기단축: I작업 2일 단축 → 9,500원×2일=19,000원 ⇨ CP 추가 검토: B, D, G, J

㉣ 4차 공기단축

• A작업 1일 단축 → 10,000원×1일=10,000원

• B작업 1일 단축 → 15,0000원×1일=15,000원

• C작업 1일 단축 → 9,000원×1일=9,000원

② 총공사비: 표준공사비＋추가공사비=1,500,000＋113,000=**1,613,000원**

해설 **공기단축 총공사비 산출**

구 분	소요공기	CP경로	비용구배 최소 작업	추가공사비 (원)	CP 추가
1차	28	C-H-I-K	H작업 −3일	24,000	−
2차	24	C-H-I-K	C작업 −4일	36,000	A, E
3차	22	C-H-I-K A-E-H-I-K	I작업 −2일	19,000	B, D, G, J
4차	21	C-H-I-K A-E-H-I-K A-D-G-J-K B-G-J-K	C작업 −1일 A작업 −1일 B작업 −1일	34,000	−
A. 추가공사비(Extra cost)				113,000	
B. 표준공사비(normal cost)				1,500,000	
총공사비(A+B)				1,613,000	

구 분	공기단축일수현황			
	1차	2차	3차	4차
A	−	−	−	1
B	−	−	−	1
C(5)	−	4	−	1
D				
E				
F				
G	−	−	−	
H(3)	3			
I(2)	−	−	2	
J				
K				

---

21 KS L 5201(2021)에 포틀랜드시멘트의 오토클레이브 팽창도를 0.8% 이하로 규정하고 있다. 현장에 반입된 시멘트의 안정성시험결과가 다음과 같을 경우 팽창도를 산정하고 합격 여부를 판정하시오. [4점]

조건 시멘트의 안정성시험결과

① 오토클레이브시험 전 시험편의 유효표점길이: 254.0mm

② 오토클레이브시험 후 시험편의 표점길이: 255.78mm

(1) 팽창도
(2) 합격 여부 판정

정답 (1) **팽창도:** 팽창도 $= \dfrac{255.78-254}{254} \times 100 = 0.7\%$

(2) **합격 여부 판정:** $0.7\% < 0.8\%$이므로 **합격**

해설 **시멘트 안정성시험(오토클레이브 팽창도)**

(1) **정의:** 시멘트가 경화 중에 체적이 팽창하여 팽창균열이나 휨 등이 생기는 정도

(2) **시험방법**

　① 시멘트의 성형

　② 시험편의 저장: 24시간$\pm$30분 항온·항습기 안에 저장

　③ 유효표점길이 측정: l_1

　④ 시험편의 가열 및 가압: 오토클레이브

　⑤ 시험편 건조 후 길이 측정: l_2

(3) **결과 판정**

　① 팽창도 측정: $\dfrac{\text{시험 후의 표점길이의 차(mm)}}{\text{시험체의 유효표점길이(mm)}} \times 100 = \dfrac{l_2-l_1}{l_1} \times 100[\%]$

　② 판정: 오토클레이브 팽창도 0.8% 이하 시 합격

---

22 다음 그림과 같은 원형 단면에서 직사각형의 단면을 구하기 위한 단면계수 Z를 산정하시오. [4점]

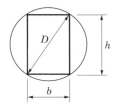

조건
① 직사각형 단면: 폭$\times$높이$= b \times h$
　㉠ 높이 $h = 2b$
　㉡ 원에 내접하는 직사각형의 단면
② 원의 지름: D
③ 단면계수는 원의 지름 D로 표현하시오.

정답 ① 단면계수$(Z) = \dfrac{bh^2}{6} = \dfrac{b(2b)^2}{6} = \dfrac{2b^3}{3}$ ·························ⓐ

② $D = \sqrt{b^2 + h^2} = \sqrt{b^2 + (2b)^2} = \sqrt{5}\,b$에서 $b = \dfrac{1}{\sqrt{5}}D$········ⓑ

③ ⓑ를 ⓐ에 대입하면 $Z = \dfrac{2b^3}{3} = \dfrac{2\left(\dfrac{D}{\sqrt{5}}\right)^3}{3} = 0.0596D^3 ≒ \mathbf{0.06}\boldsymbol{D^3}$

해설 단면계수(Z)

사각형 단면	삼각형 단면	원형 단면
$Z = \dfrac{I_x}{y} = \dfrac{\frac{bh^3}{12}}{\frac{h}{2}} = \dfrac{bh^2}{6}$	$Z_c = \dfrac{I_x}{y_c} = \dfrac{\frac{bh^3}{36}}{\frac{2h}{3}} = \dfrac{bh^2}{24}$ $Z_t = \dfrac{I_x}{y_t} = \dfrac{\frac{bh^3}{36}}{\frac{h}{3}} = \dfrac{bh^2}{12}$	$Z = \dfrac{I_x}{y} = \dfrac{\frac{\pi D^4}{64}}{\frac{D}{2}} = \dfrac{\pi D^3}{32}$

■ 단면계수의 특성
① 단면계수가 클수록 재료의 강도 증대　　② 도심을 지나는 단면계수의 값=0
③ 단면계수가 큰 단면일수록 휨강성이 우수함　　④ 단위: cm^3, m^3, ft^3(단면 1차 모멘트와 동일)

23 인장지배단면의 정의를 간략히 설명하시오.　　　　　　　　　　　　[3점]

정답 압축콘크리트가 극한변형률인 0.003에 도달할 때 최외단 인장철근의 순인장변형률 ε_t 가 인장지배변형률($\varepsilon_t = 0.005$) 이상인 단면

해설 지배단면의 구분

(1) 지배단면의 변형률한계

조 건	지배단면의 분류	
압축콘크리트가 극한형률이 0.003에 도달할 때	최외단 인장철근의 순인장변형률 ε_t 가 **압축지배변형률한계 이하**인 단면	압축지배단면
	순인장변형률 ε_t 가 압축지배변형률한계와 인장지배변형률한계 사이인 단면	변화구간단면
	최외단 인장철근의 순인장변형률 ε_t 가 **인장지배변형률한계 이상**인 단면	인장지배단면

(2) 지배단면의 변형률한계

강재의 종류		압축지배변형률한계	인장지배변형률한계	휨부재의 최소 허용변형률
철근	SD400 이하	ε_y	0.005	0.004
	SD400 초과	ε_y	$2.5\varepsilon_y$	$2.0\varepsilon_y$
PS강재		0.002	0.005	－

(3) 지배단면에 따른 강도감소계수(ϕ)

지배단면의 구분		순인장변형률조건	강도감소계수(ϕ)
압축지배단면		$\varepsilon_t < \varepsilon_y$	0.65
변화구간단면	SD400 이하	$\varepsilon_y(0.002) < \varepsilon_t < 0.005$	0.65~0.85
	SD400 초과	$\varepsilon_y < \varepsilon_t < 2.5\varepsilon_y$	
인장지배단면	SD400 이하	$0.005 \le \varepsilon_t$	0.85
	SD400 초과	$2.5\varepsilon_y \le \varepsilon_t$	

24 다음과 같은 평면도를 참조하여 각 물음에 답하시오. [6점]

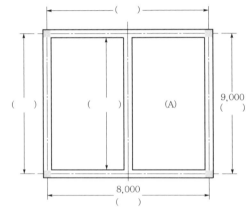

조건 부재의 치수
① 기둥: 500mm×500mm
② 큰 보: 500mm×600mm
③ 작은 보: 400mm×600mm

(1) 큰 보(Girder)와 작은 보(Beam)의 개념을 간단히 서술하시오.
　① 큰 보(Girder)
　② 작은 보(Beam)
(2) 제시된 도면에 괄호 안에 큰 보와 작은 보를 채우시오.
(3) 위의 도면에서 (A) 부분의 변장비를 계산하고, 1방향 슬래브인지 2방향 슬래브인지 판정
　하시오. (단, 변장비 계산 시 기둥 중심 간 치수를 기준으로 한다.)

정답 (1) 큰 보와 작은 보의 개념
　① 큰 보: 기둥과 기둥 사이를 연결하는 보
　② 작은 보: 기둥에 지지되지 않고 큰 보 사이를 연결하는 보

(2) 큰 보와 작은 보 기입

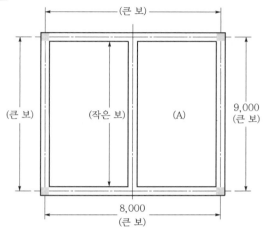

(3) 변장비 계산 및 1방향 슬래브 판별

① 변장비: $\lambda = \dfrac{\text{장변}(l_y)}{\text{단변}(l_x)} = \dfrac{9{,}000}{4{,}000} = 2.25$

② 판정: 변장비가 2.0보다 크므로 **1방향 슬래브**

해설 보 및 슬래브의 설계

(1) 보의 종류

① 큰 보(Girder): 기둥과 기둥 사이를 연결하는 보

② 작은 보(Beam): 기둥에 지지되지 않고 큰 보 사이를 연결하는 보

(2) 1방향 슬래브 및 2방향 슬래브의 구분

구 분	설 명	변장비(λ)
1방향 슬래브	① 한 방향(단변방향)으로만 주철근이 배치된 슬래브 ② 마주 보는 2변에만 지지되는 슬래브	$\lambda = \dfrac{\text{장변}(l_y)}{\text{단변}(l_x)} > 2.0$
2방향 슬래브	① 직교하는 두 방향 휨모멘트를 전달하기 위하여 주철근이 배치된 슬래브 ② 4변에 의해 지지되는 슬래브	$\lambda = \dfrac{\text{장변}(l_y)}{\text{단변}(l_x)} \leq 2.0$

 25 인장철근만 배근된 직사각형의 철근콘크리트 단순보에 하중이 작용하여 즉시처짐이 6mm 발생하였다. 5년 이상 지속하중이 작용할 경우 총처짐량을 구하시오. (단, 시간경과계수는 $\xi = 2.0$을 적용한다.) [4점]

정답 ① 장기처짐계수: $\lambda_\Delta = \dfrac{\xi}{1 + 50\rho'} = \dfrac{2.0}{1 + (50 \times 0)} = 2.0$

② 총처짐량: $\delta_t = \delta_i + \delta_l = \delta_i + \delta_i \lambda_\Delta = 6 + (6 \times 2.0) = 18\text{mm}$

해설 부재의 처짐량 계산

구 분	산정식	비 고
총처짐량	탄성(즉시)처짐+장기처짐 $\rightarrow \delta_i + \delta_l = \delta_i + \delta_i \lambda_\Delta = \delta_i(1+\lambda_\Delta)$	• δ_i : 탄성처짐(즉시처짐) • δ_l : 지속하중에 의한 장기처짐
장기처짐	① 장기처짐: $\delta_l = \delta_i \lambda_\Delta$ ② 장기처짐계수: $\lambda_\Delta = \dfrac{\xi}{1+50\rho'}$	• ξ : 지속하중에 의한 시간경과계수(3개월: 1.0, 6개월: 0.5, 1년: 1.4, 5년: 2.0) • ρ' : 압축철근비 $\left(= \dfrac{A_s'}{bd}\right)$

26 다음이 설명하는 지진저항시스템을 쓰시오. [3점]

> 지진력 발생 시 건축물의 안정성 확보를 위해 건축물의 기초 부분 등에 미끄럼받이 및 적층고무 등의 댐퍼(Damper)를 설치하여 지진에 대한 진동을 감소시킬 수 있는 구조

정답 면진구조

해설 지진력저항시스템

구 분	면진구조	제진구조	내진구조
정의	지반과 구조물 사이에 절연체를 설치하여 지진력의 진동을 소산시키는 구조(지진에 의한 진동이 구조체에 전달되지 않는 방법)	구조물 내부에 지진파에 대응하는 반대파를 작용시켜 지진력을 상쇄 및 소산시키는 구조	강성이 우수한 내진벽 등의 부재를 구조물에 배치하여 지진력에 대응하는 구조
재료	탄성받침, 합성고무받침, 납면진받침, 미끄럼받침 등	점탄성감쇠기, 동조감쇠기, 점성유체감쇠기, 능동형 감쇠장치 등	연성이 우수한 재료, 질량이 가벼운 재료(내력벽, 구조체 튜브시스템)
특징	① 구조물의 안정성, 사용성 확보 ② 지진력에 효과적으로 대응 ③ 구조·비구조요소 보호 가능	① 중규모의 지진력에 대응 ② 구조물의 사용성을 확보 ③ 비구조적 요소 보호에는 한계성이 있음	① 구조물의 부재 증설 및 단면 증대 ② 비경제적 설계 가능 ③ 구조물의 자중 증가
개념도			GL

2022 제1회 건축기사 실기

┃2022년 5월 7일 시행┃

01 건설공사 원가관리기법에 해당하는 VE(Value Engineering)의 $V = \dfrac{F}{C}$에 대한 각 기호를 설명하시오. [3점]

정답 ① V : Value(가치)　② F : Function(기능)　③ C : Cost(비용)

해설 **가치공학(VE ; Value Engineering)**
(1) **정의** : 최소의 생애주기비용(LCC)으로 시설물의 필요한 기능을 확보하기 위한 기능적 분석과 개선에 쏟는 조직적인 노력의 개선활동이다.
(2) **가치공학의 개념 및 사고방식**

기능(Function)	비용(Cost)	가치(Value)	사고방식(기본원칙)	
유지 또는 향상	최소화	극대화	① 고정관념의 제거	② 사용자 중심의 사고
$V(\text{가치}) = \dfrac{F(\text{기능})}{C(\text{비용})}$			③ 기능 중심의 접근	④ 조직적 노력
			⑤ 가치의 제고	

02 LCC(Life Cycle Cost)의 정의를 설명하시오. [3점]

정답 건축물의 초기 투자단계부터 유지관리, 철거단계로 이어지는 건축물의 일련의 과정인 건축물의 Life Cycle에 소요되는 제 비용을 합계한 것

해설 **생애주기비용(LCC ; Life Cycle Cost)**
① LCC의 개념

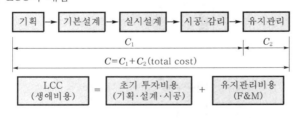

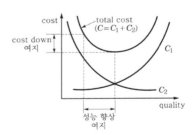

② 성능 향상 시 : 초기 투자비(C_1) 상승+유지관리비(C_2) 절감=LCC
③ 장기적인 측면에서 원가절감의 경제적 성과(cost down)

03 다음의 입찰방식을 간략히 설명하시오. [3점]

(1) 건축주가 시공회사의 신용, 자산, 공사경력, 보유기재, 자재, 기술 등을 고려하여 그 공사에 가장 적합한 1개의 회사를 지명하여 입찰시키는 방식
(2) 유자격자의 입찰참가자를 공모하여 모두 참여하는 입찰방식
(3) 가장 적격한 3~7곳 정도의 시공자를 선정하여 입찰하는 방식

정답 (1) 특명입찰방식
(2) 공개경쟁입찰방식
(3) 지명경쟁입찰방식

해설 **입찰방식의 종류별 특성**

입찰방식	특 성
공개경쟁입찰방식	① 장점: 균등하게 기회 부여, 담합 감소, 공사비 절감 ② 단점: 부적격자 낙찰 우려, 과다경쟁, Dumping입찰 가능
지명경쟁입찰방식	① 장점: 양질의 공사 가능, 시공능력 · 기술 · 신용도 우수, 부적격자 배제 ② 단점: 입찰자 한정으로 담합 우려, 균등한 기회 제공 불가
특명입찰방식	① 장점: 양질의 시공 기대, 업체 선정 간단, 입찰수속 간단, 긴급공사 유리 ② 단점: 공사금액 불명확, 공사비 증대, 부적격자 선정 우려

Key Point

공개경쟁입찰방식	지명경쟁입찰방식	특명입찰방식
유자격자, 공모	적격한 3~7개사 선정	1개사 지명

04 다음의 수평버팀대식 흙막이공법에서 흙막이 벽체에 작용하는 응력이 다음과 같을 때 ( ) 안에 들어갈 알맞은 용어를 쓰시오. [3점]

정답 ① 흙막이 버팀대의 반력   ② 주동토압   ③ 수동토압

해설 **수평버팀대식 흙막이공법**

(1) **정의**: 흙막이벽 내측에 띠장(wale) · 버팀대(strut) · 받침말뚝(post pile)을 설치하여 토압 및 수압에 대하여 저항하여 굴착하는 공법

(2) **흙막이벽에 작용하는 토압**

수평버팀대 구조도	토압분포도	하중도	휨모멘트도
띠장 H-pile 버팀대	R(띠장 반력) P_A (주동토압) P_P(수동토압)		

---

05 작업발판 일체형 거푸집의 종류를 3가지 나열하시오. [3점]

정답 ① 갱폼(gang form)
② 슬립폼(slip form)
③ 클라이밍폼(climbing form)

해설 **작업발판 일체형 거푸집**

(1) **정의**: 거푸집의 설치 해체, 철근 조립, 콘크리트 타설, 콘크리트 면처리작업 등을 위하여 거푸집을 작업발판과 일체로 제작하여 사용하는 거푸집

(2) **종류**
① **갱폼(gang form)**: 대형 패널+장선+멍에 일체화 → 외벽 전용 대형 패널거푸집
② **슬립폼(slip form)**: 단면변화가 있는 구조물에 적용
③ **클라이밍폼(climbing form)**: Gang form+외부비계 일체화 → 외부벽체 마감 가능
④ **터널라이닝폼(tunnel lining form)**: 거푸집+장선+멍에+지주Unit화 → 수평이동, 바닥 · 벽 동시 타설
⑤ 그 밖에 거푸집과 작업발판이 일체로 제작된 거푸집 등

---

06 다음과 같이 설명하는 용어를 쓰시오. [4점]

(1) 콘크리트 타설 시 보 및 슬래브 등의 연직하중을 지지하기 위한 가설구조물
(2) 보나 트러스 등에서 그의 정상적 위치 또는 형상으로부터 상향으로 구부려 올리는 것이나 구부려 올린 크기

정답 (1) 동바리(support)
(2) 솟음(camber)

07 콘크리트 크리프(creep)현상에 대하여 설명하시오. [3점]

정답 콘크리트에 지속적인 하중이 발생할 때 하중변화가 없이 시간경과에 따라 변형이 점차로 증가하는 현상

해설 **Creep현상**
(1) **정의**
  ① 콘크리트에 지속적인 하중이 발생할 때 하중변화가 없이 시간경과에 따라 변형이 점차로 증가하는 현상
  ② Creep변형은 탄성변형보다 크고, 지속하중이 콘크리트 정적강도의 80% 이상이 되면 creep파괴가 발생한다.
(2) **Creep현상의 증가요인**
  ① 재하응력이 클수록
  ② 대기온도가 높을수록
  ③ 콘크리트 재령기간이 짧을수록
  ④ 단위시멘트량 및 물결합재비가 클수록
  ⑤ 부재의 치수가 작을수록
  ⑥ 다짐작업이 나쁠수록
  ⑦ 부재의 경간길이에 비해 높이가 낮을수록
  ⑧ 양생조건이 나쁠수록

08 강구조공사에서 강재표면 부식 방지를 위한 철골에 녹막이칠을 하지 않는 부분을 4가지 쓰시오. [4점]

정답 ① 현장용접부 및 인접 부위 양측 100mm 이내
  ② 고력볼트 마찰접합부의 마찰면
  ③ 콘크리트에 매입되는 부분
  ④ 조립에 의한 면맞춤 부분

해설 **철골 녹막이칠 제외 부분**
  ① 현장용접부 및 인접 부위 양측 100mm 이내
  ② 초음파탐상검사 영향범위
  ③ 고력볼트 마찰접합부 마찰면
  ④ 콘크리트 내 매입되는 부분
  ⑤ Pin, Roller 등 밀착부
  ⑥ 조립에 의한 면맞춤 부분
  ⑦ 밀폐되는 내면

09 다음 그림은 강구조의 보−기둥접합부에 대한 것이다. 각 번호에 알맞은 구성부재 및 (나), (다)의 부재용접방법을 쓰시오. [4점]

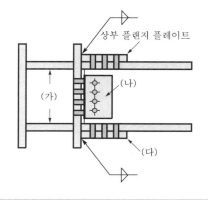

(1) 구성부재
  (가)
  (나)
  (다)
(2) (나), (다)의 용접방법

정답 (1) 구성부재
  (가) 스티프너(stiffener)
  (나) 거셋플레이트(gusset plate)
  (다) 플랜지플레이트(flange plate)
(2) 용접방법: 양면필릿용접(fillet welding)

10 다음과 같이 제시된 창호의 기호표기를 주어진 기호를 참조하여 표기하시오. [6점]

구 분	문	창 호
목재	(1)	(2)
알루미늄	(3)	(4)
강제	(5)	(6)

창호재질	기 호
목재	W
합성수지	P
강제	S
알루미늄	A
스테인리스	SS

창호종류	기 호
문	D
창	W
셔터	S

정답 (1) WD (2) WW (3) AD
  (4) AW (5) SD (6) SW

11 다음은 건축공사 표준시방서에서 조적공사에 사용되는 인방보에 대한 설명이다. 빈칸에 알맞은 용어 및 치수를 쓰시오. [3점]

> 인방보는 양 끝을 벽체의 블록에 (①) 이상 걸치고, 또한 위에서 오는 하중을 전달할 충분한 길이로 한다. 인방보 상부의 벽은 균열이 생기지 않도록 주변의 벽과 강하게 연결되도록 철근이나 (②)로 보강연결하거나 인방보 좌우단 상향으로 (③)를 둔다.

정답 ① 200mm
② 블록메시
③ 컨트롤조인트

해설 **인방보(lintel)**
(1) **정의**
　　① 인방보란 조적벽체의 개구부 상단에 설치하여 수직하중을 좌우벽체로 분산하는 보를 말한다.
　　② 수직하중을 인접 조적벽 좌우로 분산하여 개구부의 처짐 및 균열 방지를 위한 기능을 수행한다.
(2) **인방보의 설치 상세**
　　① **설치목적**
　　　　㉠ 상부하중의 분산
　　　　㉡ 개구부의 처짐 방지
　　　　㉢ 조적벽체의 균열 방지
　　　　㉣ 조적벽의 일체성 확보
　　　　㉤ 조적벽의 강성 확보
　　② **인방보의 종류**
　　　　㉠ 현장제작 콘크리트 인방보
　　　　㉡ 압출성형 인방재
　　　　㉢ 강재트러스 인방
　　　　㉣ 콘크리트 인방블록(U블록)

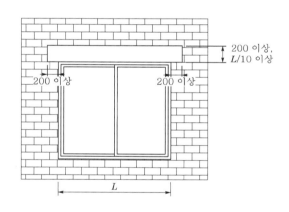

12 다음은 보강블록공사에 대한 건축공사 표준시방서의 규정이다. 빈칸에 알맞은 치수를 쓰시오. [4점]

> • 세로근은 원칙으로 기초 및 테두리보에서 위층의 테두리보까지 잇지 않고 배근하여 그 정착길이는 철근직경(d)의 (①) 이상으로 하며, 상단의 테두리보 등에 적정 연결철물로 세로근을 연결한다.
> • 그라우트 및 모르타르의 세로피복두께는 (②) 이상으로 한다.
> • 테두리보 위에 쌓는 박공벽의 세로근은 테두리보에 (③) 이상 정착하고, 세로근 상단부는 (④)의 갈구리를 내어 벽 상부의 보강근에 걸치고 결속선으로 결속한다.

정답 ① 40배　　② 20mm　　③ 40d　　④ 180°

해설 **보강블록공사의 철근 배근기준**

(1) 벽 세로근

　① 세로근은 밑창 콘크리트 윗면에 철근을 배근하기 위한 먹매김을 하여 기초판 철근 위의 정확한 위치에 고정시켜 배근한다.

　② 세로근은 원칙으로 기초 및 테두리보에서 위층의 테두리보까지 잇지 않고 배근한다.

　③ 세로근의 정착길이: **철근직경(d)의 40배 이상**, 상단의 테두리보 등에 적정 연결철물로 세로근을 연결한다.

　④ **그라우트 및 모르타르의 세로피복두께는 20mm 이상**으로 한다.

　⑤ 테두리보 위에 쌓는 박공벽의 세로근은 **테두리보에 $40d$ 이상 정착**하고, **세로근 상단부는 $180°$의 갈고리**를 내어 벽 상부의 보강근에 걸치고 결속선으로 결속한다.

(2) 벽 가로근

　① 가로근의 단부가공: **$180°$의 갈고리**

　② **철근의 피복두께는 20mm 이상**으로 하며, 세로근과의 교차부는 모두 결속선으로 결속한다.

　③ 모서리에 가로근의 단부의 정착길이: **$40d$ 이상**

　④ 창 및 출입구 등의 모서리 부분에 가로근의 단부를 수평방향으로 정착할 여유가 없을 때에는 갈고리로 하여 단부 세로근에 걸고 결속선으로 결속한다.

　⑤ **개구부 상하부의 가로근의 정착길이: $40d$ 이상**

　⑥ 가로근은 그와 동등 이상의 유효단면적을 가진 **블록보강용 철망**으로 대신 사용할 수 있다.

13 레디믹스트콘크리트(Ready mixed concrete)의 현장에서 수행하는 받아들이기 검사에 대한 품질시험항목을 보기에서 모두 고르시오 [3점]

> **보기**
> ① 슬럼프 및 슬럼프플로시험
> ② 골재의 함수량 측정시험
> ③ 골재의 알칼리 잠재반응시험방법
> ④ 공기량시험
> ⑤ 시멘트의 분말도 및 비중시험
> ⑥ 염화물함유량 측정시험

정답 ①, ④, ⑥

해설 **레미콘 현장품질시험(받아들이기검사)항목**

　① 레미콘운반시간 및 레미콘온도 측정

　② 슬럼프시험 및 슬럼프플로시험

　③ 공기량시험

　④ 염화물시험

　⑤ 시료 채취(콘크리트 압축강도시험용)

　⑥ 단위용적질량시험

14 다음 그림과 같은 철근콘크리트조 건물에서 기둥과 벽체의 거푸집량을 산출하시오. [6점]

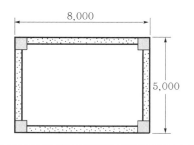

조건
① 기둥: 400mm×400mm
② 벽두께: 200mm
③ 높이: 3m
④ 치수는 바깥치수: 8,000mm×5,000mm
⑤ 콘크리트 타설은 기둥과 벽을 별도로 타설한다.

정답 ① 기둥의 거푸집량=(0.4×4×3)×4개=**19.2m²**
② 벽체의 거푸집량=[(4.2×3×2)+(7.2×3×2)]×2=**136.8m²**

해설 **철근콘크리트 구조의 거푸집량 적산**

구 분	설 명	비 고
기둥	기둥둘레길이×기둥높이	기둥높이: 바닥판 안목 간의 높이
보	기둥 간 안목길이×바닥판두께를 뺀 보의 옆면적×2	보의 밑부분: 바닥판에 포함
바닥판	외벽의 두께를 뺀 내벽 간 바닥면적	
벽	(벽면판−개구부 면적)×2	벽면적: 기둥과 보의 면적을 공제
개구부	1m² 이하의 개구부는 공제하지 않음	
거푸집량의 공제 제외사항	① 기초와 지중보 ② 지중보와 기둥 ③ 기둥과 보 ④ 큰 보와 작은 보 ⑤ 기둥과 벽체 ⑥ 보와 벽 ⑦ 바닥판과 기둥	
헌치	① 거푸집면적 및 콘크리트 타설량 ② 단일부재의 콘크리트량 산출이므로 슬래브두께를 공제하지 않고 포함하여 산출 ③ 헌치 부분의 경사거푸집량은 수평투영면적으로 산정	

15 벽면적 30m²의 표준형 벽돌 1.5B 쌓기 시 점토벽돌의 소요량을 산출하시오. [3점]

정답 벽돌의 소요량=[30(m²)×224(매/m²)]×1.03=**6,922매**

해설 **조적공사 적산**
(1) 단위면적당 벽돌 정미량 및 쌓기 모르타르량(표준형 벽돌의 경우에 한함)

구 분	0.5B	1.0B	1.5B	2.0B	2.5B
벽돌 정미량(매/m²)	75	149	224	298	373
쌓기 모르타르량(m³/1,000매)	0.25	0.33	0.35	0.36	0.37

(2) **적산식**: 전체 면적(m^2) × 벽돌쌓기 기준량(매/m^2) × 할증률(%) = 벽돌소요량(매)

(3) **할증률**

① 벽돌: **표준형 벽돌 5%, 내화벽돌 3%, 붉은 벽돌(점토벽돌) 3%**를 가산하여 소요량으로 산정

② 속 빈 콘크리트·블록: 할증률 4%가 포함된 소요량이 기준이 됨

---

16 통합공정관리(EVMS: Earned Value Management System)용어 중 WBS(Work Breeakdown Structure)의 정의를 기술하시오. [3점]

정답 공사내용의 파악을 위해 작업을 공종별로 분류시킨 작업분류체계

해설 EVMS(Earned Value Management System)

(1) **정의**: 건설프로젝트의 비용·일정에 대한 계획 대비 실적을 통합된 기준으로 비교·관리하는 통합공정관리시스템

(2) **개념도 및 측정요소**

개념도	측정요소 및 분석요소
	① 측정요소 　㉠ BCWS(실행): 실행물량 × 실행단가 　㉡ BCWP(실행기성): 실제 물량 × 실행단가 　㉢ ACWP(실투입비): 실제 물량 × 실제 단가 ② 분석요소 　㉠ SV(일정편차): BCWP−BCWS 　㉡ CV(비용편차): BCWP−ACWP 　㉢ SPI(일정수행지수): $\frac{BCWP}{BCWS}$ 　㉣ CPI(비용수행지수): $\frac{BCWP}{ACWP}$ 　㉤ EAC(변경실행예산): $\frac{BAC}{CPI}$

(3) **분류체계(breakdown structure)의 종류**

① WBS(Work Breakdown Structure): 공사내용을 작업의 공정별로 분류한 작업분류체계

② OBS(Organization Breakdown Structure): 공사내용을 관리하는 사람에 따라 조직으로 분류한 것

③ CBS(Cost Breakdown Structure): 공사내용을 원가 발생요소의 관점으로 분류한 것

17 다음 데이터를 네트워크공정표로 작성하고 각 작업의 여유시간을 구하시오. [10점]

작업명	작업일수	선행작업	비 고
A	3	없음	
B	2	없음	(1) 결합점에서는 다음과 같이 표현한다.
C	4	없음	
D	5	C	
E	2	B	
F	3	A	(2) 주공정선은 굵은 선으로 표시한다.
G	3	A, C, E	
H	4	D, F, G	

정답 (1) 네트워크공정표

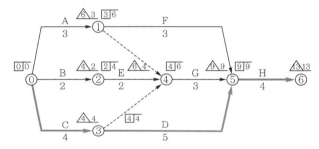

(2) 여유시간 계산

작업명	작업일수	EST	EFT	LST	LFT	TF	FF	DF	CP
A	3	0	3	3	6	3	0	3	
B	2	0	2	2	4	2	0	2	
C	4	0	4	0	4	0	0	0	※
D	5	4	9	4	9	0	0	0	※
E	2	2	4	4	6	2	0	2	
F	3	3	6	6	9	3	3	0	
G	3	4	7	6	9	2	2	0	
H	4	9	13	9	13	0	0	0	※

18 다음 제시된 용어들을 간략히 설명하시오. [4점]

(1) 공칭강도(nominal strength)
(2) 설계강도(design strength)

정답 (1) **공칭강도**: 하중에 대한 구조체나 구조부재 또는 단면의 저항능력을 말하며 강도감소계수 또는 저항계수를 적용하지 않은 강도
(2) **설계강도**: 단면 또는 부재의 공칭강도에 강도감소계수 또는 저항계수를 곱한 강도

19 강재의 항복비에 관하여 간략히 설명하시오. [3점]

정답 강재가 항복에서 파단에 이르기까지를 나타내는 기계적 성질의 지표로서 인장강도에 대한 항복강도의 비

해설 **강재의 항복비**
① 정의: 강재가 항복에서 파단에 이르기까지를 나타내는 기계적 성질의 지표
② 인장강도에 대한 항복강도의 비

$$R_y = \frac{F_y}{F_u} \times 100 [\%]$$

20 수중에 있는 골재의 중량이 1,500g이고, 표면건조내부포화상태의 중량은 2,000g이며, 이 시료를 완전히 건조시켰을 때의 중량이 1,950일 때 흡수율을 구하시오. [4점]

정답 흡수율 $= \dfrac{2,000 - 1,950}{1,950} \times 100 = \mathbf{2.56\%}$

해설 **골재의 함수상태**
(1) 골재의 함수상태

구 분	내 용
절건상태(절대건조상태)	골재를 100~110℃에서 중량변화가 없어질 때까지 건조한 상태
기건상태	골재를 공기 중에 건조하여 내부는 수분을 포함한 상태
표면건조내부포화상태	내부는 포화상태이며, 표면은 수분이 없는 건조상태
습윤상태	골재 내부는 포화상태이고, 표면에 수분이 있는 상태

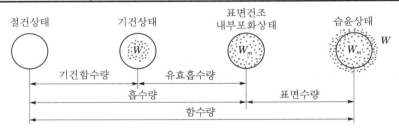

(2) 골재의 함수상태 산정식
① 유효흡수율 $= \dfrac{\text{유효흡수량}}{\text{기건상태의 골재중량}} \times 100 [\%]$

② 흡수율 $= \dfrac{\text{흡수량}}{\text{절건상태의 골재중량}} \times 100 [\%]$

③ 함수율 $= \dfrac{\text{함수량}}{\text{절건상태의 골재중량}} \times 100 [\%]$

④ 표면수율 $= \dfrac{\text{표면흡수량}}{\text{표건내포상태의 골재중량}} \times 100 [\%]$

21 다음과 같은 단순보의 단부에 모멘트하중(M)이 작용할 때 지점 A의 처짐각을 구하시오. [4점]

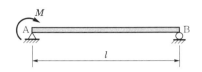

조건	
① 부재의 탄성계수: E	
② 단면 2차 모멘트: I	
③ 부재의 길이: l	

정답 $\theta_A = \dfrac{l}{6EI}(2M_A + M_B) = \dfrac{2Ml}{6EI} = \dfrac{Ml}{3EI}$

해설 단순보의 처짐량 및 처짐각

구 분	단순보	
	처짐량(δ[mm])	처짐각(θ[rad])
집중하중 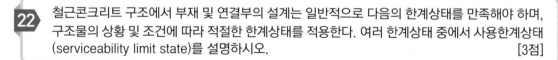	$\delta_{\max} = \dfrac{Pl^3}{48EI}$	$\theta_A = -\theta_B = \dfrac{Pl^2}{16EI}$
등분포하중	$\delta_{\max} = \dfrac{5\omega l^4}{384EI}$	$\theta_A = -\theta_B = \dfrac{\omega l^3}{24EI}$
모멘트하중	$M_A = M_B = M$일 때 $\delta_{\max} = \dfrac{Ml^2}{8EI}$	$\theta_A = \dfrac{l}{6EI}(2M_A + M_B)$ $\theta_B = -\dfrac{l}{6EI}(M_A + 2M_B)$

22 철근콘크리트 구조에서 부재 및 연결부의 설계는 일반적으로 다음의 한계상태를 만족해야 하며, 구조물의 상황 및 조건에 따라 적절한 한계상태를 적용한다. 여러 한계상태 중에서 사용한계상태(serviceability limit state)를 설명하시오. [3점]

정답 구조물(또는 구조부재)이 균열, 처짐, 진동 등에 대한 사용성능요구조건을 더 이상 만족시킬 수 없는 상태

해설 철근콘크리트 구조의 설계원칙 – 한계상태(limit state)
① 강도한계상태: 항복, 소성힌지의 형성, 골조 또는 부재의 안정성, 인장파괴, 피로파괴 등안정성과 최대 하중지지력에 대한 한계상태
② 사용한계상태: 구조물(또는 구조부재)이 균열, 처짐, 진동 등에 대한 사용성능요구조건을 더 이상 만족시킬 수 없는 상태
③ 극한하중상태: 구조물(또는 구조부재)이 붕괴 또는 이와 유사한 파괴 등의 안전성능요구조건을 더 이상 만족시킬 수 없는 상태

23 쪼갬인장강도용 공시체의 최대 재하하중이 400kN일 때 이 공시체의 인장강도를 구하시오. (단, 쪼갬인장강도용 공시체의 크기는 직경 200mm, 길이 400mm이며, 보통중량콘크리트를 사용한다.) [3점]

정답 $f_{sp} = \dfrac{2P}{\pi DL} = \dfrac{2 \times (400 \times 10^3)}{\pi \times 200 \times 400} = 3.18\text{MPa}$

해설 **쪼갬인장강도(f_{sp})**

① 정의: 150×300mm의 원주형 공시체를 횡방향으로 압축할 때의 할렬파괴응력

② 산정식: $f_{sp} = \dfrac{2P}{\pi DL} = 0.56\lambda \sqrt{f_{ck}}$ [MPa]

③ 쪼갬인장강도시험결과를 현장 콘크리트의 적합성 판단기준으로 사용할 수 없다.

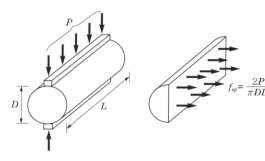

24 다음 그림과 같은 단면의 단주에서 중심축하중을 받을 경우 최대 설계축하중(kN)을 구하시오. [3점]

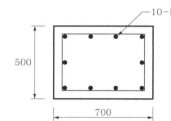

10-HD25

500

700

조건
① 콘크리트의 설계기준 압축강도: $f_{ck} = 24$MPa
② 철근의 설계기준 항복강도: $f_y = 400$MPa
③ HD25mm의 공칭 단면적: 506.1mm²

정답 $P_d = \phi P_n = 0.65 \times 0.80 [0.85 f_{ck}(A_g - A_{st}) + f_y A_{st}]$

$= 0.65 \times 0.80 \times [0.85 \times 24 \times (700 \times 500 - 10 \times 506.1) + 400 \times (10 \times 506.1)]$

$= 4,711,800.912\text{N}$

$= 4,711.8\text{kN}$

해설 **단주의 최대 설계축하중(ϕP_n)**

① 최대 축하중강도: $P_0 = 0.85 f_{ck}(A_g - A_{st}) + f_y A_{st}$

② 공칭축하중강도: 시공오차 및 편심하중에 대한 강도 감소 반영(α)

  ㉠ 띠철근기둥: $P_n = \alpha P_0 = 0.80[0.85 f_{ck}(A_g - A_{st}) + f_y A_{st}]$($\alpha = 0.80$일 때)

  ㉡ 나선철근기둥: $P_n = \alpha P_0 = 0.85[0.85 f_{ck}(A_g - A_{st}) + f_y A_{st}]$($\alpha = 0.85$일 때)

③ 설계 최대 축하중강도: $P_d = \phi$(강도감소계수)P_n(공칭축강도)

  ㉠ 띠철근기둥: $P_d = \phi P_n = 0.65 \times 0.80[0.85 f_{ck}(A_g - A_{st}) + f_y A_{st}]$($\phi = 0.65$일 때)

  ㉡ 나선철근기둥: $P_d = \phi P_n = 0.70 \times 0.85[0.85 f_{ck}(A_g - A_{st}) + f_y A_{st}]$($\phi = 0.70$일 때)

25 다음 그림과 같이 재질과 단면적, 길이가 동일한 4개의 장주에 대하여 유효좌굴길이가 가장 큰
기둥을 순서대로 나열하시오.   [3점]

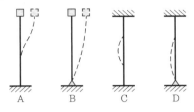

A   B   C   D

정답 B → A → D → C

해설 장주의 좌굴
(1) 정의
  ① 좌굴: 임계하중상태에서 구조물이나 구조요소가 기하학적으로 갑자기 변화하는 한계상태
  ② 유효좌굴길이계수: 유효좌굴길이와 부재의 비지지길이의 비
(2) 단부조건에 따른 유효좌굴길이계수(K)

구 분	이동자유			이동구속			비 고
단부조건 (지지조건)	$2L$	$2L$	L	L	$0.7L$	$0.5L$	• ⊤⊤⊤ : 회전구속, 이동구속 • ▽ : 회전자유, 이동구속 • □ : 회전구속, 이동자유 • ⌀ : 회전자유, 이동자유
이론값(K)	2	2	1	1.0	0.7	0.5	
설계권장값(K)	2.1	2.0	1.2	1.0	0.8	0.65	
좌굴강도계수 $\left(n=\dfrac{1}{K^2}\right)$	1/4	1/4	1	1	2	4	

26 다음 그래프는 강재의 응력–변형도곡선으로 각각이 의미하는 용어를 보기에서 골라 번호를 쓰시오. [5점]

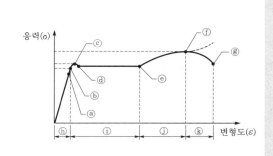

보기

① 변형도 경화영역
② 파괴점
③ 극한강도점
④ 탄성한계점
⑤ 소성영역
⑥ 상위항복점
⑦ 비례한계점
⑧ 변형도 경화점
⑨ 하위항복점
⑩ 네킹영역(파괴영역)
⑪ 탄성영역

정답 ⓐ-⑦, ⓑ-④, ⓒ-⑥, ⓓ-⑨, ⓔ-⑧, ⓕ-③, ⓖ-②, ⓗ-⑪, ⓘ-⑤, ⓙ-①, ⓚ-⑩

해설 **강재의 응력–변형률선도**

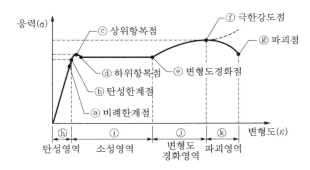

① 비례한계점(a): 응력과 변형도가 비례하여 선형관계를 유지하는 한계의 응력
② 탄성한계점(b): 비례한도보다 다소 높으며, 탄성한도까지 하중을 가했다가 제거하면 원점으로 돌아가는 지점(이 구간은 탄성이지만 비선형이며, 응력과 변형률은 비례관계가 아님)
③ 상위항복점(c): 강재가 항복하기 이전의 최대 강도
④ 하위항복점(d): 응력의 증가 없이 변형도가 크게 증가하기 시작하는 지점(강재의 항복강도를 의미)
⑤ 변형도경화점(e): 응력과 변형도가 비선형적으로 증가하는 한계
⑥ 극한강도점(f): 시험편이 받을 수 있는 최대 응력(인장강도점)
⑦ 파괴점(g): 재료가 파괴되는 강도

2022년

01 기준점(bench mark)의 정의 및 설치 시 유의사항을 2가지 기술하시오.　　　　　[4점]

정답 (1) **정의**: 공사 중의 높이의 기준을 정하기 위해 설치하는 가설물(건축물 높이의 기준)
　　(2) **설치 시 유의사항**
　　　① 공사에 지장이 없는 곳에 설치
　　　② 공사기간 중에 이동될 우려가 없는 인근 건물의 벽 등을 이용

해설 **기준점(bench mark)**
　　(1) **정의**: 공사 중의 높이의 기준을 정하기 위해 설치하는 가설물(건축물 높이의 기준)
　　(2) **설치 시 유의사항**
　　　① 공사에 지장이 없는 곳에 설치
　　　② 공사기간 중에 이동될 우려가 없는 인근 건물의 벽 등을 이용
　　　③ 지반면에서 0.5~1.0m 위에 두고 그 높이를 기준표 밑에 기록
　　　④ 이동 및 변형이 없게 그 주위를 감싸는 등의 보호조치
　　　⑤ 기준점은 2개소 이상 표시
　　　⑥ 보조기준점 설치
　　　⑦ 100~150mm각 정도의 나무, 돌, Con'c재로 하여 침하·이동이 없게 깊이 매설

02 조적구조 축조 시 설치하는 세로규준틀의 설치위치(1개소 작성) 및 설치 시 기입사항 2가지를 쓰시오.　　　　　[4점]

정답 (1) **설치위치**: 건축물의 모서리
　　(2) **설치 시 기입사항**
　　　① 줄눈 및 쌓기높이, 쌓기단수　　　② 문틀위치, 나무벽돌위치

해설 **규준틀**
　　(1) **정의**
　　　① 건축물의 각부 위치 및 높이, 기초의 너비, 길이 등을 결정하기 위한 가설시설
　　　② 수평규준틀과 세로규준틀로 분류됨
　　(2) **세로규준틀 설치 시 기입사항**
　　　① 줄눈 및 쌓기높이, 쌓기단수　　② 문틀위치, 나무벽돌위치
　　　③ 개구부 안목치수　　　　　　　④ 인방보 및 테두리보위치
　　　⑤ 앵커볼트 및 매립철물위치

03 다음 그림은 토립자의 구성요소를 나타내는 흙의 삼상도이다. 주어진 용어에 알맞은 기호를 쓰시오. [3점]

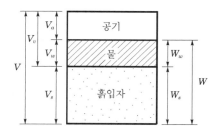

(1) 간극비
(2) 함수비
(2) 포화도

정답 (1) 간극비: $\dfrac{V_v}{V_s}$

(2) 함수비: $\dfrac{W_w}{W_s} \times 100 [\%]$

(3) 포화도: $\dfrac{V_w}{V_v} \times 100 [\%]$

해설 흙의 3상도(삼상도, 三喪圖)

구 분	산정식	비 고
간극비, 간극률	간극비$(e) = \dfrac{\text{간극의 용적}(V_v)}{\text{흙입자의 용적}(V_s)}$	흙입자의 용적에 대한 간극용적의 비
	간극률$(n) = \dfrac{\text{간극의 용적}(V_v)}{\text{흙 전체의 용적}(V)} \times 100[\%]$	흙 전체의 용적에 대한 간극용적의 백분율
함수비, 함수율	함수비$(w) = \dfrac{\text{물의 중량}(W_w)}{\text{흙입자의 중량}(W_s)} \times 100[\%]$	흙입자의 중량에 대한 물중량의 백분율
	함수율$(w') = \dfrac{\text{물의 중량}(W_w)}{\text{흙 전체의 중량}(W)} \times 100[\%]$	흙 전체 중량에 대한 물중량의 백분율
포화도	포화도$(S_r) = \dfrac{\text{물의 용적}(V_w)}{\text{간극의 용적}(V_v)} \times 100[\%]$	• 간극 속 물의 용적비율 • 흙이 포화상태일 경우: $S_r = 100\%$ • 완전히 건조된 상태: $S_r = 0$

04 예민비(Sensitivity Ratio)의 산정식을 쓰고 간단히 설명하시오. [4점]

(1) 산정식
(2) 설명

정답 (1) 산정식: 예민비$= \dfrac{\text{자연시료의 강도}}{\text{이긴 시료의 강도}}$

(2) **설명**: 점토의 경우 함수율변화 없이 자연상태의 시료를 이기면 약해지는 성질 정도를 표시한 것으로 자연시료의 강도에 대한 이긴 시료의 강도비

해설 **흙의 예민비**

(1) **예민비의 정의 및 산정식**

정 의	산정식
점토의 경우 함수율변화 없이 자연상태의 시료를 이기면 약해지는 성질 정도를 표시한 것으로 자연시료의 강도에 대한 이긴 시료의 강도비	예민비 $= \dfrac{\text{자연시료의 강도}}{\text{이긴 시료의 강도}}$

(2) **토질별 예민비의 특성**

토 질	예민비	예민비의 특성
점토지반	① $S_t > 1$ ② $S_t > 2$: 비예민성, $S_t = 2 \sim 4$: 보통, $S_t = 4 \sim 8$: 예민, $S_t > 8$: 초예민	① 점토를 이기면 자연상태의 강도보다 감소 ② 점토지반은 진동다짐보다 전압식 다짐공법 적용
모래지반	① $S_t < 1$ ② 비예민성	① 모래를 이기면 자연상태의 강도보다 증가 ② 사질지반은 진동식 다짐공법 적용

05 역타설공법(top-down)의 장점에 대하여 3가지 쓰시오. [3점]

정답 ① 흙막이벽이 안정성 우수(본 구조체로 사용)
② 1층 바닥의 작업공간 활용이 가능
③ 지상과 지하구조물 동시 축조로 공기단축 가능

해설 **역타설공법(top-dwon method)**

(1) **정의**: 지하 외벽 및 지하의 기둥과 기초를 선시공하고 1층 바닥판을 설치하여 작업공간으로 활용이 가능하며, 지하토공사 및 구조물공사를 동시에 진행하여 지하구조체와 지상구조물의 동시에 진행하는 공법으로 공기단축이 가능한 공법

(2) **특징**

장 점	단 점
① 흙막이벽이 안정성 우수(본 구조체로 사용) ② 가설공사의 감소로 인한 경제성 우수 ③ 1층 바닥의 작업공간 활용이 가능 ④ 건설공해(소음, 진동)의 저감 ⑤ 도심지의 인접 건물의 근접 시공 가능 ⑦ 지상과 지하구조물 동시 축조 가능(공기단축)	① 지하구조물 역조인트 발생 ② 지하굴착공사의 대형 장비의 반입 곤란 ③ 조명 및 환기설비 필요 ④ 고도의 시공기술과 숙련도가 요구됨 ⑤ 지중콘크리트 타설 시 품질관리 난해 ⑥ 설계변경이 곤란하고 공사비가 고가임

06 연약지반개량공사의 약액주입공법의 주입효과 판정을 위한 시험종류 3가지를 쓰시오.　　[3점]

정답 ① 현장투수시험
② 표준관입시험
③ 육안관찰 확인(색소 판별법)

해설 **약액주입공법**
(1) **정의**: 연약지반 내에 약액의 주입, 혼합 처리, 안정 처리를 통한 응결, 경화, 고결 등의 방법으로 지반을 개량 또는 보강하는 목적으로 수행하는 공법
(2) **약액주입재의 분류**
　　① 물-유리계 및 고분자계
　　② 시멘트 및 비약액계 주입재
(3) **주입효과의 판정**
　　① **현장투수시험**: 투수계수 $K = \alpha \times 10^{-4}$mm/s 이하이면 양호한 것으로 판정
　　② **표준관입시험**: 주입 전후 지반의 N값을 비교하여 판정
　　③ **육안관찰 확인(색소 판별법)**: 적색반응이면 양호(주입재의 침투상태를 육안으로 직접 확인)
　　④ 지반개량결과의 검사: 초기검사, 중간검사, 최종검사로 구분하여 실시하는 것을 원칙

07 철근콘크리트공사에 사용되는 철근의 간격을 일정 간격 이상 확보하는 목적을 3가지 기술하시오.　　[3점]

정답 ① 콘크리트의 유동성·충전성 확보
② 콘크리트 재료분리 방지
③ 소요강도 확보

해설 **철근의 간격제한**
(1) **철근 간격제한 목적**
　　① 콘크리트의 유동성·충전성 확보
　　② 콘크리트 재료분리 방지
　　③ 소요강도 확보
　　④ 콘크리트의 균열제어
(2) **주철근의 순간격 일반사항**

기 둥	보	벽체 및 슬래브
① 40mm 이상	① 40mm 이상	① 450mm 이하
② 철근공칭지름의 1.5배 이상	② 철근공칭지름의 1.0배 이상	② 벽 및 슬래브두께의 3배 이하
③ 굵은 골재 최대 치수의 4/3배 이상	③ 굵은 골재 최대 치수의 4/3배 이상	③ 콘크리트 장선구조에서는 미적용
①, ②, ③의 철근간격 중 최대값 적용		

08 다음 용어를 간략하게 설명하시오.   [4점]

(1) 슬라이딩폼
(2) 와플폼

정답 **(1) 슬라이딩폼:** 기계적 장치를 이용하여 수직으로 거푸집을 끌어올리면서 연속하여 콘크리트를
타설할 수 있으며, 단면의 형상에 변화가 없는 구조물에 적용하는 joint가 발생하지 않는 수직
전용 시스템 거푸집
(2) 와플폼: 의장효과와 층고 확보를 목적으로 2방향 장선바닥판구조가 가능하도록 된 특수 상자모양의
기성재 거푸집

해설 **슬라이딩폼과 와플폼**

슬라이딩폼(sliding form)	와플폼(waffle form)
① 기계적 장치를 이용하여 수직으로 상승 ② 연속적 콘크리트 타설 → 시공이음 미발생 ③ 단면변화가 없는 일정한 구조물에 적용(단면변화가 있는 구조물)	① 2방향 장선바닥판장선구조(무량판) ② 특수 상자모양의 기성재 거푸집

센터 스핀들
요크 · 난간
외부마감용 발판 · 내부마감용 발판
고무캡

09 다음 용어를 대하여 간략하게 설명하시오.   [4점]

(1) 함수량
(2) 흡수량

정답 **(1) 함수량:** 습윤상태의 골재 중에 포함된 물의 양
(2) 흡수량: 표면건조내부포화상태의 골재 중에 포함된 물의 양

해설 골재의 함수량 및 흡수량

구 분	내 용	비 고
함수량	습윤상태의 골재의 내부와 표면에 함유된 전수량	
함수율	절건상태의 골재중량에 대한 함수량의 백분율	$\dfrac{\text{함수량}}{\text{절건상태의 골재중량}} \times 100[\%]$
흡수량	표면건조내부포화상태의 골재 중에 포함된 물의 양	
흡수율	절건상태의 골재중량에 대한 흡수량의 백분율	$\dfrac{\text{흡수량}}{\text{절건상태의 골재중량}} \times 100[\%]$
유효흡수량	표면건조내부포화상태의 골재중량과 기건상태의 골재중량의 차	
유효흡수율	기건상태의 골재중량에 대한 유효흡수량의 백분율	$\dfrac{\text{유효흡수량}}{\text{기건상태의 골재중량}} \times 100[\%]$
표면수량	함수량과 흡수량과의 차	
표면흡수율	표면건조내부포화상태의 골재중량에 대한 표면수량의 백분율	$\dfrac{\text{표면흡수량}}{\text{표건내포상태의 골재중량}} \times 100[\%]$

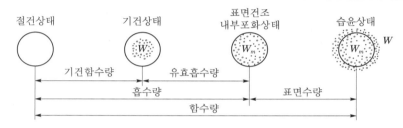

10 콘크리트 소성수축균열(plastic shrinkage crack)에 대하여 간략히 설명하시오. [3점]

정답 굳지 않은 콘크리트의 건조 · 저습환경 노출 시 블리딩수 발생속도보다 증발속도가 빠를 때 발생하는 균열

해설 소성수축균열(plastic shrinkage crack)
(1) 정의: 굳지 않은 콘크리트의 건조 · 저습환경 노출 시 블리딩수 발생속도보다 증발속도가 빠를 때 발생하는 균열
(2) 소성수축균열 Mechanism

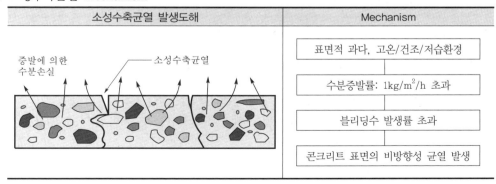

11 콘크리트 등 시멘트계 바닥 바탕의 내마모성, 내화학성 및 분진 방지성 등의 증진을 목적으로 사용되는 바닥강화재 시공 시 유의사항 2가지를 기술하시오. [4점]

정답 ① 물로 희석하여 2회 이상 도포
② 1차 도포분이 완전히 흡수·건조 후 2차 도포 시행

해설 **바닥강화재**
(1) **정의**: 금강사, 규사, 철분, 광물성 골재, 시멘트 등을 주재료로 하여 콘크리트 등 시멘트계 바닥 바탕의 내마모성, 내화학성 및 분진 방지성 등의 증진을 목적으로 사용되는 재료
(2) **종류**
  ① 분말형 바닥강화재: 사용량 3~7.5kg/m², 두께 3mm 이상
  ② 액상형 바닥강화재: 사용량 0.3~1.0kg/m², 물로 희석하여 사용
(3) **시공 시 유의사항**

구 분	시공 시 유의사항
분말형 바닥강화재	① 콘크리트를 타설 후 응결이 시작될 때 살포분사용 기계를 이용하여 균일하게 살포 ② 기존의 콘크리트 바닥 혹은 콘크리트를 타설한 후 완전히 경화된 상태에서 모르타르를 타설하고, 바닥강화재를 시공할 경우 모르타르의 배합비는 적어도 1:2 이상으로 하고, 두께는 최소한 30mm 이상 바름 ③ 마무리작업이 끝난 후 24시간이 지나면 타설 표면을 물로 양생하여 주거나 수분이 증발하지 않도록 양생용 거적이나 비닐시트 등으로 덮어주고 7일 이상 충분히 양생 ④ 수축 및 팽창에 의한 마무리면의 균열을 방지하기 위하여 4~5m 간격으로 신축줄눈을 설치
액상형 바닥강화재 (침투식)	① 적당량의 물로 희석하여 사용하며 2회 이상으로 나누어 도포 ② 도포할 표면이 완전히 건조된 후 부드러운 솔이나 고무롤러, 뿜기계 등을 사용하여 콘크리트 표면에 바닥강화재가 최대한 골고루 침투되도록 도포 ③ 1차 도포분이 콘크리트면에 완전히 흡수되어 건조된 후 2차 도포 ④ 바닥강화 시공 시 기온이 5℃ 이하가 되면 작업 중지 ⑤ 타설된 면은 비나 눈의 피해가 없도록 보양 조치

12 강구조 부재의 접합에 사용되는 고장력 볼트 중 볼트의 장력관리를 손쉽게 하기 위한 목적으로 사용되는 볼트로써, 본조임 시 전용 조임기를 사용하여 볼트의 핀테일이 파단될 때까지 조임 시공하는 볼트의 명칭을 쓰시오. [3점]

정답 토크전단형 볼트(TS bolt: torque shear bolt)

해설 **토크전단형 고력볼트(T/S볼트: torque shear bolt)**
(1) **정의**
  ① 나사부 선단에 6각형의 핀테일과 브레이크넥으로 형성된 고장력 볼트
  ② 조임토크가 기준치에 도달하였을 때 브레이크넥이 파단되어 조임 후 검사가 필요 없음

(2) 특징

장 점	단 점
① 접합부의 강도가 매우 우수 ② 강한 조임으로 너트의 풀림 방지 ③ 시공이 간단하여 공기단축 가능 ④ 불량볼트의 보수 및 수정 용이 ⑤ 무소음공법, 화재 발생의 위험성 저감	① 마찰면 처리가 곤란 ② 볼트 조임 후 검사 난해 ③ 가격이 고가이며 숙련공 필요 ④ 강재량이 다소 증가됨

13 다음은 고장력 볼트의 너트회전법에 관한 그림이다. 너트회전법의 합격 및 불합격 여부를 판단하고, 불합격 사유를 간략히 설명하시오. [6점]

(1)

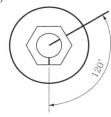

(2)

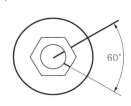

(3)

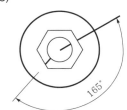

정답 (1) 합격
(2) 불합격, 사유: 너트회전량 부족(120±30° 미만)
(3) 불합격, 사유: 너트회전량 과다(120±30° 초과)

해설 **고장력 볼트조임검사의 너트회전법**
(1) **정의**: 조임 완료 후 모든 볼트에 대해서 1차 조임 후에 표시한 금메김의 어긋남에 의해 동시회전의 유무, 너트회전량 및 너트여장의 과부족을 육안검사하여 이상이 없는 것을 합격 판정하는 시험
(2) **너트회전법검사**
　① **합격기준: 1차 조임 후 모든 너트회전량이 120±30° 의 범위**
　② 너트회전량이 기준범위를 넘어서 조여진 것은 교체
　③ 너트회전량 부족: 너트회전량까지 추가 조임
　④ 볼트여장: 너트면에서 돌출된 나사산이 1~6개 범위

14 다음은 강구조 접합공법인 용접에 관련한 용어이다. 다음 용어를 간략하게 설명하시오. [4점]

(1) 스캘럽(scallop)
(2) 엔드탭(end-tab)

정답 (1) **스캘럽**: 용접선교차부에 열영향에 의한 취약부위 방지를 위해 부채꼴모양으로 모따기 한 것
(2) **엔드탭**: 용접bead 시작과 끝부분의 용접결함 방지를 위해 양단의 붙이는 모재와 동등한 홈을 갖는 임시용 보조강판

해설 **강구조 용접 시 부속철물**

구 분	스캘럽(scallop)	엔드탭(end tab)
스케치	상부 기둥 — Metal Touch / 하부 기둥	End tab / 모재 / Bead / End tab / Back strip(뒷댐재)
특징	① 용접선의 교차 방지 ② 열영향부 취약 방지 ③ 용접부의 결함 방지 ④ 반지름: 35mm+10mm	① 전 용접유효길이 인정 ② 절단하여 시험편으로 이용 ③ 용접 단부의 결함 방지 ④ 용접 완료 후 제거

15 강구조 용접결함의 종류 중에 슬래그 혼입의 원인과 방지대책을 각각 2가지씩 쓰시오. [4점]

(1) 원인
(2) 방지대책

정답 **(1) 원인**
　① 슬래그가 용착금속 내로 혼입
　② 운봉 및 용접속도가 느릴 경우
(2) 방지대책
　① 용접속도 및 적정 전류 유지
　② 용접부 예열 및 루트간격 확보

해설 **용접결함**
(1) 내부결함

종 류	정 의	원 인
블로홀 (blow hole)	용융금속 응고 시 방출gas가 남아 기포가 발생하는 현상	gas잔류로 생긴 기공
슬래그 혼입 (슬래그 감싸들기)	용접봉의 피복제 심선과 모재가 변하여 생긴 회분이 용착금속 내에 혼입되는 현상	① 슬래그가 용착금속 내 혼입 ② 용접전류의 과소 ③ 슬래그의 유동성 저하 ④ 느린 용접속도, 운봉각도의 불량
용입 부족	모재가 녹지 않고 용착금속이 채워지지 않는 현상	용접부 형상이 좁을 경우

(2) **외부결함**

종 류	정 의	원 인
크랙(crack)	용접bead 표면에 생기는 갈라짐	용접 후 급냉각, 과대전류 응고 직후 수축응력의 영향
크레이터(crater)	용접bead 끝에 항아리모양처럼 오목하게 파인 현상	운봉 부족, 과대전류
피시아이(fish eye)	기공 및 슬래그가 모여 둥근 은색의 반점이 생기는 현상	용접봉의 건조 불량
피트(pit)	작은 구멍이 용접부 표면에 생기는 현상	용융금속의 응고 시 수축변형

(3) **형상결함**

종 류	정 의	원 인
언더컷(under cut)	모재 표면과 용접 표면의 교차점에서 모재가 녹아 용착금속이 채워지지 않고 홈으로 남는 현상	용접전류의 과다 용접 부족
오버랩(over lap)	모재와 용접금속이 융합되지 않고 겹쳐지는 현상	용접전류의 과다
오버헝(over hung)	용착금속의 흘러내림현상	상향용접 시 발생

(4) **방지대책**
① 용접봉의 건조 및 전용 보관창고에서 재료관리
② 용접 부위 바탕 처리 철저(유해 불순물 제거)
③ 부재에 발생하는 열영향의 최소화: 예열 및 후열 실시 → 열응력에 의한 변형 방지
④ 적정 용접전류, 용접속도, 용접방법, 용접자세 등의 관리
⑤ 용접 부위 정밀도 확보: 개선각 및 용접부 형상, 용접부 치수 유지
⑥ End tab 및 Back strip 사용: 용접 야단부 및 배면의 용접결함 방지
⑦ 이상기후 시 작업 중단: 고온, 저온, 고습도, 강풍, 야간작업
⑧ 용접접합과 고장력 볼트접합방식 병용

---

16 강재의 시험성적서(Mill sheet)로 확인할 수 있는 사항 2가지를 쓰시오. [2점]

정답 ① 제품의 제원(길이, 중량, 두께 등)
② 제품의 역학적 성능(인장강도, 항복강도, 연신율 등)

해설 **강재의 밀시트(mill sheet)**
(1) **정의**: 철강제품의 품질보증을 위해 공인된 시험기관에 의한 제조업체의 품질보증서

(2) 밀시트 기입사항
　　① 제품의 제원(길이, 중량, 두께 등)
　　② 제품의 역학적 성능(인장강도, 항복강도, 연신율 등)
　　③ 제품의 화학적 성분(Fe, C, Mn 등)
　　④ 시험종류와 기준(시험방법, 시험기관, 시험기준 등)
　　⑤ 제품의 제조사항(제조사, 제조연월일, 공장, 제품번호 등)

17 목재를 자연건조공법을 적용할 때의 장점을 2가지 쓰시오. [4점]

정답 ① 건조에 의한 목재의 손상이 적고 경비가 감소함
② 인공건조에 비해 균일한 건조가 가능

해설 **목재의 건조방법**
(1) **목재 건조의 목적**
　　① 부패나 충해 방지
　　② 강도 증가
　　③ 목재의 중량 감소
　　④ 사용 후 신축 및 휨 등의 변형 방지
　　⑤ 도장이나 약재 처리 용이
(2) **목재의 건조방법**

자연건조	인공건조
① 목재를 실외에 야적하여 자연의 힘으로 건조	① 건조실에서 증기나 열풍 등으로 건조
② 야적장이 필요하며 건조시간이 많이 소요	② 건조시간이 짧고 목재의 뒤틀림 등 발생
③ 건조에 의한 목재의 손상이 적고 경비 감소	③ 건조장소가 소규모(건조실)
④ 넓은 장소 필요	④ 종류: 증기법, 열기법, 훈연법, 진공법

18 다음과 같이 제시된 용어를 설명하시오. [4점]

(1) 복층유리
(2) 배강도유리

정답 (1) **복층유리**: 2장의 판유리를 6mm 정도 공간을 두고 그 사이에 건조공기 또는 가스를 주입하여 밀봉한 유리
(2) **배강도유리**: 판유리를 연화점 이하로 재가열한 후 찬 공기로 서서히 냉각시켜 제작된 유리

해설 **복층유리 및 배강도유리**

(1) **복층유리**

특 성	스케치
① 단열 및 차음성 우수 ② 방습 및 방서효과 우수 ③ 결로 방지효과 ④ 종류: 12mm, 16mm, 22mm, 24mm ⑤ 가공재료 　　㉠ 스페이서(공간 확보) 　　㉡ 건조제(밀봉구간 건조상태 유지)	건조제 판유리 건조공기층 코너 키 공간재 접착제(부틸) 접착제(치오콜)

(2) **배강도유리**

　　① 제조방법: 판유리를 연화점 이하로 가열하여 찬 공기로 강화유리보다 서서히 냉각시켜 제조

　　② 특성: 파편의 상태가 삼각형모양이며 비산되지 않음 → 고층건물 창호용 유리로 사용

　　③ 강도: 일반유리의 2~3배 정도

19 흐트러진 상태의 흙 50m^{3}를 이용하여 30m^{2}의 면적에 다짐상태로 500mm 두께로 성토할 경우 토공 완료 후의 흐트러진 상태의 토량을 산출하시오. (단, 토량환산계수 L=1.2, C=0.9이다.) [4점]

정답 ① 다져진 상태의 토량: $50\text{m}^3 \times \dfrac{0.9}{1.2} = 37.5\text{m}^3$

② 다짐 후의 잔토량: $37.5\text{m}^3 - (30\text{m}^2 \times 0.5\text{m}) = 22.5\text{m}^3$

③ 흐트러진 상태의 토량: $22.5\text{m}^3 \times \dfrac{1.2}{0.9} = \textbf{30m}^3$

해설 **성토 후 잔토량 산정**

(1) L값, C값 산정식

구 분	산정식	적 용
L값	$L = \dfrac{\text{흐트러진 상태의 토량(m}^3)}{\text{자연상태의 토량(m}^3)}$	잔토 처리(배토) 시 적용
C값	$C = \dfrac{\text{다져진 상태의 토량(m}^3)}{\text{자연상태의 토량(m}^3)}$	다짐 시 적용

(2) **토량환산계수표**

구하는 양 / 기준량	자연상태의 토량(1)	흐트러진 상태의 토양(L)	다져진 후 토량(C)
자연상태의 토량(1)	1	L	C
흐트러진 상태의 토량(L)	$1/L$	1	C/L
다져진 후의 토량(C)	$1/C$	L/C	1

20 다음과 같이 제시된 네트워크공정표를 통해 일정 계산 및 여유시간을 계상하고, 주공정선 (critical path)을 도시하시오. (단, CP에 해당하는 작업은 "※" 표시를 하시오.) [10점]

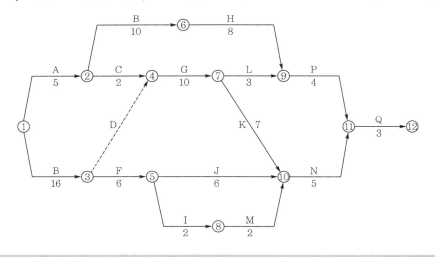

정답 (1) 일정 및 여유시간 계산

작업명	작업일수	EST	EFT	LST	LFT	TF	FF	DF	CP
A	5	0	5	9	14	9	0	9	
B	16	0	16	0	16	0	0	0	※
C	2	5	7	14	16	9	9	0	
D	0	16	16	16	16	0	0	0	※
E	10	5	15	16	26	11	0	11	
F	6	16	22	21	27	5	0	5	
G	10	16	26	16	26	0	0	0	※
H	8	15	23	26	34	11	6	5	
I	2	22	24	29	31	7	0	7	
J	6	22	28	27	33	5	5	0	
K	7	26	33	26	33	0	0	0	※
L	3	26	29	31	34	5	0	5	
M	2	24	26	31	33	7	7	0	
N	5	33	38	33	38	0	0	0	※
P	4	29	33	34	38	5	5	0	
Q	3	38	41	38	41	0	0	0	※

(2) 네트워크공정표

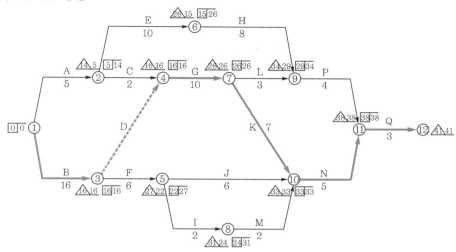

21 다음 그림과 같은 구조물에서 AB부재에 발생하는 부재력을 구하시오. [3점]

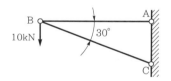

정답 ① $\sum V = 0$: $-10 - (F_{BC} \times \sin 30°) = 0$

∴ BC부재력: $F_{BC} = -20\text{kN}(압축)$

② $\sum H = 0$: $(F_{BC} \times \cos 30°) + F_{AB} = 0$

∴ AB부재력: $F_{AB} = +17.32\text{kN}(인장)$

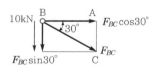

해설 **트러스의 해석방법**

절점법(격점법)	단면법(절단법)
① 절점을 중심으로 평형조건식 적용($\sum V = 0$, $\sum H = 0$)	① 전단력법: 수직재, 사재($\sum V = 0$)
② 간단한 트러스에 적용	② 모멘트법: 상현재, 하현재($\sum M = 0$)
③ 부호	③ 미지의 부재력 산정 시 적용
㉠ 절점으로 들어가는 부재력: 압축(−)	
㉡ 절점으로 나오는 부재력: 인장(+)	

☑ **참고**

간단한 트러스의 부재력 산출이므로 절점법을 적용한다.

22 다음 그림과 같은 부정정라멘의 휨모멘트도를 작도하시오. [4점]

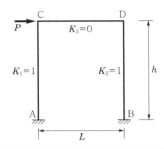

정답 부정정라멘의 휨모멘트도

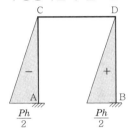

23 다음은 철근콘크리트 구조의 압축부재 철근량 제한에 대한 설명이다. 괄호 안에 알맞은 수치를 쓰시오. [3점]

> 비합성 압축부재의 축방향 주철근 단면적은 전체 단면적의 (㉠)배 이상, (㉡)배 이하로 하여야 한다. 축방향 주철근이 겹침이음되는 경우의 철근비는 (㉢)를 초과하지 않도록 하여야 한다.

정답 ㉠ 0.01   ㉡ 0.08   ㉢ 0.04

해설 **철근콘크리트 구조의 압축부재 철근량 제한**
① 비합성 압축부재의 축방향 주철근 단면적: **전체 단면적(A_s)의 0.01배 이상, 0.08배 이하**
② 축방향 주철근이 겹침이음되는 경우: **철근비는 0.04를 초과하지 않도록 하여야 한다.**
③ 축방향 주철근의 최소 개수
  ㉠ 사각형이나 원형 띠철근기둥: 4개
  ㉡ 삼각형 띠철근기둥: 3개
  ㉢ 나선철근기둥: 6개(나선철근 설계기준 항복강도(f_{yt}): **700MPa 이하**)

24 다음 표는 콘크리트 구조의 사용성 설계에 의한 보 또는 1방향 슬래브의 최소 두께기준이다. 괄호 안에 알맞은 숫자를 쓰시오. [3점]

부 재	최소 두께(h)			
	단순 지지	1단 연속	양단 연속	캔틸레버
	큰 처짐에 의해 손상되기 쉬운 칸막이벽이나 기타 구조물을 지지 또는 부착하지 않은 부재			
1방향 슬래브	㉠	㉡	㉢	$l/10$

정답 ㉠ $l/20$ ㉡ $l/24$ ㉢ $l/28$

해설 처짐을 계산하지 않는 경우의 보 또는 1방향 슬래브의 최소 두께

부 재	최소 두께(h)			
	단순 지지	1단 연속	양단 연속	캔틸레버
	큰 처짐에 의해 손상되기 쉬운 칸막이벽이나 기타 구조물을 지지 또는 부착하지 않은 부재			
1방향 슬래브	$l/20$	$l/24$	$l/28$	$l/10$
보 또는 리브가 있는 1방향 슬래브	$l/16$	$l/18.5$	$l/21$	$l/8$

이 표의 값은 보통중량콘크리트(=2,300kg/m³)와 설계기준 항복강도 400MPa 철근을 사용한 부재에 대한 값이며, 다른 조건에 대해서는 이 값을 다음과 같이 보정하여야 한다.
① 1,500~2,000kg/m³ 범위의 단위질량을 갖는 구조용 경량콘크리트에 대해서는 계산된 값에 (1.65 − 0.00031)를 곱하여야 하나, 1.09 이상이어야 한다.
② f_y가 400MPa 이외인 경우는 계산된 값에 (0.43 + f_y/700)를 곱하여야 한다.

25 다음과 같은 조건에서 인장이형철근의 정착길이를 구하시오. [3점]

조건
① 주철근: 부모멘트를 받는 상부철근 HD−25
② 철근의 설계기준 항복강도: f_y =400MPa
③ 콘크리트의 설계기준 압축강도: f_{ck} =25MPa(보통중량콘크리트 사용)
④ 철근의 위치계수: 상부철근 α =1.3
⑤ 기타: 철근의 순간격 및 피복두께는 철근공칭직경 이상, 도막되지 않은 철근 사용

정답 $l_d = \dfrac{0.6 d_b f_y}{\lambda \sqrt{f_{ck}}} \alpha = \dfrac{0.6 \times 25 \times 400}{1.0 \times \sqrt{25}} \times 1.3 =$ **1,560mm**

해설 인장이형철근 및 이형철선의 정착길이
(1) 인장이형철근 및 이형철선의 정착길이
    ① 정착길이 = 기본정착길이 × 보정계수
    ② 정착길이는 **항상 300mm 이상**이어야 한다.

(2) 기본정착길이 및 정착길이 산정식

기본정착길이	정착길이(정밀식)	비 고
$l_{db} = \dfrac{0.6 d_b f_y}{\lambda \sqrt{f_{ck}}}$	$l_d = \dfrac{0.90 d_b f_y}{\lambda \sqrt{f_{ck}}} \left(\dfrac{\alpha \beta \gamma}{\dfrac{c + K_{tr}}{d_b}} \right)$	$\sqrt{f_{ck}} \leq 8.4\text{MPa}, \ l_d \geq 300\text{mm}$

- d_b: 철근, 철선의 공칭지름(mm)
- f_y: 철근의 설계기준 항복강도(MPa)
- f_{ck}: 콘크리트의 설계기준 압축강도(MPa)
- λ: 경량콘크리트계수
- α: 철근배치 위치계수

- β: 도막계수
- γ: 철근 또는 철근의 크기계수
- c: 철근간격 또는 피복두께에 관련된 치수
- K_{tr}: 횡방향 철근지수$\left(= \dfrac{40 A_{tr}}{s\, n} \right)$

26 다음과 같은 조건의 인장재에 대한 설계인장강도(kN)를 구하시오. [3점]

조건
① 인장재의 규격: H−300×200×8×12(SS275)
② 인장재의 총단면적: $A_g = 7{,}238\text{mm}^2$
③ 설계저항계수: $\phi = 0.90$

정답 $P_d = \phi P_n = \phi F_y A_g = 0.9 \times 275 \times 7{,}238 = 1{,}791{,}405\text{N} = \mathbf{1{,}791.405\text{kN}}$

해설 인장재의 설계인장강도
① **총단면의 항복한계상태와 유효순단면의 파단한계상태**에 대해 산정된 값 중 **작은 값**으로 한다.
② 인장재의 설계인장강도

총단면의 항복한계상태	유효순단면의 파단한계상태	비 고
$P_n = F_y A_g$ ($\phi_t = 0.90$일 때)	$P_n = F_u A_e$ ($\phi_t = 0.75$일 때)	• A_g : 부재의 총단면적(mm^2) • A_e : 유효순단면적(mm^2) • F_y : 항복강도(MPa) • F_u : 인장강도(MPa) • P_n : 공칭인장강도(N) • ϕ_t : 인장저항계수

01 다음은 지반조사 시 시행하는 보링에 관한 설명이다. 보기에 제시된 알맞은 내용을 각각 적으시오. [4점]

보기
① 토사, 암석층 등의 경질층의 지층을 파쇄하여 천공하는 방식
② 매우 연약한 점토층 및 지층의 변화를 연속적으로 천공하는 방식
③ 토사 및 균열이 심한 전석층, 자갈층 등의 비교적 연약한 지반에 수압을 이용해 천공하는 방식
④ 깊이 10m 이내의 연약한 점토층에서 나선형의 오거회전에 의한 천공방식 이용

정답 ① 충격식 보링
② 회전식 보링
③ 수세식 보링
④ 회전식 보링

해설 **보링(boring)**
(1) **정의**: 지중에 100mm 정도의 철관을 꽂아 토사를 채취, 관찰하기 위한 천공방식
(2) **종류**

구 분	특징
오거식 보링 (auger boring)	① 나선형의 오거회전에 의한 천공방식 이용 ② 깊이 10m 이내 얕은 지층(인력으로 지중관입) ③ 연약한 점토지반에 적용
수세식 보링 (washer boring)	① 선단에 충격을 주어 이중관을 박아 수압에 의해 천공하는 방식 ② 흙을 물과 함께 배출하여 침전 후 토질 판별 ③ 연약한 토사에 적용
충격식 보링 (percussion boring)	① 충격날의 상하작동에 의한 충격으로 천공하는 방식 ② 토사, 암석 파쇄 천공하여 토사는 천공bailer로 배출 ③ 거의 모든 지층 적용 가능 ④ 공벽붕괴 방지목적으로 안정액 사용(안정액: 벤토나이트, 황색 점토 등)
회전식 보링 (rotary type boring)	① 드릴 로드선단의 bit를 회전시켜 천공하는 방식 ② 지층의 변화를 연속적으로 판별 가능 ③ 공벽붕괴가 없는 지반(다소 점착성이 있는 토사층)

02 기초공사의 언더피닝(Under-pinning)공법을 적용하는 경우를 3가지 기술하시오. [3점]

정답 ① 기존 건축물 보강(신설기초 형성)
② 경사진 건축물 복원
③ 터파기 시 인접 건축물의 침하 방지

해설 언더피닝공법(Underpinning method)

목 적	공법 종류
① 기존 건축물 보강	① 덧기둥지지공법
② 신설기초 형성	② 내압판방식
③ 경사진 건축물 복원	③ 말뚝지지에 의한 내압판방식
④ 인접 터파기 시 기존 건축물 침하 방지	④ 2중널말뚝방식

03 지하구조물 축조 시 지하수위에서 구조물 기초밑면까지의 작용하는 부력에 의해 구조물이 부상할 우려가 있는 경우 부력에 의한 부상 방지대책 3가지를 기술하시오. [3점]

정답 ① 지하수위 강하: 배수공법 및 강제배수공법 적용
② Rock anchor 시공
③ 기초하부 마찰력 증대(마찰말뚝의 사용)

해설 부력을 받는 지하구조물의 부상 방지대책
(1) 개요
① 지하구조물은 지하수위에서 구조물 밑면까지의 깊이만큼 부력을 받으며 건물의 자중이 부력보다 적으면 건물이 부상하게 된다.
② 지하층의 깊이 및 지하수위의 상승 등에 따라 부력이 커진다.
(2) 부상 방지대책
① 지하수위 강하: 배수공법 및 강제배수공법 적용
② Rock anchor 시공
③ 기초하부 마찰력 증대(마찰말뚝의 사용)
④ 지하 중간 부위 지하수 채움
⑤ 인접 건물에 긴결, 브래킷의 설치
⑥ 지하구조물의 깊이, 규모 축소 등 구조물 변경

04 다음 보기에서 설명하는 거푸집 종류에 대한 명칭을 쓰시오. [4점]

 보기
① 일정한 평면을 가진 구조물에 적용되며 연속하여 콘크리트를 타설하므로 joint가 발생하지 않는 수직활동 거푸집공법
② 바닥구조에서 사용하는 거푸집으로써 아연도금강판을 파형으로 절곡하여 거푸집 대용 또는 구조체 일부로 사용하는 무지주공법의 거푸집공법
③ 연속하여 콘크리트 타설이 가능하도록 기계적 장치를 이용하여 수평으로 이동이 가능한 대형 System화된 거푸집공법
④ 의장효과와 층고 확보를 목적으로 2방향 장선바닥판구조가 가능하도록 된 특수 상자모양의 기성재 거푸집공법

정답 ① 슬라이딩폼   ② 데크플레이트   ③ 트래블링폼   ④ 와플폼

해설 거푸집의 종류

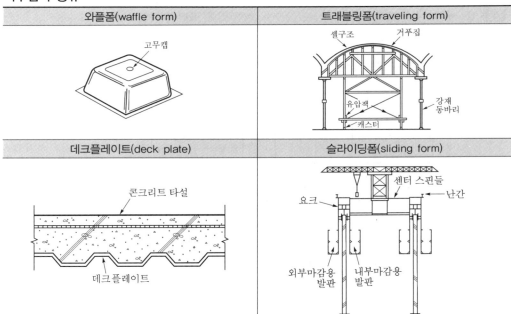

와플폼(waffle form)	트래블링폼(traveling form)
고무캡	셸구조 / 거푸집 / 유압잭 / 강재동바리 / 캐스터
데크플레이트(deck plate)	슬라이딩폼(sliding form)
콘크리트 타설 / 데크 플레이트	센터 스핀들 / 요크 / 난간 / 외부마감용 발판 / 내부마감용 발판

05 'KS L 5201 포틀랜드시멘트'에서 규정하는 포틀랜드시멘트의 종류 5가지를 나열하시오. [5점]

정답 ① 보통포틀랜드시멘트   ② 중용열포틀랜드시멘트   ③ 조강포틀랜드시멘트
④ 저열포틀랜드시멘트   ⑤ 내황산염포틀랜드시멘트

해설 **포틀랜드시멘트의 종류 및 특징**

구 분	종 류	적 용	특 징
1종	보통포틀랜드시멘트	보통콘크리트	• 일반적 90% 이상 사용
2종	**중용열포틀랜드시멘트**	서중콘크리트	• 수화열 저감(건조수축 감소) • **장기강도에 유리**
3종	**조강포틀랜드시멘트**	한중콘크리트	• **초기강도 발현 유리**
4종	저열포틀랜드시멘트	매스콘크리트 수밀콘크리트	• 수화열 저감(2종보다 우수) • 장기강도에 유리
5종	내황산염포틀랜드시멘트	해양콘크리트	• 화학침식에 대한 저항성 우수 • 장기강도 발현에 효과적

06 해사를 사용하는 철근콘크리트 구조에서 내구성을 감소시키는 철근의 부식에 대한 방지대책 3가지를 나열하시오. [3점]

정답 ① 에폭시수지 도장철근 사용　　　　② 철근 표면의 아연도금 처리
　　 ③ 콘크리트 내 방청제 혼입　　　　　④ 콘크리트 피복두께 증가

해설 **철근콘크리트 구조의 철근 부식**
(1) **철근 부식**
　① 부식 발생기구

| 콘크리트
강알칼리
(pH12~13) | + | 철근 | → | 산화피막 형성
(부동태피막)
20~60Å | 염화이온침투
→ | 산화피막파괴
철근부식 |

　② 철근부식의 원리

양극반응(cathode react)	$Fe \rightarrow Fe_2^{+} + 2e^{-}$
음극반응(anode react)	$\frac{1}{2}O_2 + H_2O + 2e^{-} \rightarrow 2OH^{-}$

　　㉠ 1차 반응: $Fe + \frac{1}{2}O_2 + H_2O \rightarrow Fe(OH)_2$(산화 제1철)

　　㉡ 2차 반응: $Fe(OH)_2 + \frac{1}{4}O_2 + \frac{1}{2}H_2O \rightarrow Fe(OH)_3$(산화 제2철)

(2) **철근 부식의 피해**
　철근 부식 발생 → 철근의 체적팽창(2.6배) → 콘크리트 내 균열 발생 → 구조물의 내구성 저하
(3) **철근 부식 방지대책**
　① 철근 표면의 아연도금 처리
　② 에폭시수지 도장철근 사용
　③ 콘크리트 피복두께 증가
　④ 콘크리트의 균열 발생 부위 보수
　⑤ 콘크리트 배합 시 방청제 혼입
　⑥ 단위수량 감소 및 혼화재 사용(AE제, AE감수제 등)

07 콘크리트 타설과정에서 휴식시간 및 레미콘 공급 지연 등의 작업관계로 인해 신구콘크리트의 일체화가 저해되어 발생되는 줄눈명칭을 쓰시오. [2점]

정답 콜드조인트(cold joint)

해설 **콜드조인트(cold joint)**
(1) 정의
　　① 콘크리트 이어붓기 시간 초과 시 콘크리트가 일체화되지 않아 발생하는 Joint
　　② 시공 불량에 의해 발생한 joint로 누수의 원인 및 콘크리트의 내구성이 저하됨
(2) 원인 및 대책

원 인	대 책
① 넓은 지역의 순환타설 시 2시간 초과	① 레미콘 배차계획 및 간격 등 엄수
② 장시간 운반 및 대기로 재료분리 발생 시	② 여름철 응결경화지연제 사용
③ 단면이 큰 구조물의 수화발열량 과다	③ 분말도 낮은 시멘트 사용
④ 분말도가 높은 시멘트 사용	④ 타설구획 및 순서를 사전에 계획
⑤ Movement 줄눈의 누락 및 미시공	⑤ 콘크리트 이어치기는 60분 이내로 계획
⑥ 재료분리가 된 콘크리트 사용 시	⑥ Dry mixing한 재료를 현장반입하여 사용

08 다음과 같이 제시된 콘크리트 균열보수공법에 대하여 설명하시오. [4점]
(1) 표면 처리법　　　　　　　　　　　(2) 주입공법

정답 (1) **표면 처리법**: 균열 진행이 완료된 폭 0.2mm 이하의 미세균열 부위에 모르타르 및 폴리머시멘트 등으로 보수하는 공법
(2) **주입공법**: 주입구를 천공하여 10~30cm 간격으로 주입용 파이프를 설치하여 균열 부위에 저점도의 에폭시수지를 주입하는 가장 대표적인 보수공법

해설 **콘크리트 균열 부위 보수 · 보강공법**
(1) 보수 및 보강의 개념
　　① 보수: 손상된 부위를 당초의 형상, 외관, 성능 등으로 회복시키는 작업(외관보수개념)
　　② 보강: 구조물의 강도 증진을 위해 다른 부재를 덧대는 작업(구조성능 향상개념)
(2) 보수 · 보강공법의 종류 및 특성

보수공법		보강공법
표면처리공법	① 진행 완료된 폭 0.2mm 이하 미세균열 보수 ② 시멘트페이스트, 폴리머시멘트 등으로 도막	① 강재보강공법: 강판부착공법, 강재앵커공법 (철골보강보)
충전법	① 주입이 어려운 폭 0.3mm 정도의 균열보수 ② V-cut 후 저점도 에폭시수지로 충전	② 복합재료보강공법: 탄소섬유시트보강공법, 유리섬유시트보강공법
주입공법	① 주입용 pipe를 10~30cm 간격으로 설치하여 균열 부위에 저점도 에폭시수지 등으로 주입 ② 폭 0.5mm 이상의 큰 균열에 적용 ③ 가장 대표적인 공법	③ 프리스트레스트공법 ④ 단면 증대공법

09 'Remicon 보통-25-24-150'은 레디믹스트콘크리트 현장반입 시에 송장(납품서)에 표기된 규격이다. 각 규격에 대한 해당하는 내용을 쓰시오. [4점]

정답 ① 보통: 콘크리트의 종류　　　　② 25: 굵은 골재 최대 치수 25mm
③ 24: 27일 콘크리트 압축강도 24MPa　　④ 150: 슬럼프값 150mm

해설 레디믹스트콘크리트(ready mixed concerte) 호칭방법

콘크리트 종류에 따른 구분	굵은 골재의 최대 치수에 따른 구분(mm)	호칭강도(MPa)	슬럼프 또는 슬럼프 플로(mm)
보통	20, 25, 40	18~35	80, 120, 150, 180(500, 600)
경량	15, 20	18~40	80, 120, 150, 180, 210
포장	20, 25, 40	휨 4.0, 휨 4.5	25, 65
고강도	13, 20, 25	40, 45, 50, 55, 60	120, 150, 180, 210 (500, 600, 700)

10 다음 용어를 설명하시오. [4점]

(1) 스캘럽
(2) 뒷댐재

정답 (1) **스캘럽**: 용접선교차부에 열영향에 의한 취약 부위 방지를 위해 부채꼴모양으로 모따기 한 것
(2) **뒷댐재**: 모재와 함께 용접되는 루트(root) 하부에 대어 주는 강판

해설 강구조 용접접합 시 보조재료

구 분	메탈터치(metal touch)	스캘럽(scallop)	엔드탭(end tab)
재료별 스케치	상부 기둥 / Metal Touch / 하부 기둥	상부 column / 용접선 / Scallop ─ Scallop / 하부 column	End tab / 모재 / Bead / End tab / Back strip(뒷댐재)
특성	압축력과 휨모멘트의 50% 정도를 기둥 밀착면에 전달시키고 나머지 50%의 축력은 고력볼트에 전달하는 이음방식	① 용접선의 교차 방지 ② 열영향부 취약 방지 ③ 용접부의 결함 방지 ④ 반지름: 35mm+10mm	① 전 용접유효길이 인정 ② 절단하여 시험편으로 이용 ③ 용접 단부의 결함 방지 ④ 용접 완료 후 제거

• 스캘럽(scallop): 용접선교차부에 열영향에 의한 취약 부위 방지를 위해 부채꼴모양으로 모따기 한 것
• 엔드탭(end tab): 용접선 시작과 끝부분의 용접결함 방지를 위해 양단의 붙이는 모재와 동등한 홈을 갖는 임시용 보조강판
• 뒷댐재(back Strip): 모재와 함께 용접되는 루트(root) 하부에 대어 주는 강판

11 강구조의 습식 내화피복공법의 종류 4가지를 나열하시오. [4점]

정답
① 타설공법
② 뿜칠공법
③ 조적공법
④ 미장공법

해설 **내화피복공법의 분류**

구 분	공법 종류	재 료
습식 내화피복	타설공법	보통콘크리트, 경량콘크리트
	뿜칠공법	암면, 모르타르, 플라스터, 실리카 등
	조적공법	속 빈 콘크리트 블록, 경량콘크리트 블록(ALC)
	미장공법	시멘트모르타르, 철망펄라이트 모르타르
건식 내화피복	성형판붙임공법 세라믹올피복공법	무기섬유 혼합 규산칼슘판, ALC판, 석면시멘트판, 경량콘크리트 패널, 프리캐스트콘크리트판
합성 내화피복	이종재료 적층·접합공법	프리캐스트콘크리트판, ALC판
도장 내화피복	내화도료공법	팽창성 내화도료

12 다음은 고장력 볼트의 접합방식에 대한 그림이다. 각 그림에 알맞은 접합방식을 쓰시오. [3점]

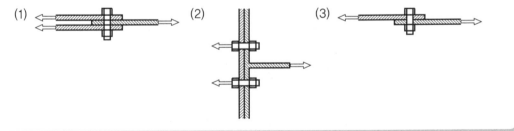

(1) (2) (3)

정답 (1) 마찰접합 (2) 인장접합 (3) 지압접합

해설 **고장력 볼트접합방식**

구 분	접합방식
마찰접합	① 부재 간 접합면의 마찰력으로 bolt축과 직각방향의 응력을 전달하는 전단형 접합방식 ② 볼트축과 직각방향을 응력 전달
인장접합	① 부재 간 접합면의 마찰력으로 bolt의 축방향의 응력을 전달하는 전단형 접합방식 ② 볼트의 인장내력으로 응력 대응
지압접합	① 볼트의 전단력과 볼트구멍의 지압내력에 의해 응력을 전달하는 방식 ② 볼트축과 직각으로 응력작용

13 용접 부위 품질검사를 위한 용접검사는 용접 전·중·후로 구분된다. 다음 보기에 제시된 검사항목들을 아래 물음에 대하여 해당 번호를 나열하시오. [3점]

> **보기**
> ① 부재의 밀착 정도   ② 균열 및 언더컷 유무
> ③ 필릿의 크기   ④ 용접 부위 청소상태
> ⑤ 밑면 따내기   ⑥ 홈의 각도 및 간격, 치수
> ⑦ 용접속도   ⑧ 아크전압
> ⑨ 절단검사   ⑩ 비파괴검사

(1) 용접작업 전 검사항목
(2) 용접작업 중 검사항목
(3) 용접작업 후 검사항목

정답 (1) **용접작업 전 검사항목**: ①, ④, ⑥
(2) **용접작업 중 검사항목**: ⑤, ⑦, ⑧
(3) **용접작업 후 검사항목**: ②, ③, ⑨, ⑩

해설 용접검사

(1) 용접 전·중·후 검사

구 분	용전작업 전 검사	용접작업 중 검사	용접작업 후 검사
시험항목	① 접합면 트임새모양 ② 구속법 ③ 모아대기법 ④ 자세의 적부 ⑤ 용접부 청소상태	① 용접봉의 품질상태 ② 운봉(weeving, 용접속도) ③ 용접전류(아크안정상태) ④ 용입상태, 용접폭 ⑤ 표면형상 및 root상태	① 육안검사 ② 절단검사(파괴검사) ③ 비파괴검사(UT, RT, PT, MT)

(2) 육안검사

육안검사범위		검사항목	
① 모든 용접부는 전길이에 대해 육안검사 수행 ② 표면결함 발생 시 침투탐상시험(PT) 및 자분탐상(MT) 등 수행		① 용접균열검사 ③ 용접비드 표면의 요철 ⑤ 오버랩	② 용접비드 표면의 피트 ④ 언더컷 ⑥ 필릿용접의 크기

(3) 용접 부위 비파괴검사

구 분	설 명
자기분말탐상시험 (MT; Magnetic particle test)	용접부에 자분을 뿌리고 자력선을 통과시켜 자력을 형성할 때 결함 부위에 자분이 밀집되어 용접부 결함을 검출하는 시험
초음파탐상시험 (UT; Ultra-sonic test)	용접부에 초음파를 투입하여 발사파와 반사파 간의 속도와 반사시간을 측정하여 용접부의 내부 결함을 검출하는 시험
침투탐상시험 (PT; Penetration test)	용접부에 침투액을 침투시킨 후 현상액으로 결함을 검출하는 시험
방사선투과탐상시험 (RT; Radiographic test)	용접부에 X선·γ선을 투과하여 그 상태를 필름에 담아 내부결함을 검출하는 시험

14 강구조 용접결함의 종류 중에 라멜라 티어링(lamella tearing)에 대하여 간략히 설명하시오. [3점]

정답 용접열의 영향부에서 국부적 열변형으로 모재두께방향으로 인장구속력에 의해 미세균열이 발생되는 결함

해설 **라멜라 티어링(lamella tearing)**
(1) 정의
    ① 라멜라 티어링이란 용접열의 영향부에서 국부적 열변형으로 모재두께방향으로 인장구속력에 의해 미세균열이 발생되는 결함이다.
    ② 라멜라 티어링은 T형 용접, 구석이음에서 주로 발생되며, 예열 처리를 통해 결함을 방지하여야 한다.
(2) **라멜라 티어링의 발생기구**

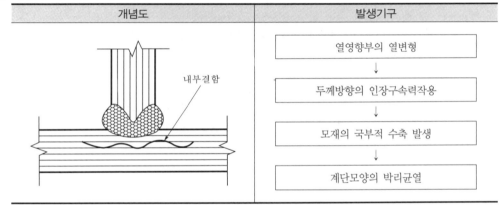

개념도	발생기구
내부결함	열영향부의 열변형 ↓ 두께방향의 인장구속력작용 ↓ 모재의 국부적 수축 발생 ↓ 계단모양의 박리균열

(3) **라멜라 티어링 방지대책**
    ① 용접 부위의 개선정밀도 확보
    ② 용접방향과 압연방향의 일치
    ③ 저수수계 또는 저강도의 용접봉의 사용
    ④ 용접 전 예열관리: 모재의 열영향부의 최소화
    ⑤ 용접 완료 후 후열관리: 모재의 국부인장력의 소산
    ⑥ 저강도 및 저탄소당량의 강재 사용(TMC강재)

15 조적구조를 바탕으로 하는 지상부 건축물의 외부벽면의 방수공법의 종류를 4가지 쓰시오. [4점]

정답 ① 폴리머시멘트 모르타르 방수
    ② 도막 방수
    ③ 시멘트액체 방수
    ④ 수밀재붙임공법

해설 **조적구조 외벽 방수공법**

종 류	특 징
폴리머시멘트 모르타르 방수	① 정의: 시멘트혼입 폴리머계 방수재를 이용하여 방수층을 형성하는 공법 ② 특징: 수축 및 균열 발생 감소, 내구성 우수, 시공 간단, 바탕과 부착성 양호 ③ 탄성을 갖는 유기질의 고분자 성분 포함: 건조수축 등의 영향 없음 ④ 무기질 탄성 도막 방수의 계열
도막 방수	① 정의: 액상의 방수재료를 여러 번 도포하여 2~3mm 두께의 방수막 형성 ② 특징: 노출공법 가능, 시공 간단, 보수 용이, 내후·내약품성 우수
시멘트액체 방수	① 정의: 시멘트액체형 방수제를 바탕면에 도포하여 방수층을 형성하는 공법 ② 특징: 시공비 저렴, 보수작업 용이, 신축성이 없어 균열 발생 우려 큼
기타	① 수밀재접착공법 ② 발수제도포공법

16 다음 보기는 외단열시트 방수 비노출공법에 대한 시공순서를 나열한 것이다. 시공순서를 보기에서 골라 번호로 쓰시오. [4점]

보기
① PE필름 부착	② 시트방수재 깔기
③ 바탕콘크리트 타설	④ 프라이머 도포
⑤ 누름콘크리트 타설	⑥ 단열재 깔기

정답 ③ → ④ → ② → ⑥ → ① → ⑤

17 다음과 같은 독립기초 시공 시 소요되는 철근(kg), 거푸집(m²), 콘크리트(m³) 정미량을 적산하시오. [9점]

조건
① 독립기초 크기: 5,000×5,000mm
② 주철근: 11-HD19(주근방향, 부근방향, 단위중량: 2.25kg/m)
③ 대각보강근: 3-HD13, 2개소(단위중량: 0.995kg/m)

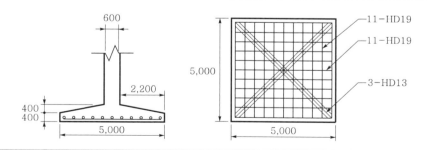

정답 (1) 철근 정미량
    ① 주철근(D19): $[11 \times (5-0.2)] \times 2 \times 2.25 = 237.6 \text{kg}$
    ② 대각보강근(D13): $[(5-0.2)\sqrt{2} \times 3] \times 2 \times 0.995 = 40.526 \text{kg}$
    ③ 총철근량: $237.6 + 40.526 = \mathbf{278.126 \text{kg}}$
(2) 거푸집 정미량: $(5+5) \times 2 \times 0.4 = \mathbf{8 \text{m}^2}$
(3) 콘크리트 정미량: $(5 \times 5 \times 0.4) + \dfrac{0.4}{6} \times [(2 \times 5 + 0.6) \times 5 + (2 \times 0.6 + 5) \times 0.6] = \mathbf{13.78 \text{m}^3}$

---

18 건설현장에 납품하는 시멘트의 비중이 특기시방서에 3.12로 규정하고 있을 때 현장에 반입된 시멘트의 비중을 구하고 시멘트 품질의 합격 여부를 판정하시오.   [4점]

> **조건**
> 르 샤틀리에 비중시험
> ① 시험에 사용한 시멘트량: 64g
> ② 비중병 최초 눈금: 0.5cc
> ③ 광유에 시멘트를 넣은 후 비중병의 눈금: 20.8cc

정답 ① 비중: $G = \dfrac{64}{20.8 - 0.5} = \mathbf{3.15}$
    ② 합격 여부 판정: $G = 3.15 \geq 3.12$이므로 **합격**

해설 시멘트의 비중시험
(1) 시멘트 비중시험의 목적
    ① 콘크리트 배합설계에서 시멘트가 차지하는 용적 계산을 위해 실시
    ② 시멘트의 풍화 정도를 확인하기 위한 실험
(2) 르 샤틀리에 비중시험
    ① 광유를 비중병에 채운 후 눈금 확인
    ② 시멘트 64g을 광유와 동일한 온도에서 비중병 안에 채운 후 교반하여 눈금 확인
    ③ 시멘트의 비중$(G) = \dfrac{\text{시멘트시료의 무게(g)}}{\text{비중병 눈금의 차(ml)}}$

---

19 시멘트분말도시험방법을 2가지 적으시오.   [4점]

정답 ① 표준체에 의한 시험
    ② 브레인투과장치에 의한 시험

해설 시멘트의 분말도
(1) 정의: 시멘트입자의 가늘고 굵은 정도를 표시한 것

(2) 특징 및 시험방법

특 징		시험방법
시멘트 분말도가 크면 ① 비표면적이 큼 ③ 수화발열량이 증대 ⑤ 균열 발생 및 풍화 용이	② 수화작용 촉진 ④ 초기강도 우수, 장기강도 저하 ⑥ 시공연도 우수	① 체가름시험(표준체시험) ② 비표면적시험(브레인투과장치에 의한 시험)

(3) 포틀랜드시멘트의 분말도

① 보통포틀랜드시멘트: $3{,}000 \text{cm}^2/\text{g}$

② 중용열포틀랜드시멘트: $2{,}800 \text{cm}^2/\text{g}$

③ 조강포틀랜드시멘트: $4{,}000 \text{cm}^2/\text{g}$

④ 초조강포틀랜드시멘트: $5{,}000 \text{cm}^2/\text{g}$

20 다음 데이터를 네트워크공정표로 작성하고 각 작업의 여유시간을 구하시오. [10점]

작업명	작업일수	선행작업	비 고
A	6	없음	
B	7	없음	
C	5	A, B	(1) 결합점에서는 다음과 같이 표현한다.
D	8	A, B	
E	4	B	
F	4	B	(2) 주공정선은 굵은 선으로 표시한다.
G	3	C, E	
H	5	C, D, E, F	

정답 (1) 네트워크공정표

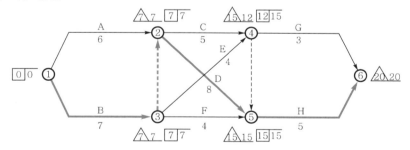

(2) 일정 계산

작업명	작업일수	EST	EFT	LST	LFT	TF	FF	DF	CF
A	6	0	6	1	7	1	1	0	
B	7	0	7	0	7	0	0	0	※
C	5	7	12	10	15	3	0	3	
D	8	7	15	7	15	0	0	0	※
E	4	7	11	8	12	4	1	3	
F	4	7	11	11	15	4	4	0	
G	3	12	15	17	20	5	5	0	
H	5	15	15	15	20	0	0	0	※

21 다음 그림과 같은 트러스의 부재력을 U_2, D_2, L_2절단법을 활용하여 산출하시오. (단, "-"는 압축력, "+"는 인장력으로 부호를 반드시 표기하시오.) [4점]

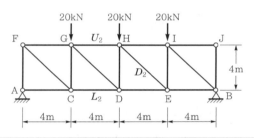

정답 ① 지점반력: 경간이 좌우대칭이므로 $V_A = V_B = +30\text{kN}(\uparrow)$

② 상현재와 하현재의 부재력

구 분	부재력 도시	풀 이
상현재 (U_2)		모멘트법 이용($\sum M_D = 0$) → 하현절점 D에서 모멘트 계산 $\sum M_D = 0$ $(30 \times 8) - (20 \times 4) + (F_{U_2} \times 4) = 0$ $\therefore F_{U_2} = -40\text{kN}(압축)$
하현재 (L_2)		모멘트법 이용($\sum M_G = 0$) → 상현절점 G에서 모멘트 계산 $\sum M_G = 0$ $(30 \times 4) - (F_{L_2} \times 4) = 0$ $\therefore F_{L_2} = +30\text{kN}(인장)$

해설 **트러스의 부재력 계산**

절점법(격점법)	단면법(절단법)

① 절점을 중심으로 평형조건식 적용($\sum V = 0$, $\sum H = 0$)
 ② 간단한 트러스에 적용
 ③ 부호
       ㉠ 절점으로 들어가는 부재력: 압축(−)
       ㉡ 절점으로 나오는 부재력: 인장(+)
	① 전단력법: 수직재, 사재($\sum V = 0$)
	 ② 모멘트법: 상현재, 하현재($\sum M = 0$)
	 ③ 미지의 부재력 산정 시 적용
	       ㉠ 구하고자 하는 부재가 지나가도록 절단 후 임의의
	          절점에서 "$\sum M = 0$"을 계산
	       ㉡ 구하고자 하는 미지수 외에 타 부재의 미지수 소거
	          되어 구하고자 하는 부재력 계산

22 다음 그림과 같은 단순보의 집중하중 200kN이 작용할 때 최대 전단응력을 구하시오. [4점]

P=200kN

500mm

300mm

3m   3m

A   B

정답 ① 지점반력: 경간이 좌우대칭이므로 $V_A = V_B = 100\text{kN}(\uparrow)$

② 최대 전단응력: $\tau_{\max} = k \dfrac{V_{\max}}{A} = \dfrac{3}{2} \times \dfrac{100 \times 10^3 \, \text{N}}{300\text{mm} \times 500\text{mm}} = 1\text{N/mm}^2 = \mathbf{1MPa}$

해설 **휨부재의 작용하는 전단응력**

전단응력(shear stress, τ)	전단응력계수	
	각형 단면	삼각형·원형 단면

① 부재 축방향의 직각방향으로 하중이 작용하는 경우 발생
 ② 전단응력
    ㉠ 일반식: $\tau = \dfrac{SG}{Ib}$
    ㉡ 전단응력: $\tau = k\dfrac{S}{A}$
	$k = \dfrac{3}{2}$
	
	 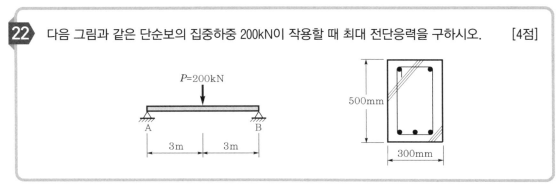 $\tau_{\max} = \dfrac{3}{2}\dfrac{S}{A}$
		$k = \dfrac{4}{3}$
		
		 $\tau_{\max} = \dfrac{4}{3}\dfrac{S}{A}$

23 다음 조건과 같은 철근콘크리트 부재의 하중조건에 따라 공칭휨강도 및 공칭전단강도를 구하시오. [4점]

하중조건		강도감소계수
고정하중	① $M=200\text{kN}\cdot\text{m}$ ② $V=120\text{kN}$	① 휨에 대한 강도감소계수: $\phi_t=0.85$ ② 전단에 대한 강도감소계수: $\phi_v=0.75$
활하중	① $M=150\text{kN}\cdot\text{m}$ ② $V=100\text{kN}$	

정답 (1) **공칭휨강도**

① 소요휨강도: $M_u=1.2\times200+1.6\times150=480\text{kN}\cdot\text{m}$

② 공칭휨강도: $M_n=\dfrac{M_u}{\phi_t}=\dfrac{480}{0.85}=\mathbf{506.71kN\cdot m}$

(2) **공칭전단강도**

① 소요전단강도: $V_u=1.2\times120+1.6\times100=304\text{kN}$

② 공칭전단강도: $V_n=\dfrac{V_u}{\phi_v}=\dfrac{304}{0.75}=\mathbf{405.33kN}$

해설 **강도설계법의 설계조건**

① 휨설계조건: $M_d=\phi M_n \geq M_u$(강도감소계수: $\phi_t=0.85$)

② 전단설계조건: $V_d=\phi V_n \geq V_u$(강도감소계수: $\phi_v=0.75$)

③ 기둥(축하중)설계조건: $P_d=\phi P_n \geq P_u$(강도감소계수: 나선철근 $\phi_c=0.70$, 그 외 $\phi_c=0.65$)

④ 기본하중조합: $U=1.2D+1.6L$

24 다음 그림과 같은 보의 설계전단강도(kN)를 구하시오. [4점]

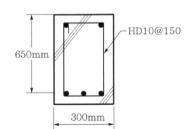

조건
① 콘크리트 설계기준 압축강도: $f_{ck}=$ 27MPa(보통중량콘크리트 사용)
② 전단철근의 설계기준 항복강도: $f_y=$ 400MPa
③ 전단철근의 단면적: $A_v=71.33\text{mm}^2$

정답 ① 콘크리트에 의한 전단강도

$V_c=\dfrac{1}{6}\lambda\sqrt{f_{ck}}\,b_w d=\dfrac{1}{6}\times1.0\times\sqrt{27}\times300\times650=168,874.95\text{N}=168.874\text{kN}$

② 전단철근에 의한 전단강도

$$V_s = \frac{A_v f_{yt} d}{s} = \frac{(2 \times 71.33) \times 400 \times 650}{150} = 247,277.33\text{N} = 247.277\text{kN}$$

③ 설계전단강도

$$V_d = \phi V_n = 0.75 \times (168.874 + 247.277) = \mathbf{312.113kN}$$

해설 **휨재의 전단강도**

구 분	산정식	비 고
설계전단강도	$V_d = \phi V_n = \phi(V_c + V_s)$	
공칭전단강도	$V_n = V_c + V_s$	
콘크리트가 부담하는 전단강도	$V_c = \dfrac{1}{6} \phi \sqrt{f_{ck}} \, b_w \, d$	강도감소계수: $\phi = 0.75$
철근이 부담하는 전단강도 (수직스터럽을 사용한 경우)	$V_s = \dfrac{A_v f_{yt} d}{s}$	

01 공기단축을 목적으로 하는 고속궤도방식(fast track method)에 대하여 간략히 설명하시오. [3점]

정답 공기단축을 목적으로 건축물의 설계도서가 완성되지 않은 상태에서 기본설계에 의해 부분적인 공사를 진행시키며 다음 단계의 설계도서를 작성하여 공사를 진행시키는 시공방식

해설 **고속궤도방식(fast track mehod)**
(1) **정의**: 공기단축을 목적으로 건물의 설계도서가 완성되지 않은 상태에서 기본설계에 의하여 부분적인 공사를 진행시켜 나가면서 다음 단계의 설계도서를 작성하고, 작성 완료된 설계도서에 의해 공사를 계속 진행시켜 나가는 시공방식
(2) **특징**
  ① 설계 작성에 필요한 시간절약 ② 공기단축 및 공사관리 용이
  ③ 건축주, 설계자, 시공자의 협조 필요 ④ 계약조건에 따른 문제 발생 우려

02 토질의 성상 및 지질조건을 파악하기 위하여 실시하는 보링(boring)의 정의와 종류를 4가지 기술하시오. [5점]

정답 ① 정의: 지반구성상태의 확인 및 원위치시험을 목적으로 지중에 100mm 정도의 철관을 꽂아 토사를 채취, 관찰하기 위한 천공방식
② 종류: 오거식 보링, 수세식 보링, 충격식 보링, 회전식 보링

해설 **보링(boring)**
(1) **정의**: 지반구성상태의 확인 및 원위치시험을 목적으로 지중에 100mm 정도의 철관을 꽂아 토사를 채취, 관찰하기 위한 천공방식
(2) **목적 및 종류**

목 적	종 류
① 토질의 성상 및 지반구성상태 확인	① 오거식 보링: 매우 연약한 점토지반
② 표준관입시험(N치 산정)	② 수세식 보링: 토사, 균열이 심한 암반지반
③ 토질시험용 시료채취	③ 충격식 보링: 모든 지층에 적용 가능
④ 지하수위치 확인	④ 회전식 보링: 공벽붕괴가 없는 지반
⑤ 토질주상도 작성의 데이터 제공	

03 토질의 성상에 따른 다짐(compaction)과 압밀(consolidation)에 대하여 비교하여 설명하시오.
[3점]

정답 ① 다짐: 사질토 지반에서 외력을 가하여 흙 속의 공기를 제거하면서 압축되는 현상
② 압밀: 점성토 지반에서 하중을 재하하여 흙 속의 간극수를 제거하면서 압축되는 현상

해설 **다짐과 압밀**

구 분	압밀(consolidation)	다짐(compaction)
적용지반	점성토 지반	사질토 지반
목적	전단강도 증가, 침하 촉진	전단강도 증가, 투수성 감소
간극 제거	흙 속의 간극수 제거	흙 속의 공기 제거
시간특성	장기적으로 진행	단기적 진행
함수비변화	함수비 감소	함수비 증가
침하량	비교적 크다	작다
변형거동	소성적 변형	탄성적 변형

04 토질의 성상 파악을 위해 시료를 채취하여 자연상태의 압축강도를 시험한 결과 7MPa이고, 이 시료를 교란하여 이긴 시료의 압축강도시험결과값이 5MPa이라고 할 때 이 시료의 예민비를 산정하시오.
[3점]

정답 예민비$(S_t) = \dfrac{\text{자연시료의 강도}}{\text{이긴 시료의 강도}} = \dfrac{7}{5} = 1.4$

해설 **흙의 예민비(sensitivity ratio)**

정 의	산정식
점토의 경우 함수율변화 없이 자연상태의 시료를 이기면 약해지는 성질 정도를 표시한 것으로 자연시료의 강도에 대한 이긴 시료의 강도비	예민비 $= \dfrac{\text{자연시료의 강도}}{\text{이긴 시료의 강도}}$

05 지하연속벽공법에 사용되는 안정액의 역할을 4가지 설명하시오.
[4점]

정답 ① 굴착벽면의 붕괴 방지
② 지하수 유입 차단
③ 굴착토사의 분리 및 배출
④ 콘크리트 중력치환

해설 **지하연속벽공법의 안정액(stabilizer liquid)**
(1) **정의**: Boring Hole 천공 시 공벽 붕괴 방지목적으로 사용하는 비중이 큰 현탁액의 일종
(2) **안정액의 기능**
　① 굴착벽면의 붕괴 방지　　　② 지하수 유입 방지
　③ 흙의 공극을 겔화　　　　　④ 장기간 굴착면 유지
　⑤ 굴착토사의 분리·배출　　　⑥ 콘크리트 중력치환

---

06 지하구조물 축조 시 지하수위에서 구조물 기초밑면까지의 작용하는 부력에 의해 구조물이 부상할 우려가 있는 경우 부력에 의한 부상 방지대책 4가지를 기술하시오. [4점]

정답 ① 배수공법 등의 지하수위강하공법 적용
② 부력 방지 앵커의 시공
③ 마찰말뚝을 사용하여 기초 하부 마찰력 증대
④ 지하 중간 부위 지하수 채움

해설 **부력을 받는 지하구조물의 부상 방지대책**
(1) **개요**
　① 지하구조물은 지하수위에서 구조물 밑면까지의 깊이만큼 부력을 받으며 건물의 자중이 부력보다 적으면 건물이 부상하게 된다.
　② 지하층이 깊이 및 지하수위의 상승 등에 따라 부력이 커진다.
(2) **부상 방지대책**
　① 지하수위 강하: 배수공법 및 강제배수공법 적용
　② 부력 방지 앵커(rock anchor)의 시공
　③ 기초 하부 마찰력 증대(마찰말뚝의 사용)
　④ 지하 중간 부위 지하수 채움
　⑤ 인접 건물에 긴결, 브래킷의 설치
　⑥ 지하구조물 깊이, 규모 축소 등 구조물 변경

---

07 레디믹스트 콘크리트의 받아들이기 검사항목 4가지를 기술하시오. [4점]

정답 ① 슬럼프 및 슬럼프플로시험　　② 공기량시험
③ 염화물함유량시험　　　　　　④ 콘크리트 공시체 압축강도시험

해설 **레디믹스트콘크리트 현장도착시험(받아들이기 검사항목)**
① 슬럼프 및 슬럼프플로시험　　② 공기량시험
③ 염화물함유량시험　　　　　　④ 콘크리트 공시체 압축강도시험
⑤ 콘크리트 온도　　　　　　　⑥ 블리딩시험

08 다음은 콘크리트 이어치기에 대한 설명이다. 괄호 안에 들어갈 콘크리트 이어치기 허용시간간격의 표준을 쓰시오.   [4점]

> 콘크리트를 2층 이상으로 나누어 타설할 경우 상층의 콘크리트 타설은 하층의 콘크리트가 굳기 전에 해야 하며, 이어치기 허용시간간격은 외기온도 25℃ 초과할 경우 (①), 외기온도 25℃ 이하일 경우 (②) 이내를 표준으로 한다.

정답 ① 2.0시간(120분)
② 2.5시간(150분)

해설 **콘크리트 허용이어치기 시간간격의 표준**

외기온도	허용이어치기 시간간격
25℃ 초과	2.0시간(120분)
25℃ 이하	2.5시간(150분)

☑ 참고

> **허용이어치기 시간간격**: 하층 콘크리트 비비기 시작에서부터 콘크리트 타설 완료한 후 상층 콘크리트가 타설되기까지의 시간

09 다음과 같이 현장에 반입된 레디믹스트콘크리트 규격에 대한 설명을 기술하시오.   [4점]

> 레디믹스트콘크리트(remicon) 25 – 27 – 150
>   (①) (②) (③)

정답 ① 25: 굵은 골재 최대 치수 25mm
② 27: 호칭강도 27MPa
③ 150: 슬럼프 150mm

해설 레디믹스트콘크리트(ready-mixed concrete) 호칭방법

종 류	굵은 골재 최대 치수(mm)	호칭강도(MPa)	슬럼프 또는 슬럼프플로(mm)
보통	20, 25, 40	18~35	80, 120, 150, 180 (슬럼프플로: 500, 600)
경량	15, 20	18~40	80, 120, 150, 180, 210
포장	20, 25, 40	휨 4.0, 휨 4.5	25, 65
고강도	13, 20, 25	40, 45, 50, 55, 60	120, 150, 180, 210 (슬럼프플로: 500, 600, 700)

10 콘크리트 구조물의 화재 시 고열에 의하여 발생하는 고강도콘크리트의 폭렬현상(exclusive fracture)에 설명하시오. [3점]

정답 화재 발생 시 콘크리트 내부 고열로 내부 수증기압이 상승하여 표면의 콘크리트 조각이 비산되는 현상

해설 **콘크리트의 폭렬현상**
(1) 폭렬현상의 발생기구

(2) 폭렬현상의 원인 및 대책

구 분	설 명
원인	① 흡수율이 큰 골재 사용 ② 내화성이 약한 골재 사용 ③ 콘크리트 내부의 함수율이 높을 경우 ④ 치밀한 콘크리트 조직으로 수증기 배출이 지연될 경우
방지대책	① 내부 수증기압 소산: 내열성이 낮은 유기질 섬유 혼입(비폭렬성 콘크리트) ② 급격한 온도 상승 방지: 내화피복, 내화도료 도포(단열탄화층 생성) ③ 함수율이 낮은 골재 사용(3.5% 이하) ④ 콘크리트 비산 방지: 표면에 메탈라스 혼입, CFT 및 ACT column ⑤ 콘크리트 인장강도 개선: 섬유보강콘크리트 사용 ⑥ 콘크리트 피복두께 증대: 콘크리트의 내화성 향상

11 석공사 중 탈락되거나 깨진 석재를 붙일 수 있는 주로 사용하는 접착제를 1가지 쓰시오. [2점]

정답 에폭시수지 접착제

해설 **에폭시수지 접착제(epoxide resin adhesive)**
(1) 에폭시수지 접착제의 특성

구 분	설 명
개요	① 에폭시수지는 경화제를 배합하여 열을 가하면 화학반응하여 경화하는 열경화성수지 ② 경화 후 열에 의해 연화되거나 용제에도 용해되지 않는 안정상태 ③ 경화제 또는 다른 수지와 배합하여 망상결합에 의한 3차원 구조의 경화수지
특성	① 접착성능 우수(금속, 플라스틱, 콘크리트 등의 동종 및 이종 간 접착에 적합) ② 인장강도, 구부림강도, 압축강도 등 기계적 강도 우수 ③ 전기전열성, 내수성, 내유성, 내용제성, 내약품성 양호

(2) **접착력의 크기순서**: 에폭시 > 요소 > 멜라민 > 페놀
(3) **내수성의 크기순서**: 실리콘 > 에폭시 > 페놀 > 멜라민 > 요소

2023년

12 경량기포콘크리트(ALC; Autoclaved Lightweight Concrete) 제조 시 사용되는 주재료 2가지와 기포 제조방법을 기술하시오. [4점]

정답 ① ALC 제조 시 주재료: 석회질 재료(생석회), 규산질 원료(규사)
② 기포 제조방법: 기포제에 의한 방법

해설 **경량기포콘크리트(ALC)**
(1) **정의**: 발포제에 의해 콘크리트 속에 무수한 기포를 골고루 독립적으로 분산시켜 오토클레이브 양생한 경량콘크리트의 일종
(2) **사용재료**

구 분		내 용
석회질 재료	석회(CaO)	생석회
	시멘트	포틀랜드고로시멘트, 실리카시멘트, 플라이애시시멘트 등
규산질 원료		규석, 규사, 고로슬래그, 플라이애시
기포제		Al분말, 표면활성제 등
혼화재료		기포의 안정 및 콘크리트 경화시간의 조정을 위한 혼화재료
철근		일반구조용 압연강재의 봉강, 철근콘크리트용 이형봉강 등
방청재		수지, 역청, 시멘트 등을 주원료로 한 것

(3) **제조순서**: 생석회, 시멘트 규사 비빔 → 물과 알루미늄분말 첨가 → 거푸집에 주입 후 발포 → 경화 진행 중 오토클레이브 양생(180℃, 1MPa 압력, 10~20시간)

13 강구조의 주각부 시공 시 베이스플레이트와 콘크리트 기초 사이에 충전하는 재료를 기술하시오. [2점]

정답 무수축 모르타르(mortar)

해설 **강구조 주각부 시공 – 베이스플레이트 하부 모르타르**
① 베이스플레이트 지지용 모르타르: 무수축 모르타르
② 모르타르 두께: 30mm 이상~50mm 이하
③ 베이스플레이트 하부의 모르타르: 사각크기 200mm 이상 또는 직경 200mm 이상
④ 양생: 강구조 부재 설치 전 3일 이상

14 외벽 커튼월(curtain wall) 설치 시 층간변위를 추종하기 위한 패스너접합방식의 종류 3가지를 기술하시오. [3점]

정답 ① 슬라이딩방식   ② 회전방식   ③ 고정방식

해설 **커튼월의 패스너접합방식**

슬라이딩방식(sliding type)	회전방식(locking type)	고정방식(fixed type)
① 수평이동방식(sway system) ② 하부 고정, 상부 sliding	① 면내방향 상하이동방식 ② Pin접합방식	① Panel 자체의 변위를 추종 ② 상부 및 하부 고정(welding)

---

15 다음에서 설명하는 용어를 기술하시오. [3점]

> • 특수 강재못을 화약폭발로 발사하는 기구를 써서 콘크리트벽 또는 벽돌벽에 박는 못
> • 머리가 달린 것을 H형, 나사로 된 것을 T형이라고 한다.

정답 드라이브 핀(drive pin)

---

16 다음과 같은 조건의 철근콘크리트부재의 부피(m³)와 중량(ton)을 계산하시오. [6점]

조건
① 기둥
  ㉠ 단면치수: 500×500mm, ㉡ 부재길이: 4,000mm, ㉢ 부재개수: 27개
② 보
  ㉠ 단면치수: 500×700mm, ㉡ 부재길이: 6,000mm, ㉢ 부재개수: 36개

정답 (1) 기둥
　　① 부피 $= 0.5 \times 0.5 \times 4.0 \times 27 = \mathbf{27m^3}$
　　② 중량 $= 27 \times 2.4 = \mathbf{64.8ton}$
(2) 보
　　① 부피 $= 0.5 \times 0.7 \times 6.0 \times 36 = \mathbf{75.6m^3}$
　　② 중량 $= 75.6 \times 2.4 = \mathbf{181.44\,ton}$

17 다음 데이터를 이용하여 표준 네트워크공정표로 작성하고, 3일 공기단축한 네트워크 및 총공사비를 구하시오. [10점]

작업명	선행작업	표준공기 및 비용		급속공기 및 비용		비 고
		작업일수	비용(원)	작업일수	비용(원)	
A	없음	3	20,000	2	26,000	
B	없음	7	40,000	5	50,000	
C	A	5	45,000	3	59,000	(1) 결합점에서는 다음과 같이 표현한다.
D	A	8	50,000	7	60,000	
E	B, C	5	35,000	4	44,000	
F	B, C	4	15,000	3	20,000	(2) 주공정선은 굵은 선으로 표시한다.
G	E	3	15,000	3	15,000	
H	D, F	7	60,000	7	60,000	

(1) 표준 네트워크공정표를 작성하시오.
(2) 공기를 3일 단축한 네트워크공정표를 작성하시오.
(3) 공기단축된 총공사비를 산출하시오.

정답 (1) 표준 네트워크공정표

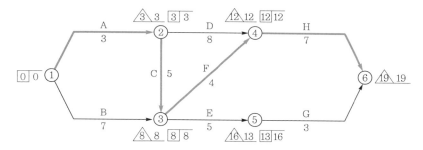

(2) 3일 공기단축 네트워크공정표

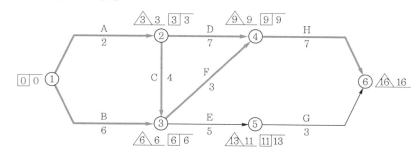

(3) 공기단축된 총공사비

구 분	소요공기	단축작업	단축일수	추가공사비(원)	CP 추가
1차	18	F작업	1일	5,000	D
2차	17	A작업	1일	6,000	B

구 분	소요공기	단축작업	단축일수	추가공사비(원)	CP 추가
3차	16	B, C, D작업	각 1일	5,000+6,000+10,000=22,000	
	A. 추가공사비(extra cost)			33,000	
	B. 표준공사비(normal cost)			280,000	
	총공사비(A+B)			313,000	

별해 (1) 표준 공기일정

작업명	작업일수	EST	EFT	LST	LFT	TF	FF	DF	CP
A	3	0	3	0	3	0	0	0	※
B	7	0	7	1	8	1	1	0	
C	5	3	8	3	8	0	0	0	※
D	8	3	11	4	12	1	1	0	
E	5	8	13	11	16	3	0	3	
F	4	8	12	8	12	0	0	0	※
G	3	13	16	16	19	3	3	0	
H	7	12	19	12	19	0	0	0	※

(2) 3일 공기단축

① 비용구배

작업명	Normal		Crash		공기단축일수	비용구배(원/일)
	작업일수	비용(원)	작업일수	비용(원)		
A	4	20,000	3	26,000	1	6,000
B	8	40,000	6	50,000	2	5,000
C	6	45,000	4	59,000	2	7,000
D	9	50,000	8	60,000	1	10,000
E	6	35,000	5	44,000	1	9,000
F	5	15,000	4	20,000	1	5,000
G	4	15,000	4	15,000	–	–
H	8	60,000	8	60,000	–	–

② 3일 공기단축

구 분	소요공기	CP경로	비용구배 최소 작업	추가공사비(원)	CP 추가
1차	18	A-C-F-H	F작업 -1일	5,000	D
2차	17	A-C-F-H	A작업 -1일	6,000	B
3차	16	A-D-H	D작업 -1일	10,000	
		A-C-F-H	C작업 -1일	7,000	
		B-F-H	B작업 -1일	5,000	
	A. 추가공사비(extra cost)			33,000	
	B. 표준공사비(normal cost)			280,000	
	총공사비(A+B)			313,000	

2023년

18 LOB(line of balance)공정관리기법에 대하여 간략히 설명하시오. [3점]

정답 반복작업에서 각 작업조의 생산성을 유지시키면서 그 생산성을 기울기로 하는 직선으로 각 반복작업의 진행을 표시하여 전체 공사를 도식화하는 기법

해설 LOB(line of balance)공정관리기법
(1) **정의**: 반복작업에서 각 작업조의 생산성을 유지시키면서 그 생산성을 기울기로 하는 직선으로 각 반복작업의 진행을 표시하여 전체 공사를 도식화하는 기법
(2) LOB그래프와 구성요소

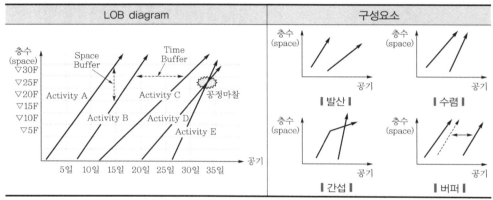

LOB diagram	구성요소

(3) 특징

장 점	단 점
① 네트워크공정표에 비해 작성 용이	① 예정과 실적 비교 불가
② 막대그래프에 비해 많은 정보 제공	② 주공정선과 각 작업의 여유시간 파악 미흡
③ 진도율 표현 가능	③ 공정간섭 시 비효율적
④ 각 작업의 세부일정 판단 용이	

19 콘크리트 블록의 압축강도가 8N/mm² 이상으로 규정할 경우 390×190×190mm 표준형 블록의 압축강도를 시험한 결과 630,000N, 600,000N, 580,000N에서 파괴되었을 때 합격 및 불합격을 판정하시오. [4점]

정답 ① $F_1 = \dfrac{P_1}{A} = \dfrac{630,000\mathrm{N}}{390\mathrm{mm} \times 190\mathrm{mm}} = 8.502\mathrm{N/mm}^2$

② $F_2 = \dfrac{P_2}{A} = \dfrac{600,000\mathrm{N}}{390\mathrm{mm} \times 190\mathrm{mm}} = 8.097\mathrm{N/mm}^2$

③ $F_3 = \dfrac{P_3}{A} = \dfrac{580,000\mathrm{N}}{390\mathrm{mm} \times 190\mathrm{mm}} = 7.827\mathrm{N/mm}^2$

④ $F = \dfrac{P}{3} = \dfrac{8.502 + 8.097 + 7.827}{3} = 8.142\mathrm{N/mm}^2 > 8.0\,\mathrm{N/mm}^2$이므로 **합격**

20 다음과 같은 트러스구조의 부정정차수를 구하고 구조물의 안정상태 여부를 판별하시오. [4점]

정답 ① 부정정차수: $n = r + m + s - 2k = (2+2) + 8 + 3 - 2 \times 5 = $ **5차 부정정**
② 안정 및 불안정 판별: $n = 5 > 0$이므로 **안정구조**

해설 **트러스구조의 부정정차수 및 구조물 판별**
(1) **판별식**: $n = r + m + s - 2k$
　여기서, m: 부재수, r: 반력수, s: 강절점수, k: 절점수(지점과 자유단도 포함)
(2) **판별**
　① $n = 0$: 정정구조
　② $n > 0$: 부정정구조
　③ $n < 0$: 불안정구조

21 다음과 같은 보부재의 폭(b)과 높이(h)를 구하시오. [4점]

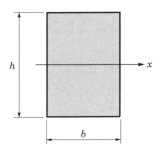

조건
① 단면 2차 모멘트: $I_x = 54,000 \text{cm}^4$
② 단면 2차 반경: $r_x = \dfrac{30}{\sqrt{3}}$

정답 ① $r_x = \sqrt{\dfrac{I_x}{A}} = \sqrt{\dfrac{54,000}{bh}} = \dfrac{30}{\sqrt{3}}$

　　∴ $bh = 180 \text{cm}^2$

② $I_x = \dfrac{bh^3}{12} = \dfrac{(bh)h^2}{12} = \dfrac{180h^2}{12} = 54,000 \text{cm}^2$

　　∴ $h = 60 \text{cm}$

③ ②를 ①에 대입하면 $b = 30 \text{cm}$

2023년

22 다음과 같은 게르버보의 A, B, D지점의 반력을 구하시오. [4점]

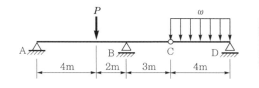

조건
① 집중하중: $P=60\text{kN}$
② 등분포하중: $\omega=40\text{kN/m}$

정답 ① 게르버보구간(CD구간)
   ㉠ 등분포하중: $\omega=40\times4=160\text{kN}$
   ㉡ 힌지절점 C에서 좌우대칭으로 등분포하중을 분배하므로 $V_D=80\text{kN}(\uparrow)$
② 내민보구간(AC구간)
   ㉠ $\sum M_B=0$
   $(V_A\times6)-(P\times2)+(V_C\times3)=(V_A\times6)-(60\times2)+(80\times3)=0$
   $\therefore V_A=-20\text{kN}(\downarrow)$
   ㉡ $\sum V=0$
   $-20-60+V_B-80=0$
   $\therefore V_B=160\text{kN}(\uparrow)$

23 콘크리트구조 해석과 설계원칙(KDS 14 20 10)에 의한 슬래브와 보를 일체로 친 T형보 플랜지의 유효폭(b) 산정기준을 기술하시오. [3점]

정답 다음 값 중 가장 작은 값으로 결정
   ① (양쪽으로 각각 내민 플랜지두께의 8배씩)$+b_w$
   ② 양쪽 슬래브의 중심 간 거리
   ③ 보 경간의 1/4

해설 **T형보의 유효폭**

T형보	반T형보
① (양쪽으로 각각 내민 플랜지두께의 8배씩)$+b_w$ ② 양쪽 슬래브의 중심 간 거리 ③ 보 경간의 1/4 위의 값 중 가장 작은 값으로 결정	① (한쪽으로 내민 플랜지두께의 6배)$+b_w$ ② (보 경간의 1/12)$+b_w$ ③ (인접 보와의 내측거리의 1/2)$+b_w$ 위의 값 중 가장 작은 값으로 결정

24 다음은 건축물 설계하중에 대한 설명이다. 괄호 안에 알맞은 숫자를 쓰시오. [3점]

> 강도설계법 또는 한계상태설계법으로 구조물을 설계하는 경우에 지진하중의 하중계수는 ( )
> 이다.

정답 1.0

해설 **강도설계법 및 한계상태설계법의 하중조합**
① $1.4(D+F)$
② $1.2(D+F+T)+1.6L+0.5(L_r$ 또는 S 또는 $R)$
③ $1.2D+1.6(L_r$ 또는 S 또는 $R)+(1.0L$ 또는 $0.5W)$
④ $1.2D+1.0W+1.0L+0.5(L_r$ 또는 S 또는 $R)$
⑤ $1.2D+1.0E+1.0L+0.2S$
⑥ $0.9D+1.0W$
⑦ $0.9D+1.0E$

25 다음 그림과 같은 인장재(L-150×150×10)의 순단면적을 구하시오. [5점]

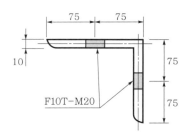
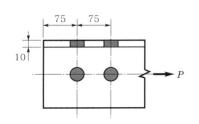

정답 $A_n = A_g - ndt = [(150+150-10)\times10]-[2\times(20+2)\times10] = \mathbf{2,460mm^2}$

해설 **인장재 단면적 산정**

구 분	순단면적 산정식	비 고
일렬배치	$A_n = A_g - ndt$	• n : 인장력에 의한 파단선상에 있는 구멍의 수 • d : 파스너구멍의 직경(mm)(d: +2, 3mm)
불규칙배치 (엇모배치)	$A_n = A_g - ndt + \sum \frac{s^2}{4g} t$	• t : 부재의 두께(mm) • s : 인접한 2개 구멍의 응력방향 중심간격(mm) • g : 파스너게이지선 사이의 응력 수직방향 중심간격(mm)

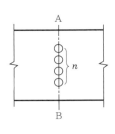

┃일렬배치┃   ┃불규칙배치┃

26 다음 강구조 볼트접합에 관련한 용어를 쓰시오. [3점]

(1) 볼트 상호 중심 간 직선거리
(2) 볼트의 중심축선을 연결한 선(볼트접합의 기준선)
(3) 게이지라인과 게이지라인과의 거리

정답 (1) 피치(pitch)
(2) 게이지라인(gauge line)
(3) 게이지(gauge)

해설 **강구조 볼트접합의 용어**
(1) **피치(pitch)**: 볼트 상호 중심 간 직선거리
(2) **연단거리**: 볼트구멍 중심에서 부재 끝단까지의 거리
(3) **게이지라인(gauge line)**: 볼트의 중심축선을 연결한 선(볼트접합의 기준선)
(4) **게이지(gauge)**: 게이지라인과 게이지라인과의 거리

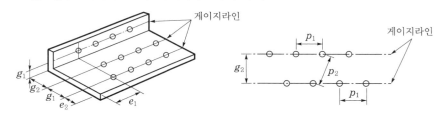

여기서, e_1: 연단거리, e_2: 측단거리, g_1, g_2: 게이지, p_1, p_2: 피치

2023 제2회 건축기사 실기

2023년 7월 22일 시행

01 설계도서 · 법령 해석 · 감리자의 지시 등이 서로 일치하지 않을 경우 계약으로 설계도서 적용의 우선순위를 정하지 않았을 때 건축물의 설계도서 작성기준에 따른 설계도서의 우선순위를 나열하시오. [4점]

① 표준시방서 　　　② 전문시방서 　　　③ 산출내역서
④ 공사시방서 　　　⑤ 설계도면

정답 ④ → ⑤ → ② → ① → ③

해설 **설계도서 해석의 우선순위**
① 공사시방서 　　　　　② 설계도면 　　　　　③ 전문시방서
④ 표준시방서 　　　　　⑤ 산출내역서 　　　　⑥ 승인된 상세시공도면
⑦ 관계법령의 유권 해석 　⑧ 감리자의 지시사항

02 다음과 같이 설명하는 낙찰제도를 쓰시오. [4점]

(1) 공사수행능력, 입찰가격, 사회적 책임점수가 가장 높은 업체를 낙찰자로 선정하는 제도
(2) 입찰가격 이외에도 기술능력, 공법, 품질관리능력, 시공경험, 재무상태 등 계약이행능력을 종합심사하여 적격입찰자에게 낙찰시키는 제도

정답 (1) 종합심사낙찰제도
　　　 (2) 적격낙찰제도

해설 **종합심사낙찰제도 및 적격낙찰제도의 낙찰자 선정기준**

구 분	종합심사낙찰제도	적격낙찰제도
낙찰자 선정기준	① 입찰가격 ② 공사수행능력(시공실적, 기술능력, 사회적 신인도) ③ 계약신뢰도(감점)	① 공사수행능력 ② 입찰가격 ③ 자재, 인력 등 조달가격의 적정성 ④ 하도급계획 적정성 ⑤ 신인도 고려

03 가설출입구 설치 시 고려사항 3가지를 기술하시오. [3점]

정답 ① 전면도로폭에 의한 진입각도 확인
② 유효폭은 차량의 회전범위를 고려하여 결정(최소 4.5m 이상)
③ 통행차량의 적재높이를 고려하여 적절한 유효높이 고려

해설 **가설공사 – 가설출입구**
(1) 위치 선정
  ① 현장 내에 진입이 용이하고 자재야적이 유리한 위치에 선정
  ② 진입도로에 설치된 전주, 가로등 등의 시설물 등이 출입에 지장을 주지 않는 곳
  ③ 인접 도로의 차량흐름에 영향을 적게 주는 곳
(2) 설치 시 고려사항
  ① 전면도로폭에 의한 진입각도 확인
  ② 유효폭은 차량의 회전범위를 고려하여 최소 4.5m 이상
  ③ 통행차량의 적재높이를 고려하여 적절한 유효높이 고려

04 토질의 성상, 지질조건을 파악하기 위하여 실시하는 보링(boring)의 종류를 3가지 기술하시오. [3점]

정답 ① 오거식 보링   ② 수세식 보링   ③ 충격식 보링

해설 **보링(boring)**
(1) 정의: 지반구성상태의 확인 및 원위치시험을 목적으로 지중에 100mm 정도의 철관을 꽂아 토사를 채취, 관찰하기 위한 천공방식
(2) 목적 및 종류

목 적	종 류
① 토질의 성상 및 지반구성상태 확인	① 오거식 보링: 매우 연약한 점토지반
② 표준관입시험(N치 산정)	② 수세식 보링: 토사, 균열이 심한 암반지반
③ 토질시험용 시료채취	③ 충격식 보링: 모든 지층에 적용 가능
④ 지하수위위치 확인	④ 회전식 보링: 공벽붕괴가 없는 지반
⑤ 토질주상도 작성의 데이터 제공	

05 점토질 지반의 연약지반개량공법 종류 중 탈수공법 3가지를 기술하시오. [3점]

정답 ① 샌드드레인공법   ② 페이퍼드레인공법   ③ 팩드레인공법

해설 **토질별 연약지반개량공법**

사질지반	점성토 지반
① 진동다짐공법	① 치환공법, 표면처리공법
② 모래진동다짐공법(SCP)	② 압밀공법(선행재하공법, 사면선단재하공법)
③ 전기충격공법	③ 탈수공법(샌드드레인, 페이퍼드레인, 팩드레인)
④ 폭파다짐공법	④ 배수공법
⑤ 약액주입공법	⑤ 고결공법, 동결공법
	⑥ 전기침투공법, 침투압공법

06 기초의 부동침하는 구조적으로 문제를 일으키게 된다. 이러한 기초의 부동침하를 방지하기 위한 대책 중 하부 구조 부분에 처리할 수 있는 사항을 2가지 기술하시오. [4점]

정답 ① 동일한 제원의 기초구조부 시공
② 경질지반에 기초부 지지

해설 **부동침하 방지대책**

상부 구조부에서	하부(기초) 구조부에서
① 구조물의 경량화	① 동일한 제원의 기초구조부 시공
② 구조물의 강성 증대	② 경질지반에 기초부 지지
③ 구조물의 하중을 균등하게 배분(균일한 접지압)	③ 마찰말뚝을 사용으로 파일의 마찰력으로 지지
④ 구조물의 평면길이 축소	④ 지반에 지지하는 유효기초면적의 확대
⑤ 인접 건물과의 거리 확보	⑤ 지하수위를 강하하여 수압변화 방지
⑥ 신축줄눈 설치	⑥ 언더피닝공법 실시(기초 및 지반 보강)

07 지하구조물 축조 시 지하수위에서 구조물 기초밑면까지의 작용하는 부력에 의해 구조물이 부상할 우려가 있는 경우 부력에 의한 부상 방지대책 2가지를 기술하시오. [4점]

정답 ① 지하수위 강하: 배수공법 및 강제배수공법 적용
② 부력 방지 앵커(rock anchor)의 시공

해설 **부력을 받는 지하구조물의 부상 방지대책**
(1) **개요**
　① 지하구조물은 지하수위에서 구조물 밑면까지의 깊이만큼 부력을 받으며 건물의 자중이 부력보다 적으면 건물이 부상하게 된다.
　② 지하층이 깊이 및 지하수위의 상승 등에 따라 부력이 커진다.
(2) **부상 방지대책**
　① 지하수위 강하: 배수공법 및 강제배수공법 적용
　② 부력 방지 앵커(rock anchor)의 시공
　③ 기초 하부 마찰력 증대(마찰말뚝의 사용)

④ 지하 중간 부위 지하수 채움
⑤ 인접 건물에 긴결, 브래킷의 설치
⑥ 지하구조물 깊이, 규모 축소 등 구조물 변경

08 다음은 콘크리트구조 철근상세설계기준(KDS 14 20 50)의 철근간격제한사항에 대한 설명이다. 괄호에 알맞은 기준을 쓰시오. [3점]

(1) 동일 평면에서 평행한 철근 사이의 수평순간격은 (①) 이상, 철근의 공칭지름 이상으로 하여야 하며, 또한 굵은 골재 최대 치수의 (②) 이상으로 하여야 한다.
(2) 나선철근 또는 띠철근이 배근된 압축부재에서 축방향 철근의 순간격은 (③) 이상, 또한 철근공칭지름의 1.5배 이상으로 하여야 한다.

 (1) ① 25mm ② 4/3배
(2) ③ 40mm

해설 **철근의 간격제한**
(1) 일반사항
① 동일 평면에서 평행한 철근 사이의 수평순간격은 25mm 이상, 철근의 공칭지름 이상
② 또한 굵은 골재 공칭 최대 치수의 규정도 만족(굵은 골재 최대 치수의 4/3배 이상)
③ 상단과 하단에 2단 이상 배근: 동일 연직면 내에 배치. 이때 상하철근의 순간격은 25mm 이상
(2) 압축부재
① 축방향 철근의 순간격은 40mm 이상
② 철근공칭지름의 1.5배 이상

09 다음은 거푸집공사에서의 건축공사 표준시방서규정에 관한 내용으로 콘크리트 압축강도시험을 하지 않을 때의 거푸집널의 해체시기를 나타낸 표이다. 다음 빈칸에 알맞은 답을 쓰시오. [4점]

시멘트 종류 평균기온	조강포틀랜드시멘트	보통포틀랜드시멘트 고로슬래그시멘트(1종) 플라이애시시멘트(1종) 포틀랜드포졸란시멘트(A종)	고로슬래그시멘트(2종) 플라이애시시멘트(2종) 포틀랜드포졸란시멘트(B종)
20℃ 이상	2일	(①)일	(②)일
20℃ 미만 10℃ 이상	(③)일	6일	(④)일

정답 ① 4 ② 5 ③ 3 ④ 8

해설 **거푸집 존치기간**

(1) 콘크리트 압축강도시험을 하지 않을 경우 거푸집널 해체시기

시멘트 종류 평균기온	조강포틀랜드시멘트	보통포틀랜드시멘트 고로슬래그시멘트(1종) 플라이애시시멘트(1종) 포틀랜드포졸란시멘트(A종)	고로슬래그시멘트(2종) 플라이애시시멘트(2종) 포틀랜드포졸란시멘트(B종)
20℃ 이상	2일	4일	5일
20℃ 미만 10℃ 이상	3일	6일	8일

(2) 콘크리트 압축강도시험을 할 경우 거푸집널 해체시기

부 재		콘크리트 압축강도(f_{ck})
기초, 보, 기둥, 벽 등의 측면		5MPa 이상
슬래브 및 보의 밑면, 아치 내면	단층구조	설계기준압축강도의 2/3배 이상 또한 14MPa 이상
	다층구조	설계기준압축강도 이상

10 콘크리트 타설작업 중에 발생하는 콘크리트 측압에 의하여 발생되는 콘크리트 헤드(head)에 대하여 설명하시오. [3점]

정답 콘크리트 타설 시 타설 윗면에서부터 최대 측압이 발생되는 지점까지의 수직거리

해설 **콘크리트 측압**

구 분	콘크리트 측압		
정의	① 콘크리트 타설 시 수직거푸집널에 작용하는 유동성을 가진 콘크리트의 수평방향의 압력 ② 측압＝미경화 콘크리트 단위중량(W)×타설높이(H)[t/m²](일반적인 경우에 한함)		
측압 증가 요소	① 콘크리트의 타설속도가 빠를수록 ③ 콘크리트의 슬럼프(slump)가 클수록 ⑤ 단위시멘트량이 많을수록(부배합) ⑦ 다짐이 충분할수록 ⑨ 거푸집 표면이 매끄러울수록	② 타설되는 단면치가 클수록 ④ 콘크리트의 시공연도가 좋을수록 ⑥ 외기온·습도가 낮을수록 ⑧ 철골·철근량이 적을수록 ⑨ 콘크리트 낙하높이가 높을수록	

콘크리트
헤드
	① 콘크리트 타설 윗면에서 최대 측압이 발생하는 지점까지의 수직거리(벽: 0.5m, 기둥: 1.0m)
	② 최대 측압
	  ㉠ 벽: 0.5m×2.3t/m³≒1.0t/m²
	  ㉡ 기둥: 1.0m×2.3t/m³≒2.5t/m²		

11 다음은 콘크리트의 줄눈(joint)에 대한 설명이다. 알맞은 줄눈의 명칭을 적으시오.　　　[2점]

> 콘크리트 타설 후 경화과정에서 발생하는 건조수축에 의한 균열을 제어하기 위해 벽과 바닥의 균열 발생이 예상되는 위치에 단면 결손 부위를 두어 다른 부분의 균열 발생을 억제하기 위한 줄눈

정답 조절줄눈(control joint, movement joint)

해설 **콘크리트 줄눈의 종류**

(1) 조절줄눈(movement joint)

구 분	조절줄눈(균열유발줄눈)		
정의	① 콘크리트의 건조수축에 의한 균열을 방지할 목적으로 일정 부위에 단면 결손 부위를 두어 균열을 유도하는 줄눈 ② 구조체의 거동 흡수 및 균열제어	$t_1 \geq \dfrac{t}{5}$	$t_1 + t_2 \geq \dfrac{t}{5}$
설치위치	① 외벽의 개구부 주위 ③ 창호 및 문틀 주위	② 구조물의 모서리 부위 ④ 이질재료와의 접합 부위	

(2) 기타 줄눈

① 시공줄눈(construction joint): 콘크리트 작업관계상 신·구콘크리트를 타설할 때 콘크리트 이어치기 부분에서 발생되는 줄눈

② 신축줄눈(expansion joint): 온도변화에 따른 수축·팽창, 부동침하 등에 의해 균열예상 부위에 설치하여 구조체 간 단면을 분리시키는 줄눈

③ 미끄럼줄눈(sliding joint): 슬래브, 보의 단순지지방식으로 직각방향에서 하중이 예상될 때 설치

④ 슬립줄눈(slip joint): 조적벽과 철근콘크리트 슬래브에 설치하여 상호 자유롭게 움직이게 한 줄눈

⑤ 지연줄눈(delay joint): 장스팬 시공 시 수축대를 설치하여 초기 수축 발생 완료 후 타설하는 줄눈

12 다음은 콘트리트 배합에 대한 설명이다. 괄호 안에 알맞은 용어를 쓰시오.　　　[3점]

> 콘크리트 시방배합 시 레디믹스트콘크리트의 보통골재와 인공경량골재는 각각 (①), (②)로 단위용적질량을 표기하고, (③)는 고로슬래그 미분말 및 플라이애시 등의 혼화재를 사용한 콘크리트에서 반죽 직후 물과 결합재의 질량비를 고려하여 배합한다.

정답 ① 표면건조 내부 포화상태　　　② 절건상태　　　③ 물결합재비(W/B)

해설 **콘크리트 배합설계**
  (1) 골재의 품질
    ① 물리적 품질(굵은 골재, 잔골재): 절대건조밀도는 $2.5g/cm^3$ 이상, 흡수율은 3.0% 이하
    ② 보통골재의 단위용적질량: 표면건조 내부 포화상태로서 표기
    ③ 인공경량골재의 단위용적질량: 절대건조상태로서 표기
  (2) **물결합재비**(water-binder ratio; W/B): 혼화재로 고로슬래그 미분말, 플라이애시, 실리카퓸 등 결합재를 사용한 모르타르나 콘크리트에서 골재가 표면건조포화상태에 있을 때에 반죽 직후 물과 결합재의 질량비

13 강구조 부재의 현장 설치 시 주각부의 시공순서를 순서대로 나열하시오. [3점]

> ① 강재 세우기　　② 가조립 및 변형 바로잡기　　③ 앵커볼트 설치
> ④ 부재 녹막이 도장　　⑤ 본조립 및 접합부검사　　⑥ 기초 상부 고름질

정답 ③ → ⑥ → ① → ② → ⑤ → ④

해설 **강구조 현장 조립 시 설치순서**

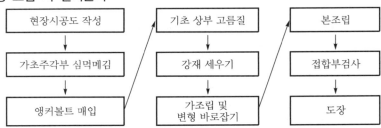

14 다음은 강구조의 부재연결 시 볼트접합에 대한 설명이다. 괄호 안에 알맞은 기준을 쓰시오.
[4점]

  (1) 고장력 볼트의 마찰접합 시 마찰면은 미끄럼계수가 반드시 확보되어야 하며, 부식의 우려가 없는 경우 미끄럼계수(μ)가 (①) 이상 확보되도록 표면 처리해야 한다.
  (2) 볼트의 조임축력은 (②)볼트장력에 (③)를 증가시켜 (④)볼트장력을 얻을 수 있도록 한다.

정답 **(1)** ① 0.5
　　(2) ② 설계　　③ 10%　　④ 표준

해설 **강구조 접합부 – 볼트접합**

(1) **마찰접합**

① 고장력 볼트의 마찰접합부 마찰면은 규정된 미끄럼계수가 반드시 확보되어야 한다.

② 구멍을 중심으로 지름의 2배 이상 범위의 마찰면을 숏블라스트 또는 샌드블라스트로 처리한다.

③ 부식의 우려가 없고 미끄럼계수가 0.5 이상 적용하여 설계한 경우($\mu \geq 0.5$)

④ 부식될 우려가 있어 도장하는 것을 전제로 미끄럼계수가 0.4 이상 적용하여 설계한 경우
→ 미끄럼계수가 0.4 이상 확보되도록 무기질 아연분말 프라이머 도장 처리

(2) **표준 볼트장력** = 설계볼트장력 × 1.1(설계볼트장력의 10% 가산)

---

15 다음과 같이 설명하는 용어를 쓰시오. [2점]

> 강재 주위에 철근 배근을 하고 그 위에 콘크리트가 타설되어 일체가 되도록 한 합성부재로서 초고층 구조물 압축재로 주로 사용하는 구조

정답 매입형 합성기둥

해설 **강구조의 합성기둥**

구 분	매입형	충전형
정의	콘크리트기둥과 하나 이상의 매입된 강재단면으로 이루어진 합성기둥	콘크리트로 충전된 사각 또는 원형강관으로 이루어진 합성기둥
구조기준	① 강재코어 단면적: 총단면적의 1% 이상 ② 길이방향 철근 최소 철근비: 0.004 이상 ③ 횡방향철근 중심간격 　㉠ D10 철근: 300mm 이하 　㉡ D13 이상 철근: 400mm 이하 ④ 강재단면과 길이방향 철근 사이 순간격: 철근 직경의 1.5배 이상 또는 40mm 중 큰 값 ⑤ 콘크리트 압축강도: $21 \leq f_{ck} \leq 70$ ⑥ 강재 및 철근의 항복강도: $f_y \leq 650$	① 강재코어 단면적: 총단면적의 1% 이상 ② 콘크리트 압축강도: $21 \leq f_{ck} \leq 70$ ③ 강재 및 철근의 항복강도: $f_y \leq 650$ ④ 국부좌굴 발생을 고려하여야 함(한계폭두께비 이하로 제한)

---

16 강구조에서 발생하는 칼럼 쇼트닝(column shortening)에 대해서 설명하시오. [3점]

정답 내·외부 기둥구조 및 재질의 상이, 응력차이 등으로 신축량이 발생하는 기둥의 축소변위

해설 **칼럼 쇼트닝(column shortening ; 기둥의 부등축소현상)**

(1) 정의

① 기둥의 부등축소현상이란 내·외부의 기둥구조 상이, 재료의 재질, 응력차이로 인한 상대적인
신축량으로 기둥의 축소변위이다.

② 축소변위량을 조절을 위해 전체 층을 몇 구간으로 나누어 변위량을 조절한다.

(2) 원인 및 대책

원인		대책
탄성 쇼트닝	비탄성 쇼트닝	
① 기둥부재 재질 상이 ② 기둥부재 단면적 상이 ③ 기둥부재 높이 상이 ④ 상부 작용하중 상이	① 콘크리트의 건조수축 ② 크리프현상에 의한 축소변위	① 설계 시 변위량 예측·계산 ② 가조립 시 변위량 등분 조절 ③ 변위량 조절 완료 후 본조립 실시

17 강구조 휨부재설계에서 합성보의 전단연결재(shear connector)의 정의에 대하여 간략히 기술
하시오. [3점]

정답 합성보에서 바닥슬래브와 강재보를 일체화시켜 그 접합부에 발생되는 미끄러짐을 방지하고 수평전단
력을 부담시키기 위한 연결재

해설 **전단연결재(shear connector ; 강재앵커)**

(1) **정의**: 합성보에서 바닥슬래브와 강재보를 일체화시켜 그 접합부에 발생되는 미끄러짐을 방지하고
수평전단력을 부담시키기 위한 연결재

(2) **종류**: 스터드앵커(stud anchor), C형강, 나선철근 등

(3) **역할**: 슬래브와 강재보의 일체화 확보, 전단응력에 대한 저항성 개선, 합성보의 강성 향상 등

18 목공사의 방부 및 방충처리목재를 사용하여야 하는 경우 2가지를 기술하시오. [4점]

정답 ① 구조내력상 중요한 부분에 사용되는 목재로 투습성의 재료에 접하는 경우
② 목재의 부재가 외기에 직접 노출되는 경우

해설 **방부 및 방충처리목재 사용기준**

① 구조내력상 중요한 부분에 사용되는 목재로서 콘크리트, 벽돌, 돌, 흙 및 기타 이와 비슷한 투습성
의 재질에 접하는 경우

② 목재의 부재가 외기에 직접 노출되는 경우

③ 급수 및 배수시설에 근접한 목재로서 수분으로 인한 열화의 가능성이 있는 경우

④ 목재가 직접 우수에 맞거나 습기 차기 쉬운 부분의 모르타르바름, 라스붙임 등의 바탕으로 사용되
는 경우

⑤ 목재가 외장마감재로 사용되는 경우

19 미장재료 중 기경성(氣硬性)과 수경성(水硬性) 재료를 각각 2가지씩 나열하시오. [4점]

정답 ① 기경성 재료: 돌로마이트 플라스터, 진흙
② 수경성 재료: 석고 플라스터, 시멘트 모르타르

해설 **수경성 및 기경성 재료**

구 분	수경성 재료	기경성 재료
정의	물과 작용하여 경화하고 점차 강도가 커지는 성질의 미장재	공기 중에서 경화하는 것으로, 공기가 없는 수중에서는 경화되지 않는 성질의 미장재
재료	① 석고계(순석고 플라스터, 무수석고 플라스터) ② 시멘트계(시멘트 모르타르) ③ 인조석바름	① 돌로마이트 플라스터 ② 진흙 및 회반죽 ③ 아스팔트

20 다음과 같이 제시된 구조물의 가설비계면적을 산출하시오. [5점]

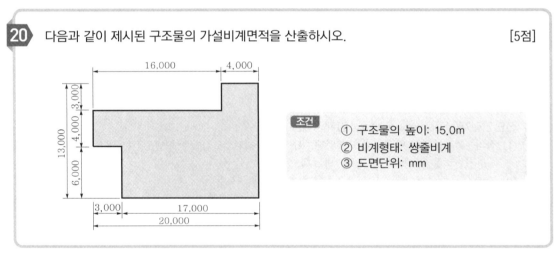

조건
① 구조물의 높이: 15.0m
② 비계형태: 쌍줄비계
③ 도면단위: mm

정답 $A = [(20+13) \times 2 + (0.9 \times 8)] \times 15 = 1,098\text{m}^2$

해설 **비계면적 산출**
(1) **내부 비계면적**: 연면적의 90%($A = $ 연면적 $\times 0.9$)
(2) **외부 비계면적**: [비계둘레길이+이격거리] × 건축물높이

구 분		통나무비계		단관파이프비계 및 강관틀비계	비 고
		외줄 · 겹비계	쌍줄비계		
이격거리(D)	목구조	0.45m	0.9cm	1.0m	벽체 중심
	철근콘크리트구조	0.45m	0.9cm	1.0m	벽체 외면

(3) **외부 비계면적**
① 쌍줄비계: $A = [\sum L + (8 \times 0.9)]H[\text{m}^2]$
② 외줄 · 겹비계: $A = [\sum L + (8 \times 0.45)]H[\text{m}^2]$
③ 파이프비계: $A = [\sum L + (8 \times 1.0)]H[\text{m}^2]$
여기서, A: 비계면적(m^2), L: 비계둘레길이(m), H: 건축물높이(m)

21 다음 도면과 같이 지하구조물 온통기초 시공을 위한 터파기량, 되메우기량, 잔토처리량을 산출하시오. (단, 토량환산계수 $L = 1.2$로 적용, 도면의 단위: mm) [9점]

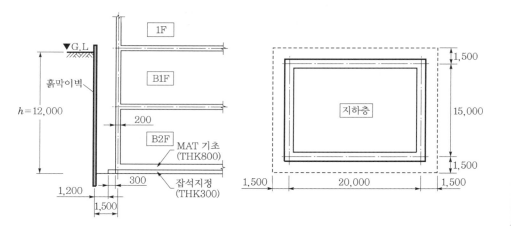

정답 (1) **터파기량:** $V_1 = [(20 + 1.5 \times 2) \times (15 + 1.5 \times 2)] \times 12 = \mathbf{4{,}968m^3}$

(2) **되메우기량**

① 지하구조물 체적

$V_2 = [(20 + 0.4 \times 2) \times (15 + 0.4 \times 2) \times 0.3] + [(20 + 0.1 \times 2) \times (15 + 0.1 \times 2) \times (12 - 0.3)]$

$= 3{,}722.16m^3$

② 되메우기량: $V_3 = 4{,}968 - 3{,}722.16 = \mathbf{1{,}245.84m^3}$

(3) **잔토처리량:** $V_4 = 3{,}722.16 \times 1.2 = \mathbf{4{,}310.84m^3}$

해설 **토공사 적산**

구 분	적산방법	
터파기량	독립기초: $V = \dfrac{h}{6}[(2a + a')b + (2a' + a)b']$	줄기초: $V = \left(\dfrac{a + b}{2}\right) h L$ 여기서, L: 중심연장길이
되메우기량	터파기량 − 기초구조물체적	
잔토처리량	① 되메우기 후 잔토 처리: $V_1 = ($터파기 체적 − 되메우기 체적$) \times L =$ 기초구조부체적 $\times L$ ② 되메우기 후 성토 처리: $V_2 = [$터파기 체적 − (되메우기 체적 + 성토 체적$)] \times L$ $\qquad = \left[$터파기 체적 $- \left($되메우기 체적 $\times \dfrac{1}{C}\right)\right] \times L$ ③ 전체 터파기량의 잔토 처리: $V_3 =$ 흙파기 체적 $\times L$	

22 다음 데이터를 이용하여 표준 네트워크공정표로 작성하고, 3일 공기단축한 네트워크 및 총공사비를 산정하시오. [10점]

작업명	선행작업	표준공기 및 비용		급속공기 및 비용		비 고
		작업일수	비용(원)	작업일수	비용(원)	
A	없음	3	7,000	3	7,000	
B	A	5	5,000	3	8,000	
C	A	6	9,000	4	14,000	(1) 결합점에서는 다음과 같이 표현한다.
D	A	7	6,000	4	15,000	
E	B	4	8,000	3	8,500	
F	B	10	15,000	6	19,000	(2) 주공정선은 굵은 선으로 표시한다.
G	C, E	8	6,000	5	12,000	
H	D	9	10,000	7	17,000	
I	F, G, H	2	3,000	2	3,000	

(1) 표준 네트워크공정표를 작성하시오.
(2) 공기를 3일 단축한 네트워크공정표를 작성하시오.
(3) 공기단축된 총공사비를 산출하시오.

정답 (1) 표준 네트워크공정표

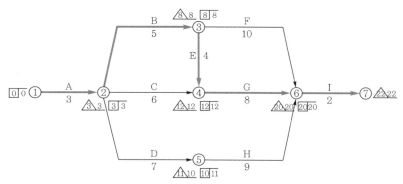

(2) 3일 공기단축 네트워크공정표

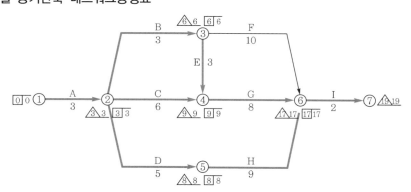

(3) 공기단축된 총공사비

구 분	소요공기	단축작업	단축일수	추가공사비(원)	CP 추가
1차	21	E작업	1일	500	D, H
2차	20	B, D작업	각 1일	1,500+3,000=4,500	
3차	19	B, D작업	각 1일	1,500+3,000=4,500	C
A. 추가공사비(extra cost)				9,500	
B. 표준공사비(normal cost)				69,000	
총공사비(A+B)				78,500	

[별해] (1) 표준 공기일정

작업명	작업일수	EST	EFT	LST	LFT	TF	FF	DF	CP
A	3	0	3	0	3	0	0	0	※
B	5	3	8	3	8	0	0	0	※
C	6	3	9	6	12	3	3	0	
D	7	3	10	4	11	1	0	1	
E	4	8	12	8	12	0	0	0	※
F	10	8	18	10	20	2	2	0	
G	8	12	20	12	20	0	0	0	※
H	9	10	19	11	20	1	1	0	
I	2	20	22	20	22	0	0	0	※

(2) 3일 공기단축

① 비용구배

작업명	Normal		Crash		공기단축일수	비용구배(원/일)
	작업일수	비용(원)	작업일수	비용(원)		
A	3	7,000	3	7,000	–	–
B	5	5,000	3	8,000	2	1,500
C	6	9,000	4	14,000	2	2,500
D	7	6,000	4	15,000	3	3,000
E	4	8,000	3	8,500	1	500
F	10	15,000	6	19,000	4	1,000
G	8	6,000	5	12,000	3	2,000
H	9	10,000	7	17,000	2	3,500
I	2	3,000	2	3,000	–	–

② 공기단축

구 분	소요공기	CP경로	비용구배 최소 작업	추가공사비(원)	CP 추가
1차	21	A−B−G−I	E작업 −1일	500	D, H
2차	20	A−B−G−I	B작업 −1일	1,500	
		A−D−H−I	D작업 −1일	3,000	
3차	19	A−B−G−I	B작업 −1일	1,500	C
		A−D−H−I	D작업 −1일	3,000	
A. 추가공사비(extra cost)				9,500	
B. 표준공사비(normal cost)				69,000	
총공사비(A+B)				78,500	

23 다음 그림과 같은 부재의 단면 2차 모멘트(cm^4)를 구하시오. [4점]

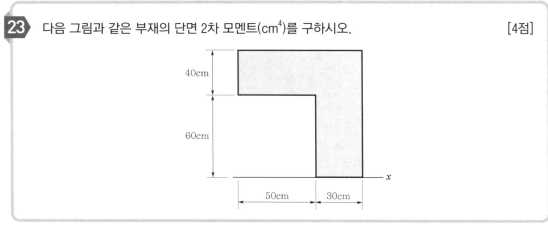

정답 $I_x = \left[\dfrac{80 \times 100^3}{12} + (80 \times 100) \times 50^2 \right] - \left[\dfrac{50 \times 60^3}{12} + (50 \times 60) \times 30^2 \right] = \mathbf{23,066,666.67 \text{cm}^4}$

해설 단면 2차 모멘트의 평행축정리

(1) 단면의 종류별 단면 2차 모멘트

사각형 단면	삼각형 단면	원형 단면
$I_x = I_X + A{y_0}^2 = \dfrac{bh^3}{3}[\text{cm}^4]$	$I_{x1} = \dfrac{bh^3}{12}$, $I_{x2} = \dfrac{bh^3}{4}[\text{cm}^4]$	$I_x = \dfrac{5\pi D^4}{64} = \dfrac{5\pi r^4}{4}[\text{cm}^4]$

(2) **평행축정리:** $I_x = I_X + A{y_0}^2 [\text{cm}^4]$

여기서, y_0 : 단면의 도심에서 축까지 떨어진 거리

24 다음과 같은 압축부재의 유효좌굴길이를 계산하시오. [4점]

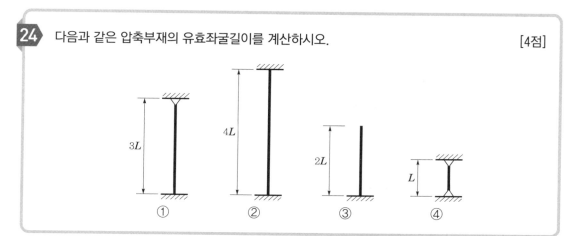

정답 ① $l = 0.7 \times 3L = \mathbf{2.1}\boldsymbol{L}$

② $l = 0.5 \times 4L = \mathbf{2.0}\boldsymbol{L}$

③ $l = 2.0 \times 2L = \mathbf{4.0}\boldsymbol{L}$

④ $l = 1.0 \times L = \mathbf{1.0}\boldsymbol{L}$

해설 **지지조건에 따른 기둥의 유효좌굴길이**

단부조건	1단 고정 타단 자유	양단 힌지	1단 고정 타단 힌지	양단 고정
지지조건에 따른 기둥의 분류			![P](kl=0.7l)	![P](kl=0.5l)
좌굴유효길이(l_k)	$2l$	l	$0.7l$	$0.5l$
좌굴강도계수(n)	1/4(1)	1(4)	2(8)	4(16)

25 3층 이상의 필로티구조에서 전이보(transfer girder)를 설치하는 목적에 대하여 간략히 기술하시오. [4점]

정답 전이보는 상부의 내력벽구조와 하부의 라멘구조의 구조형태가 상이하여 상부 하중을 하부 구조(기둥)에 균등하게 분배하여 전이시키기 위해 설치하는 대형 보이다.

2023년

해설 **전이층(trasnfer floor)**

구 분	설 명	개념도
정의	① 상부와 하부의 구조형식이 상이한 복합구조의 경계부에 시공하는 상부 하중을 전달하는 경계요소이다. ② 상부의 내력벽방식과 하부의 라멘구조 간 하중을 전이하기 위해 설치한다.	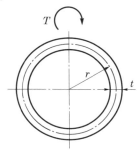
설치 목적	① 상부 하중의 균등 분산 ② 상이한 구조형식의 안정성 확보 ③ 상부 구조의 횡력저항성 향상	

26 다음과 같이 반지름이 r이고 두께가 t인 원형강관에 비틀림모멘트(T)가 작용할 때 비틀림에 대한 전단응력을 기호로 표현하시오. [3점]

정답 $\tau_{\max} = \dfrac{Tr}{I_P} = \dfrac{Tr}{2\pi r^3 t} = \dfrac{T}{2\pi r^2 t}\,[\text{N/mm}^2]$

해설 **중공단면의 비틀림전단응력**

구 분	설 명	비 고
비틀림전단응력	$\tau_{\max} = \dfrac{Tr}{I_P} = \dfrac{Tr}{2\pi r^3 t} = \dfrac{T}{2\pi r^2 t}\,[\text{N/mm}^2]$ ① 최대 전단응력: 바깥표면에 작용 ② 최소 전단응력: 강관 내부면에서 작용 ③ 강관 중심의 전단응력: 0	
중공단면의 단면 2차 극모멘트	단면의 두께 t가 반지름에 비해 작을 경우 $I_P \fallingdotseq 2\pi r^3 t = \dfrac{\pi D^3 t}{4}$	• $\tau_{\max}$: 최대 전단응력(N/mm^2) • T: 비틀림모멘트(N·mm) • r : 중심반지름(mm) • t : 단면의 두께(mm) • I_P : 단면 2차 극모멘트(mm^4) • R: 외경반지름(mm)

01 여러 기업체가 공동으로 참여하는 방식인 공동도급계약방식에서 발생하는 페이퍼조인트(paper joint)에 대하여 간략히 기술하시오. [4점]

정답 공사를 공동도급으로 계약한 후 실질적으로 한 회사가 공사 전체를 진행하며, 나머지 회사는 서류상으로 공사를 참여하는 방식

해설 **공동도급의 페이퍼조인트**
(1) **정의**: 공사를 수주할 때 공동도급의 형태를 취하나 한 회사가 전체공사를 진행하면서 나머지 회사를 서류상으로 참여하는 계약형태(일종의 담합형태)
(2) **문제점 및 대책**

문제점	대책
① 건설공사의 부실공사	① 부실업체의 입찰참가자격 차단
② 발주자의 불이익 초래	② 페이퍼조인트의 제재 강화
③ 공동도급의 취지 위배	③ 계약과정에서의 관리 및 감독 강화
④ 불분명한 책임소재로 인한 책임 전가	

02 다음과 같이 설명하는 계약제도를 쓰시오. [3점]

> 공사의 진척에 따라 정해진 실비와 이 실비에 미리 계약된 비율을 곱한 금액을 시공자에게 보수로 지불하는 방식

정답 실비비율 보수가산방식

해설 **실비정산 보수가산식 도급(cost plus fee contract)**

구분	설명
실비정산 비율보수 가산방식	① 총공사비＝[실비]＋[실비×비율] ② 실비에 계약된 비율을 곱한 금액을 보수로 지불하는 방식
실비정산 준동률보수 가산방식	① 총공사비＝[실비]＋[실비×변동비율] 또는 총공사비＝[실비]＋[보수－(실비×변동비율)] ② 실비가 증가함에 따라 비율보수, 정액보수를 체감하는 방식
실비 정액보수 가산방식	① 총공사비＝[실비]＋[보수] ② 실비와 관계없이 미리 정한 보수만을 지불하는 방식
실비 한정비율보수 가산방식	① 총공사비＝[한정실비]＋[한정실비×비율] ② 한정실비에 계약된 비율을 곱한 금액을 보수로 지불하는 방식

03 다음 제시된 평면도에서 평규준틀 및 귀규준틀의 개수를 산정하시오. [4점]

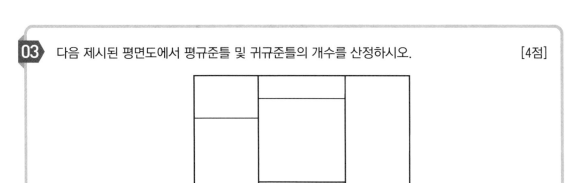

정답

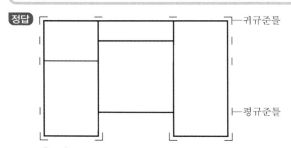

① 평규준틀: **8개소**
② 귀규준틀: **6개소**

해설 **규준틀**

평규준틀 및 귀규준틀	규준틀의 위치

① 평규준틀: 건물의 일반면에 설치하는 규준틀
② 귀규준틀: 건물의 모서리에 설치하는 규준틀
③ 설치 시 유의사항
    ㉠ 이동 및 변형이 없도록 견고하게 설치
    ㉡ 건물의 외벽에서 1~2m 정도 이격하여 설치
    ㉢ 각목 60cm, 길이 1.5m 이상, 밑둥박기 75cm 이상
    ㉣ 말뚝머리: 엇빗자르기(충격 시 발견 · 조치 용이)	

04 지하연속벽공법에 사용되는 안정액의 역할을 4가지 설명하시오. [4점]

정답 ① 굴착벽면의 붕괴 방지
② 지하수 유입 차단
③ 굴착토사의 분리 및 배출
④ 콘크리트 중력치환

해설 **지하연속벽공법의 안정액(stabilizer liquid)**

(1) **정의**: Boring Hole 천공 시 공벽 붕괴 방지목적으로 사용하는 비중이 큰 현탁액의 일종

(2) **안정액의 기능**

① 굴착벽면의 붕괴 방지   ② 지하수 유입 방지

③ 흙의 공극을 겔화   ④ 장기간 굴착면 유지

⑤ 굴착토사의 분리 · 배출   ⑥ 콘크리트 중력치환

---

05 다음에서 설명하는 건축자재의 명칭을 쓰시오.   [3점]

> 부직포와 같이 옹벽 및 구조물에 설치하여 배수관 또는 양수관으로 물을 흘려보내는 목적으로 구조물에 가중되는 수압을 감소시켜 구조물 손상 방지 및 지반 안정을 도모하는 배수자재

정답 드레인보드(drain board)

해설 **영구배수공법 – 드레인보드**

(1) **정의**: 부직포와 같이 옹벽 및 구조물에 설치하여 배수관 또는 양수관으로 물을 흘려보내는 목적으로 구조물에 가중되는 수압을 감소시켜 구조물 손상 방지 및 지반 안정을 도모하는 배수자재

(2) **특징**

① 반영구적 배수성능 확보(쇄굴 및 막힘현상이 없음)

② 드레인보드 설치 후 약 7일 이후 되메우기 가능

③ 장비 불필요

④ 공기단축 및 경제성 우수

---

06 다음은 토질의 종류별에 대한 지반의 허용지내력이다. 괄호 안에 알맞은 기준을 쓰시오.   [4점]

지 반		장기응력에 대한 허용지내력(kN/m^2)
경암반	화강암 · 석록암 · 편마암 · 안산암 등의 화성암 및 굳은 역암 등의 암반	(①)
연암반	판암 · 편암 등의 수성암의 암반	(②)
	자갈	300
	자갈과 모래와의 혼합물	(③)
	모래 섞인 점토 또는 롬토	150
	모래 또는 점토	(④)

정답 ① 4,000   ② 2,000   ③ 200   ④ 100

해설 **지반의 허용지내력**

지 반		장기응력에 대한 허용지내력(kN/m^2)
경암반	화강암 · 석록암 · 편마암 · 안산암 등의 화성암 및 굳은 역암 등의 암반	4,000
연암반	판암 · 편암 등의 수성암의 암반	2,000
	혈암 · 토단반 등의 암반	1,000
자갈		300
자갈과 모래와의 혼합물		200
모래 섞인 점토 또는 롬토		150
모래 또는 점토		100

※ 단기응력에 대한 허용지내력: 각각 장기응력에 대한 허용지내력 값의 1.5배로 한다.

 07 벽체 전용 시스템거푸집의 종류를 3가지를 기술하시오. [3점]

정답 ① 갱폼(gang form)
② 클라이밍폼(climbing form)
③ ACS폼(ACS form)

해설 **시스템거푸집**

구 분	내 용
벽체 전용	gang form, climbing form, ACS form, RCS form
바닥 전용	table form, flying shore form
벽+바닥 전용	tunnel form(mono shell form, twin shell form)
연속거푸집	수직(sliding form, slip from), 수평(traveling form)
무지주공법	보우빔(bow beam), 페코빔(pecco beam)
바닥판식	deck slab, half slab, waffle form

08 다음 제시된 용어에 대한 정의를 간략히 기술하시오. [4점]

(1) 물시멘트비
(2) 물결합재비

정답 (1) **물시멘트비**: 모르타르나 콘크리트에서 반죽 직후 물과 시멘트의 질량비
(2) **물결합재비**: 혼화재 등의 결합재를 사용한 모르타르나 콘크리트에서 반죽 직후 물과 결합재의 질량비

해설 용어설명

(1) 물시멘트비(water-cement ratio)
① 모르타르나 콘크리트에서 골재가 표면건조포화상태에 있을 때에 반죽 직후 물과 시멘트의 질량비
② 기호: W/C

(2) 물결합재비(water-binder ratio)
① 혼화재로 고로슬래그 미분말, 플라이애시, 실리카퓸 등 결합재를 사용한 모르타르나 콘크리트에서 골재가 표면건조포화상태에 있을 때에 반죽 직후 물과 결합재의 질량비
② 기호: W/B

09 콘크리트의 장기변형을 가속화하는 크리프(creep)에 대하여 간략하게 설명하시오. [4점]

정답 하중의 증가 없이 시간경과에 따라 변형이 증가되는 소성변형현상

해설 콘크리트의 크리프
(1) 정의
① 응력을 작용시킨 상태에서 탄성변형 및 건조수축변형을 제외시킨 변형으로 시간이 경과함에 따라 변형이 증가되는 현상
② Creep변형은 탄성변형보다 크고, 지속하중이 콘크리트 정적강도의 80% 이상이 되면 creep 파괴가 발생한다.

(2) 크리프 증가요인
① 재하응력이 클수록
② 대기온도가 높을수록
③ 콘크리트 재령기간이 짧을수록
④ 단위시멘트량 및 물결합재비가 클수록
⑤ 부재의 치수가 작을수록
⑥ 다짐작업이 나쁠수록
⑦ 부재의 경간길이에 비해 높이가 낮을수록
⑧ 양생조건이 나쁠수록

10 다음 제시된 용어에 대한 정의를 간략히 기술하시오. [4점]

(1) 솟음(camber)
(2) 덧침콘크리트(topping concrete)

정답 (1) **솟음**: 정상적 위치 또는 형상보다 구부려 올린 것이나 구부려 올린 크기
(2) **덧침콘크리트**: 바닥판 높이 조절, 하중 균등 분산을 목적으로 콘크리트 바닥판부재에 타설하는 콘크리트

2023년

해설 **용어설명**

(1) **솟음(camber)**: 보나 트러스 등에서 그의 정상적 위치 또는 형상으로부터 상향으로 구부려 올리는 것이나 구부려 올린 크기

(2) **덧침콘크리트(topping concrete)**: 바닥판의 높이를 조절하거나 하중을 균일하게 분포시킬 목적으로 프리스트레스트 또는 프리캐스트콘크리트의 바닥판부재에 타설하는 현장 타설 콘크리트

11 다음은 한중콘크리트의 재료 및 시공에 대한 설명이다. 괄호 안에 알맞은 기준을 쓰시오. [3점]

(1) 한중콘크리트는 타설일의 일평균기온이 (①) 이하 또는 콘크리트 타설 완료 후 24시간 동안 일최저기온 0℃ 이하 초기 동해위험이 있는 경우에 적용한다.

(2) 물결합재비는 원칙적으로 (②) 이하로 하여야 한다.

(3) 한중콘크리트는 동결융해에 대한 위험을 방지하기 위해 (③)를 사용하는 것을 원칙으로 한다.

정답 ① 4℃   ② 60%   ③ 공기연행제(AE제)

해설 **한중콘크리트**

(1) **적용**

① 일평균기온이 4℃ 이하

② 콘크리트 타설 완료 후 24시간 동안 일최저기온 0℃ 이하가 예상되는 조건

③ 그 이후라도 초기 동해위험이 있는 경우

(2) **배합**

① 재료가열: 물 또는 골재만 가열, 시멘트는 어떠한 경우라도 직접 가열할 수 없음

② 물결합재비(W/B): 60% 이하

③ 혼화재료: 공기연행제(AE제)의 사용으로 동결에 의한 위험 방지

(3) **시공**

① 타설 시 콘크리트 온도: 5~20℃ 범위 이내(단, 단면두께 300mm 이하인 경우 10℃ 이상 확보)

② 철근, 거푸집 등에 빙설이 부착되어 있지 않을 것

③ 콘크리트 타설 후 표면온도의 급냉 방지를 위해 시트 등으로 표면 보양

④ 양생: 소요압축강도 발현 시까지 5℃ 이상 유지, 소요압축강도 도달 후 2일간 0℃ 이상 유지

12 매스콘크리트(mass concrete) 시공 시 온도균열을 제어하는 방법으로 선행냉각공법(pre-cooling method)에 대한 방법과 사용하는 냉각재료 2가지를 쓰시오. [4점]

정답 ① 선행냉각공법: 콘크리트 재료의 일부 또는 전부를 냉각시켜 콘크리트의 온도를 낮추는 공법

② 냉각재료: 얼음, 액체질소

해설 **매스콘크리트 냉각공법**

(1) Pre-cooling

　① 정의: 콘크리트 재료의 일부 또는 전부를 냉각시켜 콘크리트 온도제어양생방법

　② 방법: 저열시멘트, 얼음 사용(물량의 10~40%), 굵은 골재 냉각살수, 액체질소분사

(2) Pipe-cooling

　① 정의: 콘크리트 타설 전에 Pipe를 배관하여 냉각수나 찬 공기를 순환시켜 콘크리트의 온도를 낮추는 온도제어양생방법

　② 방법: ϕ25mm 흑색 Gas-Pipe 사용, 1.0~1.5m 간격배치(직렬배치), 15L/분 통수량

---

13 숏크리트(shotcrete)의 정의를 기술하고, 그에 대한 장단점을 각각 1가지씩 쓰시오. [4점]

정답 ① 정의: 콘크리트를 압축공기로 노즐에서 뿜어 시공면에 붙여 시공하는 콘크리트
② 장점: 소형 장비 사용으로 취급 및 이동 용이
③ 단점: 숏크리트 타설 시 분진 과다 발생

해설 **숏크리트(shotcrete)**

(1) **정의**: 콘크리트를 압축공기로 노즐에서 뿜어 시공면에 붙여 시공하는 콘크리트

(2) **특징**

장 점	단 점
① 소형 장비 사용으로 취급 및 이동 용이	① 분진 발생 과다
② 가설공사비 감소(거푸집 불필요)	② 콘크리트 타설면의 거친 표면 발생
③ 급경사 등의 작업조건과 무관	③ 건조수축 과다 발생
④ 재료표면의 강도 및 수밀성, 내구성 향상	④ 리바운드에 의한 재료손실 발생

---

14 시멘트 500포대를 저장할 수 있는 시멘트창고의 최소 필요면적을 산출하시오. [3점]

정답 $A = \dfrac{0.4 \times \text{포대수}}{\text{쌓기 단수}} = \dfrac{0.4 \times 500}{13\text{단}} = 15.38\text{m}^2$

해설 **시멘트창고 필요면적 산출**

(1) **필요면적**: $A = 0.4 \dfrac{N}{n} [\text{m}^2]$

　여기서, A: 시멘트창고의 저장면적, N: 저장할 수 있는 시멘트량, n: 쌓기 단수(최고 13포대)

(2) **적용기준**

　① 시멘트량이 600포대 이내일 경우: 전량 저장

　② 시멘트량이 600포대 이상일 경우: 공기에 따라서 전량의 1/3

15 다음은 강구조 시공 시 사용되는 부재에 대한 설명이다. 알맞은 용어를 쓰시오. [3점]

> 용접선의 교차로 용접열의 영향에 의한 취약 부위 방지를 피하기 위해 한쪽의 부재에 부채꼴모양으로 설치한 홈으로 용접접근공이라고도 한다.

정답 스캘럽(scallop)

해설 **용접접합의 스캘럽**

설 명	스케치
① 용접선교차부에 열영향에 의한 취약 부위 방지를 위해 부채꼴모양으로 모따기 한 것 ② 용접선의 교차를 피하기 위해 한쪽의 부재에 설치한 홈으로 용접접근공이라고도 함	 ① 스캘럽 ② 엔드탭 ③ 뒷댐재

16 다음이 설명하는 공법에 대한 용어를 쓰시오. [3점]

(1) 타일 뒤쪽에 붙임 모르타르와 바탕면에 고름 모르타르를 바르고 두드려 붙이는 공법
(2) 타일 뒤쪽에 붙임 모르타르를 올려놓고 평평하게 고른 다음 바탕 모르타르에 붙이는 공법
(3) 온도변화에 따른 수축 · 팽창, 부동침하 등에 의해 균열예상 부위에 설치하여 구조체 간 단면분리를 시키는 줄눈

정답 (1) 압착붙임공법
(2) 떠붙임공법
(3) 신축줄눈

해설 **타일붙임공법 및 신축줄눈**
(1) **떠붙임공법**

떠붙임공법	개량떠붙임공법
① 타일 뒷면: 붙임 모르타르(12~24mm) ② 바탕면: 별도 처리 없음	① 타일 뒷면: 붙임 모르타르(3~6mm) ② 바탕면: 미장바름 모르타르(15~20mm)

(2) **압착붙임공법**

압착붙임공법	개량압착붙임공법
① 타일 뒷면: 붙임 모르타르(5~7mm) ② 바탕면: 미장고름 모르타르(15~20mm)	① 타일 뒷면: 붙임 모르타르(3~6mm) ② 바탕면: 미장바름 모르타르(15~20mm)

(3) **신축줄눈(expansion joint)**: 온도변화에 따른 수축·팽창, 부동침하 등에 의해 균열예상 부위에 설치하여 구조체 간 단면분리를 시키는 줄눈

17 다음은 목공사에서 목재면 도장 시 바탕면 만들기에 대한 공정이다. 알맞은 공정순서를 기호로 나열하시오. [2점]

> ① 눈먹임   ② 색올림
> ③ 착색(바니시칠)   ④ 바탕면 처리

정답 ④ → ② → ① → ③

해설 **바니시(varnish) 도장**
(1) **정의**
    ① 천연수지 및 합성수지 등을 건성유와 열반응시켜 건조제를 넣고 용제에 녹인 도료
    ② 종류: 유성바니시, 수성바니시
(2) **특징**: 목재의 변색 방지, 방수 및 발수기능, 목재의 광택기능, 자외선 차단 및 스크래치 방지
(3) **바니시 도장공정**

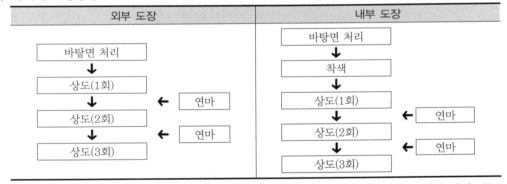

(4) **바탕면 만들기 공정순서**: 퍼티 먹음 → 착색(색올림) → 눈먹임 → 갈기(연마) → 도장(눈먹임: 목부 바탕재의 도관 등을 메우는 작업)

18 다음과 같이 제시된 유리의 정의를 간략히 기술하시오. [4점]

(1) 로이유리(low-emissivity glass)
(2) 접합유리(laminated glass)

정답 (1) **로이유리**: 복층유리의 내부 공간의 외측에 얇은 특수 금속코팅을 하여 적외선반사율을 향상시켜 실내의 열이동을 최소화하는 에너지 절약형 유리
(2) **접합유리**: 두 장의 판유리 사이에 합성수지필름을 넣어 고압으로 밀착시켜 제작한 안전유리

해설 유리의 종류

(1) 저방사유리(로이유리)

구 분	설 명
정의	복층유리의 내부 공간의 외측에 얇은 특수 금속코팅을 하여 적외선반사율을 향상시켜 실내의 열이동을 최소화하는 에너지 절약형 유리
특성	① 냉방효과: 여름철의 태양복사열 중의 적외선과 지표면에서 방사되는 적외선의 실내유입 차단 ② 난방효과: 겨울철 실내난방되는 적외선을 다시 실내로 반사시켜 실내온도 유지 ③ 적용방식 　㉠ 2면 로이유리(low heat gain glass): 여름철 냉방 목적→업무시설 및 상업시설에 적용 　㉡ 3면 로이유리(high heat gain glass): 겨울철 난방 목적→주거시설 및 숙박시설에 적용 　㉢ 2면·3면 로이유리: 사계절

(2) 접합유리

구 분	설 명
정의	외력작용에 의해 유리 파손 시 파편의 비산 방지를 위해 두 장의 유리판 사이에 접합필름을 가열압착(150℃)하여 제작한 안전유리
특성	① 접합필름: 합성수지류 및 유리섬유 등(자외선 차단 무·유색필름) ② 충격흡수력이 우수하고 파손 시 파편의 비산 방지 ③ 안전유리의 한 종류로서 현장에서 절단가공 가능 ④ 일반적으로 건축용으로는 8.76mm 접합유리 사용(4mm 배강도유리＋0.76mm 필름＋4mm 배강도유리)

※ 안전유리: 45kg의 추로 낙하하는 충격량시험에 관통되지 않는 유리(강화유리, 배강도유리, 망입유리, 접합유리)

19 다음 데이터를 이용하여 표준 네트워크공정표로 작성하고, 4일 공기단축한 네트워크 및 총공사비를 산정하시오. [10점]

작업명	선행작업	표준공기 및 비용		급속공기 및 비용		비 고
		작업일수	비용(원)	작업일수	비용(원)	
A	없음	4	200,000	3	250,000	(1) 결합점에서는 다음과 같이 표현한다.
B	없음	20	350,000	18	390,000	
C	없음	17	300,000	15	420,000	
D	A	10	220,000	7	310,000	
E	A	7	150,000	6	200,000	
F	A	8	140,000	6	220,000	(2) 주공정선은 굵은 선으로 표시한다.
G	D, E, F	9	170,000	7	240,000	

(1) 표준 네트워크공정표를 작성하시오.
(2) 공기를 4일 단축한 네트워크공정표를 작성하시오.
(3) 공기단축된 총공사비를 산출하시오.

정답 (1) 표준 네트워크공정표

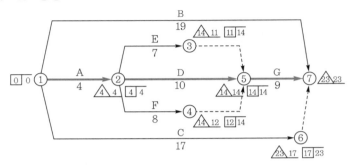

(2) 4일 공기단축 네트워크공정표

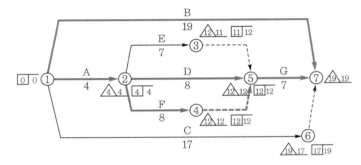

(3) 공기단축된 총공사비

구 분	소요공기	CP경로	단축공정(비용구배 최소 공정)	추가공사비(원)	CP 추가
1차	21	A-D-G	D작업 -2일	60,000	F
2차	20	A-D-G	G작업 -1일	35,000	B
3차	19	A-D-G	G작업 -1일	35,000	
		B	B작업 -1일	20,000	
A. 추가공사비(extra cost)				150,000	
B. 표준공사비(normal cost)				1,530,000	
총공사비(A+B)				1,680,000	

별해 (1) 표준 공기일정

작업명	작업일수	EST	EFT	LST	LFT	TF	FF	DF	CP
A	4	0	4	0	4	0	0	0	※
B	20	0	19	4	23	4	4	0	
C	17	0	17	6	23	6	0	6	
D	10	4	14	4	14	0	0	0	※
E	7	4	11	7	14	3	0	3	
F	8	4	12	6	14	2	0	2	
G	9	14	23	14	23	0	0	0	※

(2) 4일 공기단축
① 비용구배

작업명	Normal		Crash		공기단축일수	비용구배(원/일)
	작업일수	비용(원)	작업일수	비용(원)		
A	4	200,000	3	250,000	1	50,000
B	20	350,000	18	390,000	2	20,000
C	17	300,000	15	420,000	2	60,000
D	10	220,000	7	310,000	3	30,000
E	7	150,000	6	200,000	1	50,000
F	8	140,000	6	220,000	2	40,000
G	9	170,000	7	240,000	2	35,000

② 공기단축

구 분	소요공기	CP경로	단축공정(비용구배 최소 공정)	추가공사비(원)	CP 추가
1차	21	A-D-G	D작업 -2일	60,000	F
2차	20	A-D-G	G작업 -1일	35,000	B
3차	19	A-D-G	G작업 -1일	35,000	
		B	B작업 -1일	20,000	
A. 추가공사비(extra cost)				150,000	
B. 표준공사비(normal cost)				1,530,000	
총공사비(A+B)				1,680,000	

20 다음 T형 단면의 x축에 대한 단면 2차 모멘트를 계산하시오. [3점]

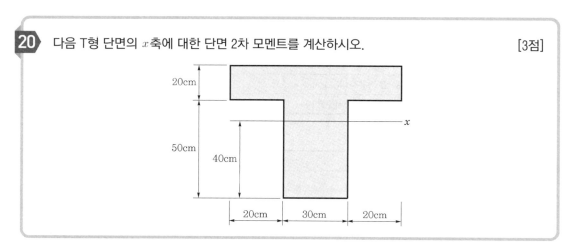

정답 $I_x = \left[\dfrac{70\times20^3}{12}+(70\times20)\times20^2\right]+\left[\dfrac{30\times50^3}{12}+(30\times50)\times15^2\right]=125,666.667\text{cm}^4$

해설 **단면 2차 모멘트의 평행축정리**

(1) 단면의 종류별 단면 2차 모멘트

사각형 단면	삼각형 단면	원형 단면
$I_x = I_X + A y_0{}^2 = \dfrac{bh^3}{3}\,[\mathrm{cm}^4]$	$I_{x1} = \dfrac{bh^3}{12},\ I_{x2} = \dfrac{bh^3}{4}\,[\mathrm{cm}^4]$	$I_x = \dfrac{5\pi D^4}{64} = \dfrac{5\pi r^4}{4}\,[\mathrm{cm}^4]$

(2) **평행축정리:** $I_x = I_X + A y_0{}^2\,[\mathrm{cm}^4]$

여기서, y_0: 단면의 도심에서 축까지 떨어진 거리

21 다음과 같은 2층 철근콘크리트구조물 시공 시 소요되는 각 부재의 거푸집량(m^2) 및 콘크리트량 (m^3)을 기둥, 보, 슬래브에 대하여 각각 산출하시오. [8점]

조건
① 부재크기
  ㉠ 기둥(C): 500×500mm
  ㉡ 보(B1, B2): 500×700mm
  ㉢ 슬래브두께: 200mm
② 단, A-A′ 단면도의 1층 슬래브는 적산수량에서 제외한다.

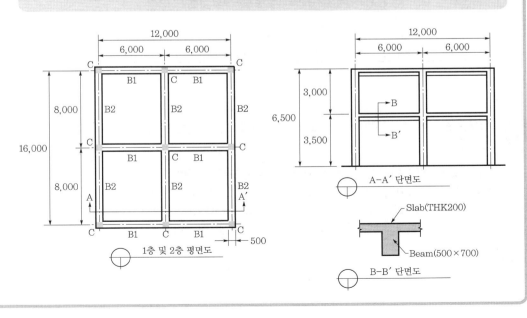

정답 **(1) 거푸집량**

① 기둥

ㄱ 1층: $[(0.5+0.5) \times 2] \times (3.5-0.2) \times 9개 = \mathbf{59.4m^2}$

ㄴ 2층: $[(0.5+0.5) \times 2] \times (3.0-0.2) \times 9개 = \mathbf{50.4m^2}$

② 보

ㄱ B1 2개층: $[(0.7-0.2) \times (6-0.5) \times 2] \times 6개 \times 2개층 = \mathbf{66.0m^2}$

ㄴ B2 2개층: $[(0.7-0.2) \times (8-0.5) \times 2] \times 6개 \times 2개층 = \mathbf{90.0m^2}$

③ 슬래브 2개층: $[(12.5 \times 16.5) \times 2개층] + [(12.5+16.5) \times 2 \times 0.2 \times 2개층] = \mathbf{435.7m^2}$

④ 총거푸집량: $(59.4+50.4) + (66.0+90.0) + 435.7 = \mathbf{701.5m^3}$

(2) 콘크리트량

① 기둥

ㄱ 1층: $(0.5 \times 0.5) \times (3.5-0.2) \times 9개 = \mathbf{7.425m^3}$

ㄴ 2층: $(0.5 \times 0.5) \times (3.0-0.2) \times 9개 = \mathbf{6.3m^3}$

② 보

ㄱ B1 2개층: $[0.5 \times (0.7-0.2) \times (6-0.5)] \times 6개 \times 2개층 = \mathbf{16.5m^3}$

ㄴ B2 2개층: $[0.5 \times (0.7-0.2) \times (8-0.5)] \times 6개 \times 2개층 = \mathbf{22.5m^3}$

③ 슬래브 2개층: $[(12.5 \times 16.5) \times 0.2 \times 2개층] = \mathbf{82.5m^3}$

④ 총콘크리트량: $(7.425+6.3) + (16.5+22.5) + 82.5 = \mathbf{135.225m^3}$

해설 **철근콘크리트구조물 적산**

구 분	거푸집량	콘크리트량
기둥	① 기준식: 기둥둘레길이×기둥높이 ② 기둥높이: 바닥판 사이의 순거리(바닥판두께 공제)	기둥단면적×기둥높이(바닥판 간 안목높이)
보	① 보 측면 거푸집면적 산정 ② 기둥 간 안목길이×바닥판두께를 공제한 보의 옆면적×2	① 단면적×보의 길이(기둥 간 안목길이) ② 보의 단면적: 바닥판두께 공제
슬래브	① 조적구조: 외벽의 두께를 공제한 바닥면적 ② 철근콘크리트구조: 외곽선으로 둘러싸인 면적	(바닥면적−개구부면적)×벽두께

22 다음은 종합적 품질관리(total quality control)의 기법을 설명한 것이다. 각 기법에 대한 용어를 쓰시오. [4점]

(1) 결과에 어떤 원인이 관계하는지를 알 수 있도록 작성한 그림

(2) 데이터를 불량건수를 항목별로 분류하여 크기순서대로 나열해 놓은 도표

(3) 대응하는 2개의 짝으로 된 데이터를 그래프화하여 상호관계를 파악하기 위한 그림

(4) 집단을 구성하고 있는 데이터를 특징에 따라 몇 개의 부분집단으로 나누는 것

정답 (1) 특성요인도 (2) 파레토도

(3) 산포도 (4) 층별

해설 **종합적 품질관리기법**

구 분	설 명
관리도	① 정의: 공정상태의 특성치→그래프화 ② 목적: 공정관리상태 유지
히스토그램	① 정의: 계량치data의 분포→그래프화 ② 목적: 데이터분포도를 파악하여 품질상태 만족 여부 파악
파레토도	① 정의: 불량건수를 항목별로 분류→크기순서대로 나열 ② 목적: 불량요인, 집중관리항목 파악
특성요인도	① 정의: 결과와 원인 간의 관계→그래프화(fish bone diagram) ② 목적: 문제 및 하자의 분석
산포도(산점도)	① 정의: 대응하는 2개의 짝으로 된 data→그래프화→상호관계 파악 ② 목적: 품질특성과 상관관계의 조사
체크시트	① 정의: 계수치의 data 분류항목의 집중도 파악→기록용, 점검용 체크시트로 분류 ② 종류: 기록용 체크시트, 점검용 체크시트
층별	① 정의: 집단구성의 data→부분집단화(원인이 산포에 끼친 영향 여부의 파악이 유리함) ② 목적: 집단품질의 분포 비교

23 다음과 같이 캔틸레버라멘의 A지점의 반력을 산출하시오. [3점]

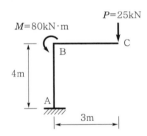

정답 ① 수평반력

$$\sum H = 0$$

$$\therefore H_A = 0$$

② 수직반력

$$\sum V = 0$$

$$V_A - 25 = 0$$

$$\therefore V_A = 25 \text{kN}(\uparrow)$$

③ 모멘트반력

$$\sum M = 0$$

$$M_A - 80 + 25 \times 3 = 0$$

$$\therefore M_A = 5 \text{kN} \cdot \text{m}$$

24 다음과 같은 단순보에서 계수집중하중(P_u)의 최대값(kN)을 산출하시오. [4점]

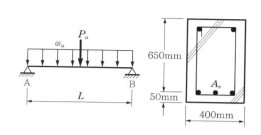

조건
① 부재길이: $L = 8.0$m
② 등분포하중: $w_u = 4$kN/m
③ 콘크리트의 압축강도: $f_{ck} = 24$MPa
④ 철근의 항복강도: $f_y = 400$MPa
⑤ 인장철근량: $A_s = 2,040$mm²
⑥ 휨에 대한 강도감소계수: $\phi_t = 0.85$

정답 ① 계수모멘트: $M_u = \dfrac{P_u L}{4} + \dfrac{w_u L^2}{8} = \dfrac{P_u \times 8}{4} + \dfrac{4 \times 8^2}{8} = (2P_u + 32)[\mathrm{kN \cdot m}]$

② 등가직사각형 압축응력블록깊이: $a = \dfrac{A_s f_y}{0.85 f_{ck} b} = \dfrac{2,040 \times 400}{0.85 \times 24 \times 400} = 100$mm

③ 설계휨강도

$M_d = \phi_t M_n = \phi_t A_s f_y \left(d - \dfrac{a}{2}\right) = 0.85 \times 2,040 \times 400 \times \left(650 - \dfrac{100}{2}\right)$

$= 416,160,000\mathrm{N \cdot mm} = 416.16\mathrm{kN \cdot m}$

④ $M_d = \phi_t M_n \geq M_u$

$416.16 \geq 2P_u + 32$

$\therefore\ P_u \leq 192.08$kN

해설 **단철근 직사각형 보의 설계**

(1) 휨 해석 개론

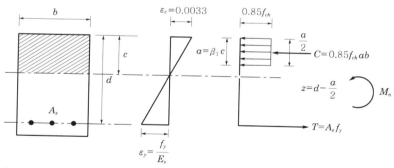

(2) 설계휨강도

① 콘크리트와 철근이 저항할 수 있는 모멘트를 같게 설계하는 균형상태로부터 식을 정리하면

$$M_n = Cz = Tz$$

$$\therefore\ M_n = 0.85 f_{ck} ab \left(d - \dfrac{a}{2}\right) = A_s f_y \left(d - \dfrac{a}{2}\right)$$

② 설계휨강도 = 강도감소계수 × 공칭휨강도 → $M_d = \phi M_n$

(3) 등가직사각형 압축응력블록깊이: 콘크리트와 철근이 저항할 수 있는 모멘트가 같은 균형상태로 $C = T$에서

$$0.85 f_{ck} a b = A_s f_y$$

$$\therefore \ a = \frac{A_s f_y}{0.85 f_{ck} b} = \frac{\rho d f_y}{0.85 f_{ck}}$$

25 다음과 같은 조건의 강구조 용접접합에 대한 유효용접길이(L_e)를 산출하시오. [4점]

조건

① 모재의 강종: SM275(F_u =410MPa)
② 용접재의 인장강도: F_{uw} =420N/mm²(단, 용접부의 공칭강도=$0.6F_{uw}$로 한다.)
③ 용접치수: s =6.0mm(1면 용접)
④ 부재에 작용하는 하중: D.L=18kN, L.L=24kN

정답 ① 계수하중: $P_u = 1.2D + 1.6L = (1.2 \times 18) + (1.6 \times 24) = 60\text{kN}$

② 유효목두께: $a = 0.7s = 0.7 \times 6 = 4.2\text{mm}$

③ 유효용접면적: $A_e = a L_e = 4.2 L_e$

④ 용접부 설계강도

$R_d = \phi R_n = \phi F_{nw} A_e \geq P_u$

$0.75 \times (0.6 \times 420) \times 4.2 L_e \geq 60 \times 10^3$

$\therefore \ L_e \geq 75.59\text{mm}$

해설 **용접부 설계강도**

(1) 필릿용접

구 분	설 명
유효목두께(a)	용접루트로부터 용접표면까지의 최단거리 → $a = 0.7s$
유효길이(l_e)	필릿용접의 총길이에서 2배의 필릿사이즈를 공제한 값 → $l_e = l_n - 2s$
유효면적(A_e)	유효목두께에 용접의 유효길이를 곱한 것 → $A_e = a l_e = a[(l_n - 2s) \times \text{용접면수}]$

(2) 용접부 설계강도

① 공칭강도: $R_n = F_{nw} A_{we}$

여기서, F_{nw} : 용접재의 공칭강도(MPa), A_{we} : 용접재의 유효면적(mm²)

② 설계강도: $R_d = \phi R_n = \phi F_{nw} A_{we}$

여기서, ϕ: 용접부 강도저항계수(0.75), F_{nw} : 공칭강도(= $0.6F_{uw}$)

26 다음 그림과 같은 원형 기둥의 세장비를 산출하시오. [3점]

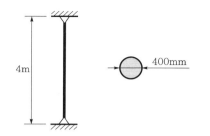

조건
① 부재의 길이: 4.0m
② 단면의 직경: 400mm
③ 지지조건: 양단 힌지

정답 $\lambda = \dfrac{kL}{r} = \dfrac{kL}{\sqrt{\dfrac{\dfrac{\pi D^4}{64}}{\dfrac{\pi D^2}{4}}}} = \dfrac{1.0 \times (4 \times 10^3)}{\sqrt{\dfrac{400^2}{16}}} = 40$

해설 **기둥의 세장비 판별**

(1) 세장비: 기둥의 가늘고 긴 정도의 비

$\lambda = \dfrac{l_k}{r_{\min}} = \dfrac{l_k}{\sqrt{\dfrac{I_{\min}}{A}}}$

(2) 단부조건에 따른 유효좌굴길이

단부조건	1단 고정 타단 자유	양단 힌지	1단 고정 타단 힌지	양단 고정
지지조건에 따른 기둥의 분류	$kl=2l$	$kl=l$	$kl=0.7l$	$kl=0.5l$
좌굴유효길이(l_k)	$2l$	l	$0.7l$	$0.5l$
좌굴강도계수(n)	1/4(1)	1(4)	2(8)	4(16)

01 다음에서 설명하는 계약제도를 쓰시오. [2점]

> 사회간접시설을 민간부문이 공공시설을 건설한 후 정부에 소유권을 이전하고, 발주자에게 시설물의 임대료를 징수하여 시설 투자비를 회수하는 민간투자사업의 계약방식

정답 BTL(Build Transfer Lease) 계약방식

해설 **BTL방식**
(1) 민간부문(SPC)에서 사업을 주도하여 프로젝트를 설계, 자금조달, 공사를 수행하고 소유권을 정부에 양도하여 시설물의 임대료를 징수, 투자비를 회수하는 계약방식
(2) **BTL과 BTO 계약방식의 비교**

구 분	BTL	BTO
적용 시설	① 이용자에게 사용료를 부과하기 어려운 시설 ② 생활기반시설(학교, 병원 등)	① 이용자에게 사용료를 부과하여 투자비 회수가 가능한 시설 ② 산업기반시설(도로, 공항 등)
시설투자비 회수방식	발주자의 시설 임대료 징수 (임대형 민간투자방식; 서비스 구매형)	이용자의 임대료 징수 (수익형 민간투자방식; 독립채산형)
사업 위험성	민간부문의 위험성이 배제됨	민간부문이 위험 부담

02 다음의 낙찰제도에 대하여 간단히 설명하시오. [4점]

(1) 종합심사낙찰제도
(2) 적격낙찰제도

정답 (1) **종합심사낙찰제도**: 공사수행능력, 입찰가격, 사회적 책임점수가 가장 높은 업체를 낙찰자로 선정하는 제도
(2) **적격낙찰제도**: 입찰가격 이외에도 기술능력, 공법, 품질관리능력, 시공경험, 재무상태 등 계약이행능력을 종합 심사하여 적격입찰자에게 낙찰시키는 제도

해설 종합심사낙찰제도 및 적격낙찰제도

구 분	종합심사낙찰제도	적격낙찰제도
낙찰자 선정 기준	① 입찰가격 ② 공사수행능력(시공실적, 기술능력, 사회적 신인도) ③ 계약신뢰도(감점)	① 공사수행능력 ② 입찰가격 ③ 자재, 인력 조달가격의 적정성 ④ 하도급계획 적정성 ⑤ 신인도 고려

03 잭서포트(jack support)의 정의와 설치위치(2개소)를 쓰시오. [4점]

정답 (1) **정의**: 강관과 스크루, 잭베이스 등으로 구성된 차량의 진동 및 상부의 하중을 분산, 지지하기 위한 가설지주
(2) **설치위치**: ① 보 중앙부, ② 바닥판 중앙부, ③ 슬래브 중앙부

해설 **잭서포트(jack support)**
(1) **정의**: 강관과 스크루(screw), 잭베이스(jack base) 등으로 구성된 차량의 진동 및 상부의 하중을 분산, 지지하기 위한 가설지주
(2) **설치목적**: 거푸집 해체 후 상부층을 차량이동, 자재야적 등으로 사용할 경우 하중 및 진동에 대한 균열방지 및 과다한 하중을 분산하기 위해 설치한다.
(3) **구성요소**: 강관, 스크루, 잭베이스, 방진고무판 등
(4) **잭서포트의 허용압축하중**: 외경 $\phi139.8 \times 4.5t$ 기준 30tf/본 정도
(5) **설치 시 유의사항**
   ① 자재 야적구간과 작업차량 이동구간에는 잭서포트 구조 보강을 원칙으로 한다.
   ② 지하 구조물이 복층인 경우, 하부 층부터 올라오면서 잭서포트를 설치(해체는 설치순서의 반대로 함)한다.
   ③ 잭서포트 설치 시 부재와 접합부는 고무판(500×500) 또는 침목 및 각재 등을 설치한다.
   ④ 지하 2개층 이상의 구조물에서는 반드시 동일 연직선상에 설치한다.
   ⑤ 설치장소의 층고를 고려하여 사전에 규격을 확인하여야 한다.

04 다음에 제시하는 항목에 대한 시험의 종류를 쓰시오. [4점]

(1) 점토의 점착력 (2) 지내력
(3) 염분 (4) 연약점토

정답 (1) 베인테스트 (2) 표준관입시험(standard penetration test)
(3) 정량분석시험 (4) 신월샘플링(thin wall sampling)

해설 **품질시험의 종류**
   (1) **베인테스트**: 연약점토질지반에서 "+"자형 날개를 회전시켜 점토의 비배수 점착력, 전단강도를 측정하기 위해 실시하는 시험
   (2) **표준관입시험**: 주로 사질지반에서 boring hole의 로드 선단에 샘플러를 부착하고, 63.5kg의 해머로 750mm 낙하고로 타격하여 300mm 관입시키는 데 필요한 타격횟수 N값, 허용지지력, 상대밀도 등을 구하는 시험
   (3) **정량분석시험**: 물질을 구성하는 양적 관계를 명확하게 하는 분석법으로, 염분량에 대한 시험
   (4) **신월샘플링**: 연약한 점토층(N값 0~4)의 시료를 채취하기 위한 시험

---

05 다음은 「건축공사 표준시방서(되메우기 및 뒤채움)」에 대한 기준이다. ( ) 안에 알맞은 명칭 및 숫자를 쓰시오.   [2점]
   (1) 모래로 되메우기를 할 경우 충분한 물다짐을 실시하고, 일반 흙으로 되메우기를 할 경우에는 두께 약 (①)마다 이 기준의 다짐밀도 규정 또는 공사시방서에서 요구하는 다짐밀도로 다진다.
   (2) 기계 되메우기 및 다짐을 시행할 경우에는 적당한 두께로 포설한 후 진동롤러로 다짐하여 다짐밀도 (②) 이상을 확보토록 한다.

정답 ① 300mm   ② 95%

해설 **되메우기 및 뒤채움 시공기준(건축공사 표준시방서 – 토공사 KCS 11 20 00)**
   (1) **되메우기 재료**: 모래, 석분 또는 양질의 토사, 발파석(최대 입경이 100mm 이하)
   (2) **모래로 되메우기**: 충분한 물다짐을 실시
   (3) **일반 흙으로 되메우기 할 경우**: 두께 약 **300mm마다 다짐밀도 95% 이상** 확보
   (4) **구조물 상단 1m와 측벽 되메우기**: 박층 다짐을 실시하고 최대건조밀도의 95% 이상을 확보
   (5) **기계 되메우기**: 적당한 두께로 포설한 후 진동롤러로 다짐하여 다짐밀도 95% 이상을 확보
   (6) **측벽 되메우기**: 토류벽과 구조물 외벽이 85cm 이하의 협소한 장소에서는 모래 또는 석분으로 채운 후 물다짐으로 침하가 발생하지 않도록 하여야 한다.

---

06 흙막이 공사에 사용하는 어스앵커(earth anchor) 공법의 장점 및 단점을 각각 2가지씩 쓰시오.   [4점]

정답 (1) 장점
    ① 굴착공간의 활용성 우수
    ② 대형장비의 반입 용이
   (2) 단점
    ① 고결체에 대한 품질검사 곤란
    ② 지중 매설물 존재 시 시공 불가

해설 어스앵커 공법(earth anchor method)
(1) **정의**: 버팀대 대신 흙막이벽 배면에 앵커체를 형성하여 인장력에 의해 토압을 지지하는 공법
(2) **특징**

장 점	단 점
① 굴착공간의 활용성 우수	① 고결체에 대한 품질검사 곤란
② 대형장비의 반입 용이	② 지중 매설물 존재 시 시공 불가
③ 협소한 장소에서도 시공성 우수	③ 앵커 홀에서의 누수 발생
④ 흙막이 배면의 지압효과로 주변 지반 변위 감소	④ 정착장 부위의 토질이 불명확할 경우 붕괴위험 우려

07 기성말뚝을 사용하는 기초공사에서 타입말뚝으로 시공 완료한 말뚝에 대한 품질검사 항목 3가지를 나열하시오. [3점]

정답 ① 말뚝 선단 및 두부의 손상 여부
② 말뚝의 위치 및 방향
③ 지지층에 도달한 심도

해설 기성말뚝 – 타입말뚝 시공 시 품질검사항목
(1) **타입공법**: 기성말뚝을 해머로 타격하여 지지층까지 관입시키는 말뚝시공방법을 말하며, 항타말뚝(공법)이라고도 한다.
(2) **검사항목**
① 말뚝 선단 및 두부의 손상 여부
② 말뚝의 위치 및 방향
③ 지지층에 도달한 심도
④ 말뚝의 최종관입량 및 리바운드 체크
⑤ 말뚝의 지지력(압축재하시험, 동재하시험)

08 다음과 같이 제시된 기둥의 주철근을 겹침이음으로 할 경우, 주철근의 위치를 선정하고 해당 번호의 이음구간을 선정한 이유를 설명하시오. [4점]

정답 ① 기둥의 주철근 이음위치: ㉢
② 선정 이유: 기둥의 경우 중앙부가 휨응력이 가장 작은 지점이기 때문이다.

해설 **철근콘크리트공사 – 기둥의 주철근 이음위치**

① 철근의 이음은 응력분산을 위해 한곳에 편중되지 않도록 하고 가능한 한 압축응력이 작은 곳에 하여야 한다.

② 위치: 인장응력 및 압축응력이 작은 곳에서 이음

③ 이형철근 D35를 초과하는 철근은 겹침이음 불가 → 기계식 이음 적용

기둥철근의 이음위치	이음길이 산정기준
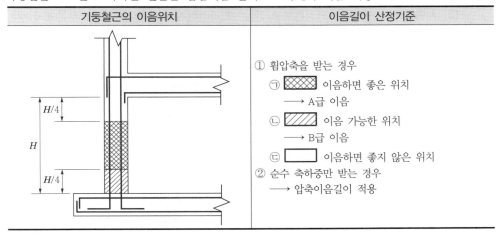	① 휨압축을 받는 경우 　㉠ ▨ 이음하면 좋은 위치 　　⟶ A급 이음 　㉡ ▨ 이음 가능한 위치 　　⟶ B급 이음 　㉢ □ 이음하면 좋지 않은 위치 ② 순수 축하중만 받는 경우 　⟶ 압축이음길이 적용

---

09 콘크리트 타설작업 중 콘크리트 측압에 의하여 발생하는 콘크리트 헤드(head)에 대하여 설명하시오. [2점]

정답 콘크리트 타설 시 타설 윗면에서부터 최대 측압이 발생되는 지점까지의 수직거리

해설 **콘크리트 헤드(head)**

(1) **정의**: 콘크리트 타설 윗면에서 최대 측압이 발생하는 지점까지의 수직거리(벽: 0.5m, 기둥: 1.0m)

(2) **최대 측압**

① 벽: $0.5m \times 2.3t/m^3 ≒ 1.0t/m^2$

② 기둥: $1.0m \times 2.3t/m^3 ≒ 2.5t/m^2$ 크리프 증가 요인

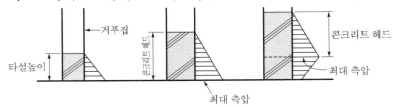

10 다음의 콘크리트공사와 관련된 줄눈에 대하여 간략히 설명하시오. [4점]

    (1) 콜드조인트(cold joint)
    (2) 시공줄눈(construction joint)

정답 (1) **콜드조인트**: 먼저 타설한 콘크리트가 경화하기 시작한 상태에서 새로운 콘크리트를 이어치기 할 때 생기는 줄눈으로, 불연속적인 접합면
    (2) **시공줄눈**: 콘크리트 작업관계상 한 번에 타설하지 못해서 이어치기 부분에서 생기는 줄눈

해설 **철근콘크리트공사 – 용어**
   (1) **콜드조인트**
     ① 콘크리트 이어붓기 시간 초과 시 콘크리트가 일체화되지 않아 발생하는 줄눈으로, 누수의 원인 및 콘크리트의 내구성 저하의 원인이 된다.
     ② 원인: 넓은 지역의 순환타설 시 이어붓기 시간 초과, 장시간 운반 및 대기로 재료분리 발생 시, 재료분리가 된 콘크리트 사용 시, Movement 줄눈의 누락 및 미시공, 분말도가 높은 시멘트 사용 시 발생
   (2) **시공줄눈**
     ① 콘크리트 작업관계상 한 번에 타설하지 못해서 이어치기 부분에서 생기는 줄눈
     ② 설치목적: 1일 타설량의 제한, 거푸집의 반복 사용, 콘크리트의 품질검사, 매스콘크리트의 온도상승 방지

11 레디믹스트 콘크리트의 공장 선정 시 고려해야 할 사항을 4가지 나열하시오. [4점]

정답 ① 현장까지의 운반시간
    ② 콘크리트의 제조능력
    ③ 운반차의 수
    ④ 공장의 제조설비

해설 **레디믹스트 콘크리트(remicon) 공장 선정 시 고려사항**
    ① 현장까지의 운반시간 및 배출시간
    ② 콘크리트의 제조능력
    ③ 운반차의 수
    ④ 공장의 제조설비
    ⑤ 품질관리상태

12 조적공사의 벽돌쌓기 방식 중 영식쌓기의 특성을 간략히 설명하시오. [4점]

정답 한 켜는 길이 방향, 다음 한 켜는 마구리 방향으로 쌓고, 통줄눈 방지를 위해 모서리(마구리켜)에 반절 또는 이오토막을 사용하는 방법이며, 가장 튼튼한 구조로 내력벽에 사용된다.

해설 **벽돌쌓기 공법(나라별)**

쌓기 공법 종류	쌓기 방법	특성
영식 쌓기	① 한 켜: 길이쌓기, 다음 한 켜: 마구리쌓기 ② 모서리: 반절 또는 이오토막	가장 튼튼한 구조(내력벽)
화란식 쌓기	① 한 켜: 길이쌓기, 다음 한 켜: 마구리쌓기 ② 모서리: 칠오토막	튼튼한 구조(내력벽) 가장 많이 사용
불식 쌓기	① 매켜: 길이쌓기+마구리쌓기 번갈아 쌓음 ② 모서리: 칠오토막	통줄눈 발생(비내력벽)
미식 쌓기	5켜: 길이쌓기, 다음 5켜: 마구리쌓기	치장용으로 사용

13 다음 용어에 대하여 간략히 설명하시오. [4점]

(1) 로이유리(low-emissivity glass)
(2) 단열간봉(thermal spacer)

정답 **(1) 로이유리**: 복층유리의 내부 공간의 외측에 얇은 특수 금속코팅을 하여 적외선 반사율을 향상시켜 실내의 열이동을 최소화하는 에너지 절약형 유리
(2) 단열간봉: 복층유리에서 유리 간격의 유지, 기존 AL간봉의 열전달 저항률을 증진시켜 유리 단부의 결로방지 및 단열성능을 향상시킨 간격재

해설 **로이유리 및 단열간봉**
(1) 로이유리의 특성
　① 냉방효과: 여름철의 태양 복사열 중의 적외선, 지표면에 방사되는 적외선의 실내 유입 차단
　② 난방효과: 겨울철 실내 난방되는 적외선을 다시 실내로 반사시켜 실내 온도 유지
　③ 적용방식
　　㉠ 2면 로이유리(low heat gain glass): 여름철 냉방 목적 → 업무시설 및 상업시설에 적용
　　㉡ 3면 로이유리(high heat gain glass): 겨울철 난방 목적 → 주거시설 및 숙박시설에 적용
　　㉢ 2면ㆍ3면 로이유리: 4계절
(2) 단열간봉의 기능
　① 복층유리 간격 유지 및 고정　　　② 수분제거용 흡수제 저장 기능
　③ 유리 내부 가스유출 및 수분침투 방지　④ 열전달 저항률 개선(냉교작용 방지)

14 두께가 두꺼운 유리 및 색유리를 사용할 때 발생하는 유리의 열파손 현상에 대하여 간단히 설명
하시오. [3점]

정답 복사열에 의해 유리 중앙부의 열축적과 단부의 방열로 온도차에 따른 팽창과 수축의 차이로 인해
유리가 파손되는 현상이다.

해설 유리의 열파손 현상
(1) 정의
　① 유리의 열파손 현상이란, 복사열에 의해 유리 중앙부의 열축적과 단부의 방열로 온도차에
　　따른 팽창성 차이로 인해 유리가 파손되는 현상이다.
　② 유리의 두께 및 유리 배면의 환기 불량, 금속제 프레임의 방열 등에 의해 열파손 현상이
　　가속화된다.
(2) 유리의 열파손 현상 메커니즘

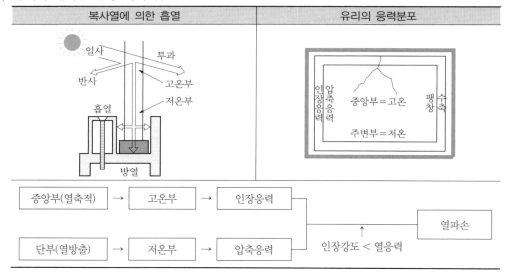

(3) 유리의 열파손 현상 방지대책
　① 유리의 인장강도의 확보: 안전유리 사용(강화유리 및 배강도 유리), 유리의 내열성 확보
　② 유리 배면의 환기량 확보: 실내측 차양막과 이격거리 확보(최소 10cm 이상)
　③ 유리와 프레임(frame)의 열전달 방지: 단열간봉 및 단열바 적용
　④ 스팬드럴(spandrel) 부위의 내부 공기의 유출구 처리: 내부 공기의 외부 배출
　⑤ 유리 단부의 절단면 처리 및 결점 방지
　⑥ 복사열의 차폐성능 확보: low-E 유리, 열선 반사유리 등의 사용

15 커튼월(curtain wall) 시공 시 알루미늄바에서 발생하는 누수방지를 위한 시공적 대책을 4가지 설명하시오. [4점]

정답 ① 알루미늄바 접합 부위 실란트 처리
② 스크루 고정 부위 실란트 처리
③ 벽패널과 알루미늄바 틈새 실란트 처리
④ 수처리 배수관(weep hole)을 통해 물을 외부로 배출

해설 **커튼월의 누수방지대책**

설계적 측면	시공적 측면
① 비처리방식 설계(open joint, closed joint)	① 알루미늄바 접합부 실란트 사춤 철저
② 유리끼우기 및 고정방식 검토	② 내·외부 프레임의 노출되는 스크루 및 볼트 실란트 처리
③ 알루미늄바와 타 부재 접촉 부위 방습지 설계	③ 결로수 처리용 수처리 배수관(weep hole) 설치
④ 풍동시험을 통한 설계데이터 예측	④ 유리, 알루미늄바, 패널의 단열성능 확보(결로방지)
⑤ 유닛시스템 적용(스틱시스템보다 누수방지성능 우수)	⑤ 커튼월 제작 및 시공 완료 후 현장시험 실시

16 다음 조건에서 콘크리트 $1m^3$를 생산하는 데 필요한 시멘트, 굵은 골재, 잔골재의 중량 및 체적을 산출하시오. [8점]

조건
① 단위수량: $175kg/m^3$ ② 물-결합재비: 55%
③ 공기량: 1% ④ 시멘트 비중: 3.15
⑤ 굵은골재, 잔골재 비중: 2.6 ⑥ 잔골재율: 45%

(1) 단위 시멘트량 (2) 시멘트 체적
(3) 물의 체적 (4) 전체 골재의 체적
(5) 굵은 골재의 체적 (6) 굵은 골재 중량
(7) 잔골재의 체적 (8) 잔골재 중량

정답 **(1) 단위 시멘트량**: $175kg/m^3 \div 0.55 = 318.18kg/m^3$

(2) 시멘트 체적: $\dfrac{318kg/m^3}{3.15 \times 1,000kg} = 0.1m^3$

(3) 물의 체적: $\dfrac{175kg/m^3}{1 \times 1,000kg} = 0.18m^3$

(4) 전체 골재의 체적: $1m^3 - (0.1m^3 + 0.18m^3 + 0.01m^3) = 0.71m^3$

(5) 굵은 골재의 체적: $0.71m^3 \times (1 - 0.45) = 0.391m^3$

(6) 굵은 골재량: $0.391m^3 \times (2.6 \times 1,000) = 1,016.6kg$

(7) 잔골재의 체적: $0.71m^3 \times 0.45 = 0.320m^3$

(8) 잔골재량: $0.320m^3 \times (2.6 \times 1,000) = 832kg$

해설 **콘크리트 단위중량 배합 적산**
(1) **단위 시멘트량:** 물의 중량÷물−결합재비(W/B)
(2) **시멘트의 체적:** 시멘트 중량÷시멘트의 비중
(3) **물의 체적:** 단위수량÷물의 비중
(4) **전체 골재의 체적:** $1m^3$−(시멘트 체적+물의 체적+공기량 체적)
(5) **굵은 골재의 체적:** 전체 골재의 체적×(1−잔골재율)
(6) **굵은 골재량:** 굵은 골재의 체적×(굵은 골재의 비중×1,000)
(7) **잔골재의 체적:** 전체 골재의 체적×잔골재율(%)
(8) **잔골재량:** 잔골재 체적×(잔골재 비중×1,000)

---

17 다음 그림과 같은 형상으로 25개의 강판을 가공할 경우, 강판의 소요량 및 스크랩의 발생량을 산출하시오.

[4점]

조건
① 강판의 비중: $\nu = 7.85\,kg/m^3$
② 강판의 두께: $t = 9\,mm$
③ 부재의 단위: mm
④ 소요량 및 스크랩양의 단위: kg

정답 ① 강판 소요량: $[(0.6 \times 0.3) \times 0.09] \times (7.85 \times 10^3) \times 25 = 3,179.25\,kg$
② 스크랩량: $\left[\dfrac{(0.3 \times 0.2)}{2} \times 0.09\right] \times (7.85 \times 10^3) \times 25 = 529.875\,kg$

해설 **강구조 강재의 적산**
① 강판재의 수량 산출방법
　㉠ 실제 면적에 가장 가까운 사각형, 삼각형, 평행사변형, 사다리꼴로 면적을 계산한다.
　㉡ 볼트, 리벳구멍 및 콘크리트 타설용 구멍은 면적에서 공제하지 않는다. (단, 가공상 배관 등으로 구멍이 큰 경우에는 면적에서 공제함)
　㉢ 재료의 손실에 따른 할증률은 별도로 고려하지 않는다.
② 할증률을 반영하지 않는 대신 강재의 고재(스크랩) 처리를 감안한 것이다.

18 다음과 같이 주어진 조건을 보고 네트워크 공정표를 작성하고 각 작업의 여유시간을 구하시오.
[10점]

작업명	선행작업	작업일수	비 고
A	없음	5	(1) 결합점에서는 다음과 같이 표현한다.
B	없음	6	
C	A	6	
D	A	3	
E	A	7	(2) 주공정선은 굵은 선으로 표시한다.
F	B, C, D	4	

정답 (1) 네트워크 공정표

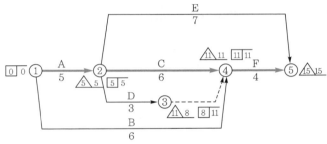

(2) 각 작업의 여유시간

작업명	작업일수	EST	EFT	LST	LFT	TF	FF	DF	CP
A	5	0	5	0	5	0	0	0	※
B	6	0	6	5	11	5	5	0	
C	6	5	11	5	11	0	0	0	※
D	3	5	8	8	11	3	0	3	
E	7	5	12	8	15	3	3	0	
F	4	11	15	11	15	0	0	0	※

19 건설기술진흥법에 따라 품질관리계획서를 제출하여야 하는 대상 공사의 품질관리계획서 필수
기재사항 3가지를 나열하시오. [4점]

정답 ① 공사개요 및 조직상황
② 품질시험계획
③ 품질시험시설계획
④ 품질관리자 배치계획

해설 **품질관리계획서**

(1) **품질관리계획서 수립 대상공사**

　① 건설사업관리 대상인 건설공사로서 총공사비 500억 원 이상인 공사

　② 다중이용건축물의 건설공사로서 연면적이 30,000m² 이상인 건축물의 건설공사

(2) **품질관리계획서 기입내용**

　① 공사개요 및 조직상황

　② 품질시험계획: 공종별 시험종목, 시험횟수 산출근거(계획 물량, 시험계획 횟수 등)

　③ 품질시험시설계획: 시험검사 장비, 시험장비 교정계획, 시험실 규모 및 배치 평면도

　④ 품질관리자 배치계획: 품질관리기술인 배치계획, 품질조직도, 자격사항, 재직증명서 등

20 다음과 같은 부재의 단면1차모멘트를 계산하시오. [3점]

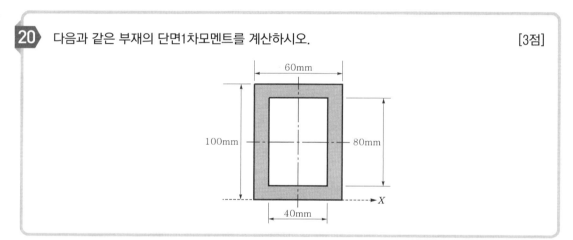

정답 단면1차모멘트　$G_X = [(60 \times 100) \times 50] - [(40 \times 80) \times 50] = 140,000\,\mathrm{mm^3}$

해설 **단면의 성질 – 단면1차모멘트**

　① 단면의 미소면적과 구하려는 축에서 도심까지의 거리를 곱하여 전단면에 대하여 적분한 것

　② 단면1차모멘트＝도형의 면적 X축에서 도심까지의 거리

　　$G_x = A \cdot y_0$; $G_y = A \cdot x_0$ (단위: $\mathrm{mm^3}$, $\mathrm{cm^3}$)

　　여기서, A: 단면의 면적, x_0, y_0: 단면의 도심에서 축까지 떨어진 거리

　③ 단면1차모멘트의 특성

　　㉠ 단면의 **도심을 통과하는 축에 대한 단면1차모멘트는 "0"**이다[$G_x = G_y = 0$; ∵ $(x_0, y_0) = (0, 0)$].

　　㉡ 부호: 좌표축에 따라 (+), (−)값을 가질 수 있다.

　　㉢ 용도: **단면의 도심 위치 산정**, 보의 전단응력 계산

21 다음과 같은 철근콘크리트보의 균열모멘트(M_{cr})를 계산하시오. [4점]

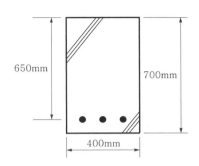

650mm

700mm

400mm

조건
① 철근 설계기준 항복강도: $f_y = 400$MPa
② 콘크리트 설계기준 압축강도: $f_{ck} = 27$MPa
③ 단, 보통 중량콘크리트를 사용함.

정답 $M_{cr} = \left(\dfrac{400 \times 700^2}{6}\right) \times (0.63 \times 1 \times \sqrt{27}) = 106{,}936{,}816.9\text{N} \cdot \text{mm}^2 = 106{,}936.8\text{kN} \cdot \text{mm}^2$

해설 **휨균열 모멘트(M_{cr})**

① 휨균열 모멘트 $M_{cr} = \dfrac{I_g}{y_t} f_r = Z f_r = \dfrac{bh^2}{6}(0.63\lambda\sqrt{f_{ck}}) = 0.105 bh^2 \sqrt{f_{ck}}$

여기서, I_g: 단면2차모멘트, y_t: 도심과 연단의 거리, Z: 단면계수, f_r: 콘크리트 파괴계수

② 균열모멘트 < 최대휨모멘트: 균열 발생

③ 콘크리트 파괴계수 $f_r = 0.63\lambda\sqrt{f_{ck}}$ [MPa]

여기서, $\lambda = 1.0$: 보통 중량콘크리트, $\lambda = 0.85$: 모래 경량콘크리트, $\lambda = 0.75$: 전경량콘크리트

22 다음은 「콘크리트 휨 및 압축설계기준(KDS 14 20 20)」에 대한 내용이다. (   ) 안을 채워 넣으시오. [4점]

(1) 프리스트레스를 가하지 않은 휨부재는 공칭강도 상태에서 순인장변형률 ε_t가 휨부재의 최소 허용변형률 이상이어야 한다.

(2) 휨부재의 최소 허용변형률은 철근의 항복강도가 400MPa 이하인 경우 (①)로 하며, 철근의 항복강도가 400MPa을 초과하는 경우 철근 항복변형률의 (②)로 한다

정답 ① 0.004   ② 2배

해설 **휨 및 압축설계기준 - 일반원칙**

① 지배단면의 변형률 한계

구분		압축지배단면	인장지배단면	휨부재의 최소허용변형률
철근	$f_y \leq 400$MPa	ε_y	0.005	0.004
	$f_y > 400$MPa	ε_y	$2.5\varepsilon_y$	$2.0\varepsilon_y$

② 프리스트레스를 가하지 않은 휨부재는 공칭강도 상태에서 순인장변형률(ε_t)이 휨부재의 최소 허용 변형률 이상이어야 한다. ($\varepsilon_t \geq 0.004$)

23 철근콘크리트구조의 기둥에 설치하는 띠철근의 역할을 2가지 쓰시오. [2점]

정답 ① 기둥의 축방향 주철근의 위치 확보
② 기둥의 좌굴에 대한 저항성 향상

해설 **철근콘크리트구조 – 띠철근**
(1) **정의**: 기둥에서 종방향 철근의 위치를 확보하고 전단력에 저항하도록 정해진 간격으로 배치된 횡방향의 보강철근 또는 철선
(2) **띠철근 및 나선철근의 역할**
   ① **기둥의 축방향 주철근의 위치 확보**
   ② **전단력 저항을 목적으로 일정 간격의 횡방향 보강철근**
   ③ **기둥의 좌굴에 대한 저항성 확보**
   ④ **압축재의 연성능력 증대**
(3) **띠철근의 구조기준**

구분	배근기준
직경	• D32 이하 축방향 철근: D10 이상 • D35 초과 축방향 철근: D13 이상
수직 간격	축방향 철근지름의 16배 이하, 띠철근이나 철선지름의 48배 이하, 또한 기둥단면의 최소치수의 1/2 이하 중 최솟값 (단, 200mm보다 좁을 필요 없음)

24 다음 기둥의 세장비를 구하시오. [2점]

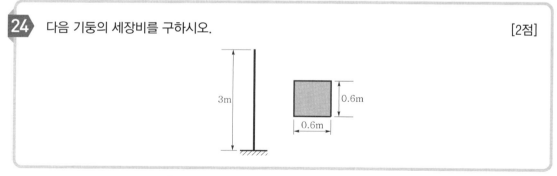

3m

0.6m

0.6m

정답 $\lambda = \dfrac{kl}{r} = \dfrac{2 \times 3 \times 10^3}{\sqrt{\dfrac{\left(\dfrac{600 \times 600^3}{12}\right)}{600 \times 600}}} = 34.64$

해설 **철근콘크리트구조 – 압축재(기둥)의 세장비**

(1) 압축재의 세장비

$$\lambda = \frac{kl}{r} = \frac{kl}{\sqrt{\dfrac{I}{A}}}$$

여기서, k: 유효좌굴길이계수, l: 부재의 길이, r: 단면2차회전반경(mm)

(2) 유효좌굴길이

단부조건	1단 고정 타단 자유	양단 힌지	1단 고정 타단 힌지	양단 고정
지지조건에 따른 기둥의 분류				
좌굴유효길이(l_k)	$2l$	l	$0.7l$	$0.5l$

---

25 다음과 같은 독립기초에 작용하는 최대 압축응력을 산정하시오. [4점]

정답 $\sigma = -\dfrac{P}{A} - \dfrac{M}{Z} = -\dfrac{500 \times 10^3}{2,000 \times 3,000} - \dfrac{500 \times 10^3 \times 50}{\dfrac{2,000 \times 3,000^2}{6}} = -0.092 \text{N/mm}^2 = -0.092 \text{MPa}$

해설 **독립기초 최대 압축응력**

① 하중에 의한 기둥의 응력

구분	기둥의 응력	비고
중심축하중	$\sigma = \dfrac{P}{A}$	• σ: 축응력 • P: 중심축 하중 • A: 단면적 • e_x: x축 방향의 편심거리 • e_y: y축 방향의 편심거리
1축 편심하중	① x축 편심: $\sigma = \dfrac{P}{A} \pm \dfrac{P \cdot e_x}{I_y} \cdot x$ ② y축 편심: $\sigma = \dfrac{P}{A} \pm \dfrac{P \cdot e_y}{I_x} \cdot y$	
2축 편심하중	$\sigma = \dfrac{P}{A} \pm \left(\dfrac{P \cdot e_x}{I_y} \cdot x \right) \pm \left(\dfrac{P \cdot e_y}{I_x} \cdot y \right)$	

② 문제에 주어진 조건은 x축으로 1축 편심이 발생한 기초이므로 $\sigma = \dfrac{P}{A} \pm \dfrac{P \cdot e_x}{I_y} \cdot x$ 식을 이용한다.

③ 기둥의 응력이므로 기초의 압축응력은 기둥의 응력 방향과 반대 방향으로 산정한다.

$$\left(\sigma = -\frac{P}{A} - \frac{P \cdot e_x}{I_y} \cdot x = -\frac{P}{A} - \frac{M}{Z} \right)$$

---

26 다음에 제시된 지진과 관련된 용어의 정의를 간략히 설명하시오. [3점]

(1) 내진구조
(2) 제진구조
(3) 면진구조

정답 (1) **내진구조**: 구조물의 강도나 연성을 증가시켜 지진에 대항하는 구조
(2) **제진구조**: 구조물에 댐퍼를 설치해 진동을 흡수, 상쇄시키는 구조
(3) **면진구조**: 기초부에 전단변형장치를 설치하여 지진력을 차단하는 구조

해설 **내진구조의 종류**

구분	내용
내진구조	① 구조물의 강도나 연성을 증가시켜 지진력에 저항하는 구조 ② 부재 단면의 크기를 증설, 전단벽 설치 등의 강성 향상 ③ 보강방법: 강재 보강(강재 brace, 강판 및 강관 보강 등), 가구 증설 등
제진구조	① 구조물에 댐퍼를 설치해 진동을 흡수, 상쇄시키는 구조 ② 하중부담: 구조물 하중−구조부재, 지진하중−제진장치가 부담 ③ 지진 후에도 제진장치의 교체로 유지관리비 저렴
면진구조	① 기초부에 전단변형장치를 설치하여 지진력을 차단하는 구조 ② 지반과 구조물의 분리로 건물에 전달되는 지진하중 소산 ③ 상부구조물의 변위를 큰 폭으로 감소 ④ 지진력 제어에 효과적이나, 시공비가 가장 고가이다.

2024 제2회 건축기사 실기

2024년 7월 28일 시행

01 입찰방식 중 종합심사낙찰방식에 대하여 간단히 설명하시오. [3점]

정답 입찰에 참가하고자 하는 자에 대하여 공사수행능력, 입찰가격, 사회적 책임점수를 합산해서 가장 높은 업체를 낙찰자로 선정하는 제도이다.

해설 **종합심사낙찰제도**
(1) **정의**: 공사수행능력, 입찰가격, 사회적 책임점수를 합산해서 가장 높은 업체를 낙찰자로 선정하는 제도
(2) **대상공사**
① 추정가격 100억 원 이상인 공사
② 문화재수리로서 문화재청장이 정하는 공사
③ 건설관리용역: 추정가 20억 원 이상인 용역
④ 기본설계용역 추정가격 15억 원 이상, 실시설계용역 25억 원 이상인 용역
(3) **평가방식**: 입찰자격사전심사(PQ심사) → 종합심사
(4) **가격평가**: 입찰금액, 단가, 물량심사
(5) **공사수행능력 평가**: 시공실적, 기술능력, 사회적 신인도 등
(6) **관련법령**: 국가를 계약상대자로 하는 계약에 관한 법률 및 계약예규-공사계약 종합심사낙찰제 심사기준

02 다음의 가설비계에 대해 설명하시오. [4점]
(1) 말비계
(2) 달비계

정답 (1) **말비계**: 주로 건축물의 천장과 벽면의 실내 내장 마무리 등을 위해 바닥에서 일정 높이의 발판을 설치하여 사용하는 비계
(2) **달비계**: 상부에서 와이어로프 등으로 매달린 형태의 비계

해설 **비계의 종류**
(1) **강관비계**: 단관비계용 강관을 강관조인트와 클램프 등으로 조립하여 설치한 비계
(2) **강관틀비계**: 주틀, 교차가새, 띠장틀 등을 현장에서 조립하여 세우는 형태의 비계

(3) **달비계**: 상부에서 와이어로프 등으로 매달린 형태의 비계

(4) **말비계**: 주로 건축물의 천장과 벽면의 실내 내장 마무리 등을 위해 바닥에서 일정 높이의 발판을 설치하여 사용하는 비계

(5) **시스템 비계**: 수직재, 수평재, 가새재 등 각각의 부재를 공장에서 제작하고 현장에서 조립하여 사용하는 조립형 비계로, 작업자가 고소작업에서 작업장소에 접근하여 작업할 수 있도록 설치하는 작업대를 지지하는 가설 구조물

03 다음은 사운딩 시험 중 표준관입시험에 대한 설명이다. ( ) 안을 채우시오. [3점]

표준관입시험(standard penetration test)이란 질량 (①)kg의 해머를 (②)mm 자유낙하시켜 시추 로드 머리부에 부착한 앤빌(anvil)을 타격하여 시추로드 앞 끝에 부착한 표준관입시험용 샘플러를 지반에 (③)mm 관입시키는 데 필요한 타격횟수 N값을 구하는 시험이다.

정답 ① 63.5 ± 0.5
② 760 ± 10
③ 300

해설 **표준관입시험**

① 표준관입시험(standard penetration test)이란 질량 63.5 ± 0.5kg의 해머를 750 ± 10mm 자유낙하시켜 시추 로드 머리부에 부착한 앤빌(anvil)을 타격하여 시추로드 앞 끝에 부착한 표준관입시험용 샘플러를 지반에 300mm 관입시키는 데 필요한 타격횟수 N값을 구하는 시험

② 시험목적: 지내력 추정(N값), 지하수위 계측, 지지층의 위치 확인, 토질주상도 기초자료, 연약층 분포도 확인 등

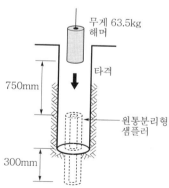

04 1개층에 대한 철근콘크리트구조물의 철근배근 순서를 다음 〈보기〉에서 골라 순서대로 나열하시오. [4점]

> **보기**
> ① 슬래브 바닥 철근배근　　　　② 기둥 철근배근
> ③ 기초 철근배근　　　　　　　④ 벽체 철근배근
> ⑤ 보 철근배근

정답 ③ → ② → ④ → ⑤ → ①

해설 **철근콘크리트구조물의 시공순서**

① 기초 철근배근 → 기초 거푸집 설치
② 기둥 철근배근 → 벽체 철근배근 → 기둥·벽체 거푸집 조립
③ 보·슬래브 거푸집 조립 → 보 철근배근 → 바닥 철근배근
④ 콘크리트 타설 및 양생 → 거푸집 탈형
⑤ ② → ④과정을 통해 1개층이 완료되며, 각 과정을 반복하면서 구조물 공사가 완료된다.

05 거푸집 공사에서의 건축공사 표준시방서 규정에 관한 내용으로 콘크리트 압축강도시험을 하지 않을 때 거푸집널의 해체시기를 나타낸 표이다. 다음 빈칸에 알맞은 답을 쓰시오. [4점]

시멘트 종류 　 평균기온	조강포틀랜드 시멘트	보통포틀랜드시멘트 고로슬래그시멘트(1종) 플라이애시시멘트(1종) 포틀랜드포졸란시멘트(A종)	고로슬래그시멘트(2종) 플라이애시시멘트(2종) 포틀랜드포졸란시멘트(B종)
20℃ 이상	(①)일	4일	5일
20℃ 미만 10℃ 이상	(②)일	(③)일	(④)일

정답 ① 2　　　　② 3　　　　③ 6　　　　④ 8

해설 **거푸집 존치기간**

(1) 콘크리트 압축강도시험을 하지 않을 경우 거푸집널의 해체 시기

시멘트 종류 　 평균기온	조강포틀랜드 시멘트	보통포틀랜드시멘트 고로슬래그시멘트(1종) 플라이애시시멘트(1종) 포틀랜드포졸란시멘트(A종)	고로슬래그시멘트(2종) 플라이애시시멘트(2종) 포틀랜드포졸란시멘트(B종)
20℃ 이상	2일	4일	5일
20℃ 미만 10℃ 이상	3일	6일	8일

(2) 콘크리트 압축강도시험을 할 경우 거푸집널의 해체 시기

부재		콘크리트 압축강도(f_{ck})
기초, 보, 기둥, 벽 등의 측면		5MPa 이상
슬래브 및 보의 밑면 아치 내면	단층구조	설계기준압축강도의 2/3배 이상 또한 최소강도 14MPa 이상
	다층구조	설계기준압축강도 이상(필러동바리를 이용할 경우는 구조계산에 의해 기간을 단축할 수 있음. 이 경우라도 최소강도 14MPa 이상으로 함.)

06 콘크리트의 내구성을 저해하는 알칼리골재반응에 대한 방지대책을 4가지 기술하시오. [4점]

정답 ① 청정골재 사용   ② 저알칼리 포틀랜드시멘트 사용
③ 혼합시멘트 사용   ④ 단위시멘트량 감소

해설 **알칼리골재반응**
(1) **정의**: 시멘트 중의 수산화알칼리와 골재 중의 반응성 물질(silica, 황산염 등)과 일어나는 화학반응
(2) **알칼리골재반응의 원인 및 대책**

원인	대책
① 골재의 알칼리반응성 물질 과다	① 청정골재 사용(알칼리반응성 물질 감소)
② 시멘트 중의 수산화알칼리용액 과다	② 저알칼리 포틀랜드시멘트 사용[알칼리 함량(Na_2O 당량) 0.6% 이하]
③ 습도가 높거나 습윤상태일 경우 발생	③ 콘크리트 알칼리 총량 제어: $0.3kg/m^3$
④ 콘크리트 내 수분이동으로 알칼리 이온 농축	④ 단위시멘트량 감소
⑤ 단위시멘트량 과다	⑤ 혼합시멘트 사용(포졸란계 시멘트)
⑥ 제치장콘크리트일 경우 발생	

07 다음 그림을 보고 알맞은 줄눈의 명칭을 쓰시오. [4점]

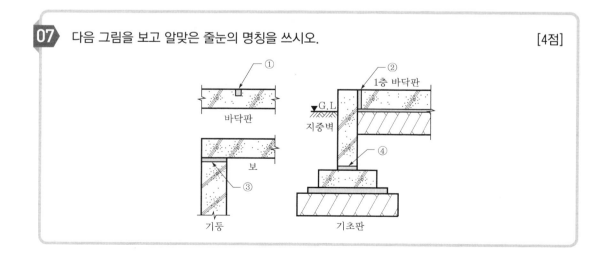

정답 ① 수축줄눈   ② 신축줄눈   ③ 미끄럼줄눈   ④ 시공줄눈

해설 **줄눈(이음)의 종류 및 정의**
   (1) **시공줄눈(construction joint)**: 콘크리트 작업관계상 한 번에 타설하지 못해서 이어치기 부분에서 생기는 줄눈
   (2) **신축줄눈(expansion joint)**: 온도변화에 따른 수축/팽창, 부동침하 등에 의해 균열 예상부위에 설치하여 구조체 간 단면분리를 시키는 줄눈
   (3) **수축줄눈(조절줄눈, control joint)**: 건조수축으로 인한 균열을 벽의 일정한 곳에 일어나도록 유도
   (4) **미끄럼줄눈(sliding joint)**: 슬래브, 보의 단순지지방식으로 직각 방향에서 하중이 예상될 때 설치
   (5) **slip joint**: 조적벽과 철근콘크리트 슬래브에 설치하여 상호 자유롭게 움직이게 한 줄눈
   (6) **delay joint**: 장스팬 시공 시 수축대를 설치하여 초기 수축이 끝난 후 타설하는 줄눈

---

08 플랫슬래브의 뚫림전단균열을 방지하기 위한 보강방법 4가지를 기술하시오.   [4점]

정답 ① 슬래브의 두께 증가
   ② 지판 및 기둥머리의 확대로 위험단면의 증가
   ③ 기둥 주위 슬래브의 스터럽 배근
   ④ 배근강재(H형강, ㄷ형강)로 전단머리 보강

해설 **플랫슬래브(flat slab)**
   ① 보 없이 지판(drop panel)에 의해 하중이 기둥으로 전달되며, 2방향으로 철근이 배치된 콘크리트 슬래브
   ② 뚫림전단균열 방지방법
      ㉠ 큰 기둥 및 슬래브의 유효춤 증가(슬래브의 두께 증가)
      ㉡ 지판 및 기둥머리의 확대로 위험단면의 증가
      ㉢ 기둥 주위 슬래브의 스터럽 배근
      ㉣ 강재(H형강, ㄷ형강)로 전단머리 보강
      ㉤ 주열대의 주철근량 증가(주간대보다 하부근은 60%, 상부근은 75% 정도)

---

09 매스콘크리트의 응결 및 경화과정에서 내부 온도의 상승 후에 냉각과정에서 발생하는 온도균열에 대한 방지대책을 3가지 쓰시오.   [3점]

정답 ① 단위시멘트량 감소
   ② 재료의 프리쿨링 및 파이프쿨링의 온도제어 양생
   ③ 저발열 시멘트 사용(포졸란계 시멘트)

해설 **매스콘크리트의 온도균열**

(1) **매스콘크리트 온도균열**
　① 온도구배: 단면이 큰 매스콘크리트 또는 한중콘크리트 타설 시 콘크리트 부재의 내·외부 온도 차
　② 온도균열: 수화열에 의한 내·외부 온도 차(온도구배)가 큰 경우 내부의 온도상승에 따른 **표면균열**, 온도 하강 시 하부 구속에 의한 **내부의 인장균열**
　③ 표면균열: 균열폭 0.2mm 이하의 방향성이 없는 미세균열
　④ 내부 인장균열: 하부 구속에 의해 인장응력의 발생으로 균열폭 1.0~2.0mm의 관통균열 발생

(2) **원인 및 대책**

원　인	대　책
① 시멘트 페이스트의 수화열이 큰 경우 ② 콘크리트 온도와 외기 온도 차가 큰 경우 ③ 단위시멘트량이 많을 경우 ④ 콘크리트 단면이 클 경우 ⑤ 콘크리트 타설온도가 높을 경우 ⑥ 외기 온도가 낮을수록 증가	① 단면이 큰 경우 분할 타설 ② 내·외부 온도 차를 25℃ 이하로 관리 ③ 재료의 프리쿨링(pre-coolong) 온도제어 양생 ④ 혼화재 사용으로 응결·경화 지연 ⑤ 저발열 시멘트 사용(혼합시멘트 사용) ⑥ 단위시멘트량 감소 ⑦ 콘크리트의 인장강도 개선(섬유보강콘크리트 적용)

10 다음 그림과 같은 용접이음부를 도시법에 따라 표기하시오. [4점]

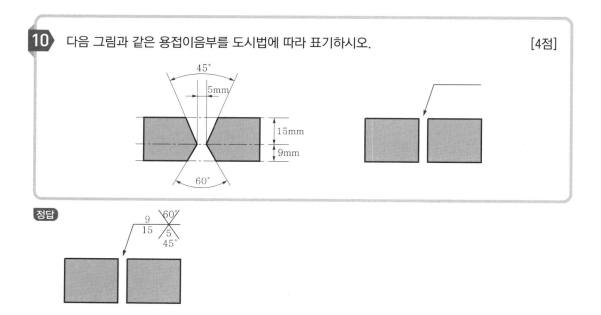

정답

해설 **용접기호**

용접위치	표기방법	비 고
화살표 또는 앞쪽	S 용접기호 $L(n)-P$ R $\dfrac{A}{G}$ 지시선 기선 T 꼬리	• S : 용접사이즈 • R : 루트 간격 • A : 개선각 • L : 용접길이 • T : 꼬리(특기사항 기록) • $-$: 표면모양 • G : 용접부 처리방법 • P : 용접 간격 • ▶ : 현장용접 • ○ : 온둘레(일주)용접
화살표 반대쪽 또는 뒤쪽	$\dfrac{G}{A}$ R S 용접기호 $L(n)-P$ 지시선 기선 T	

11 다음 단면도를 보고 옥상 시트(sheet)방수 시공순서를 보기에서 골라 괄호 안에 쓰시오. [4점]

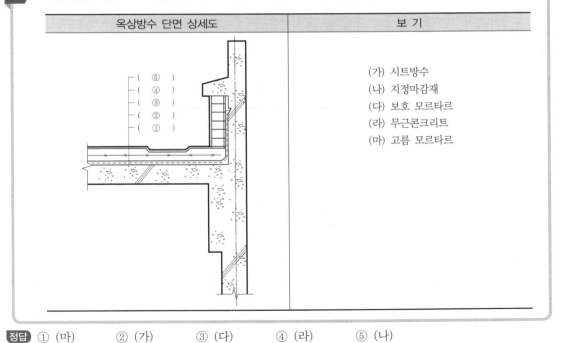

옥상방수 단면 상세도	보 기
(⑤) (④) (③) (②) (①)	(가) 시트방수 (나) 지정마감재 (다) 보호 모르타르 (라) 무근콘크리트 (마) 고름 모르타르

정답 ① (마)   ② (가)   ③ (다)   ④ (라)   ⑤ (나)

해설 **시트(sheet)방수공법(고분자 루핑방수공법)**
  (1) **정의**: 합성고무 또는 합성수지를 주성분으로 하는 0.8~2.0mm 두께의 시트를 접착제로 구체에 접착하여 방수층을 형성하는 공법

(2) 시공순서

| 바탕면 처리 | ⇨ | 프라이머 도포 | ⇨ | 시트 접착 | ⇨ | 보호층 시공 |

(3) **시트 접착방법**: 전면 접착, 점 접착 또는 자착식, 융착(버너 등으로 시트를 가열하여 접착)

(4) **특징**

장 점	단 점
① 내구성, 신장성, 접착성 우수	① 시트의 접합부 처리가 난해
② 상온 시공으로 시공 용이	② 바탕면의 돌기에 의한 시트 손상 우려
③ 공장제작제품으로 품질 균일	③ 복잡한 형상에 시공 곤란
④ 바탕균열에 대한 저항성 우수	④ 시트 접착 후 보호층 시공 필요
⑤ 시공이 간단하여 공사기간 단축 가능	

12 건축공사 표준시방서(KCS 41 35 01)에 따른 석재 물갈기 마감공정 순서를 나열하시오. [3점]

정답 거친 갈기 → 물갈기 → 본갈기 → 정갈기

해설 석공사 물갈기 공정

마감 종류	수동 물갈기	자동 물갈기
거친 갈기	메탈#60(Metal Polishing Disc)	마석#60
물갈기	레진#1,500(Resin Polishing Disc)	마석#1,500
본갈기	레진#3,000(Resin Polishing Disc)	마석#3,000
정갈기	광판(광내기)	P.P(파우더)

① 자동 물갈기 공정은 자동연마기에 따라 마석번호가 상이할 수 있다.
② 국산 및 중국제 자동연마기 기준임.

13 건축공사 표준시방서(KCS 41 47 00)에 따른 가연성 도료는 전용창고에 보관하는 것을 원칙으로 한다. 보관창고의 구비사항에 대하여 3가지 기술하시오. [3점]

정답 ① 독립한 단층건물로서 주위 건물에서 1.5m 이상 떨어져 있게 한다.
② 건물 내의 일부를 도료의 저장장소로 이용할 때는 내화구조 또는 방화구조로 된 구획된 장소를 선택한다.
③ 지붕은 불연재로 하고, 천장을 설치하지 않는다.

해설 가연성 도료의 보관 및 장소
① 가연성 도료는 전용 창고에 보관하는 것을 원칙으로 하며, 적절한 보관온도를 유지하도록 한다.
② 도료창고의 구비사항
　　㉠ 독립한 단층건물로서 주위 건물에서 1.5m 이상 떨어져 있게 한다.

ⓛ 건물 내의 일부를 도료의 저장장소로 이용할 때는 내화구조 또는 방화구조로 된 구획된 장소를
선택한다.
ⓒ 지붕은 불연재로 하고, 천장을 설치하지 않는다.
ⓔ 바닥에는 침투성이 없는 재료를 깐다.
ⓜ 희석제를 보관할 때에는 위험물 취급에 관한 법규에 준하고, 소화기 및 소화용 모래 등을
비치한다.

14 다음 보기에 제시된 경량철골 벽체에 대한 시공을 순서대로 바르게 나열하시오. [3점]

보기
① 석고보드 설치 　　② 단열재 설치 　　③ 바탕면 처리
④ 벽체틀 설치 　　⑤ 도배 및 도장 마감

정답 ③ → ④ → ② → ① → ⑤

해설 **경량철골 벽체(dry wall)**
① 금속제 철물을 사용하여 내부의 글라스울(glass wool)을 충전하여 석고보드 및 합판 등을 이용하여
건식벽체를 설치하는 공법
② 시공순서 및 상세도

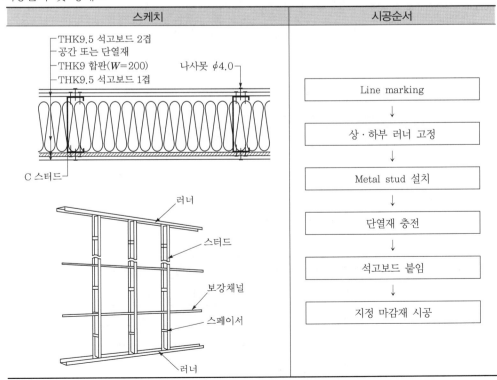

스케치	시공순서
THK9.5 석고보드 2겹 / 공간 또는 단열재 / THK9 합판(*W*=200) / THK9.5 석고보드 1겹 / 나사못 ∅4.0 / C 스터드 / 러너 / 스터드 / 보강채널 / 스페이서 / 러너	Line marking ↓ 상·하부 러너 고정 ↓ Metal stud 설치 ↓ 단열재 충전 ↓ 석고보드 붙임 ↓ 지정 마감재 시공

15 열가소성수지 및 열경화성수지의 종류를 각각 2가지씩 기술하시오. [4점]

정답 (1) **열가소성수지**: 폴리에틸렌수지, 아크릴수지
(2) **열경화성수지**: 페놀수지, 요소수지

해설 **열가소성수지 및 열경화성수지**

구분	열가소성수지	열경화성수지
정의	열을 가하여 성형한 뒤 다시 열을 가하면 연화되는 수지	열을 가하여 성형한 뒤 다시 열을 가해도 연화되지 않는 수지
종류	① 폴리에틸렌수지 ② 아크릴수지 ③ 폴리스티렌수지 ④ 염화비닐수지 ⑤ 초산비닐수지	① 페놀수지 ② 요소수지 ③ 멜라민수지 ④ 우레탄수지 ⑤ 폴리에스테르수지

16 흐트러진 상태의 흙 100m³를 이용하여 60m²의 면적에 다짐상태로 500mm 두께로 성토할 경우 토공 완료 후의 흐트러진 상태의 토량을 산출하시오. (단, 토량환산계수 $L=1.2$, $C=0.9$이다.)
[4점]

정답 ① 다져진 상태의 토량: $100\text{m}^3 \times \dfrac{0.9}{1.2} = 75.0\text{m}^3$

② 다짐 후의 잔토량: $75.0\text{m}^3 - (60\text{m}^2 \times 0.5\text{m}) = 45\text{m}^3$

③ 흐트러진 상태의 토량: $45\text{m}^3 \times \dfrac{1.2}{0.9} = 60\text{m}^3$

해설 **성토 후 잔토량 산정**
(1) 토량환산계수(L값, C값) 산정식

구분	산정식	적용
L값 산정식	$L = \dfrac{\text{흐트러진 상태의 토량(m}^3)}{\text{자연 상태의 토량(m}^3)}$	잔토 처리(배토) 시 적용
C값 산정식	$C = \dfrac{\text{다져진 상태의 토량(m}^3)}{\text{자연 상태의 토량(m}^3)}$	다짐 시 적용

(2) 토량환산계수표

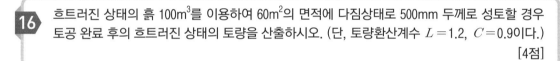

기준량 \ 구하는 양	자연상태의 토량(1)	흐트러진 상태의 토양(L)	다져진 후의 토량(C)
자연상태의 토량(1)	1	L	C
흐트러진 상태의 토량(L)	$1/L$	1	C/L
다져진 후의 토량(C)	$1/C$	L/C	1

17 다음 도면을 참조하여 방수공사에 대한 적산량을 산출하시오. [6점]

(1) 시트방수면적
(2) 누름 콘크리트양
(3) 보호벽돌 소요량

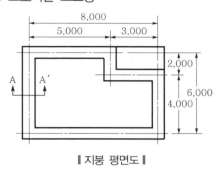

‖ 지붕 평면도 ‖

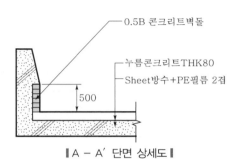

‖ A – A′ 단면 상세도 ‖

정답 (1) **옥상 시트방수면적**: $(5 \times 6) + (3 \times 4) + (8 + 6) \times 2 \times 0.58 = 58.24\,\mathrm{m}^2$

(2) **누름 콘크리트양**: $[(5 \times 6) + (3 \times 4)] \times 0.08 = 3.36\,\mathrm{m}^3$

(3) **보호벽돌 소요량**: $[(8 - 0.09) + (6 - 0.09)] \times 2 \times 0.5 \times 75 \times 1.05 = 1{,}088.325 ≒ 1{,}089$매

해설 **방수공사 적산**

(1) **시트방수면적**: [바닥면적]+[파라핏의 치켜올림 부위 벽면적]

(2) **누름 콘크리트양**: [전체 바닥면적(중심선간 치수 적용)]×타설 두께(THK)

(3) **보호벽돌 소요량**: 벽면적×기준벽돌량(0.5B; 75매/m^2)×할증률(1.05)

　① 벽면적 계산 시 모서리구간 중복 부분을 공제(→ 0.5B이므로 각 모서리에서 0.09m 공제)

　② 문제 조건에 정미량을 산출하라는 조건이 없을 경우 반드시 할증률을 적용

　③ 벽돌기준량은 0.5B(75매/m^2), 1.0B(149매/m^2), 1.5B(224매/m^2), 2.0B(298매/m^2)까지는
　　반드시 암기

　(단, 벽돌은 표준형 190mm×90mm×57mm를 기준)

18 다음 데이터를 표준 네트워크공정표로 작성하고, 7일 공기단축 상태의 공기단축 네트워크를 작성하시오.
[10점]

작업명	작업일수	선행작업	비용구배 (단위: 천 원)	공기단축 가능일수	비 고
A(①→②)	2	없음	50	1	
B(①→③)	3	없음	40	1	(1) 결합점에서는 다음과 같이 표현한다.
C(①→④)	4	없음	30	2	
D(②→⑤)	5	A, B, C	20	2	
E(②→⑥)	6	A, B, C	10	3	
F(③→⑤)	4	B, C	15	2	(2) 주공정선은 굵은 선으로 표시한다.
G(④→⑥)	3	C	23	1	(3) 공기단축은 작업일수의 1/2을 초과할 수 없다.
H(⑤→⑦)	6	D, F	37	3	
I(⑥→⑦)	7	E, G	45	3	

비 고 칸:
(1) 결합점에서는 다음과 같이 표현한다.

i ──작업명──→ j
  소요일수
[EST][LST] ◁LFT◁EFT

(2) 주공정선은 굵은 선으로 표시한다.
(3) 공기단축은 작업일수의 1/2을 초과할 수 없다.

정답 (1) 표준(nomal) 네트워크(network) 공정표

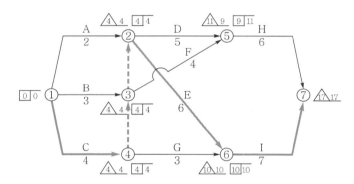

(2) 7일 공기단축 네트워크 공정표

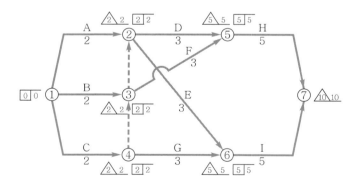

✅ **참고**

공기단축 시 추가 공사비

작업명(일수)		공기단축 가능일수	비용구배 (단위: 원)	공기단축 단계						추가공사비 (단위: 원)
				1차	2차	3차	4차	5차	6차	
A	(2)	1	50,000							–
B	(3)	1	40,000				1			40,000
C	(4)	2	30,000		1		1			60,000
D	(5)	2	20,000			1		1		40,000
E	(6)	3	10,000	2		1				30,000
F	(4)	2	15,000					1		15,000
G	(3)	1	23,000							–
H	(6)	3	37,000						1	37,000
I	(7)	3	45,000					1	1	90,000
추가공사비 합계										312,000

19 KS L 5201(2021)에 포틀랜드시멘트의 오토클레이브 팽창도를 0.8% 이하로 규정하고 있다. 현장에 반입된 시멘트의 안정성 시험 결과가 아래와 같을 경우 팽창도를 산정하고 합격 여부를 판정하시오. [4점]

보기
[시멘트의 안정성 시험 결과]
① 오토클레이브 시험 전 시험편의 유효표점길이: 239.67mm
② 오토클레이브 시험 후 시험편의 표점길이: 240.87mm

(1) 팽창도
(2) 합격 판정

정답 (1) **팽창도**: 팽창도 $= \dfrac{240.87 - 239.67}{239.67} \times 100 = 0.50\,\%$

(2) **합격 판정**: $0.50\% < 0.8\%$이므로 합격

해설 **시멘트 안정성 시험(오토클레이브 팽창도)**
(1) **정의**: 시멘트가 경화 중에 체적이 팽창하여 팽창균열이나 휨 등이 생기는 정도
(2) **시험 방법**
① 시멘트의 성형
② 시험편의 저장: 24시간±30분 항온 · 항습기 안에 저장
③ 유효표점길이 측정: l_1
④ 시험편의 가열 및 가압: 오토클레이브
⑤ 시험편 건조 후 길이 측정: l_2

(3) 결과 판정

① 팽창도 측정: $\dfrac{\text{시험 후의 표점길이의 차}(\mathrm{mm})}{\text{시험체의 유효표점길이}(\mathrm{mm})} \times 100\% = \dfrac{l_2 - l_1}{l_1} \times 100\%$

② 판정: 오토클레이브 팽창도 0.8% 이하 시 합격

---

20 속빈 콘크리트블록(KS F 4002) 표준인증에 따른 블록의 압축강도시험에 대하여 다음 물음에 답하시오. [4점]

(1) 규격 390mm×190mm×150mm의 속빈 콘크리트블록에 대한 가압면적(mm^2)

(2) 압축강도 결과치가 12MPa일 경우 시험체의 파괴시간(sec) (단, 가압속도는 0.2MPa/sec로 한다.)

정답 (1) **가압면적**: $A = 390 \times 190 = 74,100\,\mathrm{mm}^2$

(2) **파괴시간**: $s = \dfrac{12}{0.2} = 60\,\mathrm{sec}$

해설 **속빈 콘크리트블록의 압축강도시험**

① 시험체는 가압 양면을 시험체 블록의 세로측에 직각이 되도록 평활하게 마무리한다.

② 그 후 2시간 이상 맑은 물속에 담가 흡수시켜 시험한다.

③ 압축 방향은 실제로 하중을 받는 방향으로 하고 전체 면을 고르게 가압한다.

④ 콘크리트 블록의 가압면적: 블록의 길이×두께(단위: mm^2)

⑤ 시험체의 가압은 전단면적당 매초 약 0.2~0.3MPa의 속도로 가압한다.

⑥ 속빈 콘크리트블록의 압축강도: 압축강도 $= \dfrac{\text{최대 하중}}{\text{가압 전단면적}}\,[\mathrm{MPa}]$

---

21 콘크리트용 굵은 골재의 절대건조밀도가 2.6g/cm³이고, 단위용적 질량이 1,800kg/m³일 때 이 골재의 실적률을 계산하시오. [3점]

정답 골재의 실적률: $d = \dfrac{1,800}{2.6 \times 1,000} \times 100 = 69.23\% \fallingdotseq 69\%$

해설 **골재의 실적률 및 공극률**

실적률	공극률	비고
골재의 단위용적 질량에 대한 실적 용적의 백분율(%) $d = \dfrac{T}{\rho} \times 100\%$	골재의 단위용적 질량에 대한 공극의 백분율(%) $v = \left(1 - \dfrac{T}{\rho \times 0.999}\right) \times 100\%$	T: 골재의 단위용적 질량($\mathrm{kg/m}^3$) ρ: 골재의 절대건조밀도($\mathrm{g/cm}^3$)

✓ 참고

㉠ 굵은 골재 최대치수(20mm 깬자갈)의 실적률: 55% 이상

㉡ 고강도, 고내구성 콘크리트의 실적률: 59% 이상

㉢ 공극률: 잔골재 30~45%, 굵은 골재 27~45% 정도

22 다음 그림과 같은 변단면 부재의 하중 P가 작용할 경우 부재의 늘어난 길이를 구하시오. [4점]

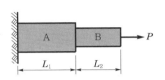

조건

부재	단면적	탄성계수
A	A_1	E_1
B	A_2	E_2

정답 부재의 늘어난 길이: $\Delta L = \left(\dfrac{P \cdot L_1}{A_1 \cdot E_1} \right) + \left(\dfrac{P \cdot L_2}{A_2 \cdot E_2} \right)$

해설 **인장부재의 변형**

(1) 훅의 법칙: $\sigma = E \cdot \epsilon$ 에서, $\dfrac{P}{A} = E \cdot \dfrac{\Delta L}{L} \;\rightarrow\; \Delta L = \dfrac{P \cdot L}{E \cdot A}$

(2) 변형길이: $\Delta L = \sum \dfrac{P \cdot L}{A \cdot E} \;\Rightarrow\; \Delta L = \left(\dfrac{P \cdot L_1}{A_1 \cdot E_1} \right) + \left(\dfrac{P \cdot L_2}{A_2 \cdot E_2} \right)$

23 스프링(spring)구조에서 하중(W)이 작용할 때 스프링상수 k를 계산하시오. [4점]

정답 $W = k\Delta L = k \dfrac{PL}{EA}$ 에서, 스프링상수 $k = \dfrac{EA}{L}$ 이다.

해설 **스프링구조 – 스프링상수**

(1) 훅의 법칙: $\sigma = E\varepsilon$에서, $\dfrac{P}{A} = E \cdot \dfrac{\Delta L}{L} \;\rightarrow\; \Delta L = \dfrac{P \cdot L}{E \cdot A}$

(2) 하중(W)과 변위(ΔL)의 관계: $W = k \cdot \Delta L = k \cdot \dfrac{PL}{EA}$

(3) 스프링 상수: $k = \dfrac{EA}{L}$

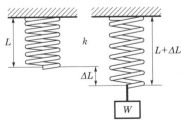

(5) 스프링의 직렬연결과 병렬연결 시의 스프링상수

스프링의 직렬연결	스프링의 병렬연결
$\Delta L = \Delta L_1 + \Delta L_2$ 에서 $\dfrac{1}{k} = \dfrac{1}{k_1} + \dfrac{1}{k_2}$	$\Delta L = \Delta L_1 + \Delta L_2$ 에서 $k = k_1 + k_2$

24 구조기준 「콘크리트구조 해석과 설계 원칙(KDS 14 20 10)」에 따르면 콘크리트의 할선탄성계수는 단위질량 m_c 의 값이 1,450~2,500kg/m³인 콘크리트의 경우 $E_c = 0.077 m_c^{1.5} \sqrt{f_{cm}}$ [MPa]로 계산할 수 있다. 이때 콘크리트 평균압축강도 f_m 에 대한 값을 결정할 때 괄호 안에 알맞은 기준을 쓰시오. [3점]

구 분	보정 강도	비 고
$f_{ck} \leq 40\text{MPa}$	$\Delta f = (\ ① \ )$	
$40\text{MPa} < f_{ck} < 60\text{MPa}$	$\Delta f = (\ ② \ )$	$f_{cm} = f_{ck} + \Delta f$
$f_{ck} \geq 60\text{MPa}$	$\Delta f = (\ ③ \ )$	

정답 ① 4MPa   ② 직선보간   ③ 6MPa

해설 **재료의 탄성계수**

(1) 콘크리트의 탄성계수

구 분	내 용
콘크리트의 단위질량(m_c)이 1,450~2,500kg/m³인 경우	$E_c = 0.077 m_c^{1.5} \sqrt[3]{f_{cm}}$ [MPa]
보통중량골재를 사용한 경우(m_c=2,300kg/m³)	$E_c = 8,500 \sqrt[3]{f_{cm}}$ [MPa]

$f_{cm} = f_{ck} + \Delta f$ 에서,
① $f_{ck} \leq 40\text{MPa}$: $\Delta f = 4\text{MPa}$
② $f_{ck} \geq 60\text{MPa}$: $\Delta f = 6\text{MPa}$
③ 그 사잇값은 직선보간

(2) 콘크리트의 초기접선 탄성계수: $E_{ci} = 1.18 E_c$

(3) 철근 및 긴장재, 형강의 탄성계수

구 분	탄성계수	비 고
철근	$2.0 \times 10^5 \text{MPa}$	(콘크리트 탄성계수의 7~12배)
긴장재	$2.0 \times 10^5 \text{MPa}$	–
형강	$2.05 \times 10^5 \text{MPa}$	–

25 다음 그림과 같은 인장재에서 순단면적을 산출하시오. [4점]

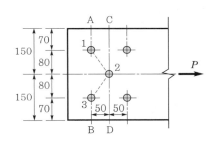

조건

① 판재의 두께: 20mm

② 볼트구멍 지름: 22mm

정답 ① 파단선: A−1−3−B(→ 일렬배치로 해석)

$$A_n = A_g - ndt = (300 \times 20) - (2 \times 22 \times 20) = 5,120\,\mathrm{mm}^2 \quad \cdots\cdots\cdots\cdots\cdots\cdots\cdots\cdots\cdots ㉠$$

② 파단선: A−1−2−3−B(→ 불규칙배치로 해석)

$$A_n = A_g - ndt + \sum \frac{p^2}{4g} \cdot t$$

$$= (300 \times 20) - (3 \times 22 \times 20) + \left[\left(\frac{50^2}{4 \times 80} \right) \times 20 + \left(\frac{50^2}{4 \times 80} \right) \times 20 \right] = 5,432.5\,\mathrm{mm}^2 \quad \cdots\cdots ㉡$$

③ ㉠, ㉡ 중 작은 값이므로 5,120mm²

해설 인장재의 순단면적 산정

일렬(정렬)배치	불규칙(지그재그, 엇모)배치
순단면적$(A_n) = A_g - ndt$	순단면적$(A_n) = A_g - ndt + \sum \dfrac{p^2}{4g} t$
여기서, n: 볼트 수 d: 볼트구멍의 지름 A_g: 총단면적 t: 판의 두께	여기서, n: 볼트 수 t: 판의 두께 p: 볼트피치 g: 볼트의 응력에 직각 방향인 볼트선 간의 길이 (게이지)

01 다음은 지반조사 시 시행하는 보링에 관한 설명이다. 보기에 제시된 알맞은 내용을 각각 적으시오. [4점]

> **보기**
> ① 토사, 암석층 등의 경질층의 지층을 파쇄하여 천공하는 방식
> ② 깊이 10m 이내의 연약한 점토층에서 나선형의 오거 회전에 의한 천공방식 이용
> ③ 매우 연약한 점토층 및 지층의 변화를 연속적으로 천공하는 방식
> ④ 토사 및 균열이 심한 전석층, 자갈층 등의 비교적 연약한 지반에 수압을 이용해 천공하는 방식

정답 ① 충격식 보링
② 오거식 보링
③ 회전식 보링
④ 수세식 보링

해설 **보링(boring)**
(1) **정의**: 지중에 100mm 정도의 철관을 꽂아 토사를 채취, 관찰하기 위한 천공방식
(2) **보링의 종류**

구분	공법 특징
오거식 보링 (auger boring)	① 나선형의 오거 회전에 의한 천공방식 이용 ② 깊이 10m 이내의 얕은 지층(인력으로 지중 관입) ③ 연약한 점토지반에 적용
수세식 보링 (washer boring)	① 선단에 충격을 주어 이중관을 박아 수압에 의해 천공하는 방식 ② 흙을 물과 함께 배출하여 침전 후 토질 판별 ③ 연약한 토사에 적용
충격식 보링 (percussion boring)	① 충격날의 상하 작동에 의한 충격으로 천공하는 방식 ② 토사, 암석을 파쇄 천공하여 토사는 천공 bailer로 배출 ③ 거의 모든 지층에 적용 가능 ④ 공벽붕괴 방지 목적으로 안정액 사용(안정액: 벤토나이트, 황색점토 등)
회전식 보링 (rotary type boring)	① 드릴 로드 선단의 bit를 회전시켜 천공하는 방식 ② 지층의 변화를 연속적으로 판별 가능 ③ 공벽 붕괴가 없는 지반(다소 점착성이 있는 토사층)에 적용

02 토공사의 흙막이공사 중 발생하는 히빙(heaving) 파괴 및 보일링(boiling) 파괴의 방지책을 각각 2가지씩 기술하시오. [4점]

정답 (1) **히빙 파괴 방지대책**: ① 흙막이벽의 근입깊이 확보, ② 부분굴착으로 굴착지반 안정성 확보
(2) **보일링 파괴 방지대책**: ① 흙막이벽의 근입깊이 증대, ② 지하수위 저하

해설 **히빙(heaving)과 보일링(boiling)**
(1) **히빙 현상**: 연약점토지반에서 흙막이벽 내외의 흙의 중량 차이에 의해서 굴착저면 흙이 지지력을 잃고 붕괴되어, 흙막이 바깥에 있는 흙이 안으로 밀려 굴착 저면이 부풀어 오르는 현상

원 인	대 책
① 흙막이벽 내외 흙의 중량 차	① 흙막이벽의 근입 깊이 확보
② 상부 재하중 과다	② 부분굴착으로 굴착지반의 안정성 확보
③ 흙막이벽의 근입 깊이 부족	③ 기초 저면의 연약지반 개량
④ 기초 저면의 지지력 부족	④ 흙막이 배면 상부하중 제거

(2) **보일링 현상**: 투수성이 좋은 사질지반에서 흙막이벽의 배면 지하수위와 굴착저면과의 수위차에 의해, 굴착저면을 통하여 모래와 물이 부풀어 오르는 현상

원 인	대 책
① 흙막이벽의 근입 깊이 부족	① 흙막이벽의 근입 깊이 증대
② 굴착 저면과 배면과의 지하수위 차가 클 경우	② 지하수위 저하
③ 굴착 하부 지반의 투수성이 좋은 사질층이 있을 경우	③ 수밀성이 우수한 흙막이벽 설치
	④ 지수벽 및 지수층 형성

03 다음은 흙파기공사 및 흙막이공사에서 사용되는 계측기기에 대한 설명이다. 보기에 알맞은 측정 기기의 종류를 쓰시오. [4점]

> 보기
> ① 각 지층의 수직변위를 측정하여 토층 암석의 거동 및 안전성을 파악하는 기구
> ② 점토 차수벽 내의 지하 흙 중에 포함된 물에 의한 상향 수압을 측정하여 축조속도를 관리하고, 담수 후에는 침윤선을 측정할 목적으로 유심부가 되는 댐의 중앙 단면에 설치하는 수압측정장치

정답 ① 지중침하계(extenso−meter)   ② 간극수압계(Piezo−meter)

해설 **계측기기**
(1) **지중침하계**
    ① 굴착에 따른 가시설 배면지반의 지층별 침하 및 융기를 측정하는 계측기기
    ② 흙막이벽 배면 또는 인접구조물 주변에 부동층까지 천공하여 설치
(2) **간극수압계**
    ① 토중에 작용하는 간극수압을 측정하기 위한 압력계기
    ② 굴착에 따른 과잉간극수압의 변화를 측정하여 안전성 판단

04 현장타설 콘크리트말뚝 종류 중 CIP(Cast In Place pile)에 대하여 간략히 설명하시오. [2점]

정답 earth auger로 소정의 깊이만큼 천공하여 미리 제작한 철근망을 삽입한 후 모르타르 주입관을 설치하고 공 내에 자갈을 채운 후 모르타르를 주입하여 말뚝을 형성하는 공법

해설 Pre-packed concrete pile
(1) CIP(Cast In Place pile)
   earth auger로 소정의 깊이만큼 천공하여 미리 제작한 철근망을 삽입한 후 모르타르 주입관을 설치하고 공 내에 자갈을 채운 후 모르타르를 주입하여 제자리콘크리트 말뚝을 형성하는 공법
(2) PIP(Packed In Place pile)
   중공의 screw auger로 설계깊이까지 천공하고 제거된 토사량만큼 Pre-packed 모르타르를 중공의 auger로 압출시키면서 제자리콘크리트 말뚝을 형성하는 공법
(3) MIP(Mixed In Place pile)
   중공의 auger로 설계깊이까지 천공하면서 auger의 축 선단부에서 시멘트 페이스트를 분출하여 토사와 혼합교반하여 형성하는 제자리콘크리트 말뚝공법

☑ 참고

① CIP: 굴착→ 철근망 삽입→ 자갈 채움→ 모르타르 주입
② PIP: 오거 굴착→ 프리팩트 모르타르 주입→ 철근망 및 강재 삽입
③ MIP: 굴착→ 시멘트페이스트 분출→ 지중토사와 교반→ soil cement pile 형성

05 기초공사에 사용되는 마이크로 말뚝(micro pile)의 정의 및 장점 2가지를 쓰시오. [4점]

정답 (1) **정의**: 지반에 구멍을 뚫고 강봉을 삽입하여 그라우트한 깊은 기초이며 소구경 말뚝
(2) **장점**: ① 협소한 공간에서 시공 가능, ② 주변 지반 변위의 최소화

해설 micro pile
(1) **정의**: 지반을 천공하여 철근 또는 강봉을 삽입하고 그라우팅하여 형성된 300mm 이하의 소구경 말뚝
(2) **특징**
   ① 협소 공간에 시공 가능: 공간제약에 따른 소규모 장비 활용이 가능함.
   ② 기존구조물과의 간섭부에 대한 시공성이 우수함.
   ③ 주변 지반 변위 최소화: 도심지 근접시공 가능, 주변 지반과 말뚝이 일체로 거동
   ④ 지반 및 굴착조건이 불량한 지반에 적용성이 우수함.
   ⑤ 건설공해(소음, 진동) 저감: 친환경적 공법
   ⑥ 압축력과 인장력 동시 대응: 구조물 내진보강효과가 우수함.

06 화재 발생 시 고강도 콘크리트에서 발생되는 폭렬현상에 대한 방지대책을 2가지 쓰시오. [4점]

정답 ① 내열성이 낮은 유기질 섬유의 혼입(비폭렬성 콘크리트)
② 내화성이 우수하고 함수율(흡수율)이 낮은 골재 사용

해설 **폭렬현상(explosive fracture)**
(1) **정의**: 콘크리트 부재가 화재로 가열되어 표층부가 소리를 내며 박리할 때 등의 급격한 파열 현상
(2) **폭렬현상의 원인 및 대책**

구 분	내 용
원 인	① 흡수율이 큰 골재 사용 ② 내화성이 약한 골재 사용 ③ 콘크리트 내부의 함수율이 높을 경우 ④ 치밀한 콘크리트 조직으로 수증기 배출의 지연
방지대책	① 내부 수증기압 소산: 내열성이 낮은 유기질 섬유 혼입(비폭렬성 콘크리트) ② 급격한 온도 상승 방지: 내화피복, 내화도료 도포(단열 탄화층 생성) ③ 함수율(흡수율)이 낮은 골재 사용(3.5% 이하) ④ 콘크리트 비산방지: 표면 Metal lath 혼입, CFT 및 ACT Column ⑤ 콘크리트 인장강도 개선: 섬유보강콘크리트 사용 ⑥ 콘크리트 피복두께 증대: 콘크리트의 내화성 향상

07 강구조의 습식 내화피복공법의 종류 4가지를 쓰시오. [4점]

정답 ① 타설공법
② 뿜칠공법
③ 조적공법
④ 미장공법

해설 **내화피복공법의 분류**

구 분	공법 종류	재 료
습식 내화피복	타설공법	보통콘크리트, 경량콘크리트
	뿜칠	암면, 모르타르, 플라스터, 실리카 등
	조적공법	속빈콘크리트 블록, 경량콘크리트 블록(ALC)
	미장	시멘트모르타르, 철망 펄라이트 모르타르
건식 내화피복	성형판 붙임공법 세라믹울 피복공법	무기섬유 혼합 규산칼슘판, ALC판, 석면시멘트판, 경량콘크리트 패널, 프리캐스트 콘크리트판
합성 내화피복	이종재료 적층·접합공법	프리캐스트 콘크리트판, ALC판
도장 내화피복	내화도료공법	팽창성 내화도료

08 다음 보기에서 설명하는 강구조의 용접접합 시 발생되는 용접결함의 용어를 쓰시오. [4점]

> 보기
> ① 모재 표면과 용접 표면의 교차점에서 모재가 녹아 용착금속이 채워지지 않고 홈으로 남는 현상
> ② 용융금속 응고 시 방출 가스가 남아 기포가 발생하는 현상
> ③ 용접전류의 과다로 모재와 용접금속이 융합되지 않고 겹쳐지는 현상
> ④ 용접봉의 피복제 심선과 모재가 변하여 생긴 회분이 용착금속 내에 혼입되는 현상

정답 ① 언더컷
② 블로홀
③ 오버랩
④ 슬래그 감싸돌기

해설 **용접결함의 종류**
(1) 내부 결함

종 류	정 의	원 인
블로홀(blow hole)	용융금속 응고 시 방출 가스가 남아 기포 발생	가스 잔류로 생긴 기공
슬래그 감싸돌기	용접봉의 피복제 심선과 모재가 변하여 생긴 회분이 용착금속 내에 혼입되는 현상	슬래그가 용착금속 내에 혼입
용입 부족	모재가 녹지 않고 용착금속이 채워지지 않는 현상	용접부 형상이 좁은 경우

(2) 외부 결함

종 류	정 의	원 인
크랙(crack)	용접 비드 표면에 생기는 갈라짐	용접 후 급냉각, 과대전류 응고 직후 수축응력의 영향
크레이터(crater)	용접 비드 끝에 항아리모양처럼 오목하게 파인 현상	운봉 부족, 과대전류
피시아이(fish eye)	기공 및 슬래그가 모여 생기는 둥근 은색의 반점	용접봉의 건조불량
피트(pit)	작은 구멍이 용접부 표면에 생기는 현상	용융금속의 응고 시 수축변형

(3) 형상 결함

종 류	정 의	원 인
언더컷(under cut)	모재 표면과 용접 표면의 교차점에서 모재가 녹아 용착금속이 채워지지 않고 홈으로 남는 현상	용접전류의 과다, 용접부족
오버랩(over lap)	모재와 용접금속이 융합되지 않고 겹쳐지는 현상	용접전류의 과다
오버헝(over hung)	용착금속의 흘러내림 현상	상향 용접 시 발생

09 강구조 용접결함의 종류 중 라멜라 티어링(Lamella tearing)에 대하여 간략히 설명하시오. [3점]

정답 용접열의 영향부에서 국부적 열변형으로 모재 두께 방향으로 인장구속력에 의해 미세균열이 발생되는 결함

해설 **라멜라 티어링(Lamellar tearing)**
  (1) **정의**
    ① 라멜라 티어링이란, 용접열의 영향부에서 국부적 열변형으로 모재 두께 방향으로 인장구속력에 의해 미세균열이 발생되는 결함이다.
    ② 라멜라 티어링은 T형 용접, 구석이음에서 주로 발생되며, 예열처리를 통해 결함을 방지하여야 한다.
  (2) **라멜라 티어링 방지대책**
    ① 용접부위의 개선 정밀도 확보
    ② 용접 방향과 압연 방향의 일치
    ③ 저수소계 또는 저강도 용접봉의 사용
    ④ 용접 전 예열관리: 모재의 열영향부의 최소화
    ⑤ 용접 완료 후 후열관리: 모재의 국부인장력의 소산
    ⑥ 저강도 및 저탄소당량의 강재 사용(TMC 강재)

10 강구조형식 구조물의 상부 하중을 지지하는 기초 anchor bolt의 매입공법의 종류 3가지를 나열하시오. [3점]

정답 ① 고정매입공법   ② 나중매입공법   ③ 가동매입공법

해설 **강구조 – 기초 anchor bolt 매입공법**

구 분	정의 및 특성	시공 상세도
고정매입공법	① 기초철근 조립 시 동시에 anchor bolt를 매입하여 콘크리트를 타설하는 공법 ② 대규모공사에 적용, 구조성능 우수, 불량 시 보수곤란	앵커볼트
나중매입공법	① 콘크리트 타설 전에 원통형의 강판재 등으로 조치한 후 anchor bolt 상부의 위치를 조정할 수 있는 공법 ② 시공오차 수정 용이, 부착강도 저하, 중소규모 공사	
가동매입공법	① anchor bolt 설치위치에 pipe 등을 매입하거나, 콘크리트 타설 후 천공하여 anchor bolt 설치 후 그라우팅하는 공법 ② 구조물 용도로는 부적합하고, 기계장비의 기초로 사용	

11 목재의 방부처리공법 중 3가지에 대하여 간략히 설명하시오. [3점]

정답 ① 침지법: 방부제 용액 중에 목재를 일정 시간 이상 침지하는 방법
② 주입법: 압력용기 속에 목재를 넣어 7~12기압의 고압하에서 방부제를 주입하는 방법
③ 표면탄화법: 목재의 3~10mm 정도의 표면을 탄화시키는 방법

해설 목재의 방부처리방법

구 분	방부처리방법
도포법	목재 건조 후 균열 및 이음부 등에 방부제를 도포하는 방법
주입법	① 상압주입법: 방부제 용액 중에 목재를 침지하여 방부제를 침투시키는 방법 ② 가압주입법: 압력용기 속에 목재를 넣어 7~12기압의 고압하에서 방부제를 주입하는 방법
침지법	방부제 용액 중에 목재를 일정 시간 이상 침지하는 방법
표면탄화법	목재의 3~10mm 정도의 표면을 탄화시키는 방법
생리주입법	벌목 전 나무뿌리에 약액을 주입하여 수간에 이행시키는 방법

12 조적벽체에 발생하는 결함 중에서 백화(efflorescence)의 방지대책을 4가지 나열하시오. [4점]

정답 ① 흡수율이 낮은 벽돌 사용
② 벽체 표면에 발수제 도포
③ 저알칼리형 시멘트 사용
④ 차양, 물끊기 등 외부 유입수 차단

해설 백화현상의 원인 및 대책

원 인		대 책
기후조건	저온(수화반응 지연)	소성이 잘된 벽돌 및 흡수율이 낮은 벽돌 사용
	다습(수분 제공)	줄눈의 방수처리(경화 후 발수제 도포)
	그늘진 장소(건조지연)	외부 유입수 차단(차양, 루버, 물끊기 등)
물리적 조건	균열발생부위	시공 후 양생관리 철저
	벽돌 및 타일 뒤 공극 과다	겨울철 등 저온시공 지양
	겨울철 양생온도 관리 불량	저알칼리형 시멘트 사용
	줄눈시공불량(양생불량)	분말도가 큰 시멘트 사용

13 타일공사의 결함 중 박락 · 박리의 원인에 대하여 4가지 기술하시오. [4점]

정답 ① 붙임모르타르의 부착강도 부족
② 타일의 동해 발생
③ 타일재료의 흡수율 과다
④ 붙임모르타르의 오픈타임 경과

해설 **타일 탈락의 원인 및 대책**

원 인	대 책
① 붙임모르타르의 부착강도 부족	① 소성이 잘된 타일 선정
② 붙임모르타르의 open time 경과	② 타일의 뒷굽형태 및 크기를 적정하게 선정
③ 타일재료의 흡수율 과다	③ 시공 부위별 적정한 타일자재의 선정(자기질 타일, 도
④ 설계 시 줄눈 설계의 미흡	기질 타일, 석기질 타일 등)
⑤ 붙임모르타르의 사춤 부족	④ 붙임모르타르의 open time 준수
⑥ 타일의 소성상태 불량(타일 자체의 강도 부족)	⑤ 동절기 시공 지양
⑦ 타일나누기도의 오류	⑥ 피접착면의 균열 등의 결함 보수 후 시공
⑧ 저온, 다습상태의 타일 시공	⑦ 흡수율이 낮은 타일 사용
⑨ 양생기간 중 진동 및 충격	⑧ 타일 줄눈의 사춤 및 누르기 철저
⑩ 피접착면의 균열보수 미흡	⑨ 타일 시공 완료 후 접착강도 시험 시행
⑪ 타일의 동해 발생	⑩ 타일 1회 시공량 준수 및 기능공 확보

14 다음은 수장공사에 대한 설명이다. 알맞은 용어를 쓰시오. [2점]

> 수장공사 시 바닥에서 1.0~1.5m 정도의 높이까지 널을 댄 것

정답 징두리벽

15 다음과 같이 터파기 공사 중에 자연상태의 토량을 터파기하여 되메우기를 시행하고 트럭으로 잔토처리를 하였다. 이때 트럭 1대에 운반할 수 있는 1회 적재량과 차량대수를 산출하시오. [6점]

조건 ① 터파기량: 18,000m^3(자연상태의 토량; $L = 1.25$)
② 되메우기량: 6,000m^3
③ 운반트럭 용량: 15ton
④ 자연상태의 토량 중량: 1,800kg/m^3

정답 **(1) 운반트럭의 1회 적재량**

① 자연상태의 토사 적재량(1회): $\dfrac{15\,\mathrm{t/대}}{1.8\mathrm{t/m^3}} = 8.33\,\mathrm{m^3/대}$

② 흐트러진 상태의 토사 적재량(1회): (자연상태의 1회 적재량)$\times L = 8.33 \times 1.25 = 10.42\,\mathrm{m^3/대}$

(2) 운반트럭 차량대수: $\dfrac{(18{,}000 - 6{,}000) \times 1.25}{10.42} = 1{,}439.53 = 1{,}440\,대$

해설 **토공량 적산**

(1) 소요 트럭 대수 산정

① 트럭 1대당 운반 적재량: $\dfrac{\text{트럭 1대당 토사 적재량}}{\text{토량 단위중량}} \times 토량환산계수(L)\,[\mathrm{m^3/대}]$

($\because$ 자연시료의 토사를 트럭으로 적재 시 토사는 흐트러진 상태로 변환: 토량환산계수 L 값 적용)

② 소요 운반 트럭 대수 산정

$$\frac{\text{잔토처리량}}{\text{트럭 1대의 운반 적재량}} = \frac{[\text{자연상태의 토량(m^3)} - \text{되메우기토량(m^3)}] \times \text{토량환산계수}(L)}{\text{트럭 1대의 운반 적재량(m^3/대)}}\,(대)$$

(2) 토량환산계수 산정식

구 분	산정식	적 용
L값 산정식	$L = \dfrac{\text{흐트러진 상태의 토량}[\mathrm{m^3}]}{\text{자연 상태의 토량}[\mathrm{m^3}]}$	운반량 및 운반장비 산정 시
C값 산정식	$C = \dfrac{\text{다져진 상태의 토량}[\mathrm{m^3}]}{\text{자연 상태의 토량}[\mathrm{m^3}]}$	되메우기량(성토량) 산정 시

(3) 토량환산계수

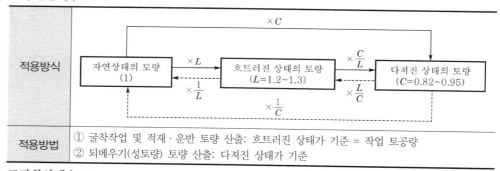

적용방식	자연상태의 토량(1) $\xrightarrow{\times L}$ 흐트러진 상태의 토량 $(L=1.2\sim1.3)$ $\xrightarrow{\times \frac{C}{L}}$ 다져진 상태의 토량 $(C=0.82\sim0.95)$, $\times C$, $\times \frac{1}{L}$, $\times \frac{1}{C}$, $\times \frac{L}{C}$
적용방법	① 굴착작업 및 적재·운반 토량 산출: 흐트러진 상태가 기준 = 작업 토공량 ② 되메우기(성토량) 토량 산출: 다져진 상태가 기준

(4) 토량환산계수표

기준량 (분모) \ 구하는 양 (분자)	자연상태의 토량(1)	흐트러진 상태의 토량(L)	다져진 상태의 토량(C)
자연상태의 토량(1)	1	L	C
흐트러진 상태의 토량(L)	$1/L$	1	C/L
다져진 상태의 토량(C)	$1/C$	L/C	1

16 다음과 같이 주어진 조건을 보고 네트워크 공정표를 작성하고 각 작업의 여유시간을 구하시오.
[10점]

작업명	선행작업	작업일수	비 고
A	없음	3	(1) 결합점에서는 다음과 같이 표현한다.
B	없음	5	
C	없음	4	
D	A, B	5	
E	B, C	4	(2) 주공정선은 굵은 선으로 표시한다.

정답 (1) 네트워크 공정표

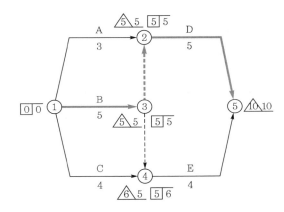

(2) 각 작업의 여유시간

작업명	작업일수	EST	EFT	LST	LFT	TF	FF	DF	CP
A	3	0	3	2	5	2	2	0	
B	5	0	5	0	5	0	0	0	※
C	4	0	4	2	6	2	1	1	
D	5	5	10	5	10	0	0	0	※
E	4	5	9	6	10	1	1	0	

17 종합적 품질관리(Total Quality Control) 기법의 종류 3가지를 쓰시오. [3점]

정답 ① 파레토도
② 히스토그램
③ 특성요인도

해설 **종합적 품질관리(Total Quality Control)의 기법**

구 분	설 명
관리도	① 정의: 공정 상태의 특성값 → 그래프화 ② 목적: 공정관리 상태 유지
히스토그램	① 정의: 계량치의 데이터의 분포 → 그래프화 ② 목적: 데이터 분포도를 파악하여 품질상태 만족 여부 파악
파레토도	① 정의: 불량 건수를 항목별로 분류 → 크기순서대로 나열 ② 목적: 불량요인, 집중관리 항목 파악
특성요인도	① 정의: 결과와 원인 간의 관계 → 그래프화(fish bone diagram) ② 목적: 문제 및 하자의 분석
산포도	① 정의: 대응하는 2개의 짝으로 된 데이터 → 그래프화 → 상호관계 파악 ② 목적: 품질특성과 상관관계의 조사
체크시트	① 정의: 계수치의 데이터 분류항목의 집중도 파악 → 기록용, 점검용 체크시트로 분류 ② 종류: 기록용 체크시트, 점검용 체크시트
층별	① 정의: 집단구성의 데이터 → 부분집단화(원인이 산포에 영향을 주는지의 여부 파악이 유리함) ② 목적: 집단 품질의 분포 비교

18 경화된 콘크리트 설계기준압축강도를 추정하기 위해 실시하는 비파괴시험의 종류를 3가지 나열하시오. [3점]

정답 ① 반발경도법 ② 초음파 전달속도법(음속법) ③ 공진법

해설 **콘크리트의 압축강도 추정-비파괴시험(NDT; Non-Destructive Test)**

구 분	설 명
반발경도법 (슈미트해머법)	① 콘크리트 표면을 타격, 반발계수를 측정하여 콘크리트 압축강도 추정 ② 검사장비가 소형·경량이고, 시험방법이 용이하여 광범위하게 사용 ③ 타격각도, 구조체 표면의 습윤 정도에 따른 품질편차 발생(신뢰성 부족) ④ 종류: 보통콘크리트(N형), 경량콘크리트(L형), 중량콘크리트(M형), 저강도 콘크리트(P형)
초음파 전달속도법 (음속법)	① 발신자와 수신자 사이의 음파 통과 시간을 측정하여 압축강도 추정 ② 기능: 압축강도 추정, 내구성 진단, 내부 균열발생 판별, 철근위치 탐상 등 ③ 콘크리트의 내부 강도 측정 가능(신뢰도 우수) ④ 타설 후 6~9시간 후 측정 가능 ⑤ 측정거리: 100mm 이상, 10m 이내
복합법	반발경도법과 초음파 전달속도법을 병용하여 시험
공진법(진동법)	콘크리트 공시체에 진동을 주어 공명·진동 주기를 동적측정기로 강도 추정
인발법	콘크리트에 종류별로 철근을 매입하여 타설한 후 철근을 잡아당겨 부착력 측정
철근탐사법	① 전자유도에 의한 병렬 공진회로의 진폭 감소를 응용하여 구조물의 철근 탐사 ② 종류: 자연전극 전위법, 자기법, 레이더법
기타	방사선법(X선 이용), 탄성파법 등

19 다음은 건설기술진흥법에 따른 건설공사의 안전관리에 대한 설명이다. ( ) 안에 알맞은 용어를 쓰시오. [4점]

(1) 건설사업자와 주택건설등록업자는 대통령령으로 정하는 건설공사를 시행하는 경우 안전 점검 및 (①)을 수립하고, 착공 전에 이를 발주자에게 제출하여 승인을 받아야 한다.

(2) 사업주는 다음 각 호의 어느 하나에 해당하는 경우에는 이 법 또는 이 법에 따른 명령에서 정하는 (②)를 작성하여 고용노동부령으로 정하는 바에 따라 고용노동부장관에게 제출 하고 심사를 받아야 한다.

정답 ① 안전관리계획서
② 유해위험방지계획서

해설 **건설공사의 안전관리**

(1) **안전관리계획서 대상공사(건설기술진흥법 시행령 제98조)**
① 1종 시설물 및 2종 시설물의 건설공사
② 지하 10m 이상을 굴착하는 건설공사
③ 폭발물을 사용하는 건설공사로서 20m 안에 시설물이 있거나 100m 안에 사육하는 가축이 있어 해당 건설공사로 인한 영향을 받을 것이 예상되는 건설공사
④ 10층 이상 16층 미만인 건축물의 건설공사
⑤ 10층 이상인 건축물의 리모델링 또는 해체공사, 수직증축형 리모델링
⑥ 천공기(높이가 10m 이상), 항타 및 항발기, 타워크레인을 사용하는 건설공사
⑦ 발주자가 안전관리가 특히 필요하다고 인정하는 건설공사
⑧ 해당 지방자치단체의 조례로 정하는 건설공사 중에서 인·허가기관의 장이 안전관리가 특히 필요하다고 인정하는 건설공사

(2) **유해위험방지계획서 대상공사(산업안전보건법 시행령 제42조)**
① 지상높이가 31m 이상인 건축물 또는 인공구조물
② 연면적 30,000m² 이상인 건축물
③ 연면적 5,000m² 이상인 시설로서 다음의 어느 하나에 해당하는 시설
④ 문화 및 집회시설(전시장 및 동물원·식물원은 제외), 판매시설, 운수시설(고속철도의 역사 및 집배송시설은 제외), 종교시설, 의료시설 중 종합병원, 숙박시설 중 관광숙박시설, 지하도 상가, 냉동·냉장 창고시설
⑤ 연면적 5,000m² 이상인 냉동·냉장 창고시설의 설비공사 및 단열공사
⑥ 최대 지간(支間)길이(다리의 기둥과 기둥의 중심 사이의 거리)가 50m 이상인 다리의 건설 등 공사
⑦ 터널의 건설 등 공사
⑧ 다목적댐, 발전용댐, 저수용량 2천만 톤 이상의 용수 전용 댐 및 지방상수도 전용 댐의 건설 등 공사
⑨ 깊이 10m 이상인 굴착공사

20 다음 그림과 같은 인장부재의 변형된 길이를 구하시오. [4점]

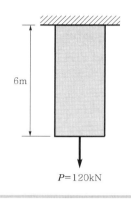

조건 ① 강재의 탄성계수: $E_s = 2.1 \times 10^5 \text{MPa}$
② 부재의 단면적: $A = 1,500 \text{mm}^2$
③ 부재의 길이: $L = 6\text{m}$

정답 $\Delta L = \dfrac{P \cdot L}{A \cdot E} = \dfrac{(120 \times 10^3) \times (6 \times 10^3)}{1500 \times (2.1 \times 10^5)} \fallingdotseq 2.29\text{mm}$

해설 **재료역학–인장재의 변형길이**

① 수직응력에 대한 훅의 법칙을 이용: 응력은 탄성계수와 변형량의 곱$[\sigma = E \cdot \epsilon]$
② 탄성계수: $E = \dfrac{\sigma}{\epsilon} = \dfrac{P \cdot L}{A \cdot \Delta L}$ (응력 및 부재길이에 비례, 변형량과 반비례 관계)
③ 변형량: $\Delta L = \dfrac{P \cdot L}{A \cdot E}$ (응력 및 부재길이에 비례, 탄성계수와 반비례 관계)

21 다음 그림과 같이 내민보에 집중하중이 작용할 때 내민보의 지점반력을 산출하고, 전단력도 (SFD) 및 휨모멘트도(BMD)를 작도하시오. [4점]

정답 ① 지점반력

$\Sigma M_B = 0 : \ V_A \times 4 + 12 \times 2 = 0 \ \rightarrow \ V_A = -6\text{kN} (\downarrow)$

$\Sigma V = 0 : \ -6 + V_B - 12 = 0 \ \rightarrow \ V_B = 18\text{kN} (\uparrow)$

② 전단력도(SFD)

③ 휨모멘트도(BMD)

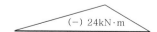

22 강구조의 하중저항계수설계법에 따라 인장재 설계 시 고장력볼트에 의한 마찰접합부의 설계미끄럼강도를 구하시오. [5점]

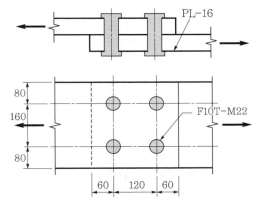

조건
① 고장력볼트: F10T-M22
② 미끄럼계수: $\mu = 0.5$
③ 설계볼트장력: $T_0 = 200\text{kN}$
④ 볼트구멍은 표준구멍을 적용하며, 이음부의 플레이트는 안전한 것으로 가정한다.
⑤ 무도장이고 블라스트 처리한 강재 표면에 대한 미끄럼계수를 적용하고, 끼움재를 사용하지 않는 경우의 필러계수를 적용한다.
⑥ 전단과 지압에 대한 검토는 생략한다.

정답 ① 공칭미끄럼강도: $R_n = \mu \cdot h_f \cdot T_0 \cdot N_s = 0.5 \times 1.0 \times 200 \times 1 = 100\text{kN}$
② 설계미끄럼강도: 표준구멍을 적용하였으므로 $R_d = \phi \cdot R_n = 1.0 \times 100 = 100\text{kN}$

해설 **고장력볼트 마찰접합부의 설계미끄럼강도**
① 고장력볼트의 공칭미끄럼강도: $R_n = \mu\, h_f\, T_o\, N_s$
   여기서, μ: 미끄럼계수, h_f: 끼움재계수(필러계수), T_o: 고장력볼트의 설계볼트장력[kN],
   N_s: 전단면 수
② 고장력볼트의 설계미끄럼강도: $R_d = \phi \cdot R_n$
   여기서, ϕ: 강도저항계수
③ 강도저항계수
   ㉠ 표준구멍 또는 하중 방향에 수직인 단슬롯: $\phi = 1.00$
   ㉡ 과대구멍 또는 하중 방향에 평행한 단슬롯: $\phi = 0.85$
   ㉢ 장슬롯: $\phi = 0.70$
④ 미끄럼계수
   ㉠ $\mu = 0.5$: 무도장이고 블라스트 처리한 강재 표면 또는 블라스트 처리한 강재에 미끄럼계수 0.5 발현이 실험적으로 검증된 코팅을 한 표면
   ㉡ $\mu = 0.4$: 무기질 아연말 프라이머 도장한 표면

    © $\mu=0.3$: 무도장이고 흑피를 제거한 강재 표면 또는 블라스트 처리한 강재에 미끄럼계수 0.3
    발현이 실험적으로 검증된 코팅을 한 표면
  ⑤ 끼움재계수(필러계수)
    ㆍ $h_f=0.3$: 끼움재를 사용하지 않는 경우와 끼움재 내 하중의 분산을 위하여 볼트를 추가한
    경우 또는 끼움재 내 하중의 분산을 위해 볼트를 추가하지 않은 경우로서 접합되는 재료
    사이에 1개의 끼움재가 있는 경우
    ㆎ $\mu=0.3$: 끼움재 내 하중의 분산을 위해 볼트를 추가하지 않은 경우로서 접합되는 재료 사이에
    2개 이상의 끼움재가 있는 경우

---

23 다음에 설명하는 지진력 저항 시스템의 명칭을 적으시오.   [3점]

> 지진력 발생 시 건축물의 안정성 확보를 위해 건축물의 기초부분 등에 미끄럼 받이 및 적층고무
> 등을 설치하여 지진에 대한 진동을 감소시킬 수 있는 구조

정답 면진구조

해설 지진력 저항 시스템 – 면진구조

구분	면진구조	제진구조	내진구조
정의	지반과 구조물 사이에 절연체를 설치하여 지진력의 진동을 소산시키는 구조(지진에 의한 진동이 구조체에 전달되지 않는 방법)	구조물 내부에 지진파에 대응하는 반대파를 작용시켜 지진력을 상쇄 및 소산시키는 구조	강성이 우수한 내진벽 등의 부재를 구조물에 배치하여 지진력에 대응하는 구조
재료	탄성받침, 합성고무받침, 납면진받침, 미끄럼받침 등	점탄성 감쇠기, 동조감쇠기, 점성유체 감쇠기, 능동형 감쇠장치 등	연성이 우수한 재료 질량이 가벼운 재료 (내력벽, 구조체 튜브 시스템)
특징	① 구조물의 안정성, 사용성 확보 ② 지진력에 효과적으로 대응 ③ 구조·비구조요소 보호 가능	① 중규모의 지진력에 대응 ② 구조물의 사용성을 확보 ③ 비구조적 요소 보호에는 한계성이 있음	① 구조물의 부재 증설 및 단면 증대 ② 비경제적 설계 가능 ③ 구조물의 자중 증가
개념도			

24 건축물의 내진설계 시 지진하중에 적용하는 동적해석법의 해석방법 3가지를 쓰시오. [3점]

정답 ① 응답스펙트럼해석법
② 선형 시간이력해석법
③ 비선형 시간이력해석법

해설 **내진설계-동적해석법**
(1) **응답스펙트럼해석법**
① 응답스펙트럼: 지반운동에 대한 단자유도 시스템의 최대응답(변위, 속도, 가속도)을 고유주기 또는 고유진동수의 함수(그래프)로 표현한 스펙트럼
② 고유주기, 모드형상벡터, 질량참여계수, 모드질량 등과 같은 건축물의 진동모드특성은 횡력저항시스템의 질량 및 탄성강성에 의하여 밑면이 고정된 것으로 가정하여 해석
(2) **선형 시간이력해석법**
구조물에 지진하중이 작용할 때 구조물의 동적특성과 가해지는 지진하중을 사용하여 임의의 시간에 대한 변위 및 부재력 등의 구조물 거동을 동적 평형방정식을 이용하여 계산하는 해석방법
(3) **비선형 시간이력해석법**
① 부재의 비탄성 능력 및 특성은 중요도계수를 고려하여 실험이나 충분한 해석결과에 부합하도록 모델링하여, 실제 지진파를 사용하여 구조물의 변위, 속도, 가속도 등을 파악하는 해석방법이다.
② 비선형 시간이력해석은 지진을 받은 구조물의 변위, 속도, 가속도 등을 파악하는 데 있어 가장 정확하고 신뢰도가 높은 해석방법이다.

25 다음은 내진설계 시 적용되는 지진력 저항 시스템에 대한 설계계수와 시스템 및 높이 제한에 대한 표이다. ( ) 안에 알맞은 내용을 쓰시오. [4점]

기본 지진력 저항 시스템	설계계수			시스템의 제한과 높이(m) 제한		
	(①)	(②)	(③)	내진설계 범주 A 또는 B	내진설계 범주 C	내진설계 범주 D
1. (④)시스템						
1-a.	5	2.5	5	—	—	—
1-b.	4	2.5	4	—	—	60
1-c.	2.5	2.5	1.5	—	60	불가
1-d.	1.5	2.5	1.5	—	불가	불가
1-e.	6	3	4	—	20	20
1-f.	6	3	4	—	20	20

정답 ① 반응수정계수
② 시스템초과강도계수
③ 변위증폭계수
④ 내력벽

해설 **지진력 저항 시스템에 대한 설계계수 – 내력벽시스템**

기본 지진력 저항 시스템	설계계수			시스템의 제한과 높이(m) 제한		
	반응수정계수 R	시스템 초과강도 계수 Ω_0	변위증폭계수 C_d	내진설계 범주 A 또는 B	내진설계 범주 C	내진설계 범주 D
1. 내력벽시스템						
1-a. 철근콘크리트 특수전단벽	5	2.5	5	–	–	–
1-b. 철근콘크리트 보통전단벽	4	2.5	4	–	–	60
1-c. 철근보강 조적 전단벽	2.5	2.5	1.5	–	60	불가
1-d. 무보강 조적 전단벽	1.5	2.5	1.5	–	불가	불가
1-e. 구조용 목재패널을 덧댄 경골목구조 전단벽	6	3	4	–	20	20
1-f. 구조용 목재패널 또는 강판시트를 덧댄 경량철골조 전단벽	6	3	4	–	20	20

26 다음은 내진설계기준에서 국지적인 토질조건, 지질조건과 지표 및 지하 지형이 지반운동에 미치는 영향을 고려하기 위하여 지반을 6종으로 분류할 때, 토층 평균전단파속도($V_{s,soil}$)에 대한 설명이다. (   ) 안에 알맞은 용어를 쓰시오. [2점]

> $S_2 \sim S_6$ 지반의 평균전단파속도($V_{s,soil}$)는 (   )시험 결과가 있을 경우 이를 우선적으로 적용한다.
> 이때, (   )시험은 시추조사를 바탕으로 가장 불리한 시추공에서 수행하는 것을 원칙으로 한다.

정답 탄성파

해설 **지반의 분류**

① $S_1 \sim S_6$ 총 6가지로 분류(단, 내진설계 시 $S_1 \sim S_5$ 5단계로 분류)

분 류	호 칭	분류기준	
		기반암 깊이, H[m]	토층평균전단파속도, $V_{s,soil}$[m/s]
S_1	암반 지반	1 미만	–
S_2	얕고 단단한 지반	1~20 이하	260 이상
S_3	얕고 연약한 지반		260 미만
S_4	깊고 단단한 지반	20 초과	180 이상
S_5	깊고 연약한 지반		180 미만
S_6	부지 고유의 특성평가 및 지반응답해석이 필요한 지반		

② $S_2 \sim S_6$ 지반의 평균전단파속도($V_{s,soil}$)는 **탄성파시험** 결과가 있을 경우 이를 우선적으로 적용한다. 이때, **탄성파시험**은 시추조사를 바탕으로 가장 불리한 시추공에서 수행하는 것을 원칙으로 한다.

[저자 약력]

안병관

- 한양대학교 대학원(공학석사)
- 건축시공기술사 / 토목시공기술사
- 현, (주)동성엔지니어링 CM사업본부 기술이사
  지안Makers기술사사무소 대표기술사
  서울기술사학원 건축분야 전임교수
- 전, 한국환경공단 수도권서부환경본부 감독
  종로기술사학원 건축분야 전임교수
  (주)건화엔지니어링 CM사업관리 기술이사

8개년 과년도 건축기사 실기

2022. 4. 12. 초 판 1쇄 발행
2025. 3. 5. 개정증보 3판 1쇄 발행

지은이 | 안병관
펴낸이 | 이종춘
펴낸곳 | BM (주)도서출판 성안당
주소 | 04032 서울시 마포구 양화로 127 첨단빌딩 3층(출판기획 R&D 센터)
     | 10881 경기도 파주시 문발로 112 파주 출판 문화도시(제작 및 물류)
전화 | 02) 3142-0036
     | 031) 950-6300
팩스 | 031) 955-0510
등록 | 1973. 2. 1. 제406-2005-000046호
출판사 홈페이지 | www.cyber.co.kr
ISBN | 978-89-315-1184-0 (13540)
정가 | 32,000원

이 책을 만든 사람들
기획 | 최옥현
진행 | 이희영
교정·교열 | 류지은
본문 디자인 | 이다은
표지 디자인 | 박원석
홍보 | 김계향, 임진성, 김주승, 최정민
국제부 | 이선민, 조혜란
마케팅 | 구본철, 차정욱, 오영일, 나진호, 강호묵
마케팅 지원 | 장상범
제작 | 김유석

www.cyber.co.kr ★★★
성안당 Web 사이트